TECHNOLOGIE ALS MITTEL ZUM ERFOLG
Von der Idee zum Ertrag

Abstrakt

Aufstrebende Unternehmer wollen etwas Besonderes leisten. Sie folgen ihrem Business Plan, der die Technologie zum kommerziellen Erfolg bringen und gleichzeitig Risiken minimieren soll.

Um auf dem Markt wettbewerbsfähig sein zu können, muss ein Unternehmen die Innovation in seine Produkte und Dienstleistungen ständig vorantreiben. Und seine Technologie, die den Kern des Unternehmens darstellt, muss mit dem Fokus auf Geschäftsstrategie und Ziele kombiniert werden.

Allgemeine Fachkenntnisse und Berufserfahrung allein reichen aber für den Unternehmenserfolg nicht aus. Branchenkenntnisse und Einsicht in Trends und Entwicklungen sind unerlässlich.

Dieses Buch bietet Empfehlungen, wie Sie die Herausforderungen an ein Technologie-Startup oder Kleines & Mittleres Unternehmen (KMU) meistern können. Am Beispiel einer Automatisierungsfirma werden Szenarien vorgestellt. Das Buch ist ein Berater für ein erfolgreiches Unternehmen.

Industrielle Automatisierung bietet Fortschritte in Prozessanlagen und Fabriken

Erhöhte Prozess-und Fabrikautomation kann riesige Vorteile für die Wirtschaftskraft haben und Unternehmen Wettbewerbsvorteile und Vertrauen geben.

Während Automatisierungssysteme oft von großen Unternehmen geliefert werden, verfügen diese Firmen häufig nicht über das notwendige Know-how für Nischenanwendungen. Kleine- und mittelständische Unternehmen können Nischenprozessautomatisierungslösungen für Endnutzer in einer Vielzahl von Branchen weltweit bereitstellen. Sie können ihre Systemfähigkeiten und/oder ihr Anwendungswissen nutzen und somit gute Lösungen für viele Prozessherausforderungen bieten.

Die "heißen" Technologie-Startup-Geschichten beziehen sich oft auf Innovationen in den Bereichen Internet, Datenkommunikation und andere verbraucherorientierte Applikationen - der Traum ist es, einer der Titanen des Silicon Valley zu sein. Während diese Erfindungen viel Aufsehen erregen, beeinflussen sie selten die Effizienz der Prozess- und Fertigungsindustrien - Chemie, Pharmazie, Lebensmittel & Getränke, Wasser, Glas / Faser, Energie & Versorgung, Stahl, Zement, Öl & Gas, usw.

Obwohl die Leistungsfähigkeit in diesen Branchen entscheidend für den wirtschaftlichen Erfolg jeder Nation ist, hat es in den letzten zehn Jahren nur geringe Verbesserungen der Anlageneffizienz gegeben. Automation ist die zukunftssichere Antwort auf die stetig wachsenden Anforderungen an moderne Maschinen und Anlagen - in allen Branchen.

Jede Branche steht vor einzigartigen Herausforderungen. Sorgfältige Planung und Analyse erleichtern die Entscheidungen für die Automatisierung. Die gute Nachricht ist, dass es für kleine und mittelständische Firmen viele Möglichkeiten gibt, Unternehmen in der Prozessindustrie zu helfen, ihre Leistung und Rentabilität voranzutreiben, zu rationalisieren und signifikant zu verbessern.

Copyright © 2016 - Roman Rammler
Alle Rechte vorbehalten

Der Abschnitt NEUE TECHNOLOGIEMÄRKTE enthält 2020 Updates zu diesem 2016 veröffentlichten Buch.

TECHNOLOGIE ALS MITTEL ZUM ERFOLG – VON DER IDEE ZUM ERTRAG

Ein Unternehmens-Berater zur Gründung & Leitung einer Technologie-Firma

ELEMENTARE MARKETING STRATEGIE
Zielsetzung der Marktsegmentierung

Die Rolle des Industrie-Marketings umfasst die Planung von Strategien und Taktiken, das Sammeln von Informationen und die Nutzung von Zielmarktsegmenten - alles mit dem Fokus auf Gewinn. Obwohl diese breite Definition zu einer langen Liste von Tag-zu-Tag-Aktivitäten führt, gibt es ein paar Hauptaufgaben, die die Kernmarketingziele bilden:

- Identifizieren von Kunden und deren potenziellen Projekte
- Erforschen was Kunden wollen und brauchen
- Analyse der eigenen Produkte und Ermittlung von Stärke/Schwäche der Konkurrenz
- Fokus auf ausgewählte Segment-Lösungen, um Marktstärke zu gewinnen und den Produktwert zu erhöhen.

Während diese Punkte in der Regel als Elementar-Marketing/Vertrieb-Fähigkeiten betrachtet werden, können sie während der Durchführung eines erfolgreichen Marketing-Plans nicht genug betont werden.

DIFFERENZIERUNGS-STRATEGIE
Differenzierung von Produkten und Dienstleistungen

Unternehmen, die nicht gut etabliert sind, sind mit vielen Herausforderungen konfrontiert, wenn sie sich um die Entwicklung und Vermarktung ihrer Technologie bemühen. Um effizient zu starten und ihre Position im Markt zu erweitern, muss eine Firma sich von der Konkurrenz unterscheiden, indem sie grundlegende Vorteile betont, wie:

- Ein besseres Verständnis der Kundenanforderungen
- Herausragendes Anwendungswissen und Anwendungsflexibilität
- Ausgezeichnetes Produkt Preis / Leistungsverhältnis
- Überragende Qualität und Zuverlässigkeit
- Installierte Basis (Referenzen)
- Besserer Service. Erweiterte Garantie. usw.
- Zusätzliche Funktionen im Vergleich zu anderen Produkten

Man lässt sich leicht täuschen und meint, dass es nur die Technologie ist, die den Erfolg ermöglicht. Der entscheidende Faktor für den Erfolg eines Produktes ist sein Wert für den Kunden.

BUSINESS-PROFIL

Außer Informationen an Kunden zu geben, kann das Business-Profil für mehrere Zwecke verwendet werden, zum Beispiel kann es benutzt werden, um Investoren oder potenzielle Mitarbeiter zu finden und Informationen an die Medien zu leiten.

Es ist wichtig, sowohl realistische Informationen als auch einzigartige Innovationen und Dienstleistungen des Unternehmens hervorzuheben mit dem Ziel, den Firmen-Charakter darzustellen, und den Ton und Stil des Unternehmens zu etablieren. **Es ist bedeutend, eine klare Vorstellung von der Zukunft des Unternehmens aufzuzeigen.**

Die Unternehmensbeschreibung - Produkte und Dienstleistungen – soll auch eine kurze Geschichte des Unternehmens und seiner Marktsektoren umfassen.

Überdies soll man für Laien unverständliche technische Ausdrücke vermeiden.

Inhalt

EINLEITUNG 5
    Ziele beim Schreiben dieses Buches 5
    Wichtige Überlegungen 6
    Der Prozess – Von der Idee zum Ertrag 7

STORY - DAS AUTOMATISIERUNGSGENIE 15
  PRÄAMBEL 15
    Kapitel 1 - Arbeitsweise der Groß-Firma 17
    Kapitel 2 - Forderungen der Klein-Firma 37
    Kapitel 3 - Der Process Control Wizzard .63
    Schlussfolgerung 105
  INHALTSVERZEICHNIS DER STORY 106

UNTERNEHMENSGRÜNDUNG 107
  VOR DER GRÜNDUNG 107
  ELEMENTARE MARKTANALYSE 109
    Kundschaft 111
    Fokus ist der Schlüssel 112
  DIE FIRMENPHILOSOPHIE 112
  ZUKUNFTSORIENTIERTE UNTERNEHMEN 113
    Von der Idee zur Wirklichkeit 114
  UNTERNEHMENSPROFIL UND WEBSITE 115
  POSITIONIERUNG DES UNTERNEHMENS 118

PRODUKTENTWICKLUNG 119
  PROAKTIVE PRODUKTENTWICKLUNG 119
    Phasen der Produktentwicklung 120
    Kritische Entwicklungsphasen 121
  PRODUKT-DIVERSIFIKATION 122
    Diversifizierungsziele 122
  PRODUKTEINFÜHRUNGS-PROBLEME 123
    Vorläufer versus Spätankommer 124
    Vermarktung eines neuen Produkts 125
  PRODUKT-LEBENSZYKLUS 126
  GLOBALE PRODUKTENTWICKLUNG 127

EU RECHT 129
    Patentrecht 129
    Urheberrecht 130
    Kennzeichenrecht 131

MARKETING-STRATEGIE 133
  DAS NISCHENMARKT-KONZEPT 133
    Nischenmarkt-Vorteile 134
    Nischenmarkt-Konsequenzen 135
  NEUE TECHNOLOGIE-MÄRKTE 137
    Neues aus der Technologiebranche .. 137
    Der Markt für Telemedizintechnologie 138
    KI verändert die Telemedizin 138
  TECHNOLOGIE-TRENDS 139
    Industrie 4.0 141
  WARUM FIRMEN SCHEITERN 149

DAS INTERNATIONALE GESCHÄFTSFELD 151
  ANALYSE VON AUSLANDSMÄRKTEN 157
  TECHNOLOGIETRANSFER 167
  INTERNATIONALER MARKTEINTRITT 173

BEISPIEL EINES MARKETINGPLANS 179
  GESCHÄFTSAUSBLICK UND STRATEGIE 179
    Wettbewerbs-Position 184

BEISPIEL EINES VERTRIEBSPLANS 187
  AUFTRAGSPLAN FÜR 2016 188
    Verkaufsstrategie für Schlüsselkunden 189

FABRIKATIONSÜBERLEGUNGEN 190

KUNDENSERVICE 201

FINANZBEREICH 203
    Budgetprognosen für eine neue Firma 204
  BEISPIEL EINES FINANZPLANS 205
    Finanzübersicht 205
  FINANZPROGNOSEN 206
  FINANZIERUNGSMÖGLICHKEITEN 209

SCHLUSSFOLGERUNGEN 215

INFORMATIONSQUELLEN 216

ANERKENNUNGEN - PERSPEKTIVE 217

Vorwort des Autors

Meine Geschäftsgespräche mit Freunden begannen gewöhnlich mit - wie wichtig es ist eine Vision und Strategie über die Zukunft eines Unternehmens zu haben; und endeten typisch mit - wie wertvoll es ist sich um bestimmte Geschehen und Einzelheiten (Details) zu kümmern. In einem dieser Gespräche hatte ein langjähriger Freund die Idee, ein Buch über unsere Erfahrungen in Unternehmensführung zu schreiben. Er schlug nicht nur den Titel vor, sondern schrieb auch einen Teil der Einleitung dieses Buches (für die englische Originalversion).

Der Gedanke, in der Lage zu sein, ein Buch für die Business-Gesellschaft zu schreiben, war aufregend. Ich habe viele Bücher über Technologie und Start-ups, etc. gelesen und wollte nicht einfach die Arbeit der Anderen replizieren, sondern etwas Spezifisches schreiben, das sich auf das Denken und Handeln der Menschen, die die Leidenschaft haben, wertvolle Technologie, Produkte und Unternehmen zu schaffen, auswirken würde.

Mit über 30 Jahren Erfahrung in der Leitung eines Technologie-Unternehmens entschied ich mich, das Buch auf spezifische umsetzbare Aktivitäten zu konzentrieren, die Unternehmer und Manager implementieren können, um eine Idee zu einer ausführbaren Phase zu bringen und ein rentables Unternehmen zu schaffen.

Nachdem ich die ersten Seiten über Technologie und Geschäftsempfehlungen schrieb, wurde mir endlich bewusst: Das Buch, das ich schreiben wollte, müsste so präzise wie möglich sein (der Teufel steckt immer im Detail), sodass interessierte Unternehmer und Business-Manager aus meiner langjährigen Erfahrung optimalen Nutzen ziehen können. Die Zerlegung der langfristigen Ziele in bearbeitbare und definierbare Segmente (einige in direkten Empfehlungen präsentiert, andere in Story/Roman-Form - wie am besten geeignet) sollte dazu beitragen, einen genauen Plan zu entwickeln, der die Tag-zu-Tag-Aktivitäten (einschließlich der neuen Produktentwicklungs-Einzelheiten) eines Technologie-Unternehmens mit dessen Geschäftsstrategie in Einklang bringt.

Erforderlich: Fachliches Grundwissen alleine reicht nicht aus. Was zählt, sind brauchbare Branchenkenntnisse, ein berufliches Netzwerk und reguläre Updates über die Entwicklungen in ihrer Industriebranche. Dies ist der Grund, dass der Story-Teil dieses Buches, über **Prozess Automatisierung**, viele Details enthält. Es ist nicht nur das Gesamtbild für den Sektor, sondern es braucht neue Ideen, neue Perspektiven und spezifisches-Know-how.

Automatisierungssysteme sind die zukunftssichere Antwort auf die kontinuierlich steigenden Anforderungen an moderne Maschinen und Anlagen – in allen Branchen. Konzentrieren Sie sich auf innovative Lösungen mit denen man ein Höchstmaß an Effizienz, Flexibilität und Wirtschaftlichkeit erzielen kann.

Das Buch bietet Einblick und Beratung, um die Gefahren, die oft den Erfolg behindern, zu vermeiden. Eine Mischung aus Fakten und Fiktion (im Story-Abschnitt des Buches) wird verwendet, um Empfehlungen hervorzuheben. Mein Ziel ist es, neuen Unternehmern und Firmenführungskräften zu helfen, ihre Pläne in einer Weise zu realisieren, dass sie effektiv und effizient sind, während sie gleichzeitig die Maximierung der potenziellen Ertragskraft und den Wert des Unternehmens weiter entwickeln.

Dieses Buch ist den vielen arbeitsamen Unternehmern und Managern von Firmen gewidmet, die erfolgreich sind, und auch denjenigen, die ihre Vision aus dem einen oder anderen Grund nicht realisieren konnten. Für die zweite Gruppe, hoffe ich, dass sie es noch einmal versuchen.

EINLEITUNG

Von der Idee zum Einkommen – Eine Reise voller Gefahren, wo Scheitern viel häufiger ist als Erfolg!

Eine anspruchsvolle Reise in der Tat

Unternehmerische Initiativen, insbesondere solche, die Technik-konzentriert sind, sind die treibende Kraft der Wirtschaft, auch wenn sie schwierig sind und ohne umfangreiche Planung eine geringe Erfolgswahrscheinlichkeit haben. Große Unternehmen sind gut, um Produktionskosten, Verbesserung der Effizienz und ausgedehntes Marketing zu optimieren; jedoch sind sie nicht die Lokomotive, die gut bezahlte Arbeitsplätze schafft und echten Innovationswert auf den Weltmarkt exportiert; Elemente die wichtig zur Erhaltung unseres Lebensstandards sind.

Die zunehmende Einführung der Automatisierung von Anlagen und Fabriken in Europa, den USA und weltweit hat das Wachstum des Marktes für Industrie- und Fabrikautomation angetrieben.

Viele Automatisierungsunternehmen wurden auf der Basis von innovativen Entwicklungen für Nischenanwendungen gegründet. Erfolgreiche Start-ups erweitern ihre Produkte und Märkte zunächst in engen Nischen-Anwendungen und geografischen Regionen, in Abhängigkeit von dem tatsächlichen Wert der Innovation, und auch davon, ob der Gründer in der Lage ist, geeignete Manager einzustellen, damit die Firma über die ursprünglichen unternehmerischen Phasen hinaus wachsen kann.

Die Unternehmen, die in diesem digitalen Zeitalter gewinnen, sind diejenigen, die am besten darauf fokussiert sind, ihrem Markt und seinen Kunden zu dienen.

Dieses Buch richtet sich an Start-up-und Kleinunternehmen in der Automatisierungstechnik basierten Branche. Während die folgenden einleitenden Seiten allgemeine Überlegungen zur Unternehmungsgründung eines Technologie-Unternehmens bieten, bezieht sich der Schwerpunkt des Buches auf den Nischenmarkt der Automatisierungstechnik.

Ziele beim Schreiben dieses Buches

Selbst als die Tech-Industrie quasi florierte, begannen Großunternehmen mit Personalentlassungen. Neue Technologiefirmen tragen zur Wettbewerbsfähigkeit der Wirtschaft bei. Neue Produkte oder Dienstleistungen erschließen neue Märkte, erfrischen den Innovationswettbewerb und stärken die Exportkraft. **Startup-Firmen und ihre Produkte sind Keime für zukünftiges Wachstum und erhöhen die Beschäftigungsmöglichkeiten.**

Es gab mehrere Zielpunkte beim Schreiben dieses Buches:
- **Erfahrungen als Unternehmer mit jedem zu teilen,** der Technologie nutzt und ein Unternehmen gründen möchte, durch die Bereitstellung eines realistischen Blickes auf das, was zu erwarten ist.
- **Arrangieren von Empfehlungen in einer Mischung von Fakten mit Fiktion** (eine Story), um die Information am effektivsten zu übermitteln. Durch Aussortieren, welche Aktionen man am besten in fiktiven Schilderungen oder realen Ereignissen darstellt, werden die Herausforderungen eines Start-up oder Kleinunternehmens effizient kommuniziert.
- **Veranschaulichung von Qualitäten eines effektiven Tech-Startup-Unternehmens - Optimismus und das Verständnis der realen Business-Risiken**. Es gibt Grund für Optimismus, denn wenn Firmen rational planen und sich über die Geschäftsrisiken informieren wäre der Erfolg von Startups wesentlich höher als in der gegenwärtigen Situation, wo vier von fünf Startup Unternehmen scheitern.

Wichtige Überlegungen

Nachfolgend einige Gedanken, die bedeutsam und wichtig sein können für jemanden, der ein Technologieunternehmen gründen will oder eines erweitern will. Alle unten angeführten Punkte resultieren aus den Erfahrungen bei der Gründung und Führung eines Technologieunternehmens mit dem zusätzlichen Vorteil des Rückblicks. Die Gedanken sind nicht in einer bestimmten Reihenfolge organisiert; sie sind nur willkürliche Reflexionen der Erfahrungen von Unternehmern:

- Technologie ist nicht eine Garantie für Erfolg.
- Wenn man sein eigenes Unternehmen hat, ist man nicht sein eigener Chef. Die Chefs sind die Kunden, Banken, Mitarbeiter, usw.
- Das Füllen einer unterversorgten Markt-Nische, die Lösung eines echten Problems und die Erbringung von Dienstleistungen, die Märkte suchen, ist ein guter Start zur Entwicklung einer erfolgreichen Firma.
- Fehler sind der schnellste Weg um zu lernen, vorausgesetzt, dass man auf die gleiche Weise nicht zweimal scheitert.
- Meistens hat die Finanzierung des Unternehmens nicht die höchste Priorität.
- Der Markt, nicht die Kosten, bestimmt den Wert von Produkten oder Dienstleistungen.
- Seien Sie ehrlich zu Ihrer Verpflichtung zu einem Produkt oder einer Dienstleistung, bevor Sie zu viel riskieren.
- Werden Sie nicht ihr eigener Feind, indem Sie meinen, dass die Situation ihren Händen entglitten ist und es nichts mehr gibt, was Sie tun können. Es gibt immer eine Möglichkeit, die Dinge besser zu machen.
- Prioritäten sind wichtig. Man muss die Kunden, den Markt und den Kaufprozess verstehen.
- Ausländische Märkte sollten nicht gefürchtet werden. Viele Male sind sie die einzigen, die realistisch verfügbar und angemessen einfach zu durchdringen sind.
- Die Lösung muss dem Problem entsprechen; versuchen Sie nicht, das Problem zu ändern, um Ihre Lösung, egal wie klug oder innovativ sie ist, anzupassen.
- Mehr bereitzustellen als Ihre Kunden benötigen (oder glauben zu benötigen), wird keinen zusätzlichen Wert für Ihr Produkt oder Service haben.
- Machen Sie keine Werbung für Ihre nächste Produkt-Generation, bevor Sie nicht liefern können.
- Eine Bestellung (Auftrag) ist der beste Weg, um ein Firmen Start-up zu finanzieren.

<u>Und nun lassen Sie uns ein paar Fragen stellen:</u>

1. Haben Sie eine Idee?
2. Gibt es einen Markt (Nachfrage) für Ihre Idee?
3. Wissen Sie, wer Ihre Kunden sind, oder sein werden?
4. Wissen Sie, wer in der Kundenorganisation Ihr Produkt kauft, oder kaufen wird?
5. Können Sie Misserfolge verkraften?

<u>Wenn Sie „Ja", oder fast ja, auf alle obigen Fragen geantwortet haben, gehen Sie bitte zur nächsten Gruppe:</u>

1. Haben Sie Ihr Produkt oder Service erprobt?
2. Wissen Sie, wie Ihr Produkt hergestellt und/oder Ihr Service geliefert (ausgeführt) werden kann?
3. Kennen Sie die Kosten für Ihr Produkt?
4. Gibt es eine Preisspanne für ähnliche Produkte oder Dienstleistungen auf dem Markt?

Wenn Sie mit „Ja" auf die obigen Fragen geantwortet haben, können Sie die Gründung eines Unternehmens planen. Aber lassen Sie Vorsicht walten! Informieren Sie sich über die Vorteile und Risiken bei der Gründung und Führung einer Firma - **lesen Sie den restlichen Teil dieses Buches**. Wenn Sie „Nein" auf mehrere der oben genannten Fragen geantwortet haben, überdenken Sie, ob Sie wirklich bereit sind, Unternehmer zu werden.

Der Prozess – Von der Idee zum Ertrag

Und jetzt werfen wir einen Blick auf den Prozess der Gründung eines Technologieunternehmens - wir gehen von der Idee zum Ertrag:

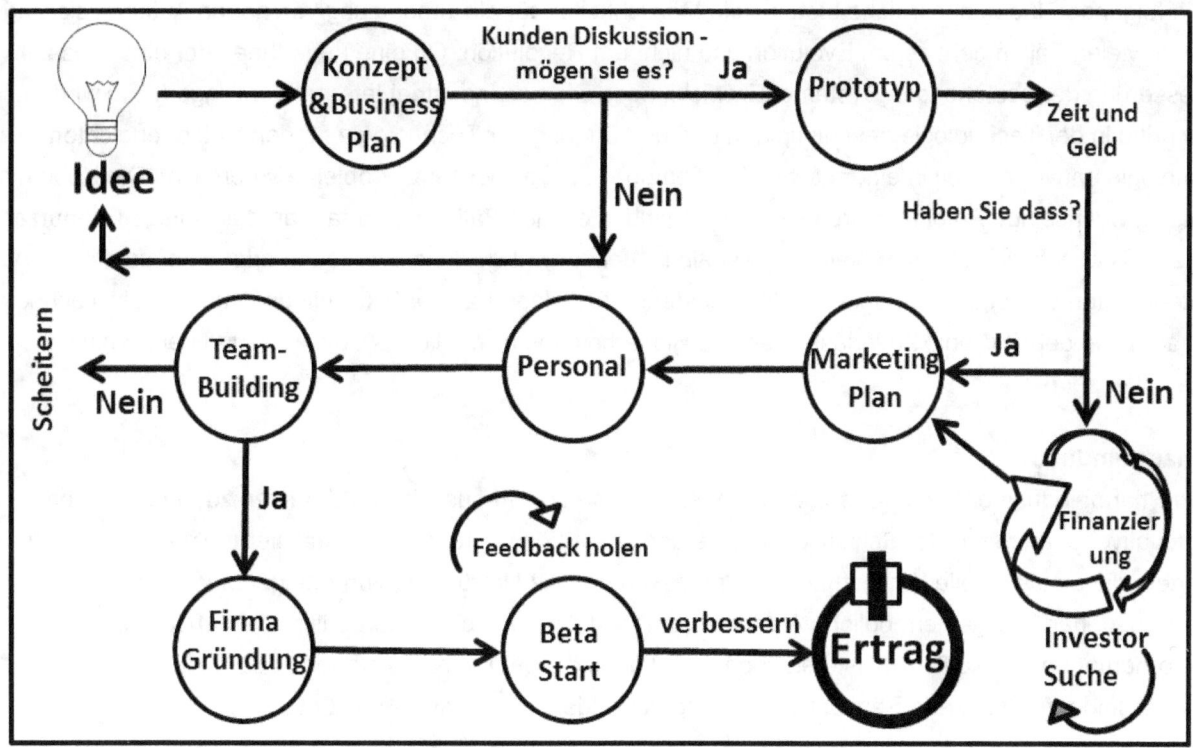

Geschäftsideen in der Technologie Branche

Jede Firmengründung beginnt mit der Suche nach einer passenden Geschäftsidee. Gute Geschäftsideen zu finden ist dabei nicht so schwierig – oft muss man Dinge gar nicht komplett neu erfinden. Speziell im Bereich Technologie lassen sich aufgrund neuer Erkenntnisse stets neue Ideen zu Verbesserungen und zur Firmengründung entwickeln.

Die Technologie befindet sich in einem ständigen Entwicklungsprozess. Es ist nicht überraschend, dass in diesem Feld andauernd innovative Geschäftsideen entwickelt und in Firmengründungen umgesetzt werden. Ob neue Produkte oder Dienstleistungen für die Prozess- oder Fabrik Automatisierungsbranche, für Internet Applikationen, für die Medizin oder andere Bereiche der Industrie, neue Ideen im Bereich Technologie stellen oft gute Geschäftsideen für eine erfolgreiche Unternehmensgründung dar.

Zum Beispiel sind mit dem wachsenden Bedarf für fortschrittliche und energiesparende Maschinen und Prozess Anlagen Automatisierungssysteme in vielen Industriebranchen eine zukunftssichere Geschäftsidee. Neue Lösungen, die ein Maximum an Effizienz erzielen, bieten Möglichkeiten, mit denen sich schon viele Unternehmer im Markt etabliert haben. Im Arbeitsgebiet der Technologie muss man aber gute Branchenkenntnisse haben, um erfolgreich zu sein. Allgemeines Fachwissen reicht im Technologiesektor normalerweise nicht aus.

Auch der „Mythos von der Geschäftsidee über Nacht" trifft im Bereich Technologie selten zu. Also für Gründungswillige gilt es ihr Know-how zu nützen und Zeit zu investieren, um aus neuen Ideen und Perspektiven eine Geschäftsidee zu entwickeln.

Anwendungen im Automatisierungsmarkt

Der Weltmarkt für industrielle Automatisierung ist riesig (~ € 180 Milliarden). Obwohl er von großen Unternehmen dominiert wird, können sich kleine und mittlere Unternehmen (KMU) mit profunden Wissen ihrer Marktnische gut positionieren, um Kunden-spezifische Bedürfnisse zu erfüllen.

Die folgenden Industriebereiche bieten viele Möglichkeiten für die Umsetzung von neuen Automatisierungs-Ideen. In vielen Fällen geht es um Evolution und nicht um Revolution. Ob eine neue Idee oder eine Idee zur Verbesserung der bestehenden Systeme, Entwicklungen wie das Industrial Internet der Dinge (IIoT) wird Fortschritte in der Technologie beschleunigen und den Zugang zur Technologie für den Nutzer erleichtern. Die Technologie entwickelt sich in einem schnellen Tempo, was Obsoleszenz-Probleme verursacht. Die Kosten für die häufig wechselnde Automatisierungshardware sind in einigen Fällen so untragbar, dass einige Endnutzer mit veralteter Technologie in Betrieb bleiben. Deshalb ist bei der Entwicklung von neuen oder verbesserten Geräten/Systemen der Integrations-Aspekt in bestehende Anlagen zu berücksichtigen. Nutzung der Technologien sollte auf Ziele der Effizienz, Zuverlässigkeit und Sicherheit des Herstellungsprozesses und der Menschen ausgerichtet sein.

Pharmaindustrie

Die Pharmaindustrie ist einem rapiden Wandel ausgesetzt. Um aus Risiken Chancen zu machen, sind innovative Ideen nötig. Der Schlüssel ist, eine geeignete Lösung für die Automatisierung von Anlagen zu finden, die eine schnelle Umsetzung von Prozessen und die Umrüstung von Anlagen zur Herstellung verschiedener Chargen ermöglicht. Automatisierungs-Lösungen sind erforderlich, die auf spezifische Anforderungen für alle Prozessstufen zugeschnitten sind, vom Labor bis zu den Pilotprojekten.
Einsatzfelder für: spezielle Sensoren, Analysegeräte, Identifikationssysteme , etc.

Wasserbranche

Betreiber sind verpflichtet, die Trinkwasser und Abwassersysteme tagtäglich unter Kontrolle zu halten. Und angesichts der zunehmenden Wasserknappheit, werden Entsalzungsanlagen gebaut.
Anlagen: Trinkwasser, Abwasser, Wassertransport, Entsalzung
Einsatzfelder für: Analytik, Funkübertragung über sichere IIoT, Dienstleistungen und Unterstützung, etc.

Zement

Vom Steinbruch bis zum Brennofen, vom Klinker-Silo bis zur Verladungs-Anlage, es gibt viele Lösungsmöglichkeiten in der Automatisierung und dem Service in der Zementherstellung.
Anwendungsbeispiele: Viele Zementwerke sind nicht vollständig automatisiert. Beratung und Dienstleistungen in der Automation können helfen, die Herausforderung niedriger Produktionskosten trotz strenger Obergrenzen für Emissionen zu erfüllen.
Prozesskette: Rohmaterialien, Klinkerherstellung, Klinkervermahlung.

Automobilindustrie

Die Automobilindustrie ist an der Schwelle einer neuen Ära, nicht nur in Bezug auf Elektroantriebe, sondern auch hinsichtlich der Nutzung von Mikrocontrollern und der Digitalisierung.
Anwendungsbeispiele: Mit Branchen-Know-how könnte ein Erfinder Ideen für ein Spektrum von Produkten, Systemen und Lösungen für die Automobilindustrie, sowie Lösungen für die Infrastruktur bieten.
Prozesskette: Vom Produktdesign bis zur Ausführung von Produktion und Dienstleistungen.

Batterieherstellung
Mit Batterien in so vielen Geräten und jetzt auch in der Automobilantriebstechnik, ist die Optimierung von jedem Schritt der Batterieherstellung kritisch.
Anwendungsbeispiele: Lösungen, die der Automatisierung und Integration von Produktionslinien helfen.
Prozesskette: Alle Prozesse entlang der Fertigungslinie.

Nahrungsmittel und Getränke
Obwohl die Lebensmittel- und Getränkeindustrie vielfältig ist, gibt es gemeinsame Herausforderungen; z.B. wie Energie effizienter genutzt werden kann, wie Rezepturen flexibler modifiziert werden können und wie die Produkte lückenlos rückverfolgt werden können. Und wie die Qualitätssicherung und Inspektion erfolgreich umgesetzt werden können.
Anwendungsbeispiele: Für Unternehmer mit fundiertem Know-how der einzelnen Branchen, sind Ideen für maximale Effizienz und Produktivität fast grenzenlos.
Anlagen: Milchindustrie, Brauereien, Zuckerindustrie, Softdrinks, Alkoholische Getränke (Brennereien, etc.), Backwaren, Tabakindustrie.

Öl & Gas
Öl und Gas werden weiterhin wichtig für die Energieversorgung sein und Erdgas wird noch bedeutender werden. Für KMUs besteht ein breites Anwendungsspektrum für neue/verbesserte Produkte und Technologien.
Anlagen: Onshore Produktion, Offshore Produktion, Subsea, Pipelines, LNG, Raffinerien / Petrochemie.
Einsatzfelder für: Kompressor- und Pumpenregelung, Leckerkennung (LDS), Brandmeldeanlagen (FDS), Analytik, Inspektionssysteme, usw.

Chemie
Wie in allen Automatisierungsanwendungen ist Know-how auch in der chemischen Industrie der Schlüssel.
Anlagen: Batch Prozesse, Kontinuierliche Prozesse, Nebenanlagen.
Einsatzfelder für: Prozessinstrumentierung (Druck, Temperatur, Füllstand und Durchfluss-Messungen sowie digitale Stellungsregler), Wartungsinstrumente, Prozessanalytik, Wägetechnik, etc.

Andere Industrien
Die Luft-und Raumfahrt-, Energieversorgung-, Bergbau-, Stahl-, Glas- und Faserindustrie - sie alle haben neue Anforderungen an die Produktionsplanung, die Konstruktion und Ausführung, sowie den Service.

Sobald das geistige Eigentum einer neuen Idee geschützt ist, sollten die Erfinder der Ideen Anwendungsbeispiele veröffentlichen. Zum Beispiel hat der Autor dieses Buches viele technische Publikationen auf ISA (International Society of Automation) Konferenzen und in mehreren Universitäten zu Themen moderner Steuerungs-und Regelanwendungen in einigen der oben genannten Branchen vorgestellt. Publikationen, die Applikations-Lösungen für technische Probleme bieten oder zeigen, wie Endprodukte und Herstellungsprozesse verbessert werden können, stützen die Glaubwürdigkeit der neuen Idee.
Die Perspektive betreffs Anwendungen: Egal welche Idee Sie verfolgen, stellen Sie sicher, dass Sie fundiertes Nische-Wissen besitzen, um die spezifischen Bedürfnisse des Kunden genau zu verstehen und dass Sie sich der Risiken und Chancen, in einem Markt zu konkurrieren, der von Großunternehmen dominiert ist, bewusst sind.

Die Vorbereitungszeit

Sie haben beschlossen, eine Firma zu gründen. Wie geht es weiter? Egal welche Geschäftsidee Sie für die Gründung eines Technologieunternehmens haben, am Anfang steht eine gute Planung. Bevor Sie direkt mit einem Businessplan starten, sollen Sie Daten und Fakten für die von Ihnen gewählte Branche zusammenstellen. Dies hilft Ihnen, sich einen genaueren Einblick in den Markt zu verschaffen, in dem Sie künftig tätig sein wollen.

Und es empfiehlt sich, sich auf „harte Zeiten" einzustellen, auch wenn Sie eine tolle Idee für die beste Technologie haben. Es ist Zeit, bereit für den „schwierigsten Boss" zu sein, den Kunden - Der Kunde ist König! Sind Sie bereit?

Bereit zu sein bedeutet unter anderem Qualitäten zu haben, die meist drei Merkmale beinhalten: a) eine große Leidenschaft für Erfolg, b) die Fähigkeit diese Leidenschaft durchzuhalten und c) die Aufrechterhaltung eines hohen Maßes an Vertrauen in unsere eigene Fähigkeit, unsere Entscheidungen und unsere Ideen. Außerdem muss es eine klare Vorstellung von der Richtung geben, in die wir unser Unternehmen steuern wollen. Wir müssen klar sehen, wohin unsere Produkte oder Dienstleistungen sich entwickeln, welchem Markt sie dienen, welche Bedürfnisse sie erfüllen und welchen Weg wir gehen, um von der Idee zum Produkt und dann zur vollständigen System-Lösung zu kommen.

Einige der Angelegenheiten, die mit der Gründung einer Firma verbunden sind, sind extern, wie zum Beispiel:
- Wissen Sie eigentlich, ob ein Bedarf für ihre Idee, das Produkt oder die Dienstleistung besteht?
- Kennen Sie ihre Kunden-Zielgruppe?
- Wissen Sie, wie der Markt funktioniert? Wie Kunden die Ware oder Dienstleistung kaufen? Ein Start-up oder Klein-Unternehmer muss Spezialkenntnisse besitzen: welche Nische im Gesamtmarkt für ähnliche Produkte unterversorgt ist, am einfachsten zu durchdringen ist, und groß genug ist, um Wachstum zu unterstützen. Große Unternehmen können mit kleinen Marktnischen nicht gut umgehen.
- Haben Sie einen Kunden? **Ein vorhandener Kundenauftrag für das Produkt oder die Dienstleistung ist ideal**. Dies ist der beste Weg einen Startup zu finanzieren, da er zwei wichtige Funktionen erreicht: Er bietet Finanzierung und eine Testplattform, die der Ware oder Dienstleistung Glaubwürdigkeit gibt.
- Haben Sie einen Finanzierungspfad, falls das Produkt ohne einen Kunden oder ohne die Finanzmittel für Wachstum nach einem Start-up entwickelt werden muss? Es gibt mehrere Finanzierungsmöglichkeiten, falls ein Kunde nicht verfügbar ist. Vermögenswerte wie Eigentum, Anlagen, Maschinen usw. sind beim Umgang mit Banken oder anderen Kreditinstituten erforderlich. Kreditinstitute haben keine Kenntnisse für die Bewertung von Patenten, Geschäftsgeheimnissen oder anderen Formen geistigen Eigentums, sie haben keine Möglichkeit, das Risiko zu bewerten, ob sie dieses Eigentum als Sicherheit verwenden können. „Business-Angel-Investoren" sind Einzelpersonen oder Gruppen, die ein gewisses Maß an Geldmitteln den Unternehmens-Gründungen widmen. Sie arbeiten im Allgemeinen in Bereichen der Technik, mit denen sie vertraut sind, damit sie die Risiken im Zusammenhang mit einem Darlehen auswerten können. Darlehen von „Business-Angeln" sind relativ klein und nur für die Firmengründung und das erste Wachstum. Risikokapitalgeber (Kapitalbeteiligungsgesellschaften) eignen sich generell nicht für ein Startup. Sie möchten Einnahmen, einen Kundenstamm und eine Erfolgsbilanz sehen, da sie ihre Mittel nur für einen relativ kurzen Zeitraum, in der Regel vier bis fünf Jahre, investieren wollen. Sie wollen auch einen Großteil des Unternehmens und Management-Kontrolle. Die Finanzierung durch Freunde und Verwandte wird immer beliebter, kann aber zu vielen Problemen führen, da die meisten Freunde und Verwandten nicht die Ressourcen oder Reserven haben, um mit dem Scheitern eines Unternehmens umzugehen.

- Verstehen Sie die Vertriebskanäle? Kleine Unternehmen arbeiten in der Regel besser mit Direktvertrieb, vor allem in der Anfangsphase. Mit einer kleinen Anzahl von Kunden ist der Gründer oft der beste Verkäufer, über den das Unternehmen verfügt. Der Verkauf durch Vertreter ist schwierig, weil ihr Wissen in Bezug auf Technologieprodukte begrenzt ist und ihre Zeit zwischen den vielen Unternehmen, die sie repräsentieren, aufgeteilt wird.
- Kennen Sie die Konkurrenz? Werden Sie mit großen Unternehmen oder kleinen Unternehmen, ähnlich dem Ihren, konkurrieren?

Andere Themen sind intern und befassen sich mit der Struktur der Firma und des Personalwesens:

- Die wichtigste Ressource, die intern benötigt wird, ist die menschliche. Sie müssen bewerten, welche Fähigkeiten ihnen zur Verfügung stehen und wie maßgebend diese an der Entwicklung des Produkts, sowie Marketing und Service sind. Viele Unternehmer starten als „Lone Ranger" und erschöpfen ihre Ressourcen schnell, vor allem, wenn Produkte sich von der anfänglichen Entwicklung zum Prototyp entfalten und schließlich in großem Maßstab produziert werden. Einige der Dienstleistungen im technischen Bereich können von Beratern oder spezialisierten Dienstleistungsunternehmen erworben werden, wenn technische Unterstützung benötigt wird, um Kontinuität und Integrität beizubehalten. Andere wichtige Fähigkeiten wie z.B. Finanzkontrolle, können als Service von Drittanbietern erworben werden, vorausgesetzt, dass der Gründer oder ein Angestellter des Unternehmens, ein grundlegendes Verständnis der Finanzen hat und mit den Drittanbietern kommunizieren kann und ihre Berichterstattung versteht. Verkauf und Marketing werden in der Regel in einem Startup oder jungen Unternehmen kombiniert, und der Gründer führt diese Aufgaben oft selbst durch. Jedoch, wie bereits erwähnt, ist die Zeit des Gründers begrenzt und seine Verfügbarkeit sinkt, wenn das Unternehmen wächst. Die Beschaffung der entsprechenden Talente in den Bereichen Marketing und Vertrieb ist eine der schwierigsten internen Angelegenheiten, vor denen ein junges Unternehmen steht. Verkäufer sind von Natur aus in der Lage, „sich selbst gut zu verkaufen", aber ihre Fähigkeit, das Produkt zu verkaufen, ist sehr schwer vorherzusagen.
- Die Management-Struktur oder der Organisationsplan sind nicht so entscheidend. Ein Startup- oder kleines Unternehmen besteht im Allgemeinen aus einer flachen Organisationsstruktur. Besonders in Technologieunternehmen wird die Rangfolge unter dem Gründer in der Regel von den technischen Fähigkeiten der einzelnen Mitarbeiter bestimmt. Es ist wichtig, dass der Gründer nicht mit seinem technischen Personal konkurriert. Leider haben Gründer oft das Gefühl, dass sie technische Führung zeigen müssen und verlieren dabei ihre Fähigkeit zu verwalten.

Businessplan

Nachdem Sie die Daten/Fakten und die obengenannten Angelegenheiten analysiert haben, sollten Sie einen Businessplan erstellen. Im Businessplan erarbeiten und beschreiben Sie genau wie Ihre Geschäftsidee funktionieren soll, an wen sie sich richtet (Zielgruppe), wo die Chancen und Risiken liegen und wieso Ihre Geschäftsidee rentabel ist. Ihren Businessplan sollten Sie selber schreiben - so einzigartig wie Ihre Idee sollte ebenfalls auch Ihr Businessplan sein.

Den Businessplan formulieren Sie aber nicht nur für sich selbst - auch für Banken, Investoren, möglicherweise auch für Geschäftspartner.

Zu den wichtigen Kapiteln im Businessplan zählen:

- **Die Marktanalyse:** Nachdem Sie Ihre Idee und Ihre Zielgruppe im Detail dargestellt haben, führen Sie eine Marktanalyse durch. Diese sollte mit einer zugehörigen Marktforschung verbunden sein. Beschreiben Sie auch den Marketingmix – wie Sie Ihre Kunden erreichen.

- **Die Unternehmensziele**: Wenn Sie Ihren Markt und die Konkurrenz kennen, definieren Sie die Ziele und Strategien für Ihr Unternehmen im Businessplan. Dabei gilt es konsequent und fokussiert zu sein.
- **Die Produktenwicklung**: Die Entwicklung neuer Produkte ist ein kritischer Prozess für den Erfolg des Unternehmens. Beschreiben Sie auch die Hauptfunktionen und Wettbewerbsvorteile Ihrer Produkte.
- **Das Managementteam**: Oft hört man von Investoren, dass sie nicht in Ideen sondern in Teams investieren. Heben Sie die Stärke Ihres Managementteams hervor.
- **Die Finanzen**: Der Kern im Businessplan ist der Finanzbereich. Wenn Sie Ihr Unternehmen nicht mit guten Profit-Zahlen rechtfertigen können, ist der Businessplan nicht aussagekräftig.

Besonders wichtig ist die SWOT-Analyse (Strengths, Weaknesses, Opportunities, Threats), die eine Zusammenfassung über die Stärken und Schwächen sowie die Chancen und Risiken für Ihre Firmengründung geben soll.

In den folgenden Teilen dieses Buches finden Sie wichtige Informationen, die Sie als Grundlage nutzen können, um einen individuellen Businessplan zu erstellen.

Layout des Businessplans

Natürlich sind die inhaltlichen Themen wie Geschäftsidee, Markt, Marketing, Vertriebsplan und der Finanzplan das A und O für Ihren Businessplan. Aber neben dem Inhalt muss ein Geschäftsplan auch formalen Anforderungen entsprechen, damit er die Leser überzeugt.

- Ein Inhaltsverzeichnis.
- Das Executive Summary für den Geschäftsplan, bevor man in Details geht.
- Ein festgelegtes Layout mit einer klaren Überschriftenhierarchie.
- Nicht zu viel Text auf eine Seite. Benutzen Sie Absätze und Zwischenüberschriften.
- Setzen Sie Grafiken und Tabellen ein, wenn Sie den Geschäftsplan erstellen - vor allem im Finanzplan ist dies empfehlenswert.

Nützen Sie die vielen kostenlosen Internet-Tools für Ihren Businessplan, die Ihnen bei zahlreichen Kapiteln helfen, wenn Sie den Geschäftsplan erstellen.

Unternehmenspräsentation

Nachdem Sie Ihren Businessplan geschrieben haben, sollten Sie eine Unternehmenspräsentation erstellen. Diese rückt die wichtigsten Punkte des Businessplans in den Mittelpunkt.

Bei der Erstellung der Unternehmenspräsentation gibt es eine Vielzahl an Dingen zu beachten. Im Zentrum steht zunächst die Frage, vor wem Sie Ihr Unternehmen präsentieren wollen? Die Anlässe der Unternehmenspräsentation können verschieden sein:

- Präsentation vor Kunden.
- Darbietung vor Lieferanten.
- Vorstellung für Finanzierungsgespräche mit Banken.
- Pitching-Events mit Business Angels oder Venture-Capital-Gebern.
- Anhaltspunkte zur Gewinnung neuer Mitarbeiter.
- Vorstellung des Unternehmens vor der Presse bzw. der allgemeinen Öffentlichkeit.

Den Inhalt Ihrer Unternehmenspräsentation müssen Sie stets auf den Anlass und das Publikum abstimmen. So stehen bei Finanzierungsgesprächen eher die Finanzzahlen im Vordergrund; bei Kunden hingegen Ihre Produkte und Dienstleistungen.

Nutzen Sie die Chance der Vorstellungen Ihrer Firmengründung, um wertvolles Feedback zu erhalten.

Kleine-und Mittlere Unternehmen

Studien über kleine und mittlere Unternehmen (KMU) zeigen, dass diese Firmen mehr als die Hälfte der Angestellten in der Privatwirtschaft beschäftigen und die meisten neuen Arbeitsplätze erstellten.

Wir sind nicht nur an Unternehmen interessiert; wir interessieren uns besonders für Technologieunternehmen, da das Wachstum der High-Tech-Unternehmen - Internet, Computer, Telekommunikation und ausdrücklich Automatisierungsfirmen - viel höher ist als dasjenige von Nicht-Technologieunternehmen.

Technologieunternehmen = Hochlohnjobs + Exportprodukte + Tech-Innovation + Wettbewerbsfähigkeit

Grundsätzlich erzeugen Technologieunternehmen höhere Löhne, exportieren mehr und geben mehr Geld für Entwicklung aus als Nicht-Technologieunternehmen. Daten zeigen, dass alle Unternehmer Arbeitsplätze schaffen, aber es gibt wichtige Unterschiede zwischen Technologieunternehmen und Konsumentengeschäften. Diese Unternehmen orientieren sich an lokalen Märkten, und die Arbeitsplätze, die sie schaffen, sind Einstiegslohnjobs (Niedriglohn-Arbeitsplätze). Technologieunternehmen hingegen beschäftigen Wissenschaftler, Ingenieure und andere Fachkräfte, die höhere Löhne fordern.

Die Fähigkeit der Technologieunternehmen Produkte und Technologien zu exportieren ist ein wichtiger Wirtschaftsfaktor und Exportwert, der innerhalb des Landes erstellt wird. Die großen multinationalen Unternehmen verkaufen sicherlich beträchtliche Mengen an Produkten im Ausland, aber diese Produkte werden in den meisten Fällen nicht von lokalen Arbeitern hergestellt und steuern nicht zum Netto-Exportwert bei. Sie beeinflussen auch nicht die Zahlungsbilanz, die wichtig für unseren Lebensstandard ist.

Es gibt einen weiteren Grund, warum Technologieunternehmen gefördert werden sollen. Die Deutsche Position (und auch die Österreichische Position) als Technik Innovator ist nicht nur durch die anderen europäischen Länder bedroht, sondern mehr und mehr durch aggressive Länder in Asien (z.B. Indien und China). Die Weltorganisation für geistiges Eigentum (WIPO) platzierte Deutschland auf Nr. 13 von 143 Ländern.

Während China, Indien und andere asiatische Länder ihre Hightech-Exporte erheblich erhöhten, sind die nordamerikanischen und europäischen Technologie-Exporte im letzten Jahrzehnt gesunken, zeigen jedoch neuerdings wieder eine leichte Tendenz nach oben. Eine erfreuliche Tendenz in den letzten Jahren ist, dass die Regierungen jetzt den Wert der Technologieunternehmen und Technologie-Exporte erkennen. Programme wurden geschaffen, um innovativen Unternehmern zu helfen, Arbeitsplätze und Exporte zu schaffen.

Förderung der Automatisierungstechnik

Studien machen deutlich, dass sich die europäischen und amerikanischen Firmen im globalen Wettbewerb nur durch Innovation und Qualität behaupten können. Automation wird verwendet, um Energie und Material zu sparen und die Qualität, Genauigkeit und Präzision zu verbessern. Laut einer neuen Studie wird der Markt für industrielle Steuerung und Fabrikautomation bis 2020 über 180 Milliarden Euro erreichen.

Die wachsende Nachfrage für Automatisierung in verschiedenen Prozess- und Fertigungssektoren ist vor allem auf den steigenden Bedarf an Betriebseffizienz und Produktivität zurückzuführen.

Innerhalb des Marktes für industrielle Prozessautomation und Fabrikautomation gibt es mehrere attraktive Nischen für kleine und große Unternehmen.

Intellektuelles Eigentum

Technologieunternehmen basieren oft auf der Grundlage des intellektuellen Eigentums. Diese Eigenschaft kann verschiedene Formen annehmen: ein Patent, ein Geschäftsgeheimnis oder eine Lizenz. In jedem Fall muss das intellektuelle Eigentum geschützt werden, um zu verhindern, dass Konkurrenten es benutzen, um das Produkt ohne Entwicklungsressourcen zu kopieren. Patente sind eine öffentliche Methode des Schutzes, wodurch ein Erfinder ein Patent beantragt und es vom Patentamt erhält. Das Patent wird veröffentlicht, um andere zu informieren. Als Gegenleistung erhält der Erfinder die exklusive Nutzung seiner Erfindung für einen bestimmten Zeitraum. Die Laufzeit des Patentschutzes beträgt 20 Jahre. Es ist der einzige Schutz, der, mit Ausnahme des Geschäftsgeheimnisses, verfügbar ist. Ein Geschäftsgeheimnis darf nur, definitionsgemäß, dem Erfinder oder seinen Mitarbeitern innerhalb des Unternehmens bekannt sein. Wenn das Geschäftsgeheimnis zur Zeit des Produkt-Verkaufes öffentlich bekannt ist, dann leistet es keinen Schutz von diesem Zeitpunkt an.

Grundlegende Beachtung

Erfinder konzentrieren sich auf ihre „edle Idee" und wollen sie verwirklichen. Doch auch die besten Ideen gelingen nicht ohne Berücksichtigung des Grundsatzes, dass eine Erfindung mit einer Business-Strategie und Zielen kombiniert werden muss. Um eine Vorstellung (Idee) in Gewinn zu verwandeln, ist es unerlässlich, eine klare Vision und einen Plan zu haben, welche Richtung das Unternehmen einschlagen will, da dies den Rahmen festlegen wird, welche Rolle die Innovation spielen wird, um ein profitables Wachstum zu ermöglichen. Es ist auch wichtig, die erforderlichen technischen Fähigkeiten zu erwerben, um die Sachkenntnisse die entscheidend für das Projekt sind, zur Verfügung stellen zu können und in der Lage zu sein, Herausforderungen zu überwinden.

Die Entwicklung eines neuen Produkts und die Gründung eines Unternehmens sind selten einfache Prozesse. Es kann spannend und lohnend sein, aber es ist weise und klug für Probleme vorbereitet zu sein, die bei Design, Herstellung und Markteinführung entstehen. Der Weg zum Gewinn kann schwierig sein und die Unternehmensgründung und Produktentwicklung muss also schon vor dem Start gründlich geplant werden.

Industrie Automatisierung

Das Kernstück dieses Buches ist die folgende Story über die Entwicklung eines Prozessautomatisierungs-Systems in der Öl- und Gas Industrie. **Automatisierung hat einen weiten Anwendungsbereich, in vielen Branchen. Ganz gleich, ob Prozessautomatisierung, Fertigungsautomatisierung oder Lösungen für Infrastrukturaufgaben, es ist ein wichtiger Beitrag zur Steigerung der Produktivität.**

Zusammenfassung

In vielerlei Hinsicht haben sich die Komponenten, die man braucht, um ein kleines Unternehmen anzufangen oder zu führen, über die Jahre nicht viel verändert: ein einzigartiges Konzept oder eine spezielle Geschäftsidee, gemischt mit ein wenig Genialität, Beharrlichkeit und einem kaufmännischen Grundwissen. Allerdings wechseln die Instrumente, die man benötigt, um ein florierendes Unternehmen aufzubauen, eines das die größeren Konkurrenten herausfordern kann; diese Technologien werden sich ständig weiterentwickeln.

Während es spannend ist, Teil eines innovativen und wachsenden Unternehmens zu sein, muss man aber auch für ein Scheitern vorbereitet sein. Der Autor hat sowohl Erfolg als auch Misserfolg erlebt und weiß, dass eine Klage als Folge eines Arbeitsunfalls, oder eine Änderung der Eigentumsverhältnisse, eine kleine Firma in kürzester Zeit ruinieren können. Also, die oben genannten Kriterien für die Führung einer Firma sollten auch „gute Nerven für Risikobereitschaft" beinhalten.

STORY - DAS AUTOMATISIERUNGSGENIE

Präambel

Huh! Wen würde denn eine Story über die Entwicklung eines Automatisierungssystems interessieren?

„Non-Fiction" (Sachbuch) ist gut, um Empfehlungen, wie man Technologie nutzt, in einem Business-Plan zu kommunizieren. Was dabei allerdings fehlt, ist die emotionale Umsetzung dieser Empfehlungen, die im Mittelpunkt der meisten Aktivitäten eines Unternehmens stehen. **Obwohl die folgende Story (Geschichte) auf Prozess Automatisierungssysteme zugeschnitten ist, kann jeder Automatisierungs-orientierter Unternehmer auf die Ereignisse Bezug nehmen**. Die Schilderung versucht die menschlichen Herausforderungen, die so grundlegend für ein Unternehmen sind, zu erklären. So erleben Sie als Ergänzung zur „Non-Fiction" die emotionalen Höhen und Tiefen zwischen den handelnden Personen.

Menschen erzählen „Geschäftsgeschichten", um sich mit Mitarbeitern, Kunden und Medien zu unterhalten. Diese unterscheiden sich von Alltagsgeschichten insofern, als man mit ihnen oft ein Ziel oder gewünschtes Ergebnis im Auge hat. Der Hauptgrund, warum der Autor einen Teil dieses Buches als Story (Erzählung) schrieb, ist, dass er glaubt, die nachfolgenden Themen besser darstellen zu können:

- Karrierewechsel. Überlegungen - Große Unternehmen versus kleine Unternehmen.
- Betrachtungen beim Ausscheiden aus einem Unternehmen. Rücktrittsbrief. Kündigungsbesprechung.
- Arbeitsangebot. Der erste Tag in der neuen Firma. Einführung in das Personal.
- Definieren einer neuen Prozesssteuerungs-Generation. Kick-off Meeting. Bedarf an Fachliteratur.
- Fortschrittsüberwachung der Software-Entwicklung. Einstellung eines Programmierers.
- Nutzung eines erworbenen Software-Moduls und Dokumentation. Beurteilung von sourced Software.
- Wechsel der Unternehmensführung und Wiederherstellung der Glaubwürdigkeit, Kundeninformation, etc.
- Bewertung eines Angebots. Bedeutung der Kunden-Kontakte.
- Vorschläge für Budget-Planung. Begleitbrief für ein Angebot.
- Präsentation eines neuen Systems. Betonung der Vorteile.
- Planung für den Anlagen-Start-up eines neuen Prozesssteuerungssystems.
- Verwendung von Kundenreferenzen. Vertriebs-Marketing-Literatur, Werbung, Web-Seite.
- Herausforderungen bei der Beschaffung der Finanzierung. Bestellungsfinanzierung. Umgang mit Banken.
- Probleme mit Firmeneigentum. Bedenken bezüglich einer Minderheitsbeteiligung an einem Unternehmen.

Der erste Teil dieser Story erzählt die Geschichte von zwei Ingenieuren, Karl Winkler und Robert Gassner, die in einen Prozessleitsystem-Test für eine Chemieanlage verwickelt sind. Die Art und Weise, in welcher dieses Projekt gehandhabt wurde, betont für Karl erneut das Arbeitsverhältnis in einem Großunternehmen und demnach seinen begrenzten Beitrag; was Ihn schließlich zum Verlassen des Projekts und des Unternehmens führte. Karl war bereits auf der Suche nach einer anderen Karriere. Obwohl seine Bekannte Hilde ihn warnte, ist er bestrebt, das Angebot seines Freundes Martin - eine Chance in einem Start-up-Unternehmen - zu verfolgen.

Dies führt zum zweiten Teil der Story. Das Leben in einer Kleinunternehmergesellschaft, wo Martin Egger, der Unternehmensleiter, eine neue Produktentwicklung erwägt und für Karls Idee empfänglich ist, nämlich, eine revolutionäre neue Generation von Regelsystem - ein Prozessleitsystem mit unvergleichlichen Fähigkeiten - zu erfinden. Das kleine Unternehmen erhält einen Großauftrag für sein bestehendes Sicherheitssystem. Karl stellt das Software- „Wunderkind" Jan ein. Inzwischen bekommt Karl eine unerwartete Gelegenheit, ein Projekt zu verfolgen, für das man eine Problemlösung sucht, die nur sein neues Regelsystem bieten kann.

Das dritte Teil umfasst Karls Bewerbung um das Projekt eines einzigartigen Steuerungsanwendungs-Versuchs. Karl muss ein budgetäres Angebot für das Versuchsprojekt, einschließlich Beschreibungen und Literatur des noch-nicht-vorhandenen Produkts, zusammenstellen. Jan Bettin, macht Fortschritte mit der Entwicklung des neuen Reglers. Dinge scheinen voranzuschreiten, als Martin unerwartet kündigt (als Folge einer Auseinandersetzung mit dem Mehrheitseigentümer des Unternehmens). Karl wird zum Unternehmensführer ernannt und bekommt einen kleinen Eigentumsanteil. Seine Herausforderung ist es, die Mitarbeiter und Kunden davon zu überzeugen, dass es „Business as usual" sein wird, trotz Martins Ausscheiden aus dem Unternehmen. Seine Sekretärin Ella besitzt unschätzbare Fähigkeiten im Umgang mit Personalsituationen. Die kleine Firma macht Fortschritte und bekommt den Auftrag für das Versuchs-System. Außerdem gibt es einen neuen Auftrag, ein riesiges Projekt für das neue Produkt. Karl weiß jedoch, dass alles vom Start-up Erfolg der Testinstallation abhängig ist. Ein Scheitern würde die Stornierung des großen Auftrags bedeuten; einen kompletten Rückschlag für das Unternehmen. Der Test verläuft einwandfrei, und das Unternehmen erhält ein hervorragendes Zeugnis von seinem wichtigsten Kunden. Karl beabsichtigt den nächsten Schritt, eine Erhöhung seines Firmenanteils. Die meisten Geschäftsangelegenheiten drehen sich letztlich um Besitz und Geld.

Dies bringt uns zum Punkt der Klein- versus Großunternehmen Beschäftigung. Die Entscheidung, ob für ein großes oder kleines Unternehmen zu arbeiten, ist wichtig in Ihrer Karriere. Die Diskussionen im ersten Kapitel der Story zeigen die Vorteile und Nachteile für das Arbeitsverhältnis in Groß- oder Kleinunternehmen auf.

Was bewegend an dieser Geschichte und in der Realität ist, sind nicht die Technik und die Unternehmenserfolge am Ende, sondern die Menschen, die tief in sich hineinschauen, um schwierige Hürden zu überwinden. Der Autor hofft, dass dieses Buch die Leser bewegt nachzudenken und eine Diskussion über die Möglichkeit eines eigenen Unternehmens zu führen, mit Technologie als Grundlage.

Der Inhalt der Story erfasst zwei Haupteigenschaften von effizienten Technology-Startup-Firmen - Zuversicht und das Verständnis der wahren Business-Risiken. Ja, es gibt Grund für Zuversicht, denn wenn Unternehmer realistisch planten und sich über Geschäftsbedrohungen informierten, wäre die derzeitige Lage, dass vier von fünf Startup-Firmen misslingen, nicht vorhanden. Der Erfolg von Startup-Firmen wäre in der Tat sehr hoch.

Die Leser von Technik-Büchern und Stories mögen denken, dass die Tech-Community sich zu viel zumutet. „Nicht wirklich, dieses Buch ist mehr ein Blick in den Spiegel", sagt der Autor, der in Technologie-Unternehmen tätig war; „es dreht sich in der Praxis nicht so viel um Technologie, sondern der Erfolg hängt mehr von uns selbst ab. Es ist unsere Herausforderung, etwas mit den Möglichkeiten anzufangen, die uns gegeben wurden".

Ein Teil dieser Story kann beunruhigend erscheinen, weil es sich nicht um Science-Fiction handelt. Die beschriebene Erfindung geht zwar einen Schritt weiter als die heute verfügbare Technologie, aber in der Regel verwendet das Personal des Buches eine Technologie, die der Heutigen ähnlich ist.

Dies ist zwar nicht zur Gänze ein Werk der Fiktion: das vorgestellte Projekt und die Entwicklungsarbeiten sind fast Tatsachen, aber Namen, Charaktere, Orte und Ereignisse sind eine Fantasie des Autors. Die Geschichte zeigt, dass der gesunde Menschenverstand und die Fixierung auf Leistung Menschen dazu inspirieren können, die Frustrationen, Hindernisse und Herausforderungen, die mit den heutigen typischen Veränderungen in einem Technologieunternehmen vorkommen, zu überwinden.

Stories (Erzählungen/Geschichten) über Prozessleitsysteme sind vielleicht selten, aber der Autor hofft, dass er eine persönliche Verbindung zwischen seinem Publikum und seiner Botschaft mit dem fiktiven Abschnitt dieses Buches erstellen kann.

Diese Story umfasst viele Details, um die Erkenntnisse des Autors zu vermitteln, worauf sich Fachleute im Technologie-Geschäft am meisten konzentrieren sollen. Seine Absicht ist, Beispiele aus der Praxis zu geben, die Hilfe für Unternehmer und Manager bieten.

Die Story wurde nicht nur inkludiert um die menschlichen Herausforderungen, die so wichtig in jedem Unternehmen sind, zu kommunizieren, sondern auch um zu betonen das Nische Branchenwissen und Einblicke über Trends und Entwicklungen erforderlich sind, um Ihre Chancen auf Erfolg in dieser Wettbewerb-intensiven Business-Welt zu verbessern.

Kapitel 1 - Arbeitsweise der Groß-Firma

Auf dem Bildschirm des Computers sah Karl das Thema von so vielen Diskussionen, die SPS-Steuerung. „Ist das ein echtes Prozessleitsystem?" fragte er sich; mit einem Blick auf die Speicher-programmierbare-Steuerung (SPS) im Schaltschrank neben ihm. Er versuchte, sich auf positive Ergebnisse zu konzentrieren, aber seine Gedanken wanderten zu den eher problematischen Möglichkeiten, in denen sich dies alles abspielen könnte. Er konnte nicht die möglichen Risiken der Verwendung einer Standard-Funktion, nicht-redundanten SPS, für kritische Prozesssteuerung aus seinen Gedanken löschen, da er während seiner letzten beiden Projekt-Aufgaben Konfigurationsproblemen mit SPS-Systemen auf industrieller Prozessanwendung ausgesetzt war.

Dies ist die Story von zwei Ingenieuren - Robert Gassner und Karl Winkler - beschäftigt bei SONARES Engineering. Sie prüfen ein Prozessleitsystem.
Bevor wir mit der Geschichte vorangehen, erlauben Sie mir mehr über Robert und Karl mitzuteilen. Sie haben sehr unterschiedliche Charaktere. Robert, der leitende Ingenieur, ist ein echter Draufgänger, immer bestrebt, das Projekt voranzubringen und nicht zögernd, die Lorbeeren für jeden Fortschritt einzuheimsen, egal ob es seine Leistung war oder nicht. Karl, andererseits, ist fast ein Perfektionist, der immer auf der Suche nach besseren Möglichkeiten zu sein scheint. Er gilt als der Prozessleitsystem-Experte für diesen Auftrag, denn er war vor kurzem an einem ähnlichen Projekt beteiligt. Obwohl Karl es vorzieht im Hintergrund zu sein, kann er sich energisch ausdrücken, wenn er sich ignoriert fühlt.

Die Erwartungen waren hoch für diese neue Version der Software. DDC3, die Beta-Version der dritten Generation, war angeblich sehr weit fortgeschritten. Sie wurde als Software mit allen Merkmalen eines modernen Prozesssteuerungssystems beschrieben, ein Subjekt mit dem sowohl Karl als auch Robert vertraut waren.

Robert und Karl drehten sich um, als sie hörten wie sich die Labor-Tür öffnete und sahen wie Jonas, der DDC3 Software-Vertriebsingenieur des Repräsentanten (der Firma des Herstellers), sich seinen Weg durch das Labyrinth der Instrumente, das den Raum füllte, bahnte. Er trug eine Kaffeetasse in jeder Hand und gab jedem von ihnen einen Kaffee, bevor er in seinem Stuhl (vor dem Computer für ein anderes Projekt) Platz nahm. Dies war Jonas Alltags-Routine und sie schätzten ihn.

Karl tippte auf die Computer-Tastatur und eine Reihe von Bildern erschienen auf dem Monitor. „Was meinst du?" fragte Robert, über Karls Schulter schauend. „Ich bin gerade dabei meine erste Grundregelkreis-Analyse zu machen. Die Abweichungsanzeige ist grün und der PID-Regelkreis sieht normal aus. Allerdings habe ich noch keine Prozess-Störung simuliert. Ich sollte das vorläufige PID-Profil am Ende des Tages haben", antwortete Karl.

„Das wollte ich hören", sagte Robert und sah sich die Computeranzeige etwas länger an. Dann wandte er sich wieder seinem Arbeitsplatz zu, trank einen Schluck Kaffee und ließ Karl sich auf seine Arbeit konzentrieren. Karl war sicherlich ein erfahrener Mess-und Regeltechnik-Ingenieur und wurde daher zur abschließenden Überprüfung des Prozessregelsystems eingesetzt. Wenn die Dinge sich weiter positiv entwickeln, würde das System bald für einen umfassenderen Probetest bereit sein.

Der Projektzeitplan sah vor, die Labortests und die Anwendungskonfiguration in drei Monaten zu beenden und, wenn die Gerüchte stimmen, würde diese Beta-Version im Operationszentrum des chemischen Anlagenkomplexes für eine abschließende Beurteilung installiert werden. Wenn sie dann für zwei Monate ihre Leistung in diesem Rahmen erfüllen würde, könnte das DDC3-Regelsystem voll in Betrieb gehen. Der Hersteller des DDC3-Systems hatte keine Zuverlässigkeitsdaten, denn dies war sein erstes System, das in einer kritischen Prozesssteuerung eingesetzt wurde. Eine ungewöhnliche Situation, wenn man bedenkt, dass das Verfahren in dieser Chemieanlage vom Sicherheitsaspekt aus als gefährlich zu betrachten war.

„Die Reglungsfunktionsliste sieht gut aus", sagte Robert und näherte sich dem Monitor, um eine detailliertere Ansicht zu erhalten. Er war kurzsichtig und jedes Mal, wenn er seine Brille abnahm, berührte seine Nase fast den Bildschirm. „Glaubst du, dass die Funktionen, wie sie dargestellt sind, arbeiten? ", fragte er.

„Die Funktionen oder deren Verknüpfung? Nun, in beiden Fällen ist die Antwort ja, hoffe ich, denn wir sind hier, um die Regelkreise zu konfigurieren und nicht die Funktionen zu korrigieren", bemerkte Karl.

„Hast du nicht eine wichtige Präsentation heute? ", fragte Karl.

„Ja, am Nachmittag. Ich präsentiere beim Projektmanagement, und dann treffe ich mich mit Ben ", antwortete Robert (Ben Orborns war der Projektmanager).

„Ich hoffe, dass du ihm nicht mitteilst, dass alles perfekt ist, da die Inbetriebnahme der Basissoftware so lange dauerte, und da wir bis jetzt nicht eine einzige Funktion überprüft haben", antwortete Karl.

„Das will er aber hören, und ich muss ihm auch sagen, dass die Dinge gut vorangehen. Mit all den anderen Problemen bei diesem Projekt bin ich wirklich der Einzige, der mit positiven Nachrichten zu diesem Zeitpunkt aufwarten kann", entgegnete Robert.

Robert begehrte diesen Job. Der Politik der Bosse und dem Projektmanagement dienlich zu sein, machte weniger Spaß, aber er dachte, dass er kurz vor etwas Großem in seiner Karriere stand. Es war ein tolles Gefühl. Er überprüfte die Notizen für seinen Vortrag ein letztes Mal, und dann ging er zu seinem Mittags-Jogg. Jogging war sein Stressabbau-Mittel und mit der kommenden Herausforderung einer Präsentation, gefolgt von einer möglichen Kritik von Ben (dem Projektmanager), bezüglich des langsamen Regelsystem-Starts, benötigte er die beruhigende Wirkung, die diese Routine bot. Er beendete seine Route mit einem kurzen Spaziergang. Dann ging er in den Umkleideraum und zog einen ‚intelligent' aussehenden Anzug an, den er für die Präsentation mitgebracht hatte.

Er erreichte den Konferenzraum, griff nach einem Glas Wasser, und setzte sich in seinen Stuhl, gerade als Ben Orborns die Besprechung begann. „Guten Tag Alle, ich bin froh, dass ihr rechtzeitig hier seid" sagte Ben zu dem versammelten Projekt-Team, während er auf Robert blickte. Er ging einige allgemeine Projektelemente durch und verschob dann das Gespräch auf das Prozessleitsystem, den Haupttagesordnungspunkt der Sitzung. „Ich habe Robert gebeten, uns eine Status-Abschätzung des Prozessregelsystems zu geben. Ihr wisst alle, dass Robert den Konfigurations- und Testaufwand dieses Systems führt. So, Robert, bitte fangen Sie an. Ah, und ich habe ihn gebeten, sich kurz zu fassen, damit wir genügend Zeit für Diskussionen haben."

Robert stand auf und versuchte, ein ‚Gefühl' für die Gruppe zu bekommen. Er war erfreut zu sehen, dass die Körpersprache aller Anwesenden freundlich und einladend war. „Hallo", sagte er und lächelte etwas unsicher, während er versuchte seine Nerven zu beruhigen. Dann begann er seine Präsentation. „Nun, wir haben soeben die neueste Softwareversion von DDC3 erhalten und, nach einigen kleineren Herausforderungen mit dem Laden des Programms, scheinen die Dinge in Ordnung zu sein. Auf der Liste der Steuerfunktionen sieht es so aus als ob die Einzelteile auf der Punch-Liste, die wir vor drei Wochen eingereicht haben, korrigiert sind. Wir werden morgen mit der Überprüfung dieser Funktionen beginnen. Es ist meine Erfahrung, dass Regelsysteme vorhersehbar sind", fuhr er fort. „Wir haben sehr selten Berichte von unerwartetem Verhalten, solange sie bestimmungsgemäß verwendet wurden."

„Warte", sagte Brian Gibson, der Senior Prozessingenieur. „Hat jemand dieses spezielle System-Modell nicht so verwendet wie erwartet und hatte dann ein negatives Ergebnis?"

Robert hielt inne, unsicher wie er die Frage beantworten sollte, und Ben schritt ein, um ihn zu retten. „Danke für die Aufmerksamkeit, Brian. Uns sind keine ungemeldeten Fälle bekannt. Wir wissen, dass das System in einer Pilotanlage irgendwo im Nordosten verwendet wurde ", fügte Ben hinzu. „Offenbar hatte es für fast ein Jahr sehr gut funktioniert."

„Welchen System-Leistungsnachweis in einer Prozessanlage, ähnlich der unsrigen, haben wir?" fragte einer der Projektingenieure, der meinte, dass die Leistungsfrage wichtig für die Diskussion sei. „Dies wird von Systemlieferanten direkt mit unseren Kunden abgedeckt", versicherte ihm Ben. Als Ben sich niedersetzte, versuchte Robert die Dinge zu beschleunigen. Der Hintergrundinformation über die Installation wurde zu viel Aufmerksamkeit geschenkt.

„Wenn wir diese Softwareversion testen, setzen wir unser Augenmerk auf Steuerungsoptimierung "; sagte Robert, mit einem Blick auf Brian. „Unsere Lösungen waren relativ einfach und praktisch umzusetzen. Wir reichten sie an den Systemanbieter und dessen Analyse zeigt, dass unsere Empfehlungen ganz einfach zu integrieren sind. Wir sind jetzt in der letzten Überprüfungsphase, und das System wird in ein paar Monaten für Live-Tests bereit sein." Die meisten Mitglieder des Projektteams nickten. Dann fragte ein Ingenieur: „Sie sagten Optimierung, als ob wir diese erfunden hätten. Ist das unser Design, oder das des Kunden und Lieferanten?"

Robert lächelte, aber seine Gedanken waren in Panik. Hier war es, das Thema, über das er mit Ben reden wollte, aber er würde es nicht hier diskutieren. Er war in erster Linie ein Team-Player. „Mein Ziel ist es ein Tool zu konfigurieren, das dann als Optimierungs-Design verwendet werden könnte." Es war das Beste, was ihm an Ort und Stelle einfiel, und er dachte, dass es ziemlich gut klang und fuhr fort:

„So hat sich die Prozesssteuerungstechnik immer weiterentwickelt." Der letzte Teil war nicht wirklich relevant, und er hoffte, dass man nicht nachhaken würde. Das Treffen verschob sich dann auf einen kommerziellen Schwerpunkt, und die Zeit verlief, bevor mehr unbequeme technischen Fragen gestellt werden konnten. Robert war erleichtert. Als Ben die Sitzung abschloss, fragte Robert ihn: „Kann ich mit Ihnen privat sprechen?"

„Gute Arbeit bei der Präsentation", sagte Ben, als sie zu seinem Büro gingen. „Möchten Sie etwas trinken? Wasser? Tee? Kaffee?" „Nein, danke", sagte Robert, und setzte sich an den kleinen Tisch neben Bens Schreibtisch. Er verließ das Projekttreffen, zufrieden, dass er vermieden hatte, Ben in einem offenen Forum in Verlegenheit zu bringen. Nun, da sie allein waren, würde er seine Bedenken äußern und Bens Unterstützung für eine Lösung suchen. Ben nahm einen Schluck, als er Robert ansah. „Ihr Ersuchen, mit mir zu sprechen, klang dringend. Sie haben doch kein anderes Jobangebot bekommen, haben Sie? Oder wollen Sie zu einem anderen Projekt versetzt werden?" Er war nur halb scherzend, immer besorgt Schlüsselpersonen zu verlieren.

„Nichts dergleichen", sagte Robert und schüttelte den Kopf. „Es geht um unsere Systemzuverlässigkeit. Sie wissen, dass Karl ernste Bedenken über die Systemzuverlässigkeit in unserer Anwendung hat, und ich habe auch welche. Nun, da wir näher zur realen Systemanwendung kommen, haben diese Besorgnisse nicht nachgelassen. Ich hoffe, dass Sie einige Ratschläge für mich haben."

Er beobachtete Ben und wartete. Er wusste, dass Ben nicht glücklich sein würde mit dem was er zu sagen hatte und versuchte, Zeit zu gewinnen. „Kann ich ein Glas Wasser haben?" Ben nahm ein Glas Wasser von seinem Wasserkühler und nahm wieder Platz. Er sprach nicht, was Robert die Gelegenheit gab, seine Meinung zu sagen.

Robert nahm das Glas, hielt es für einen Moment, und stellte es ohne zu trinken wieder auf den Tisch. „Denken Sie darüber nach, wir sind gerade im Begriff ein SPS-System zu installieren, dass seine Zuverlässigkeit der Prozesskontrolle noch nicht nachgewiesen hat, und all das in einer chemischen Anlage. Ich denke, dass Karl eine berechtigte Sicht auf dieses Sicherheitsproblem hat und er kritisiert mich, das Projektteam nicht darüber hinreichend zu informieren. Ich bin besorgt, dass er es dem Kunden mitteilen könnte." Ben blieb ruhig, und Robert fuhr fort „Karl weiß wirklich, was Zuverlässigkeitsangelegenheiten mit einer Regelung bedeuten. Er hatte Probleme mit einem ähnlichen System bei seinem letzten Projektauftrag. Und wir wissen beide, dass ich ursprünglich schon der Auswahl dieses Systems für unser Projekt widersprochen habe."

Ben verschränkte die Arme vor der Brust. „Wow! Sie wissen wirklich, sich selbst zu verteidigen. Sie und Karl haben das System ja für mehr als zwei Monate getestet, und Sie erzählen mir jetzt, kurz vor der geplanten Installation, dass das Steuersystem möglicherweise nicht funktioniert." Er runzelte die Stirn. „Ich muss zugeben, ich bin frustriert, wenn ich Sie sagen höre, dass Sie ursprünglich widersprochen hätten. Sie wissen genau, als damals der Kunde dieses System auswählte, sagten Sie, dass diese Technologie zwar nicht bewiesen sei, aber, dass Sie zuversichtlich sind, dass wir sie einsetzen können." Er machte mit seinen Händen ein Anführungszeichen in der Luft, als er den Satz beendete. „Also, was ist los? Wollen Sie sagen, dass das System außer Kontrolle geraten wird und nicht zuverlässig genug ist die Anlage zu steuern?"

„Nein; in dieser Phase des Projekts können wir nicht zum Kunden gehen und ihm sagen, dass alle anderen Teile des Projekts startbereit sein werden, aber das Steuersystem möglicherweise nicht", äußerte Ben; er hielt inne und Frustration wurde in seiner Stimme hörbar. „Nicht in meinem Projekt", sagte er, indem sein Finger auf Robert zeigte. „Sie und Karl müssen die Probleme schneller lösen." Ben stand auf und starrte ihn solange an bis Robert auf den Tisch schaute. „Das ist Ihr Job". Sein Ton war anklagend und Robert errötete. „Wir wollen es in sechs oder sieben Wochen fertig haben", fügte Ben hinzu. Robert hatte gehofft, dass Ben die Anweisung geben würde „den Test ganz langsam durchzuführen, um sicherzustellen, dass alles in Ordnung ist". Stattdessen steuerte Ben in die entgegengesetzte Richtung und verlangte den Abschluss der Systemverifikation vor dem offiziellen Zeitplan. Robert sagte: „Wir werden unser Bestes tun" und verließ das Büro.

Auf dem Weg zurück ins Labor schaute er auf seine Uhr; es war fast 16:00 Uhr. Er hielt an und beschloss umzudrehen und in sein Büro zu gehen. Er wollte nicht Karl treffen und ihm sagen müssen, was beim Gespräch mit Ben passiert war. Er zögerte, dachte über sein bisheriges Berufsleben nach und darüber, wie kritisch Karl über seine Abwicklung des Projekts dachte. Er blickte auf den Schreibtisch in seinem Büro und nahm dann seinen Mantel vom Bügel. Er war enttäuscht, denn er war zu Ben gegangen, um eine Lösung zu bekommen, und stattdessen wurde er stärker unter Druck gesetzt. Robert beschloss, nach Hause zu gehen.

Am nächsten Tag um 7:30 Uhr, als Robert ins Labor ging, saß Karl bereits vor dem Monitor und blickte ihn mit einem ungewöhnlich schweren Ausdruck an. „Was hast du ihnen gesagt?", fragte er.

„Ich sagte ihnen, dass die Dinge im Grunde in Ordnung sind, aber dass wir immer noch einige Softwareprobleme mit der System-Zuverlässigkeit haben", antwortete Robert. „Was sollte ich sonst sagen?"

„Warst du in der Lage, Ben privat zu treffen?", fragte Karl.

Robert nickte und zitterte sichtbar, als er sagte: „Ja, und anstatt uns eine Atempause für diese Verifikations-Aufgabe zu geben, teilte er mir mit, dass wir alle Tests innerhalb von sechs Wochen beenden müssen." Und obwohl Karl ihn entsetzt anstarrte, fügte er hinzu: „Und ich denke immer noch, dass es mit dem neuen Software-Release eine Chance für uns gibt, rechtzeitig fertig zu werden."

„Nun, wenn man bedenkt, was bisher bei den letzten drei Software-Versionen passiert ist, weiß ich nicht, in welcher Welt du lebst", antwortete Karl ruhig. Er bemühte sich, sich nicht aufzuregen, aber er wollte unterstreichen, was er als Realität der Situation ansah.

Karl blieb ruhig und fuhr fort. „Ich will dir sagen, was gestern passiert ist, während du in der Besprechung warst. Hank Gruhn, der Anlagenleiter des Kunden, der, wie du erwähntest, an der System-Auswahlentscheidung beteiligt war, kam mit der System-Wartungsgruppe vorbei; du solltest froh sein, dass du in der Sitzung warst und nicht hier. Dies war offenbar das erste Mal, dass diesen Leuten aus der Anlage mitgeteilt wurde, dass sie ein SPS-basiertes Prozessleitsystem bekommen ", sagte Karl. „Ich konnte kaum glauben, was ich hörte. Ich war einfach erstaunt".

Ein Techniker fragte: „Hank, du sagtest, dass wir eine neue Art von Steuersystem bekommen, wo sind die Regler?" Hank antwortete ihm, dass es keine physischen Regler mit dieser neuen Art von Systemen gibt; „alles befindet sich in dieser CPU", sagte er, während er auf das SPS-System im Schrank zeigte. „Du brauchst nicht mehr so viele verschiedene Geräte zu berücksichtigen. Keine Sorge Jungs, ihr werdet reichlich Training erhalten, bevor wir mit diesem System online gehen".

Robert unterbrach Karl und fragte „Hat Hank dich ersucht eine Präsentation zu geben?" Er war besorgt, dass Karl negative Bemerkungen über die Fähigkeit des Systems gemacht haben könnte. „Zum Glück nicht", antwortete Karl; „Ich hatte das Gefühl, er wollte die Besichtigung so kurz wie möglich machen, da er ihnen sagte, sie müssten anschließend zu einer Besprechung gehen."

„Wo liegt das Problem?", wollte Robert wissen und setzte sich nieder.

„Nun, ein paar Minuten, nachdem die Gruppe das Labor verlassen hatte, kam einer der Männer zurück, sagte, er sei der Wartungsleiter und fragte mich, was ich über dieses System dachte und wann es für die Anlagen-Tests bereit stehen würde", antwortete Karl und fuhr fort: „Ich habe nicht gewusst, was ich ihm mitteilen könnte, und sagte, dass die Projektleitung von SONARES Engineering darauf hingewiesen wurde, dass sein Projektteam den Anlagen-Test für das System in ein paar Monaten geplant hat. Das Wartungsteam schien keine Idee zu haben, was sie bekommen werden. Seltsam."

Robert, war erleichtert, dass Karl seine Bedenken während dieses Kundenbesuches nicht geäußert hatte. Er antwortete: „Nun, das Ganze verlief relativ glatt. Worüber bist du dann besorgt?"

Karl dachte „Ich kann meine Befürchtungen nicht vermitteln, selbst an Robert, und er kennt die Umstände. Dies ist eine Situation, in der ich lange Zeit versucht habe meinen Kollegen mitzuteilen was ich denke, aber sie wollen mich einfach nicht verstehen". Es schien, je mehr Karl Robert zu überzeugen versuchte, umso mehr lehnte dieser ab. Karl irritierte dieses Verhalten und seine Stimme wurde laut: „Für den Fall, dass die Dinge außer Kontrolle geraten mit diesem SPS-System, und meiner Meinung nach werden sie es, glaube ich, ist es unsere Pflicht, dem Kunden mitzuteilen, dass wir ein automatisches Redundanzsystem benötigen".

„Ist das nicht der Grund, warum wir vor ein paar Monaten einige analoge Stationen hinzufügten?", antwortete Robert. Er bezog sich auf die Hand-Hilfs-Regler, die als Ausfall-Schutz Anfang des Monats auf Karls Drängen hinzugefügt wurden. Diese manuellen Geräte werden durch einfache Schalter gesteuert: „Aus" - wo sie nichts tun und die SPS-Steuerung bei voller Leistungsfähigkeit funktioniert, oder „Ein" - wo die SPS-Ausgangssignale manuell übergangen werden.

Karl holte tief Luft und erhob seine Stimme: „Wie oft muss ich dir sagen, dass ich nicht glaube, dass dies funktionieren wird, auch wenn diese manuellen Stationen hinzugefügt werden. Es ist einfach nicht ausreichend, um die Anlage unter Kontrolle zu halten", sagte Karl.

„Ich verstehe es nicht. Handbedienung bei einer SPS-Funktionsstörung; warum soll das nicht funktionieren? " Frustration wurde in Roberts Stimme bemerkbar: „Okay, angenommen ich bin der Betreiber. Ich beobachte die Anlage und das SPS-Steuerverhalten, meine Besorgnis wächst und ich entscheide, zur manuellen Kontrolle zurückzukehren."

Karl nickte, um zu zeigen, dass er Roberts Aussage folgte; dann seufzte er und unterbrach Robert: „Du hast die komplette Redundanz-Reglungsoption noch nicht durchdacht. Wir müssen nicht nur Kontroll-Redundanz haben, aber das Wichtigste ist, dass wir die richtigen automatischen Fallback-Eigenschaften in den Regelfunktionen haben, oder das wird alles in einer Katastrophe enden." Er fügte hinzu; „Obwohl dies erhebliche Kosten bedeutet, wir brauchen diese wirklich."

„Nun, diese auf den neuesten Stand gebrachten Funktionen sollen ja in dieser Software-Version enthalten sein. Warum bist du immer so aufgebracht? ", entgegnete Robert.

Karls Ton wurde wütend und sein Gesicht errötete. „DDC3 dritte Generation Frankenstein" ist der Begriff, den mehrere Personen privat in diesem Labor verwenden." sagte er. „Du weißt nicht einmal, dass sich dieses Gespräch sich auch außerhalb dieser Laborwände ausgebreitet hat." Und Karl fand die Kraft, um seiner Worte etwas Durchsetzungsvermögen hinzuzufügen. „Und ich denke immer noch, dass wir uns energisch für das gesamte Spektrum der Funktionen einsetzen müssen - für alle komplexen Regelkreise automatische Redundanz und Fallback-Funktionen. Dies sind Standard-Features von Prozessleitsystemen für diese Art der Anwendung in einer Chemie Anlage. Das ist der Grund, warum ich das immer wieder betone. Natürlich wäre **die richtige Lösung für diese Anwendung ein vollständig redundantes Automatisierungssystem** gewesen, wie ich es am Anfang schon dargelegt habe. Leider bieten SPS Lieferanten wie unser Anbieter diese Lösung noch nicht an."

„OK, OK, ich höre dich" konterte Robert. „Lass uns mit den Funktionstest vorankommen. Diese ständige Kritik an der fehlenden Redundanz-Steuerung bringt nichts in Bezug auf die Konfiguration der Funktionen für die Basisregelkreise. Sie ist die Hauptaufgabe, die wir hier zu vervollständigen haben." Karl geht offenbar auf Roberts Nerven, aber tief im Inneren weiß Robert, dass Karl Recht hat.

Und Karl konnte das Gespräch nicht beenden, ohne dass das letzte Wort zu haben. „Willst du sagen, dass diese Zuverlässigkeits- und Anwendungsfragen nicht kritisch sind?" fragte er Robert. „Dies sind nicht nur kleine Streitereien unter uns", fügte er hinzu.

Karl stand auf, pausierte für ein paar Sekunden, legte dann seine Hände in die Taschen seiner Jacke und sagte mit einem Gefühl der Finalität. „Ich glaube, wir müssen andere mit einbeziehen. Es steht hier zu viel auf dem Spiel. Aber wir brauchen weitere Informationen, bevor wir beginnen rote Fackeln abzubrennen. Diese Politik der großen Unternehmen macht die Kommunikation so kompliziert."

Der ganze Vormittag war fast vorüber und beide, Robert und Karl, waren zunehmend frustriert über die konfrontative Haltung des jeweils anderen. Robert beabsichtigte zu einer weiteren Besprechung, in Bezug auf Regelsystem-Ausbildungsfragen, zu gehen und verließ das Labor, ohne ein Wort zu Karl zu sagen.

Karl startete das SPS-System wieder und legte die Füße auf den Tisch, während er auf dem Bildschirm die Boot-Meldungen beobachtete. Seine ruhigen Momente wurden unterbrochen, als zwei Techniker herein hasteten, sich auf dem Boden hinter dem SPS Schrank setzten und eine Zugangsabdeckung öffneten um etwas Verstecktes im Inneren zu bearbeiten. Karl sah für einige Augenblicke zu, dann sagte er. „Ihr scheint es ziemlich eilig zu haben."

„Oh!", sagte einer der Techniker, deutlich aufgeschreckt. „Tut mir Leid, Sir, wir wussten nicht, dass jemand hier war."

„Was geht hier vor? ", fragte Karl und erhob sich von seinem Stuhl.

Einer der Männer, mit einem Gerät in der Hand, stand auf und antwortete „Wir machen Vorbereitungen für eine Systemerweiterung." Er überprüfte das Gerät, während er sprach, dann nach unten geneigt, zeigte er es seinem Partner. „Passen Sie auf mit diesem Anschluss, wenn Sie ihn reinstecken." Er stand wieder auf und sah Karl an. „Wir konfigurieren das System für Redundanz. Dafür ist dieses Verbindungskabel." Karl sagte „ja, ich weiß." Er war verblüfft dass die Umrüstung so schnell gemacht wurde.

Das war nicht die Nachricht, die er an diesem Nachmittag erwartet hatte. Er freute sich, und bedauerte die konfrontative Haltung, die er gerade im Gespräch mit Robert hatte. „Wir werden auch Parallel-IO-Kabel installieren, falls diese Änderung genehmigt wird." sagte einer der Techniker.

„Nun, das ist noch besser. Wer gab die Anordnung für das alles? ", fragte Karl.

„Meine Güte, Sir, wir arbeiten für einen privaten Auftraggeber, und ich habe diese Aufträge von meinem Chef bekommen."

In Anbetracht der Tatsache, dass Finanzmittel und Zeit für dieses Projekt knapp sind, war Karl sehr überrascht, wie schnell man sich um die Redundanzmaßnahmen kümmerte. Er fühlte sich wieder ernst genommen und war fast überglücklich.

Mit der gestarteten SPS begann Karl wieder seine Steuerungsfunktionstests. Er konfigurierte einen einfachen Vorwärtskopplungs-Regelkreis mit einer Analysator-Feedback-Regelung. Er kontrollierte die Man-Auto-Cas Betriebsarten und setzte ein simuliertes Analysesignal ein, um das Verhalten des Regelkreises zu überprüfen. Der Regelkreis verhielt sich normal, solange er das Analysator-Feedback-Signal im normalen Bereich manipulierte. Dann zog er das Signal über den oberen Grenzwert, um eine Analysator Fehlfunktion zu imitieren. Statt automatisch einen Fallback-Wert (Ersatzwert) einzunehmen, öffnete sich der Regelkreis, und verursachte einen ‚Null' (defekten) Ausgang. „Verdammt! wieder das gleiche Desaster" schreit Karl. „Werden diese SPS Entwicklungsingenieure jemals verstehen, wie Prozessregelung funktionieren soll? Sie haben nicht das geringste Verständnis für Sicherheit und Anwendungs-Know-how das erforderlich ist, um eine Prozessanlage zu steuern. Das ist wirklich beängstigend!"

Karl verbrachte weitere zwei Stunden an der Punch-Liste um zu überprüfen, ob die Softwarefehler korrigiert wurden. Die meisten von ihnen waren nicht behoben. Er war nicht sicher, ob die Programmierer einfach die Funktionsanforderungen nicht verstehen, oder ob der Systemanbieter diesem Projekt nicht eine hohe Priorität zuweist. Wie auch immer, er war sehr entmutigt und als Robert von seinem Treffen zurückgekehrte, sagte er „Wir kommen mit dieser Software nicht voran und meine Kritik findet bei den damit befassten Personen kein Gehör. Wie also können wir konstruktiv agieren, dass die Probleme behoben werden?" Und er folgerte „Sprechen wir mit den richtigen Leuten?"

Robert, sichtlich beunruhigt, antwortete „Karl, mein Treffen bezüglich der Systemschulung ging nicht gut, können wir dies morgen besprechen?"

„Natürlich ", sagte Karl „Ich werde die Probleme, die ich gerade gefunden habe, notieren und wir können die Situation morgen diskutieren." Karl konnte an Roberts Gesichtsausdrück sehen, dass er unter Stress stand und deshalb jede Diskussion verschieben wollte.

„Was für ein Wechselbad der Gefühle", flüsterte Karl zu sich selbst, sein Ausbruch über SPS Ingenieure war ihm peinlich. Vor einer Stunde war er noch begeistert, die Redundanzkabelinstallation zu sehen und jetzt geschah dies. Er fühlte Unbehagen über diese Wendung der Ereignisse. Es schien fast hoffnungslos. Es war nicht die Tatsache, dass viele Dinge auf der Punch-Liste nicht behoben wurden, die ihn so sehr aufregte. Es war, dass dieselbe Situation, die an seinen beiden vorherigen Projektarbeiten passierte, sich während der letzten zwei Monate hier zu wiederholen schien. Und innerhalb dieses großen Engineering-Unternehmens, mit seiner vielschichtigen Organisation, war seine Unfähigkeit, diese Probleme in einem vernünftigen Zeitrahmen zu bewältigen, sehr frustrierend und stressig. Er erinnerte sich lebhaft an die Paniksituationen, die diese Arten von Fehlfunktionen beim Systemstart in der letzten Anlage verursachten, und die Sündenbock Jagd, die folgte.

Karl entschied, dass er am Nachmittag nach Hause fahren würde. Der Abstand würde ihm Raum und Perspektive geben, die er brauchte, um die Situation zu durchdenken. Die Großunternehmens-Politik beeinflusst ihn, und er glaubte, dass seine Tätigkeit mit dieser Gruppe, trotz seiner Bemühungen, die Qualität seiner Arbeit reduzieren würde. Es würde auch seine Beförderungschancen in der Firma beeinflussen. Emotional aus dem Gleichgewicht, fing er an, seine persönlichen Gegenstände in Vorbereitung für die Heimreise zu sammeln. Die halbe Stunde Heimfahrt war wie ein Nebel. Er erkannte, dass er müde war und wollte verzweifelt seine Last durch eine Beratung eines vertrauenswürdigen Freundes erleichtern.

Hilde Huber war seine offensichtliche Wahl. Sie hatte früher für ein Groß-Technologie-Institut gearbeitet und dann, seit über zehn Jahren, managte sie ihr eigenes Unternehmen mit rund einem Dutzend Mitarbeitern. Sie war schon immer eine wertvolle Bekanntschaft und er war sicher, dass sie ihm zuhören und ehrliche Empfehlungen geben würde. Als er nach Hause kam, ging er direkt zum Telefon und rief an. Hilde hob ab. Karl, immer noch aufgeregt, sagte: „Hallo Hilde, es tut mir leid, dich zu dieser Tageszeit zu stören."

„Nun", antwortete sie „vor zehn Minuten war ich noch in einem Geschäft um neue Vorhänge zu kaufen, da hättest du mich nicht erreicht. Du klingst bekümmert Karl. Stimmt irgendetwas nicht?"

„Ja, die Dinge laufen im Büro und im Labor nicht gut. Ich entschuldige mich, dich mit meinen persönlichen Sachen zu belästigen."

„Oh, nein Karl, entschuldige dich nicht", antwortete sie, „wofür sind Freunde da? Erzähl mir was passiert ist."

„Nun, es ist nicht nur dieser Vorfall. Es scheint, als ob eine Sache nach der anderen mit meiner Arbeit in diesem Engineerings-Unternehmen schiefgeht. Daher suche ich schon seit fast einem Jahr nach einer beruflichen Veränderung."

„Wow, du weißt wirklich, wie man jemanden überraschen kann. Wie kommt es, dass du dies nicht vorher erwähnt hast?"

„Ich wollte warten, bis die Schwierigkeiten, die ich in diesem Projekt habe, behoben sind, bevor ich etwas unternehme, um diese Firma zu verlassen. Und selbst jetzt, zwingt mich sowohl mein moralischer als auch emotionaler Kompass, engagiert zu bleiben, bis die wichtigsten Probleme gelöst sind. Ich muss meinen Chef über meine Pläne der Beendigung des Arbeitsverhältnisses wissen lassen, so dass er Zeit hat, einen anderen Ingenieur für diesen System Check-out einzuarbeiten."

„Hast du bereits einen anderen Job gefunden?", fragte Hilde.

„Nein, aber ein Freund von mir, du kennst ihn ja, Martin Egger, der gerade in einem Startup-Unternehmen angefangen hat, hat mit mir mehrmals über einen Job gesprochen."

„Aber wird ein Job bei einem Start-up Unternehmen die richtige Entscheidung für dich sein, einem Ingenieur, der so viele Jahre für ein großes Unternehmen gearbeitet hat? Herauszufinden, in welcher Umgebung du am besten arbeiten kannst, ist genauso wichtig, wie für welches Unternehmen du arbeiten willst" erwähnte Hilde, und gab ihm den Ratschlag. „Bevor du dich entscheidest, welcher Weg der richtige für dich ist, zieh ein paar grundlegende Dinge in Betracht."

„OK" antwortete Karl „Ich schätze deine Hilfe."

„Gern geschehen", sagte Hilde und fuhr fort. „Das erste für dich ist, dein Karriereziel festzulegen. Denke darüber nach, wo du dich in zwanzig Jahren befinden möchtest. Hoffst du, eines Tages eine Top-Level-Führungskraft in einem großen Unternehmen zu sein? Oder hast du einen unternehmerischen Geist mit einer Leidenschaft für die Gründung einer eigenen Firma? Während du über den Beitritt zu Martins Start-up nachdenkst, übersehe nicht, dass größere und etablierte Unternehmen dir wahrscheinlich bessere Bezahlung und Krankenversicherung bieten. Aber, es kann fünf Jahre oder länger dauern, bis du eine deutliche Gehaltserhöhung oder Beförderung in einer solchen Firma siehst. Start-ups haben in der Regel eine flache Organisationsstruktur und bieten dir Gelegenheit, deine Fähigkeiten in einer kurzen Zeitspanne zur Geltung zu bringen. Da viele Start-ups scheitern, ist die Arbeitsplatz-Sicherheit kein Pluspunkt. Und dies wäre nur eine der Überlegungen für dich."

Hilde fuhr dann fort „Hast du wirklich deinen Arbeitsstil und deine Leidenschaft entdeckt? Bist du erfolgreich in eng zusammen arbeitenden Teams und einer entspannten Unternehmenskultur? Oder arbeitest du am besten in einer stärker strukturierten Unternehmensumgebung, die mehr Work-Life Balance bietet? Nimm dir Zeit, um zu entdecken, wie du es vorziehst zu arbeiten, um nicht in einem frustrierenden Job zu landen, der deine persönliche und berufliche Entwicklung hemmt. Denke noch einmal über deine ultimative Arbeitsplatz-Freude, einschließlich deiner Stärken und Schwächen und deiner Rolle in einem Team nach."

Karl sagte: „Ja, du hast Recht. Es gibt viele Dinge, die ich überprüfen muss."

Hilde fuhr fort „Und stelle sicher, dass du das Geschäftsmodell wählst, das deinen Karriereweg unterstützt. Also, welche Art von Position will Martins Startup-Unternehmen füllen? Die am höchsten dotierten Positionen sind in der Geschäftsführung, Vertrieb und Marketing, nicht unbedingt im Ingenieurbereich. Obwohl der Bedarf an Ingenieuren steigt, also, ein Mensch wie du mit soliden technischen Fähigkeiten kann ein Gewinn in einem Startup-Unternehmen sein. Solltest du dich entscheiden, die Firma zu wechseln, versuche wenigstens sicherzustellen, dass es profitabel ist."

Hilde verharrte und endete mit der Äußerung „Karl, du musst wissen, welche Vorteile du von einem großen Unternehmen oder einer Start-up Firma erwarten kannst - große vs kleine Firma. In einem etablierten Unternehmen wirst du wahrscheinlich nach einem festgelegten Zeitplan arbeiten, typisch von acht bis fünf. Und wie du weißt, gibt es in der Regel viele Hierarchiestufen für Manager, Direktoren und Top-Level-Führungskräfte, so dass du davon ausgehen kannst, die Unternehmensleiter langsam zu erklettern, um mehr bezahlt zu bekommen und Anerkennung zu erhalten. Aber ich denke, dass du diese Situation bereits gut kennst. In einer Startup Firma kannst du von langen Arbeitszeiten ausgehen und du wirst in kleinen Teams arbeiten. Startups sind transparent und du wirst wahrscheinlich die Performance des Unternehmens von Woche zu Woche erleben. Du wirst wahrscheinlich auch viele verschiedene ‚Hüte tragen' müssen und möglicherweise die Führung von Projekten übernehmen, von denen du vielleicht wenig verstehst."

„Du hast mir viel zu denken gegeben", sagte Karl, „Ich möchte dich mit beiden Armen umarmen, aber leider sind wir am Telefon. Es wird einige Zeit dauern, um dies alles zu verdauen."

„Keine Sorge", sagte sie. „Versprich mir, dass du dich nicht überlastest und dass du deine Chancen in Ruhe einschätzt." An diesem Punkt fügte sie hinzu „Und zögere nicht, mich anzurufen, wenn du Hilfe benötigst. Also, stelle sicher, dass du alles durchdenkst, bevor du irgendwelche Schritte unternimmst "; dann legte sie auf.

Am nächsten Tag, während seines morgendlichen Joggens, nutzt Karl die Zeit, um einen klaren Kopf zu bekommen und seine Optionen abzuwägen. Er hat bei jedem Schritt seiner Karriere schwer angepackt, akzeptierte den Druck von oben, und versuchte mit Ingenieuren wie Robert zu arbeiten. Während er joggte, war er mehr und mehr davon überzeugt, dass in den großen Engineering-Unternehmen, auch wenn die Dinge größtenteils in Ordnung waren, sein Beitrag, auf den er so stolz ist, nie wirklich geschätzt wurde. Auf der anderen Seite behandelte ihn dieses Engineering-Unternehmen in all diesen sechs Jahren, die er mit ihnen verbrachte, sehr gut. Das Unternehmen war nicht für die technischen Schwierigkeiten, mit denen er während der letzten paar Monaten konfrontiert war, verantwortlich, sagt er zu sich selbst. Er empfand, dass sein Chef zumindest der erste in der Firma sein sollte, der seine Absicht erfährt, die Firma zu verlassen.

Karl war nervös, aufgeregt und verzweifelt, und versuchte eine Lösung für sein Problem voranzutreiben. Er legte die belgischen Waffeln, die er regelmäßig zum Frühstück hatte, schnell wieder auf den Tisch. Außerdem vergaß er seine üblichen Tassen Kaffee und konnte es nicht erwarten, Hilde wieder anzurufen. „Hilde", sagte er, „ich glaube, ich habe mich entschlossen. Ich werde diesen Job aufgeben und bei der kleinen Firma anfangen. Ich werde meinen Chef anrufen und mit ihm darüber sprechen."

„Nun, lass nicht deinen Chef von deinen Überlegungen wissen, dass du planst die Firma zu verlassen; Du suchst Rat an der falschen Stelle." Antwortete Hilde und fuhr fort „Vorausgesetzt du hast einen besonderen Chef, der sich mehr Sorgen um deine Zukunft als über seine eigene oder die des Unternehmens macht, tue dies bitte nicht. Betrachte jede Diskussion über deinen möglichen Rücktritt als gleichbedeutend, ihn auch durchzuführen. Sobald du die Katze aus dem Sack gelassen hast, wird es schwierig sein, sie wieder zurückzubringen. Die Absicht kommt möglicherweise unter deinen Kollegen raus, und dies kann ihre Haltung dir gegenüber beeinflussen. Dein Chef kann das was du offenbarst, als Indiz dafür sehen, dass du auch weiterhin auf Job-Suche sein wirst, auch wenn du diesen Job nicht nehmen würdest. Und, wenn du noch keine feste Entscheidung getroffen hast, all das Gerede kann dazu führen, die falsche Entscheidung zu treffen." Und sie fuhr fort. „Ich bin davon überzeugt, dass das Einholen von Ratschlägen bei einem möglichen Jobwechsel sinnvoll ist. Aber ich denke, es ist gefährlich, eine solche Beratung bei Menschen zu suchen, deren eigener Arbeitsplatz und Leben durch deine Entscheidung beeinflusst wird."

„Karl, du musst über die Entscheidung die Firma zu verlassen absolut sicher sein", sagte Hilde. „Das mag selbstverständlich klingen, aber du solltest deinen neuen Job vertraglich sicher haben, bevor du deinen jetzigen kündigst. Der Moment der Kündigung ist nicht Teil des Entscheidungsprozesses. Während dein Rücktritt ein Gegenangebot auslösen kann, das du vielleicht auch akzeptieren könntest, sollte ein Gegenangebot nicht die motivierende Kraft hinter einem Rücktritt sein;" sagte sie. „Außerdem könntest du dich während der Kündigung unwohl fühlen, wenn du befürchtest, dass dein Arbeitgeber versuchen wird, dich davon abzubringen. Wenn du dich von deiner Entscheidung abbringen lässt, basiert sie nicht auf einem soliden Fundament. Möglicherweise gibt es andere Kriterien, die für dich von Bedeutung sind, aber verpasse nicht diese grundlegende hier."

„Lass mich etwas aus eigener Erfahrung erwähnen", sagte Hilde „Du nimmst einen Job an, weil Technologie und Produkte für dich etwas positives haben? Nur weil die Technologie ‚Leading Edge' ist, bedeutet dies nicht, dass dies für dich einen Wert hat. Was zählt ist, ob diese Technologie in deine Zukunftspläne passt. Wirst du mit Menschen arbeiten, deren Einstellungen, Ziele und Stil für dich selber ein gutes Beispiel sind? Bewegst du dich in einem geschäftlichen Umfeld, wo du sehr zufrieden sein wirst? Vielleicht habe ich dies gestern schon alles erwähnt", sagte Hilde, „aber es ist so wichtig, dass es sich lohnt, sich zu wiederholenden"

„Außerdem, wirst du in diesem neuen Job mehr Kenntnisse bekommen als du bereits hast, bezüglich deiner Arbeit? Dies bezieht sich sowohl auf die formale als auch auf informelle Bildung. Und, wirst du verdienen, was du wert bist? Überdies finde heraus, wie Menschen, die das Unternehmen verlassen haben, behandelt wurden. Haben sie die Lohnnachzahlung, die man ihnen schuldete, bekommen? Wie wurde nicht genommener Urlaub gehandhabt? Während Einzelpersonen anders behandelt werden können, wirst du in der Lage sein, besser zu planen, wenn du die typische Erfahrung kennst. Und kündige niemals, es sei denn, du hast das Angebot von deinem Freund Martin schriftlich. Ich habe Stellenangebote kurz vor und auch nachdem ein neuer Mitarbeiter für die Arbeit eintrifft, zurückgezogen gesehen. Ich habe auch Kandidaten gesehen, die, als sie zur Arbeit kamen, erfuhren, dass die Position und der Titel nicht genau dem entsprachen, was ihnen versprochen wurde, und dass die Arbeitsbedingungen sich verändert hatten. Vermeide Überraschungen; ein schriftliches Angebot, das alle Details enthält, macht es weniger wahrscheinlich, dass es zu Missverständnissen kommt, als ein mündliches. Ein schriftliches Angebot gibt dir auch ein juristisches Mittel, deine Position in einer Kontroverse zu unterstützen."

„Ich schätze die gute Beratung ", sagte Karl. „Teilweise habe ich dies schon letzte Nacht durchdacht. Ich konnte kaum schlafen. Ich dachte auch über das Kündigungsschreiben nach."

„Nun, es gibt sicherlich viel zu berücksichtigen, wenn du deinen Rücktritt einreichst", sagte Hilde. „Gib dein Kündigungsschreiben zuerst deinem Chef, möglichst privat; dann reiche der Personalabteilung eine Kopie nach. Sobald du hinter verschlossenen Türen bist, brauchst du zu deinem Chef nur sagen: ‚Es tut mir leid, Ihnen mitzuteilen, ich kündige meine Position'. Es ist keine gute Idee, dass dein Chef von jemand anders über deine Kündigung erfährt, so überlege es dir zweimal, wem du dich anvertraust. Der Brief sollte nur einen Satz umfassen, weil, um zynisch zu sein, davon Karrieren abhängen können. Es kann sogar einen rechtlichen Effekt haben. ‚Ich, Karl Winkler, kündige hiermit meine Position mit SONARES Engineering'. Das ist alles. Unterzeichnen, zukleben und abliefern. Alle weiteren Details können durch Diskussion besprochen werden. Falls du aus irgendeinem Grund gezwungen wirst, rechtliche Schritte zu unternehmen (zu klagen), oder falls das Unternehmen dich verklagt, für, z.B. Informationsdiebstahl, kann alles, was du in dem Brief notiert hast, gegen dich verwendet werden".

„Auch, erkläre nichts. Beschwere dich nicht. Und, denke daran, wenn du einen festen Entschluss gefasst hast, einen neuen Job anzunehmen, soll deine Kündigung nicht zu einer Diskussion darüber führen, was notwendig wäre, um dich zum Bleiben zu bewegen. Ebenso sollte deine Kündigung nicht ein Forum sein, indem du erklärst, was bei der Firma falsch läuft. Erläuterungen führen zu Beschwerden, und Beschwerden können zu Problemen führen. Auch wenn die Personalabteilung möchte, dass du alle deine Gedanken und Gefühle in einem Austrittsgespräch teilst, die Zeit der Kündigung ist nicht die Zeit Firmenprobleme zu beheben. Solche Treffen können unter den richtigen Umständen hilfreich sein, aber meiner Meinung nach ist dies keine Zeit, um dein Herz zu öffnen und alles auszuplaudern. Es ist zu riskant, und es gibt null Vorteile für dich. Ich würde höflich ablehnen. Wenn deinem Chef oder der Personalabteilung die Probleme, die dich zum Rücktritt geführt haben, nicht bekannt sind, dann taten sie zu wenig und sie fragten zu spät. Alles, was du sagst könnte dir Schwierigkeiten bringen. Öffne dich nur für diejenigen, denen du vertraust, und nur soweit es wirklich darauf ankommt."

„Darüber hinaus, behalte deine Zukunftspläne für dich selbst. Es scheint nett zu sein, die neue Adresse mit Freunden oder dem Chef zu teilen. Aber wenn jemand denkt, dass dein neuer Arbeitgeber ein Konkurrent ist, kann sich die zweiwöchige Kündigungsfrist plötzlich in eine sofortige Abreise verwandeln, oder noch schlimmer. Wenn dich jemand unter Druck setzt, sage einfach ‚ich würde es vorziehen, meinen neuen Job jetzt nicht zu diskutieren. Aber, ich werde auf jeden Fall nachher anrufen, weil es mir wichtig ist, mit Ihnen in Kontakt zu bleiben'."

„Und vergiss nicht, am letzten Tag eine gute Figur zu machen", ergänzte Hilde. „Wenn ein Arbeitgeber und ein Arbeitnehmer eine gute Beziehung haben, was in deinem Fall sicherlich ist, können Trennungen freundlich, respektvoll und kooperativ sein. Wenn dein Chef akzeptiert hat, dass du die Firma verlässt, lass ihn wissen, dass du es als deine Verantwortung siehst, die Schwierigkeiten des Übergangs für das Unternehmen und für deine Mitarbeiter zu minimieren. Sage ihnen, ‚wenn Sie möchten, dass ich irgendwelche Materialien für die Person, die mich ersetzen wird, vorbereite, oder die Ausbildung von jemanden vorbereite, bin ich bereit dies zu tun, solange es nicht den Beginn bei meinem neuen Job beeinträchtigt. Wie kann ich helfen?' Finde heraus, wie lange das Unternehmen deine Kündigungsfrist planen möchte. Erwarte und plane zwei Wochen der härtesten Arbeit, die du jemals getan hast; du schuldest das deinem Arbeitgeber, bevor du ihn verlässt.

Übrigens, wenn du eine Woche frei haben möchtest, zwischen den Jobs, richte dein Startdatum entsprechend ein. Zähle nicht die zwei-Wochen-Kündigungsfrist die von deinem derzeitigen Arbeitgeber vielleicht zugeteilt wird. Falls dein Chef dich sofort entlassen will, gilt dies natürlich nicht. Aber du kannst das Angebot machen. Diese Leute haben ein Engineering-Business zu führen, und du hast ihnen gerade mitgeteilt, dass du nicht mehr ein Teil davon sein möchtest. Also, sei höflich und habe Verständnis wenn sie dich vor die Tür setzen."

„Am wichtigsten ist", sagte Hilde, „Brücken zu bauen und nicht abzureißen'; oder mit anderen Worten, man soll seine ‚Kontakte nicht abbrechen'. Belaste dich nicht mit möglichen Risiken und Problemen, die dein neuer Job bewirken könnte. Solange du sie sorgfältig berechnet hast, sind sie vorübergehend. Was zählt, ist deine Position und dein Beitrag zu deiner Nischenindustrie als Ganzes. Das ist, wo dein wahrer Wert in deiner Karriere liegt. Egal wer über den Jobwechsel verärgert ist, den du vornimmst, das Unbehagen wird vergehen, wenn deine Mitarbeiter gute Menschen sind. Deshalb habe ich mich immer dafür eingesetzt, dass die Art von Menschen, mit denen du dich verbindest, ebenso wichtig ist wie die Arbeit und die Entschädigung. Du wirst sie wahrscheinlich wieder sehen. Die Menschen, mit denen du arbeitest helfen dich zu definieren und tragen zu deinem Wissen, deiner Philosophie und deiner Reputation, bei. Also, füge ein wenig mehr Zement zum Fundament der Beziehungen die du hast. Baue diese ‚Brücken'(Kontakte) ein wenig stärker. Es heißt, ‚was umhergeht, kommt herum'. Ich glaube auch, ‚wer umhergeht, kommt herum'. Also egal, wie sehr du deine Meinung äußern möchtest, schlucke deine Kritik. Nimm dir vor alle Hände zu schütteln, mit denen du gearbeitet hast. Das Schöne an einem Händedruck ist, dass es keine Worte benötigt, und es dir erlaubt, sowohl deine Achtung zu unterstreichen als auch deine negativen Gefühle zu verbergen. Dann, nachdem du weitergezogen bist, bereite dich vor deine Freunde wieder zu treffen. Das ist alles, das ich dir empfehlen kann", sagte Hilde abschließend.

Als Karl Hilde zuhörte, sagte er sich immer wieder ‚Das ist alles gesunder Menschenverstand', aber er unterbrach sie nicht ein einziges Mal. Er weiß, dass Hilde über langjährige Erfahrung verfügt und dass ihre Ratschläge aufrichtig und gut gemeint sind. Er dankte Hilde. „Ich schätze Deine Ratschläge, Hilde. Ich danke Dir nochmals von ganzem Herzen."

„Das ist, wofür Freunde sind. Viel Glück mit deinem neuen Unternehmen ", sagte Hilde und legte auf.

Karl beschloss unverzüglich seinen Freund Martin Egger anzurufen, um sich zu vergewissern, dass das Angebot, welches er vor ein paar Wochen von ihm erhielt, noch gültig war. Er kannte Martin sehr gut. Sie waren über mehrere Jahre Kollegen, bis Martin das Unternehmen verließ und Mitbegründer einer Start-up-Firma wurde. Martin hatte seit mehr als sechs Monaten versucht, Karl zu überzeugen, in seiner Firma anzufangen.

„Hallo Martin", sagte Karl „wie geht es dir? Läuft das Unternehmen immer noch gut?"

„Gut, von dir zu hören, Karl. Ja das Geschäft läuft super. Wann wirst du zu uns kommen? ", erwiderte Martin.

„Nun, das ist der Grund meines Anrufs. Steht dein Angebot noch?" fragte Karl.

„Höre ich richtig, oder? Erwägst du schließlich einen Einstieg bei uns? Das würde wunderbar sein. Entschuldige, aber ich bin ganz aufgeregt. Meinst du das ernst? ", sagte Martin.

„Ja, mir ist es sehr ernst. Kannst du mir das ‚super' Jobangebot, dass wir bei unserem letzten Treffen besprochen haben, senden?"

„Wird sofort getan. Das ist großartig! Ich werde die Einstellungsformulare an deine Hausadresse mittels DHL schicken; ja, noch schneller, ich werde meiner Sekretärin sagen, den Brief sofort an deine persönliche E-Mail-Adresse zu senden ", antwortet Martin. Er fährt weiter "überprüfe das Angebot und zögere nicht, mich im Büro oder zu Hause zu kontaktieren. Du hast ja noch meine Handynummer."

„Danke Martin ", sagte Karl und legte auf.

Karl war erleichtert und enthusiastisch; nicht nur hat sein Freund Martin das Jobangebot, das er vor zwei Wochen gemacht hatte, bestätigt, sondern mit Martins begeisterter Antwort am Telefon fühlte er sich inspiriert und zuversichtlich, dass seine Beschäftigung mit MICGEN Controls eine tolle Erfahrung sein wird, auf die er sich freuen kann. Obwohl Karl Martin vertraute, wollte er das Angebot sorgfältig auswerten, bevor er es annimmt. Er wollte überprüfen, ob der schriftliche Vorschlag wirklich den mündlichen Vereinbarungen entspricht, die er mit Martin diskutiert hatte.

Und weniger als eine Stunde später, erhielt Karl das Jobangebot per E-Mail.

Sehr geehrter Herr Winkler!

MICGEN Controls Ltd freut sich, Ihnen formal die Position des Engineering Managers anzubieten.

Wie besprochen, werden Sie sowohl für das Engineering als auch die F & E-Funktionen in unserem Unternehmen verantwortlich sein. Die Aufgaben und Verantwortlichkeiten, die Sie durchführen werden, sind in der beigefügten Stellenbeschreibung detailliert (Anlage 1) dargestellt. Sie berichten direkt an den Leiter des Unternehmens, Herrn Martin Egger. Ihr erster Arbeitstag ist der 19. Februar 20XX.

Ihre Vergütung beinhaltet ein monatliches Gehalt von XX,XXX € (zahlbar monatlich zum letzten Arbeitstag eines Monats), Krankenversicherung, Lebens- und Berufsunfähigkeitsversicherung, Krankenurlaub, Urlaub und persönliche Tage durch unseren Unternehmen-Mitarbeiterbeteiligungsplan. Bitte beachten Sie unser Mitarbeiterzulagenhandbuch (Anlage 2) für Details.

Dieses Stellenangebot ist abhängig von Ihrem Bestehen des obligatorischen Medikamenten-Screenings. Dies wird angeordnet, sobald Sie Ihre Annahme dieses Jobangebots anerkannt haben.

Bitte erklären Sie Ihre Annahme dieses Angebots durch die Unterzeichnung und Datierung dieses Briefes, wo unten angezeigt, und Unterzeichnung und Datierung der Standard Vertraulichkeitsvereinbarung (Anlage 3). Diese Dokumente sollten direkt an Herrn Martin Egger mit dem Business-Antwort Umschlag zurückgeschickt werden. Eine Kopie jedes dieser Dokumente ist für Ihre Unterlagen beigefügt. Wir benötigen Ihre Zusage bis zum 2. Februar 20XX.

Wir freuen uns, Sie in unserem Unternehmen begrüßen zu dürfen. Bitte lassen Sie mich wissen, falls Sie weitere Informationen benötigen. Ich bin direkt auf (Telefonnummer) erreichbar.

Mit Freundlichen Grüßen,

Ella Alexander
Verwaltungshilfe von Martin Egger

Karl dachte, dass es eine gute Idee wäre, mit einer E-Mail zu bestätigen, dass er das schriftliche Stellenangebot erhalten und es unterzeichnet zurückgeschickt hatte. Auf diese Weise wusste Martin, dass der Beschäftigungsprozess voranschreitet. Natürlich würde er die E-Mail bis nach dem Treffen mit seinem Chef, Max Widmann, nicht tatsächlich weiterleiten. Er entwarf die Antwort:

Lieber Martin,

Ich erhielt Dein formales Stellenangebot gestern Abend. Ich habe es durchgelesen, unterzeichnet und an Dich wie verlangt zurückgesandt. Wie vorgeschlagen, habe ich die zweite Kopie behalten.

Nochmals vielen Dank, dass Du mir diese Beschäftigungsmöglichkeit gegeben hast. Ich freue mich die Beschäftigung mit MICGEN Controls am Februar 19, 20XX zu beginnen und ein Mitglied eines so dynamischen Teams zu werden.

Falls irgendwelche zusätzlichen Informationen oder Unterlagen benötigen werden, bitte sage mir Bescheid.

Grüße,

Karl
karl.winkler@gmail.com

Weil er nicht den Gedankengang der letzten Nacht verlieren wollte, beschloss Karl vor dem Frühstück seinen Kündigungs-Brief zu schreiben. Es war allerdings nicht die ‚Ein-Satz-Note' die Hilde empfahl, ‚Ich, Karl Winkler, kündige hiermit meine Position mit SONARES Engineering Inc.' Karl dachte, dass eine solche Mitteilung für Max Widmann, seinen Chef, beleidigend sein würde. Natürlich war Hilde sich nicht bewusst, dass er und Max ein sehr freundschaftliches Verhältnis im Laufe der Jahre aufgebaut hatten. So schrieb er den folgenden Brief:

Lieber Max,

Ich bedauere, dass ich meine Kündigung, effektiv zwei Wochen von Montag [Datum], einreichen muss.

Ich werde meine Schlüssel, Zugangskarte, Unternehmenskreditkarte (geschnitten in zwei), und Laptop, abgeben, sodass es keine Frage von unangemessenem Verhalten geben kann.

Dies war eine sehr schwierige persönliche Entscheidung für mich. Ich habe meine Zeit hier persönlich und beruflich sehr lohnend gefunden, und ich danke Ihnen für die Art und Weise, in welcher Sie mich während unserer beruflichen Beziehung behandelt haben. Meine persönliche Wertschätzung für Sie und unsere gute Zusammenarbeit, machten meine Entscheidung, SONARES Engineering zu verlassen, noch schwieriger.

Ich war nicht unglücklich hier, wurde aber vor kurzem im Auftrag eines anderen Unternehmens angerufen und es wurde mir eine Position angeboten, die mir eine enorme Karrierechance bietet, welche ich nicht auf andere Weise erreichen kann, als hier zu kündigen. Ich habe das Stellenangebot akzeptiert.

Sie können sich auf mein professionelles Verhalten während der Kündigungsfrist verlassen, und ich habe eine Zusammenfassung der Arbeit, die ich ausführte, vorbereitet und hier beigelegt. Ich möchte Sie so bald wie möglich sprechen, um zu klären, wie Sie die Übertragung dieser Verpflichtungen ausgeführt haben möchten.

Unter diesen Umständen verstehe ich, dass ich Kontakte mit Kunden oder die Teilnahme an den Büro-Besprechungen für die restliche Dauer meiner Beschäftigung, unterlassen soll. Bitte informieren Sie mich, wie das weitere Procedere ablaufen soll.

Nochmals, meinen persönlichen Dank für die vielen positiven Aspekte unserer Beziehung und Ihrer Führung.

Mit freundlichen Grüßen,

Karl Winkler

Karl machte sein übliches Frühstück bestehend aus belgischen Waffeln und Kaffee und fuhr dann ins Büro. Er war verspätet. Auf dem Weg probte er die Punkte, die Hilde ihm empfohlen hatte, und über die er letzte Nacht nachdachte. Ziel ist es, die Firma reibungslos zu verlassen, ohne dabei ein Gegenangebot zu bekommen. Er fühlte sich gut vorbereitet für das Treffen mit Max.

Er hatte eine Liste mit allem was er brauchte zusammen, sowie einen schriftlichen Plan zur vollständigen und reibungslosen Übergabe. Das sollte es so einfach wie möglich für Max machen, ihn so schnell wie möglich gehen zu lassen. Er identifizierte die beste Person, die seiner Meinung nach seine Aufgaben übernehmen könnte, für den Fall, dass Max um Rat fragt. Er plante, seine persönlichen Sachen und die Dinge aus seinem Schreibtisch zu packen und in sein Auto zu bringen, bevor die Besprechung begann. Er hatte das Kündigungsschreiben dabei.

Nach der Ankunft im Büro wollte er sofort sein Treffen mit Max planen. Es sollte sich um eine persönliche Angelegenheit handeln, die er diskutieren und sehen wollte, ob er es für den späten Nachmittag an diesem Freitag einplanen konnte. Dies würde die Zeit maximieren, die Max über das Wochenende hatte, um die Nachricht zu verdauen und über sie hinweg zu kommen, bevor Karl ihn wieder am Montagmorgen treffen würde. Falls dieser Freitag nicht möglich wäre, dann würde ein Treffen auch an jedem anderen Tag gehen. Es als ‚persönliches Problem' zu identifizieren, wird höchstwahrscheinlich auch Max auf die Möglichkeit aufmerksam machen, dass es etwas Besonderes ist und dies würde helfen, die Nachricht behutsam zu überbringen. Er wird die Kündigung mit Max nicht am Telefon diskutieren.

Die zu überbringende Nachricht muss für Max ‚Er ist ein großartiger Chef' sein. Dies ist ein großartiges Unternehmen, aber ich habe die Fronten gewechselt und deshalb muss ich gehen. Lassen Sie uns über den ‚Übergang' sprechen. Aber ich muss das über ein paar Sätze verteilen. Meine Worte wären so etwas wie: ‚Max, das ist eine wirklich schwierige Sache. Ich habe meine Zeit hier wirklich sehr genossen. Es war ein Privileg, mit Ihnen und für diese Firma zu arbeiten, und ich habe sehr viel gelernt. Ich war wirklich nicht auf der Suche nach einer Veränderung, aber ich bin bezüglich einer neuen Chance angesprochen worden, die ganz im Einklang mit meinen Karrierevorstellungen stehen. Es ist einfach eine Situation, die zu gut ist um darauf zu verzichten.

Also dieser Umschlag enthält mein Kündigungsschreiben wirksam zum Montagmorgen in zwei Wochen, meine ID und meine Firma Kreditkarte. Ich hoffe, Sie verstehen. Es war ein Vergnügen für Sie zu arbeiten. Sie haben mir viel beigebracht, und es war eine wirklich schwierige Entscheidung; aber am Ende, aus Rücksicht auf meine Familie und mich, konnte ich einfach nicht nein sagen. Ich habe eine Liste meiner Tätigkeiten vorbereitet, und ich habe einen Aktionsplan, für den Übergang. Vielleicht können Sie es überprüfen und ich werde gerne darüber diskutieren was zu tun ist, um den Übergang zu erleichtern'.

Es ist Freitag und Karl dachte, dass dies tatsächlich die beste Zeit wäre, um seine Kündigung abzugeben. Er weiß, dass Max Widmann, sein Chef, in der Regel am Freitag entspannt ist, also wird er vorschlagen, dass die Kündigungs-Besprechung am späten Nachmittag stattfindet, weil es allen Beteiligten helfen kann, die post-Sitzungspeinlichkeiten danach zu vermeiden und ihm ein paar Tage Zeit gibt, sich neu zu sammeln bevor er seine letzten zwei Arbeitswochen beginnt.

Als er am Bürogebäude ankam, begrüßte ihn die Empfangsdame mit "Robert Gassner hat Sie gesucht, Karl." Aber anstatt ins Labor zu gehen, wo er höchstwahrscheinlich Robert finden würde, ging Karl sofort in sein Büro und rief Max an. „Max, ich möchte eine persönliche Angelegenheit mit Ihnen besprechen. Hätten Sie Zeit später heute Nachmittag?"
„Klar", sagte Max. „Ich hoffe, dass es nichts Ernstes ist; wir können uns um 16:00 Uhr treffen." Karl war erleichtert, dass Max ihm am Telefon keine Fragen stellte und war ermutigt, dass er möglicherweise tatsächlich in der Lage sein würde, all dies vor dem Wochenende durchzuziehen.

Karl ging dann ins Labor um seine Tests und die Prüfberichte zu sichten. Er wollte sichergehen, dass die Dokumentation in Ordnung war und alle Prüfberichte beigefügt sind, für den Fall, dass Ben Orborns eine Kopie am Montag sehen möchte und er ein Statusmeeting zu der DDC3 Verifikationsaufgabe einberuft. Er wollte in der Lage sein, die Geschichte des kompletten Steuerung Testaufwandes während der letzten zwei Monate zur Verfügung zu stellen. Schließlich sollten sie nur die IEC 61551 Factory Acceptance Test (FAT)- Normformulare enthalten - elf Seiten von Leitlinien mit ca. 30 Test Positionen – um die Regel & Steuersystemfunktionen zu prüfen. Dieses wurde als eine Aufgabe von 3 Wochen eingeschätzt. Es wurde angenommen, dass alle Regel- & Steuerfunktionen vom Lieferanten vollständig getestet wurden, bevor der FAT startete. Dies war nicht der Fall. Während die Systemintegration und der Test als ziemlich unberechenbare Verfahren gelten, hat niemand vorausgesetzt, dass die grundlegende Funktionalität des Systems nicht vor Beginn des FAT überprüft wurde.

Karl wusste, dass das Beste, was er jetzt tun konnte, war, diese letzten zwei Monaten der Test Geschichte zu vergessen und sich für die nächsten zwei Wochen auf Prüfung und Wieder-Prüfung der Steuer & Regel-Funktionen zu konzentrieren. Er setzte sich an den DDC3 Monitor, nahm die letzten paar Testberichte, startete das System und verbrachte den ganzen Tag mit Funktionstests. Er wurde nicht unterbrochen. Robert schien verschwunden zu sein. Er kam nicht einmal zum Mittagessen vorbei. Und verpasste beinahe den Zeitpunkt der Kündigungs-Besprechung mit Max. Es war 15.50 Uhr und bevor er zu Max's Büro ging überprüfte er seine Listenpunkte und lief zum Kopiergerät, das auf der nächsten Etage war, um Kopien für Robert zu machen. Er legte die Duplikate auf Roberts Schreibtisch, ging zum Aufzug, fuhr zum 7. Stock und war vor Max's Büro, um 16:02 Uhr.

Max's Bürotür stand offen, wie üblich, und Max saß auf seinem Stuhl mit seinen Füßen auf dem Schreibtisch um zu lesen, was wie ein Bericht aussah. Er bat Karl ihm eine Minute zu geben und sich zu setzen. Karl setzte sich nicht. Er wollte keine Konversation durch das Sitzen in einer entspannten Position, beginnen. Er hielt inne und sagte, „Sorry, Chef, dies wird nicht sehr lange dauern, und ich will es nicht noch schwieriger machen, als es bereits ist." Dann mit dem Brief in der Hand, fuhr er fort „Chef, nach sorgfältiger Überlegung, habe ich eine Entscheidung getroffen, in einer anderen Firma anzufangen und dort in zwei Wochen meine neue Arbeit zu beginnen. Bitte akzeptieren Sie mein Kündigungsschreiben. Ich bitte Sie, nehmen Sie sich eine Minute Zeit, um meinen Brief zu lesen, bevor wir besprechen, wie wir meinen Übergang so reibungslos wie möglich gestalten können. "

Max's Gesicht wurde ganz weiß, als er den Brief las. Er blickte auf und sagte: „Karl, Sie haben sechs Jahre Erfahrung in unserer Firma. Sie waren eine meiner besten Ingenieure und Sie sind ein scharfsinniger Designer mit einem Talent für Problemlösungen und Dinge rechtzeitig fertig zu haben. Sie können das doch nicht ernst meinen. Was können wir tun, um Sie zu halten? Ist es das Geld?"

„Ja, es ist ein wenig mehr Geld – aber das war wirklich nicht das Problem. Der Grund war das außergewöhnliche Angebot, das zu meinen Zielen passt."

„Und welche Firma bietet Ihnen die Möglichkeit dazu" fragte Max."

„Nein, ich kann Ihnen nicht sagen, in welches Unternehmen ich wechseln werde - es war eine Bedingung für mein Angebot, dass ich dies nicht offenlege, bis ich begonnen habe. Ich kann Ihnen aber sagen, dass es sich nicht um ein Konkurrenzunternehmen handelt."

„Gut, wer sind sie? Können Sie mir nicht wenigstens sagen zu welcher Art von Unternehmen Sie wechseln werden?" Max drängt weiter, „Wie kann ich die Dinge verbessern - bitte - Ich brauche Ihre Hilfe!"

„Chef, ich bin nicht sicher, dass dies produktiv sein wird. Mir fällt es schwer, diese Firma zu verlassen, denn ich mag die Leute hier, und ich arbeite gerne für Sie, aber das ist nun eine hervorragende Gelegenheit, eine, die ich einfach hier nicht finden kann. So schwer wie es war, meine Entscheidung ist getroffen. Ich habe mein Wort gegeben, also, es ist eine beschlossene Sache. Ich hoffe wirklich, dass wir uns auf den Übergang konzentrieren können." antwortete Karl.

Max konnte sehen, dass Karl seine Meinung nicht ändern wollte und sagte „Ich verstehe. Ich akzeptiere Ihre Kündigung und um einen reibungslosen Übergang ausarbeiten zu können; lassen Sie uns darüber am Montag sprechen." Und er fügte hinzu, „Ich werde Ben Orborns über die Situation informieren, falls er an diesem Nachmittag noch hier ist, so dass Sie heute mit ihm keine Austrittsbesprechung führen müssen. Er wird sehr wütend sein."

„Ich schätze das sehr, Max", sagte Karl.

Dann stand Max auf und sagte „Ich wünsche Ihnen alles Gute in Ihrem neuen Job und für den Fall, dass Dinge sich nicht entwickeln wie erwartet, zögern Sie nicht mich anzurufen."

„Vielen Dank", antwortet Karl. Sie schütteln sich die Hände, lächeln und Karl verlies Max's Büro. Er war sehr froh, dass er nicht in eine Diskussion verwickelt wurde darüber, warum er die Firma verlassen will und irgendetwas Negatives über das Unternehmen oder Max sagen musste. Er fühlte sich sicher, dass Max's Verhalten bedeutet, dass er keine ‚Brücken abgerissen' hatte.

Es war fast 17:00 Uhr und Karl lief zum Labor um zu sehen, ob Robert noch da war. Karl wollte, dass er der erste nach dem Treffen mit Max ist, der über seine Entscheidung, die Firma zu verlassen, informiert wird und wollte die Übergabemodalitäten mit ihm besprechen. Er wollte Robert die Neuigkeit schonend beibringen, bevor er es von anderen hörte. Karl wollte ihn wissen lassen, wie begeistert er von den Möglichkeiten des neuen Jobs war, aber dass er ihn vermissen würde und dass er beabsichtigte, alles zu tun, um die letzten zwei Wochen produktiv zu gestalten. In Anbetracht der heiklen persönlichen Beziehung, die er wegen des DDC3 Tests mit ihm hatte, könnte sein diplomatisches Verhalten vielleicht die Meinung, die Robert über ihn hatte, beeinflussen.

Robert war nicht im Labor und Karl beschloss nach Hause zu fahren. Was für ein Tag dies war - der Rücktritt vom SONARES und die Zusage für den neuen Job bei MICGEN hatte er noch nicht vollständig verarbeitet. Er aß ein Fertiggericht und versuchte sich von den Ereignissen des Tages abzulenken, aber er konnte bis spät in die Nacht nicht zur Ruhe kommen, er überprüfte seine E-Mails mehrmals, um sicherzustellen, dass keine Überraschungen von Max oder Martin eintrafen. Am nächsten Morgen überfluteten die Erinnerungen an den Vortag noch seine Gedanken. Völlig wach, fragte er sich, ‚ist dass alles real?' Er konnte die Ereignisse der letzten zwei Tage kaum glauben. Und seine Gedanken drehten sich wieder um die DDC3-System Probleme, und er sagte zu sich selbst. ‚Ich werde während meiner Kündigungsfrist helfen, aber meine Loyalität muss sich zu meinem neuen Arbeitgeber und deren Interessen verlagern.'

Montagmorgen ging er direkt ins Labor. Robert saß bereits dort, beschäftigt mit der To-Do-Liste, die Karl am Freitagnachmittag für ihn vorbereitet hatte. Er blickte auf und sagte „Wow Karl, hast du am letzten Freitag Tag und Nacht an Funktionstests gearbeitet, um diese Liste zu produzieren? Übrigens, ich musste fast den ganzen Tag für eine persönliche Angelegenheit frei nehmen. Ich habe versucht, dich zu finden, um dir dies mitzuteilen, und hinterließ eine Nachricht an der Rezeption, hast du die bekommen?"

„Ja, habe ich", sagte Karl, und mit einem Gefühl, als ob ein Knoten im Magen entstehen würde, fuhr er fort, „Robert, ich weiß nicht, wie ich dir das sagen soll, aber ich habe beschlossen, einen anderen Job anzunehmen."

Robert schaute ungläubig auf und sagte „Nein, das kann nicht wahr sein, bedeutet dies, dass du planst SONARES zu verlassen? Das kann ich nicht glauben."

„Ich habe bereits gekündigt" sagte Karl.

„Ist dieser Job der Grund für deinen Abschied?" fragte Robert. „Nicht wirklich. Mir wurde eine Karrierechance angeboten, die einfach zu gut war, um darauf zu verzichten" antwortete Karl und hoffte, dass Robert nicht weiter über die Probleme mit dieser Überprüfung der Kontrollfunktionen reden würde, und er tat es nicht. Er sagte: „Nun, Karl, das waren herausfordernde Monate für dich und mich, ich wünsche dir das Beste für die Zukunft." „Danke Robert" antwortete Karl. Sie schüttelten sich die Hände und Karl verließ das Labor.

Dann machte Karl sich daran, jeden der durch seinen Firmenabschied betroffen war, zu benachrichtigen. Er wollte sichergehen, dass er allen anderen wichtigen Mitarbeitern, mit denen er gearbeitet hatte, persönlich mitteilte, dass er gekündigt hatte. Und Karl fühlte, dass er es in einer Weise sagen sollte, indem er sich bei der jeweiligen Person für die Hilfe an seiner Karriereentwicklung bedankte. Er machte seine Runden und sagte, im Wesentlichen allen, „Ich weiß nicht, ob Sie gehört haben, aber ich habe gekündigt, um bei einer anderen Firma anzufangen. Bevor ich gehe wollte ich sicher sein, dass Sie wissen, wie sehr ich die Zusammenarbeit mit Ihnen genossen habe." Karl sagte sich ‚diese Menschen können auch in Zukunft die Firma für andere Arbeitsplätze verlassen und ich möchte, dass sie positive Erinnerungen an mich haben. Wer weiß, wann sie meinen nächsten Karriereschritt beeinflussen können.'

Später am Morgen erhielt er einen Anruf von der Personalabteilung die wissen wollte, wann eine gute Zeit für ein Exit-Interview wäre. Offensichtlich musste Max Widmann sie über seinem Abgang informiert haben. Karl erinnerte sich daran, alle Dokumente zu überprüfen die er unterzeichnet hatte, als er den Job bei SONARES Engineering vor über sechs Jahren annahm. Er war ziemlich sicher, dass er keine Konkurrenz-Klauseln abgeschlossen hatte. Was auch immer ihre Reaktion wäre, Karl wusste, dass das Treffen mit Max Widmann gut ging und dass er gut vorbereitet wäre, sowohl emotional als auch professionell. In der Besprechung bei der Personalabteilung wiederholte er im Wesentlichen seine höflichen Bemerkungen, die er während des Treffens mit Max machte. Dann ersuchte er sie, seine Leistung mit Max Widmann zu überprüfen und bat, ihm bitte mehr als die üblichen Referenzunterlagen (Beschäftigungszeitraum, Berufsbezeichnung usw.) zu geben. Obwohl sie zu Beginn des Exit-Interviews sagten, dass sie ihm eine Beurteilung geben würden, wollte er sicherstellen, dass er eine gute schriftliche Beurteilung bekommen würde, bevor er sich verabschiedete.

Karl war sich bewusst dass es für ihn wichtig ist, weiter hart zu arbeiten und nicht für die verbleibenden Tage zu rasten. Er sagte zu Robert „Du kannst dich auf mich verlassen, dass ich auch weiterhin meine Arbeit tun werde, bevor ich das Unternehmen verlasse. Da ich die Situation mit DDC3 gut kenne, werde ich meinen Software Verifikationsaufwand intensivieren." Außerdem hinterließ Karl genaue Hinweise über die Probleme des Steuerungssystems und die vorgeschlagenen Korrekturen. Für das zweite Projekt dokumentierte er eine vorläufige Spezifikation der Feldgeräte im Detail. Karl meinte, dass er dadurch seine Professionalität und seine bleibende Achtung für das Unternehmen zeigen konnte.

Zwei Wochen später

Die zwei Wochen vergingen schnell und es war Zeit, sich von SONARES Engineering zu verabschieden. An seinem letzten Tag verließ Karl sein Büro sauber und ordentlich. Daher brauchte sein Nachfolger nichts aufzuräumen. Karl hatte eine Abschlusssitzung mit Max, seinem Chef, um über die verbleibenden Aufgaben und Details der beiden Projekte zu sprechen. Er ließ ihn wissen, dass er für Fragen zur Verfügung stehen würde und gab ihm seine Handynummer. Am wichtigsten war, er konnte sich ein letztes Mal persönlich bei ihm bedanken. Er schrieb auch ein E-Mail an alle Leute, mit denen er gearbeitet hatte, und ließ sie noch einmal wissen, dass er die Zusammenarbeit mit ihnen schätzte.

Als er an diesem Tag nach Hause kam, rief Karl Hilde an, um ihr von seinem letzten Tag bei SONARES Engineering zu erzählen, und wie erwartet, erhielt er einige tiefgreifende Kommentare. Nachdem er ihr erzählte, wie erleichtert er war, dass sein letzter Tag im Engineering-Unternehmen so gut abgelaufen war, und obwohl er aufgeregt war und sich auf den Anfang mit MICGEN freute, war ihm jetzt nicht ganz wohl.

Hilde sagte „Karl, persönliches Wachstum ist eine Herausforderung. Es ist bewegend, weil das Eingehen von Risiken unbequem ist - die Angst vor dem Unbekannten und die Möglichkeit der Enttäuschung bleiben im Hinterkopf, bis du dich an das neue Unternehmensumfeld angepasst hast. Die Sache ist, dass wir uns diesen Stress selbst produzieren. Viele von uns realisieren nicht ihr volles Potenzial, weil wir uns vor der Zukunft fürchten. Ich glaube, dass du eine gute Entscheidung getroffen hast. Der Pfad zum Erfolg in einem kleinen Unternehmen kann hart sein, aber es kann auch sehr befriedigend sein; Ich weiß das aus eigener Erfahrung."

Karl plante, sich am Samstag zu entspannen, um seine ‚Batterien' für den neuen Job wieder aufzuladen. Begeistert von der neuen Aufgabe, aber auch besorgt über Dinge, die schief gehen könnten, verbrachte er den ganzen Tag damit über Startup-Ventures zu lesen. Immerhin, Martin hatte das MICGEN Unternehmen erst vor etwas mehr als einem Jahr gegründet. Daher war er besorgt, wie er in einem neuen Unternehmensumfeld die Dinge umsetzen könnte. Nachdem er durch mehrere Geschichten bei Google scannte, fühlte er sich wohler. Karl wusste natürlich, dass er nicht allein in dieser Firma war und es war auch definitiv nicht Neuland.

Beruhigt zog er sich vom PC mit einem Glas Wein in seine Lese-Ecke zurück und widmete sich seiner Sammlung von Zitaten und Sprüchen bekannter Personen, die ihn immer zum Nachdenken anregen...

Steve Jobs:

„Der einzige Weg um großartige Arbeit zu leisten, ist zu lieben, was man macht. Wenn ihr es bis jetzt noch nicht gefunden habt, sucht weiter danach. Gebt nicht auf. Denn wie bei allen Herzensangelegenheiten werdet ihr es wissen, sobald ihr es findet."

„Wir sind das Betriebssystem durchgegangen, haben alles angesehen und uns gefragt, wie wir es einfacher und gleichzeitig leistungsfähiger machen können."

„Damals habe ich es nicht so gesehen, aber es hat sich herausgestellt, dass von Apple gefeuert zu werden das Beste war, das mir jemals geschehen konnte. Die Schwere des Erfolgreichseins wurde durch die Leichtigkeit eines erneuten Daseins als Anfänger ersetzt, das in allem komplett unsicher ist. Es hat mir die Freiheit gegeben, mich in eine der kreativsten Perioden meines Lebens zu begeben"

Prof. Dr. Hermann Simon:

„Am Anfang eines großen Erfolges steht immer eine Vision"

„Größer ist nicht identisch mit besser"

„Wenn es um die eigene Person geht, sinkt der IQ um 50 Prozent"

„Ein Problem mit fremden Sprachen ist, dass man in ihnen schlecht schimpfen kann"

J. Troiborg

„Innovation ist für das Unternehmen, was Sauerstoff für den Menschen ist"

Francois Truffaut

„Man kann niemanden überholen, wenn man in seine Fußstapfen tritt"

Kapitel 2 - Forderungen der Klein-Firma

Montagmorgen, während er sein Frühstück aß, blickte Karl durch die Schlagzeilen der Startup-Gründer Zeitung, die noch seit Samstag auf seinem Tisch lag. Dann ging er auf seinen Morgenlauf. Es war angenehm kühl und er fühlte sich entspannt, obwohl ihm der erste Tag bei MICGEN bevor stand. Er sagte sich, ‚Ich habe Martin Egger seit Jahren gekannt und wenn man bedenkt, wie sehr Martin mich drängte, in seiner Firma anzufangen, wird die zukünftige Zusammenarbeit höchstwahrscheinlich sehr gut sein.' Er beendete seinen Lauf mit einem kurzen Spaziergang. Er nahm ein Bad und kleidete sich ‚businesslike', obwohl er Martin mehrmals in ‚sportlich' sah, wenn sie sich zum Abendessen trafen. Er dachte, als Neuankömmling, kann man nie wissen, wann man angerufen wird, um einen wichtigen Kunden zu treffen. Karl empfindet sich als unabhängig und stark. Wird dieser neue Job ihn auf allen Ebenen testen? Er hoffte so, weil er meinte, dass sein volles Potential während der letzten sechs Jahre bei SONARES Engineering nicht gefordert wurde. Er ist bereit für die neue Herausforderung.

Er brach früh auf, denn er war nicht sicher, welcher Verkehr auf seinem Weg zum neuen Büro zu erwarten war. Als er fuhr, konnte er seine zunehmende Nervosität spüren. Er wusste, dass in diesen ersten Tagen, wo er alle trifft-- und jeder trifft ihn--erste Eindrücke über ihn und sein Zukunftspotenzial einen großen Einfluss auf seinen zukünftigen Erfolg mit dieser neuen Organisation haben könnten. Er wusste auch, dass nichts besser in allen Situationen funktionierte als der Ausdruck einer positiven Einstellung. Er war entschlossen, seine Begeisterung für seine Rolle im neuen Team zu zeigen.

Gegen Ende der Fahrt ins Büro, die etwa 30 Minuten dauerte, stellte er sich sein erstes Arbeitstreffen mit Martin vor. Er hatte seine starke private Beziehung mit Martin genossen, so musste er keine Angst davor haben, dass Martin sich als Vorgesetzter verhalten würde. Sehe den Übergang vom Privaten zum Geschäftlichen einfach als eine andere berufliche Herausforderung. Deine Fähigkeit, es zu akzeptieren, noch besser, das Beste daraus zu machen, ermöglicht es dir, positiv aufzufallen. ' Seine Gedanken drifteten zu Martins letzten Kommentaren über Vertriebsexperimente und seinen neuen Vertriebs- und Marketing Manager, Tim Boschek. Er schien von Tim begeistert zu sein und da Marketing in der Regel eine Schlüsselposition in einem Unternehmen einnimmt, empfand Karl, dass sein Arbeitsverhältnis mit Tim seine anfängliche Stellung in MICGEN bestimmen könnte.

Der Verkehr war überraschend gering und er kam früher als erwartet an, nur ein wenig nach 7:30 Uhr. Er beschloss, die zusätzliche Zeit auf dem Parkplatz zu verbringen, der in einem Gebiet abseits der Eingangstür des Unternehmens lag. Vier Autos waren bereits in der Nähe des Hauseingangs geparkt. Er beobachtete die Außenseite seines neuen Bürogebäudes, ein kleines Gebäude im Vergleich zu dem großen Gebäudekomplex des Engineering-Unternehmens, das er gewohnt war jeden Tag zu sehen, und sagte zu sich selbst, ‚nun, das ist meine neue Berufsheimat', da er oft mehr Zeit in seinem Büro als zu Hause verbrachte. Er war es gewohnt einer der ersten zu sein, die im Büro ankommen und in der Regel die letzte Person, die es am Abend verlässt.

Als er das Gebäude betritt begrüßt ihn die Empfangsdame mit einem freundlichen „Hallo, Sie müssen Karl sein. Willkommen bei MICGEN!" Martin muss ihr gesagt haben, dass sie ihn erwarten und mit Vornamen begrüßen soll. „Ja, bin ich. Vielen Dank für die nette Begrüßung. Es ist gut, am ersten Tag so nett empfangen zu werden. Wo ist Martins Büro?" „Immer geradeaus, das erste auf der rechten Seite", sagte sie.

Karl sah Martin an seinem Schreibtisch sitzend, scheinbar tief in der Überprüfung einiger Papiere versunken. Martin blickte auf und ein breites Lächeln erschien auf seinem Gesicht.

Er stand auf, eilte um seinen Schreibtisch und öffnete seine Arme, um Karl zu umarmen. „Es ist toll, dich hier in meinem Büro zu sehen. Ich freue mich, dich als neuen Technik und F & E-Manager von MICGEN willkommen zu heißen. Lass uns zusammen das Beste aus deiner langjährigen Erfahrung in Prozesssteuerung und deiner Leidenschaft für die Erforschung neuer Systemkonzepte machen." Karl wusste, dass die Umarmung ‚echt' war, denn er kannte Martin seit Jahren, aber er war ein wenig überrascht wie offen Martin seine Empathie und Sympathie im Büro ausdrückte.

„Ich schätze diese freundliche Begrüßung und freue mich darauf, für dich zu arbeiten, Chef", sagte er.

„Nenne mich nicht Chef" antwortete Martin. „Du und ich kennen uns seit langer Zeit."

„OK. Martin, vielen Dank für die Möglichkeit, die du mir in deinem Unternehmen bietest. Ich werde mein Bestes tun." antwortete Karl.

„Ich verlasse mich auf dich", sagte Martin mit einem Grinsen. „Komm, lass uns eine Runde drehen. Dabei erläuterte Martin wie er versuchte sich eine konkrete Vorstellung von MICGENs Geschäftspotenzial zu machen bevor er in diese neuen Büroräume zog. „Und jetzt bist du ein wichtiger Teil davon", fügte er hinzu und klopfte Karl auf die Schulter. Den Fuß aus seinem Büro setzend, wandte er sich nach rechts und sagte, „Das ist Tim Boscheks Büro. Er befindet sich auf einer Verkaufsreise im Ausland und wird Freitag wieder zurück sein." Sie gingen ein paar Schritte weiter und Martin sagte „Nun, das ist dein Platz."

„Sehr schön; mein zweites Zuhause sieht gut aus", kommentierte Karl, während er das neu eingerichtete Büro betrachtete. „Ja, das ist, was es für mich ist."

„Das heißt, du sollst es dir so angenehm wie möglich machen", sagte Martin. Dann verbrachte Martin ca. 15 Minuten, um Karl die Büroetage, das Labor und den Versammlungsraum zu zeigen. Es hatten alle die Insignien eines typischen Tech-Unternehmens; offene Büro Gestaltungen und einen kleinen Kaffeebereich.

Martin und Karl haben ähnliche Interessen und Lebensstile. Wir kennen Karl einigermaßen vom vorigen Kapitel, lassen Sie uns jetzt Martin vorstellen: Martin Egger ist der Gründer von MICGEN. Er arbeitete fünf Jahre lang bei SONARES Engineering und dann, vor drei Jahren, hatte er SARAP, ein Sicherheitsinstrumente-Unternehmen, mitbegründet. Bei dieser Firma war er zweiter Geschäftsführer, verantwortlich für Betrieb, einschließlich Vertrieb und Marktentwicklung. Vor einem Jahr erwarb Martin MICGEN, eine bankrottes Unternehmen mit einem Sicherheitssystem Produkt für den Prozesssteuerungs-Markt. Als Geschäftsführer leitete er alle Facetten des Unternehmens und baute das Unternehmen von sieben Personen auf fünfunddreißig in einem kurzen Zeitraum aus. MICGEN entwickelte sich im Wesentlichen aus einem Kundenprojekt, das nicht nur die Finanzierung zur Verfügung stellte, sondern auch als Testplattform für MICGENs Basisprodukt diente. Martin ist in der Firma für sein außerordentliches Maß an Engagement bekannt. Er ist am frühen Morgen im Büro und verlässt es spät am Abend. In der Branche ist er für sein brillantes und innovatives Technik- und Marketing-Know-how bekannt.

Nach dem Rundgang berief Martin eine Personalversammlung ein, um Karls Eintritt bei MICGEN bekannt zu geben. „Ich bin sehr erfreut, dass jemand mit Karls Fachkompetenz unserem Unternehmen beitritt, bitte begrüßt unseren neuen Technik und F & E Manager – Karl Winkler" sagte Martin. „Wir haben vor kurzem unseren ersten Jahrestag gefeiert und mit seinen Ingenieuren hat MICGEN ein beträchtliches Wachstum erreicht. Karl ist zum richtigen Zeitpunkt gekommen, um mit seiner Erfahrung MICGEN auf die nächste Stufe zu helfen; nochmals willkommen, mein Freund."

„Ich freue mich MICGEN in dieser Phase des Wachstums beizutreten", sagte Karl. „Ihr seid ein solides junges Unternehmen mit einzigartigen Produkten. Ich weiß, dass ihr ein hervorragendes Management-Team habt, mit der zusätzlichen Stärke von erfahrenen Ingenieuren im Markt für Sicherheitssteuerungen. Es ist ein Privileg, ein Teil von eurem Wachstum zu sein und MICGENs Vision von persönlicher Inspiration und Produktinnovationen zu unterstützen. "

Karl stellte sich den Leuten, die er in der Personalversammlung kennen gelernt hatte, noch einmal vor als sie vor seinem Büro vorbei gingen. Er suchte den Augenkontakt, lächelte und streckte seine Hand aus für einen Händedruck. Er wusste aus Erfahrung, wie wichtig es ist, ein gutes Verhältnis zu allen in der Firma zu haben. So sagte er „Hallo" oder „Guten Morgen", um die Personen wissen zu lassen, dass er bei der Firma neu ist. Wenn er den Namen einer Person hörte, wiederholte er ihn, um zu helfen, sich daran zu erinnern. Insbesondere zu der Marketing-Assistentin, die Martin beim Passieren ihres Büros erwähnte, sagte er „Es ist nett, Sie kennen zu lernen, Monika." Und da es sah, dass sie nicht in Eile war, erkundigte sich Karl höflich über ihren Titel und Marketing Aufgaben im Unternehmen. Er versuchte sein Bestes, den neuen Kollegen ein positives Image zu präsentieren, professionell zu sein und vor allem selbstsicher zu wirken.

Er packte seine Aktentasche aus und begann, sein Büro zu organisieren. Da Karl einer dieser gut organisierten Menschen war, war es relativ leicht für ihn, dies zu tun. Die Büroausmasse erlaubten ihm, es in drei Teilen zu trennen - dem Schreibtisch, seinen Arbeitstisch und den Besprechungstisch, wo er sich mit Kunden oder Kollegen treffen konnte. Es war ein bescheidenes Büro, aber er war zufrieden mit der Anordnung, die schon eine gewisse Gemütlichkeit am neuen Arbeitsplatz bereitete.

Gerade als er sich in seinem Stuhl zurückgelehnt hat, sah Martin in Karls Büro. „Großartig. Sieht aus, als ob du dich bereits hier sehr wohl fühlst. Falls du keine Pläne für das Mittagessen hast, lass uns zusammen essen, etwa 12.30 Uhr. Es gibt ein italienisches Restaurant um die Ecke; ist das OK für dich?"

„Ja klar", sagte Karl.

„Gut, dann reserviere ich einen Tisch für uns" antwortete Martin. Karl erinnerte sich an die Zeiten, vor Jahren, als er und Martin bei SONARES Engineering arbeiteten, und beim Mittagessen regelmäßig die Gelegenheit nahmen, ihre Ideen und geschäftlichen Angelegenheiten zu besprechen, während sie zur gleichen Zeit das Essen genossen. Damals wurde ein ‚Business-Lunch' nie auf einen mittäglichen Snack beschränkt.

Essen weckte ein Gefühl von Komfort in uns. Wenn wir es bequem hatten, konnten wir uns auf unsere Ziele in einer entspannten Art und Weise konzentrieren, wo die Dinge eine mehr persönliche Haltung annahmen. Dies war schon immer der Fall zwischen Martin und Karl.

Also, während Karl am Anfang persönliches Geplauder erwartete, wusste er, dass während des Essens Businessthemen behandelt werden würden. Martin hatte seine Agenda und seine Ziele. Karl wusste, worum es bei diesem Mittagessen ging. Und er hatte es gern, dass Martin seine Pläne in einer entspannten Atmosphäre kommunizierte. Beide mochten Dialoge, aber für diesen Mittag plante Karl mehr zuzuhören als zu sprechen, um sich darauf zu konzentrieren was Martin zu sagen hatte. Es würde sich wahrscheinlich zu einer Brainstorming-Sitzung entwickeln. Bei einem guten Essen hatten sich beide immer kreativ gefühlt.

Genau um 12:30 Uhr blickte Martin in Karls Büro. „Bereit für das Mittagessen, Karl", sagte er. „Nehmen wir mein Auto. Ich esse in diesem Lokal oft zu Mittag. Ich glaube, dir wird das Essen schmecken ", fuhr er fort. Als er am Steuer saß, setzt Martin das Gespräch fort „erinnerst du dich, in unseren alten Tagen, bei SONARES war das Mittagessen mit Lieferanten fast unerlässlich. Technische Daten wurden überprüft, Lieferabrufe wurden gemacht, und das ganze bei Mittags-Martinis. Fand das immer noch statt, als du bei SONARES aufgehört hast?" fragte er Karl.

„Nein, größtenteils sind diese Mittagstreffen lange vorbei" antwortete Karl.

„Das ist bedauerlich; denn trotz der heutigen Kommunikationstechnologie ist das ‚face-to-face'-Mittagessen noch eine wichtige Gelegenheit, um heikle Fragen in einer persönlichen Atmosphäre zu diskutieren und vielleicht heute sogar noch wertvoller als vor fünf Jahren. Nun, die Zeiten ändern sich schnell und nicht immer zum Besseren, " kommt Martin zum Schluss, als sie am Restaurant Parkplatz anlangten.

Im Restaurant begrüßt der Besitzer Martin an der Eingangstür. „Hallo Herr Egger. Herzlich willkommen." „Danke" sagte Martin und zeigte auf mich. „Dies ist Karl Winkler. Wir haben ähnliche Essgewohnheiten, und ich hoffe, dass Sie einen ruhigen Tisch für uns haben."

„Natürlich habe ich das. Es ist Ihr üblicher Tisch."

Und als sie sich an den Tisch setzten, fuhr Martin fort „Ich glaube, dass das Mittagessen mit einem Kollegen oder einem Kunden oft produktiver sein kann als eine Büro-Besprechung." Seine fünf Jahre in der führenden Unternehmer Position haben Martin offensichtlich überzeugt, dass bei Geschäftsessen viel erreicht werden kann. Karl hatte das Gefühl, dass er viele Geschäftsessen mit Martin erwarten kann.

Sie aßen und plauderten über Familie und Freunde. Gegen Ende kommentierte Karl „Das Essen ist wirklich gut hier."

„Ja, es ist immer gut und ihre Nachspeisen sind die besten. Lass uns eine genießen " sagte Martin und winkte den Kellner um einen Ricotta-Käsekuchen zu bestellen. Martin fuhr fort, um ein paar Kurzgeschichten des Scheiterns in seiner früheren Firma zu erzählen. Die Geschichten waren unterhaltsam und er hatte faszinierende Theorien darüber, was er falsch gemacht hat und was getan wurde, um ein erfolgreiches Produkt zu erzeugen. Dann fragte Martin Karl „Was hältst du von unseren Produkten?"

„Ich habe mir nur das Sicherheitssystem angesehen und das scheint solide zu sein", sagte Karl.

"Du hast Recht. Wir haben im Grunde nur ein Produkt; das TMR-basierte Sicherheits-SPS, bestehend aus dem TMR-CPU & Kommunikation Modul und den intelligenten I/O-Modulen. Die Bedienung-Station ist ein Erzeugnis von Drittanbietern," antwortete Martin und fügte hinzu, „Unser Sicherheitssystem war wirklich erfolgreich, aber seit seiner Einführung haben uns Kunden mitgeteilt, dass wir einige der zusätzlich vorhandenen Steuerelemente integrieren sollten, so dass sie nicht zu viele unterschiedliche Geräte haben."

„Ja", antwortete Karl. „Prozessanlagen benötigen komplette Anwendungspakete; vorkonfigurierte Single-Source-Lösungen die einfach für den typischen Sicherheits- und Regeltechniker anzuwenden sind, nicht nur für den hoch qualifizierten Spezialisten."

„Ja, unsere Kunden betonen dies mehr und mehr und darüber wollte ich mit dir reden ", sagte Martin.

„Vor ein paar Monaten beauftragte ich unser Produktentwicklungsteam mit einem neuen Systementwurf zu beginnen, ein Prozessleitsystem das sowohl Sicherheits- und Kontrollfunktionen als auch Schnittstellen mit unseren bestehenden intelligenten I/O integriert - unser Produkt der nächsten Generation. Eine Herausforderung für uns in MICGEN ist, dass das Know-how unserer Ingenieure und Programmierer auf Sicherheitssysteme beschränkt ist. Ein anderer Faktor, der eine einfache Weiterentwicklung unseres bestehenden Systems hemmt, ist die rasche technologische Evolution der Komponenten und Techniken. Wir scheinen an den Fortschritt der Computerindustrie gebunden zu sein. Also, ich bin besorgt, dass ein paar Jahre nach der Entwicklung eines neuen Systems, die Komponenten dieses Systems als ‚veraltet' bezeichnet werden. Die Dinge ändern sich heutzutage so schnell. Wie siehst du diese Weiterentwicklung, Karl? ", fragte Martin.

„Du hast so recht bezüglich der schnellen Hardware-Technologie-Änderung, aber meiner Meinung nach gibt es noch wichtige Gründe, das eigene System zu entwickeln und vor allem ist es die Softwarekonfiguration, die normalerweise den Erfolg oder Misserfolg macht. Ich würde es folgendermaßen zusammenfassen", sagte Karl.

„Von dem, was ich weiß, ist ein Großteil des Unternehmens in Turbomaschinen und andere Hochgeschwindigkeitsprozesse verwickelt. Dies scheint deine Nische zu sein und berücksichtigt man die spezifischen technischen Anforderungen, gibt es oft gute Gründe gegen ein Allzweckkontrollsystem. Der andere wichtige Grund, sein eigenes System zu entwickeln, ist die Notwendigkeit, intime Kenntnis des entwickelten Systems zu haben, da in der Regel die Entwickler die Aufgabe der Unterstützung, Erweiterung und Verbesserung des Systems während seiner gesamten Lebensdauer haben. Dieser Grund eliminiert manchmal kommerzielle Pakete ", sagte Karl und setzte fort.

„Nochmals", sagte Karl, „in Bezug auf spezielle Anforderungen, einer der Gründe, dass man vielleicht Lösungen von Drittanbietern zu Gunsten eines Internen-Designs vermeiden soll, sind die einzigartigen Erfordernisse der technologischen Ausrüstung in unserem Nischengeschäft. Sicherheitsgerichtete Automatisierungslösungen mi Zeitmessungspräzision im Millisekunden-Bereich stellen einen speziellen Markt dar. Tatsache ist, dass vollständige Spezifikationen zu Beginn des Designs oft fehlen und das System deshalb in der Lage sein muss sich zu adaptieren, um eine Vielzahl von zukünftigen Anforderungen erfüllen zu können." betonte Karl.

„Ja, es gibt gute Gründe für die interne Entwicklung des Controllers, aber vielleicht können wir unsere Bedienungsoberfläche, die gut mit unseren Sicherheitssystemanwendungen funktionieren zu scheint, behalten. Diese Benutzeroberfläche wurde für allgemeine Prozesssteuerung und SCADA-Systeme von einem europäischen Unternehmen entwickelt. Das System verwendet einen Standard-PC mit Windows-GUI, es scheint in Ordnung zu sein ", sagte Martin.

Karl bemerkte dann: „Ich glaube der wichtigste Aspekt einer neuen Entwicklung in unserer Branche wäre die Erfindung eines Prozess-Regelmoduls das Mehrgrößenregelung mit Bereichsbegrenzung und intelligente Konfigurationskonzepte kombiniert. Dies würde es ermöglichen, das Modul in vielen Prozessanwendungen mit hohem Zuverlässigkeitsbedarf einzusetzen. Einige Schlüsselprozesse, beispielsweise Kompression und Kesselsteuerung, könnten als Basis dienen, auf denen die Optimierungsarbeiten für andere Prozesse aufbauen könnten. Vorkonfigurierte Anwendungs-Software ist nicht neu, aber die künstliche Intelligenz, die man benötigt um die Online-Anpassung an komplexe Prozesseinheiten zu ermöglichen, würde wirklich einen Durchbruch in unserer Branche darstellen. Die Intelligenz müsste sich im Controller/Regler befinden, um sich auf die Dynamik im Laufe von Prozessstörungen anpassen zu können."

„Wow, wenn man das Potenzial in petrochemischen Anlagen bedenkt, in denen wir schon Fortschritte mit unserem Sicherheits-System gemacht haben, klingt das wie eine unglaublich gute Idee", sagte Martin. „Glaubst du ein kleines Unternehmen, wie das unsere, könnte solche komplexen Software-Module entwickeln?"

„Vielleicht", antwortet Karl. „Gewiss, die Großunternehmen in unserer Branche könnten dies nicht und wahrscheinlich würden sie es auch nicht tun. Sie setzen alle Optimierungssoftware in ihre Computer, was in unserem Fall nicht funktionieren würde. Plus, sie haben alle große Engineering Abteilungen für Anwendungen, deren Unterstützung sie an ihre Kunden verkaufen; damit würde eine Entwicklung dieser Art einen Interessenkonflikt in der eigenen Firma darstellen. "

„Das wäre ein kühnes Unternehmen für uns. Wie können wir die potenziellen Risiken einschätzen? " fragte Martin.

Karl sagte dann „Ja wirklich, da es noch nie zuvor getan wurde, wäre es eine schwierige Aufgabe, ein solches Unterfangen realistisch zu bewerten. Du erwähntest, dass du die Produktentwicklungsgruppe aufgefordert hast, einen neuen Controller zu entwickeln. Haben sie, von einem Prozessor und Speicher Standpunkt aus betrachtet, Echtzeit-Optimierungssoftware einzubeziehen?

Heute sind Prozessor- und Speicherkosten nicht mehr ein Preisgestaltungsthema. Somit würde die wichtigste Herausforderung die Software sein. Wir würden hierfür kein Team brauchen, sondern genau das Gegenteil. Dies würde es verschleiern; nur ein einziger genialer Kopf könnte diese innovative Theorie in die Praxis umwandeln. Martin, ich kenne jemanden den seine Kollegen für ein echtes Wunderkind halten, aber lass mich auf die grundlegende Frage der Risiko-Bewertung zurückkehren. Ich muss die spezifischen Anwendungen weiter studieren."

„OK, genug Brainstorming für heute. Wenn wir zurück ins Büro kommen, lass mich nicht vergessen, dir die vorläufige Dokumentation unseres neuen Controllers zu geben. Es ist zurzeit nur ein Entwurf."

„OK Martin, danke für das Mittagsessen " sagte Karl.

„Hey, nichts zu danken. Sieht nach spannenden Zeiten aus. Lass uns Spaß haben bei der Verfolgung unseres Ziels der nächsten Generation unseres Prozesssteuerung- und Sicherheitssystems ", sagte Martin.

Es war schon 15.30 Uhr und der Kellner bereitete schon Tische für das Abendessen vor. Martin bezahlte, und sie verließen das Restaurant.

Während der fünf Autominuten zurück ins Büro sprachen sie kein einziges Wort. Beide versuchten, ihr Mittagessen-Brainstorming zu absorbieren. Schließlich haben sie praktisch die Zukunft des Unternehmens diskutiert. Als sie am Büroparkplatz ankamen, sagte Martin, „Karl, dies war eines meiner besten Treffen! Was für eine großartige Möglichkeit, um innovative Ideen zu entdecken! "

„Danke, Martin. Es war schwer, während unseres Gesprächs nicht inspiriert zu werden " antwortete Karl.

Als Martin die Tür seines Büros öffnete, sagte er „Warte Karl, ich möchte dir die Unterlagen für den neuen Controller geben." Statt ein paar Seiten von Spezifikationen, kam er mit einem hohen Papierstapel zurück und sagte „bitte wirf einen Blick auf das, aber kümmere dich nicht heute darum. Lass uns am Freitagmorgen zusammenkommen, um darüber zu sprechen. Ist das OK für dich?"

„Klar" antwortete Karl und versuchte den Dokumentenstapel zusammenzuhalten, während er den kurzen Weg zu seinem Büro ging, um ihn auf den Schreibtisch zu legen.

Er atmete tief durch, schaute auf den Stapel von Controller-Papieren mit einem gemischten Gefühl von Glück und übermäßiger Herausforderung. Er hatte nicht erwartet, dass die Dinge mit diesem beschleunigten Tempo beginnen. Er wollte nur zuhören, was Martin für ihn geplant hatte, stattdessen hat er leidenschaftlich seine Vorstellung von seinem Super-Controller auf den Tisch gelegt. Ging er zu weit? Er war sehr zufrieden, dass Martin ihm nicht nur Aufmerksamkeit bot, sondern ihn auch scheinbar gut verstand. Er fühlte sich wohl in einer Umgebung, wo sein Chef den ‚Finger am Puls der Zeit' und auch die notwendige Erfahrung hatte, um technische Entscheidungen zu treffen, anders als bei SONARES Engineering, bei denen die Verwaltung vor allem an Politik und Terminen interessiert war. Obwohl er Martin schon mehrere Jahre kannte, diese Diskussion beim Essen betonte erneut den unglaublichen Unternehmergeist Martins, und Karl sagte sich: ‚Ich hoffe nur, dass ich mit ihm mithalten kann. '

Er war gewissermaßen vertraut mit MICGENs gegenwärtigen Sicherheit SPS (speicherprogrammierbare Steuerung), einem großen zentralen System; also war er ungeduldig, herauszufinden, woraus das neue System bestehen würde. Er konnte nicht warten. Bevor er nach Hause fuhr, ging er die Dokumente durch, um die neue Architektur zu sehen und um ein Gefühl dafür zu bekommen, wie weit das Design war. Die Papiere fanden ihren Weg in Karls Aktentasche für die weitere Beurteilung zu Hause. Dort landeten sie auf dem Esstisch.

Während seines letzten Auftrags bei SONARES Engineering, bekam Karl Erste-Hand Exposees über Technologieentwicklungen - die neuesten Entwicklungen in der Sicherheits- und Kontrollsystem Branche. Mehrere Anbieter hatten neue Systeme veröffentlicht, die signifikant von den traditionell verfügbaren abwichen.

In Anbetracht der leistungsstarken Mikroprozessoren und Speicherkomponenten schien die Gestaltung eines neuen Systems nun weniger kompliziert zu sein. Obwohl Karl kein Elektronik-Design-Ingenieur ist, halfen ihm seine Erfahrungen, die aus umfangreichen Testverfahren von mehreren dieser Steuerungssysteme resultierten, die grundlegenden Do's and Don'ts zu beurteilen.

Da er keinen Hunger hatte, das große Mittagessen gab ihm noch ein Völlegefühl, beschloss Karl das Dokumentenpaket erneut zu überprüfen. In Anbetracht von Martins Äußerung, dass dies ‚vorläufige Notizen über einen neuen Controller' seien, erschienen die Dokumente aus Hardware Sicht überraschend umfassend und detailliert. Innerhalb von weniger als zwei Stunden war er in der Lage, sich ein umfassendes Bild des Regler-Designs zu verschaffen. Er tippte seine Interpretation des Hardware-Designs auf einem einzigen Blatt Papier, so dass er seine Analyse in der kommenden Sitzung verwenden könnte.

Controller-Hardware-Architektur – Karl Winklers Interpretation der Planungsunterlagen

Das Modul nutzt eine Single-Board-Architektur, die die Intelligenz (2 Mikroprozessoren und Speicher), die Kommunikation (redundante Ethernets und eine serielle Verbindung), und die Hochgeschwindigkeits-I/O-serielle Verbindung, enthält. Intelligente Anschlussplatten werden verwendet, um die Transmitter zu verbinden - diskrete I/O, 4-20 mA oder intelligente Messumformer/Ventil-Signale.

Der Entwurf enthält eine Modul Leiterplatte, die bis zu drei Module aufnehmen kann - so dass es Nicht-Redundanz (Singular), dual Redundanz und dreifache Redundanz ermöglicht. Ein solch flexibles Redundanzschema ermöglicht ein Sicherheitssteuerung Design, das die Zuverlässigkeitsanforderungen für jeden Regelkreis in einer kosteneffektiven Art und Weise ermöglicht.

Hinweis: Die umfangreiche Sicherheit-Erfahrung vom Hardwaredesigner ist offensichtlich. Die ausführliche Information über die flexible Redundanz ist beeindruckend.

In Bezug auf die intelligenten Anschlussplatten (ITP), scheinen dies vorhandene Einheiten zu sein. Vier dieser ITP sind vorgesehen: eine Kombination (mit analogen und digitalen E/A-Modul), ein diskretes-Modul, ein Thermoelement-Modul und ein Kommunikations-Modul für intelligente Messumformer. Die ITP sind I-Safe zertifiziert. HART-Firmware ist in den 4-20-Schnittstellen integriert. FF-Firmware ist für intelligente Messumformer-Schnittstellen zur Verfügung gestellt. Der Einsatz von Feldbussen in Sicherheitssystemen wurde in Frage gestellt; aber aufgrund des jüngsten Fieldbus SIF-Produkt-Releases, hat sich das geändert. Die redundante serielle Verbindung mit dem Controller ist High-Speed (ein Megabit Übertragung mit CRC und HSP Sicherheit). Eine OPC-Ethernet-Schnittstelle ist auch auf dem ITP, vermutlich für direkte Datenerfassung.

Da jedes Modul über seine eigene redundante serielle I/O, Intelligenz und Kommunikation verfügt, wird die Gesamtsystemgröße eines Systems die Resonanz-Geschwindigkeit nicht vermindern. Es ist sicherlich ein vielversprechendes Design, das vielleicht fortschrittliche Steuerungssoftware auf Modulebene erlauben würde. Aber gibt es ausreichend Speicherkapazität für die erforderlichen Daten?

Die integrierte Ethernet-Kommunikation (redundante Ethernet-Ports und Kommunikationsprozessor auf jedem Modul und eine serielle Verbindung) und die Hinweise auf der Kommunikationsarchitektur zeigen, dass ein H2-Fieldbus in Betracht gezogen wurde. Im Hinblick auf die HART-Kommunikation wird nichts in der Controller-Dokumentation erwähnt; Vermutlich ist dies in der ITP abgedeckt. HART Transmitter kommunizieren Diagnoseinformationen über ein Standard-4-20-mA-Signal und sind weit verbreitet.

Die Dokumentation ist nicht bezüglich Kommunikationsarchitektur klar und es ist praktisch nichts über die Controller-Firmware im Paket. Mit Ausnahme einer zweiseitigen Handhabung der Sequenz of Events (SOE), wobei angenommen wird, dass sie teilweise auf der Controller-Ebene durchgeführt wird. Was ist die erforderliche Speicherkapazität dafür?

Das Dokumentenpaket enthält keine Beschreibung der Steuerfunktionen, Funktionsliste oder Erklärung der Softwarekonfiguration. Das Dokument Packet beinhaltet auch keine funktionalen Software-Design-Spezifikationen. Einige der Firmware-Konzepte müssen angenommen worden sein, denn wie konnte sonst die Entwicklungsgruppe ihr Hardware-Design entwickeln?

Ende der Kommentare

Karl plante am nächsten Morgen Fragen an das Software-Team zu stellen und dann ein F & E-Meeting abzuhalten. Sicherlich, vor dem Treffen mit Martin am Freitag, brauchte er alle Informationen, um seiner Einschätzung des Design-Pakets Glaubwürdigkeit zu verleihen. Mit dem Fortschritt seiner Dokumentenprüfung zufrieden, beschloss er ein Abendessen aus der Mikrowelle zu nehmen und sich dann vor dem Fernseher zu entspannen, wo er fast einschlief.

Früh am nächsten Morgen im Büro, auf dem Weg zur Kaffeeecke, traf Karl Peter Maurer, einer der Softwareingenieure in seinem Team. Er stellte sich wieder vor, und fragte scherzhaft „Gut, wie lange wird es dauern, um die Software für das neue System fertig zu haben?" Er folgte mit „das ist nur ein Scherz, ich wollte später heute Vormittag mit euch bezüglich dessen zusammen kommen." Zum Glück war niemand in der Nähe, denn Peter schien in schlechten Stimmung zu sein und Karl bekam was Unerwartetes zu hören.

„Wir, als Programmierer, werden ständig gefragt ‚Wie lange es dauern wird?'. Und wissen Sie, die Situation ist fast immer wie folgt: die Anforderungen sind unklar. Niemand hat eine Analyse aller Auswirkungen vorbereitet. Das neue Feature wird wahrscheinlich einige Annahmen, die man im Code vorgenommen hat beeinflussen und man denkt sofort an all die Dinge die man möglicherweise umgestalten muss. Man hat andere Dinge, von vorherigen Aufträgen, zu erledigen, und man muss zu einer Schätzung kommen die andere Arbeiten berücksichtigt. Die Definition ‚Fertig' ist wahrscheinlich unklar. ‚Fertig' bei der Codierung, oder ‚Fertig', bereit für die Verwendung des Benutzers? Egal, wie bewusste man sich all dieser Dinge ist, der Stolz des Programmierers akzeptiert sehr oft kürzere Zeiten als man ursprünglich geschätzt hat, vor allem, wenn man den Termindruck und die Erwartungen des Managements zu fühlen bekommt. Vieles davon sind organisatorische Fragen, die nicht einfach und leicht zu lösen sind, aber letztlich wird man aufgefordert eine Schätzung abzugeben und man erwartet, dass man eine angemessene Antwort gibt", kommentierte Peter.

Karl sagte: „Es tut mir leid Peter, ich hatte nicht vor Sie zu stören. Ich hätte eigentlich meine Wertschätzung zum Ausdruck bringen sollen, dass Sie sich hier so früh in den Morgenstunden befinden, es ist ja noch nicht einmal 07:00 Uhr."

„Oh, ich bin schon seit mehr als zwei Stunden hier und es ist mir noch nicht gelungen, den Fehler in diesem Sub-Programm zu finden. Ich entschuldige mich für meine Reaktion. Was kann ich für Sie Sir tun? "

„Entschuldigung akzeptiert. Ich will Sie nicht viel länger aufhalten. Aber wer ist der Programmierer der an unseren neuen Controller arbeitet? " fragte Karl.

„Leon Denkl ist unser Programmierleiter. Er wohnt in Kalifornien und arbeitet aus seinem Büro zu Hause. Er hat vielleicht begonnen, aber soweit ich weiß, versucht er immer noch das Software-Modul für das Alarm-Management des bestehenden Produktes abzuschließen."

„Danke Peter und viel Glück bei Ihrem aufwändigen Debugging", sagte Karl.

Karl dachte darüber nach, wie er sich am besten auf sein Projekttreffen vorbereiten könnte, denn er wollte die Teilnahme der Software-Ingenieure meiden, da sie scheinbar noch nicht mit dem neuen Controller-Task begonnen haben. Er wird warten, Leon Denkl anzurufen, aber im Hinblick auf Peters Kommentare, erwartet er keine positive Reaktion bezüglich des neuen Software-Status. Er weiß, dass die Vorbereitungen für die Besprechung nur die halbe Herausforderung ist. Er muss auch eine Atmosphäre der Führung und Kommunikation etablieren, und mit der Software Situation kann er einen echten Test erwarten. Trotzdem kann ein Kickoff-Meeting für das neue Entwicklungsprojekt für ihn die beste Gelegenheit sein, um die Gruppe in Richtung Fortschritte in der Arbeit und einen gemeinsamen Ziel, anzuregen. Aus seiner Erfahrung weiß er, dass ein gutes Kickoff-Meeting das Ergebnis guter Planung ist.

Die Überprüfung des Hardware-Designs gibt ihm einen brauchbaren Anfang, aber irgendwie muss er die Software-Aspekte als ‚normal' präsentieren, obwohl die Anzeichen darauf hindeuten, dass sie es nicht sind. Karl hat Taktiken entwickelt, die er benutzt, um einen positiven Ton für Besprechungen, selbst bei kontroversen Einstellungen, zu fördern. Diese Diplomatie hilft ihm, organisiert zu bleiben, seine Führung zu etablieren und die einzelnen Ingenieure und Designer in einem Team zu motivieren.

Fast jeder Software-Entwickler den Karl jemals kannte hat den Software-Zeitplan chronisch unterschätzt, wie lange es dauern wird um eine Aufgabe, oder eine Reihe von Aufgaben, zu erledigen. Nur die besten sind in der Lage eine genaue Zeitschätzung zu geben und zu erfüllen, während der Rest manchmal um einen Faktor von zwei oder mehr daneben liegt. Das Problem ist, dass Software-Ingenieure, in der Regel kreative Menschen, oft nicht die Probleme vorhersehen, die auftreten können. Obwohl sich viele Ingenieure beschweren, dass Produktmanager ihre Meinung oft ändern, betrachtet das kaum einer in seiner Zeitschätzung. Es wird keine Zeit für Sitzungen über Anforderungen und Änderungen einkalkuliert. Bugs? Unser Code ist perfekt und hat nie Fehler, darüber brauchen wir uns keine Sorgen zu machen. Immerhin wird QA alles, was wir irgendwie übersehen aufdecken, glauben viele. Einige der anderen Ingenieure, auf die sie sich verlassen, werden abwesend sein. Sie gehen oft davon aus, dass jemand anderer das Fehlende ausgleichen wird. All diese Dinge summieren sich sehr schnell zu Terminüberschreitungen, aber nichts hat so viel Einfluss wie das Fehlen einer umfassenden Beschreibung des Funktionsdesigns und die nicht-einkalkulierte Zeit zum Lernen. Dies geht direkt auf eine gemeinsame Schwäche von Programmierern zurück. Sie denken, dass sie ohne Detail-Planung wissen, wie man die Aufgaben vervollständigt, aber sehr häufig gibt es Dinge, die sie noch nie zuvor getan haben. Ihre Zeitschätzungen reflektieren einen Zustand des vollkommenen Wissens, in dem sie lediglich einen groben Umriss der Aufgabe benötigen um zu programmieren. In Wirklichkeit sind viele Aufgaben komplexer und werden daher häufig falsch beurteilt.

Vor diesem Hintergrund telefoniert Karl mit Leon Denkl. „Hallo Leon, hier ist Karl. Ich bin gerade MICGEN als Manager von F&E beigetreten. Hätten Sie eine Minute Zeit?"

„Hallo Karl, Martin hat mich darüber informiert. Was kann ich für Sie tun?"

„Ich habe erfahren, dass Sie für die Software des neuen Controller-Produkts verantwortlich sind. Könnten Sie mir Informationen darüber senden, vielleicht per E-Mail?"

„Nun, es gibt nicht viel zu senden. Wir fügen einfach Steuerfunktionen an das bestehende Funktionsarchiv hinzu. Ich habe begonnen daran zu arbeiten, musste aber am vergangenen Freitag wegen einer Zusage für ein Alarm-Management-Software-Modul aufhören. Dies ist eine große Aufgabe und ich bin nicht sicher, wann ich in der Lage sein werde, wieder zu dem neuen Controller-Programm zurück zu kehren ", antwortete Leon.

„Könnten Sie die funktionale Design Beschreibung der neuen Controller-Software per E-Mail an mich weiterleiten?" fragte Karl.

„Es gibt keine solche Beschreibung und da wir nur Kontrollfunktionen an die vorhandene Software hinzufügen, glaube ich nicht, dass wir eine brauchen ", sagte Leon mit einer etwas irritierten Stimme.

„Tut mir leid, Sie gestört zu haben. Ich verstehe, dass Sie unter Druck sind und an mehreren Aufgaben arbeiten. Hätten Sie etwas dagegen, wenn ich Sie Anfang nächster Woche zurückrufe? ", sagte Karl.

„Sicher, bis dahin sollte ich dieses Alarm-Management-Programm im Griff haben", antwortete Leon.

Das Gespräch mit Leon lief nicht wie erwartet. Obwohl Karl, nach Peters Bemerkungen, nicht überrascht gewesen sein sollte. Er konnte jedoch nur schwer akzeptieren, dass es seinem leitenden Programmierer nicht klar war, dass die Software des gegenwärtigen Systems nicht angewendet werden kann, indem man einfach ein paar Steuerungsfunktionen hinzugefügt, um Prozessregelung zu verarbeiten. Oder vielleicht hatte Leon keine Zeit, die Anwendungen zu analysieren und dachte, die Funktionen seien unabhängig von den Verknüpfungen, die im neuen Controller notwendig sein würden. In jedem Fall erkannte Karl, dass er vor einer großen Herausforderung stand, um Leon von der absoluten Notwendigkeit einer detaillierten Funktionsbeschreibung zu überzeugen. In Anbetracht dessen, dass das Hardware-Design ziemlich weit fortgeschritten war, war es fast unglaublich, dass die Softwareaufgaben anscheinend nicht analysiert wurden.

Karl war enttäuscht und ging zu Martins Büro. Die Tür war offen und Martin saß an seinem Schreibtisch mit seinem Kopf in einige Papiere versunken. „Es tut mir leid zu unterbrechen, Martin, hättest du eine Minute Zeit?", fragte Karl.

„Sicher, was ist los?" antwortete Martin.

„Nun, ich sprach gerade mit Leon Denkl und er teilte mir mit, dass, soweit es die neue Controller-Software betrifft, geplant sei, einfach nur ein paar Steuerfunktionen zu der bestehenden Software hinzuzufügen und das ist alles. Du weißt, dass dies nicht funktionieren wird. Vergessen wir unser Brainstorming-Gespräch über künstliche Intelligenz, ich spreche hier von elementarer Prozess Regelung."

„Ich bin froh, dass du dies so schnell begriffen hast. Ich bin sicher, dass du beim Durchsehen des Dokumentationspakets, das ich dir gestern übergeben habe, dich gefragt hast, wo der Software Teil war. Leon mag einige Funktionen angesehen haben, nur um sich mit der Steuerung vertraut zu machen. Aber du hast ja so Recht. Wir können nicht die Software unseres gegenwärtigen Systems erweitern. Das war der Hauptgrund für mich, mit dir an diesem Freitag eine Besprechung über genau dieses Thema haben zu wollen. Ich wollte nicht, dass wir zu lange warten, um dieses Thema zu besprechen."

„Ja, das ist ein wesentlicher Teil des neuen Systems. Ich bin so erleichtert, dass wir auf der gleichen Wellenlänge zu diesem Thema sind ", antwortete Karl. „Danke Martin. Und nochmals, Entschuldigung für die Unterbrechung "

„Nichts zu danken, es sieht aus als ob du dich in das neue System sehr schnell vertiefst ", sagte Martin und kehrte auf die Lektüre seiner Papiere vor ihm zurück.

Karl ging zurück in sein Büro und verfolgte seine frühere Entscheidung, ein Kickoff-Meeting über das neue System zu halten. Er übergab jedem Ingenieur in seiner Gruppe die Meeting Agenda. Er ging zu ihren Büros, suchte Augenkontakt und sagte einfach 'lasst uns morgen um 10:00 Uhr in meinem Büro treffen. '

Control System Entwicklung - Kickoff Meeting Agenda

Datum/Uhrzeit: 10:00 Mittwoch XX, X **Geschätzte Dauer:** eine Stunde

Teilnehmer gebeten, teilzunehmen: Jeder der Produktentwicklungsgruppe.

Zweck: Diskussion des Entwicklungsstands des neuen Controller Produktes.

Ziele und Ergebnisse: Entwicklungsaufgaben besprechen und dokumentieren.

Projektplan: Einführung - Karl Winkler.

Kritische Erfolgsfaktoren:

Kommunikationspläne: Diskussion wie wir Informationen und Updates innerhalb der Gruppe und den interessierten Parteien teilen.

Fragen und Antworten:

Zusammenfassung:

Hinweis: Kickoff Meetings setzen die Präzedenz aller am gesamten Projekt beteiligten Personen voraus. Dies beinhaltet auch den ‚Gruppen Aspekt'; wo bestimmt wird, wie sie und ihre Teamkollegen während des gesamten Projekts interagieren. Aber ohne die richtige Kooperation sind diese Meetings nur eine teure Diskussion offensichtlicher Dinge. Auf der Folgeseite wird Karls Ansatz zu einem erfolgreichen Meeting für die neue Steuerung (trotz des fehlenden Software-Anteils) diskutiert.

Am nächsten Tag, war jeder pünktlich in Karls Büro. Karl begrüßt alle Teilnehmer und erklärte, dass er beabsichtigt, die vorläufigen neuen Produktinformationen zu besprechen und das am Ende Zeit für Fragen bleibt. Er teilte ihnen mit, dass ihm Martin gestern das Dokumentenpaket des neuen Controllers gab und er mehrere Stunden damit verbrachte es zu überprüfen und dass er glaubt die Design-Architektur von der Hardware-Perspektive zu verstehen. Er fügte hinzu, dass er vermute, dass von der Software-Seite her noch nicht viel geschehen sei. Er betonte, seine Präsentation bitte zu unterbrechen, falls er Grundlagen missverstanden hätte.

Er verteilte die Notiz über das Hardware-System, die er letzten Abend zusammenstellte, und sagte: „Das ist meine Interpretation des Hardware-Designs auf der Grundlage dieses Dokumentationspaketes", und zeigte auf den Papierstapel auf seinem Schreibtisch. „Lassen Sie mich durch den Artikel Punkt für Punkt gehen."

Karl warf einen Blick auf das Team und war zufrieden, zu sehen, dass ihre Körpersprache Interesse zu bekunden scheint. Er ging durch die Konstruktion und Funktionen und wiederholt einige Teile um zu überprüfen, dass seine Analyse der Dokumentation korrekt war. Er lobte Kurt Binger, den leitenden Hardware Ingenieur, über die Vollständigkeit der Dokumentation. Er wies darauf hin, dass er Bedenken hatte, dass die Größe des Arbeitsspeichers für SOE Daten und Lokal-Intelligenz mutmaßlich nicht ausreichend sei und es mögliche Engpässe im Bereich Kommunikation geben könnte. Er wollte auch jede Diskussion über Software-Aufgaben vermeiden, bis er genügend Informationen hatte. Karl wollte sich bei diesem Treffen nicht festfahren, aber doch die Gelegenheit nutzen, Dinge zu erwähnen, wo Probleme auftreten könnten.

Karl hielt inne um sicher zu sein, dass er noch ihre Aufmerksamkeit hatte. Er wollte die wichtigsten Erfolgsfaktoren betonen und mit der Feststellung erklären warum sie so zentral sind: „Trotz der Tatsache, dass es oft Opposition wegen begrenzter Arbeitskräfte gibt, und ich bin mir bewusst dass wir eine kleine Gruppe sind, ist es meine Erfahrung, dass ein neuer Produkt-Entwicklungsprozess eine ausführliche Funktionsbeschreibung des Produkts haben sollte. Ja, zum Beispiel in diesem Fall ist das Hardware-Konzept gut dargestellt, jedoch ohne die Softwarebeschreibung, können wir nicht wissen, ob wir etwas übersehen haben oder nicht. Wir brauchen wirklich eine umfassende Darstellung des neuen Produktes, denn es besteht ein sehr großer Unterschied zwischen unserer derzeitigen zentralen Controller Architektur und unserem neuen verteilten Design. Dies betrifft insbesondere den Softwarebereich. Die Definition sollte auch Tests und Prüfverfahren im Detail enthalten." Er setzte fort, „und der Erfolg der Produktentwicklung liegt praktisch jedes Mal in der vorab Detail-Definition."

Karl fuhr dann fort mit „Ich möchte alle daran erinnern, dass Teamwork wichtig ist. Wir müssen uns gegenseitig unterstützen. Ziel ist die Entwicklung erfolgreich abzuschließen, und es obliegt jedem seinen Teil dazu beizutragen. Bezüglich Unterstützung möchte ich folgenden Vorschlag zum Austausch von Informationen und Updates innerhalb unserer Gruppe machen: Ein zweiwöchentliches Treffen über den Entwicklungsstand und die Nutzung des Firmen-Intranets, um alles was die Entwicklungsfortschritte beeinträchtigt und dokumentiert werden muss, zu kommunizieren. Auch, für wichtige Fragen, zögern Sie nicht, mich direkt zu kontaktieren."

Karl schaute auf seine Uhr und sagte, „soweit haben wir weniger als 30 Minuten verbraucht, lasst uns die Besprechung für Fragen und Antworten öffnen."

„Ich habe eine Frage an Kurt", sagte Emma, eine der Programmiererinnen. „Wann denken Sie, dass diese neue Controller-Hardware fertig sein wird?"

Kurt antwortete: „Ich glaube, dass wir einen Prototyp in etwa neun Monaten haben werden. Zu diesem Zeitpunkt haben wir kaum die architektonische Gestaltung fertig."

Peter fragte dann Karl „ wird Leon derjenige sein, der die Software gestaltet?"

Karl antwortete „Leon benötigt Hilfe. Wie Sie wissen, arbeitet er zurzeit an der Alarm-Management-Aufgabe."

Karl fasste das Treffen mit einem Aufruf zum Handeln bezüglich der Funktionsbeschreibung zusammen, er sagte ihnen dass er mit Leon Denkl nächste Woche sprechen werde, um auch dies mit ihm zu klären und bedankte sich für ihre Aufmerksamkeit während dieses Kickoff-Meetings. Er sagte dann, dass er begeistert sei, Teil dieses Entwicklungsprojekts zu sein und dass er sich auf die erste Statusbesprechung über den neuen Controller, in zwei Wochen, freue. Er fügte hinzu: „Ich weiß, dass Zeit sehr wertvoll ist. Wir haben dieses Treffen in weniger als einer Stunde abgeschlossen. Nochmals vielen Dank."

Als sie sein Büro verließen, sagte sich Karl ‚Ich frage mich was sie denken?; Dies war angeblich ein Kickoff-Meeting und ich habe keinen grundlegenden Projektplan erklärt, habe keine Aussage über kurz- und langfristigen Ziele gemacht die erreicht werden müssen um bestimmte Leistungen zu realisieren und habe auch keine Fragen über die Aufgaben der einzelnen Teilnehmer gestellt.' Hätte er ihnen sagen sollen, dass er dies absichtlich tat, weil er glaubte, dass derzeit ein grundlegender Mangel an Verständnis in Bezug auf die Software des neuen Produktes bestand? Ohne die Softwareinformation wird es nicht möglich sein, die Hardware zu definieren. Obwohl aus technischer Sicht fast nichts erreicht wurde, war das Treffen vom Standpunkt der Teamarbeit förderlich. In Anbetracht des Dokumentationspaketes und der Tatsache, dass die Hardware und die Software-Gruppen vorher als getrennte Einheiten handelten, war dieses Treffen wahrscheinlich die Zeit wert.

Karl wusste, dass er Anwendungsdetails benötigte, um ein grundlegendes Verständnis der Unterschiede zwischen dem bestehenden Produkt und dem neuen Produkt zu schaffen. Es war nicht ein Mangel an Intelligenz oder beruflichen Fähigkeiten; Karl hatte das Gefühl, das sein Team aus äußerst fähigen Leuten bestand, aber sie lebten in ihrer Welt der Sicherheitssysteme, die vom Standpunkt der Funktionalität sehr verschieden von denen der Prozessleitsysteme waren. Er dachte an Möglichkeiten, wie die Funktionen der Prozesssteuerung am besten zu illustrieren wären und kam zum Ergebnis, dass typische Anwendungsbeispiele die Erklärung einfacher machen würden.

Karl plante, ein Anwendungshandbuch für Advanced Process Control nach seiner Fertigstellung der ersten Produktentwicklungsaufgaben, zusammenzustellen. Vielleicht könnte er damit in ein paar Monaten beginnen. Aber es sah so aus als ob sofort ein paar Anwendungsbeispiele von grundlegenden Steuerelementen erforderlich wären, um den besten Einstieg zur Beschreibung der Softwarefunktionalität zu finden. Glücklicherweise war dies sein Spezialgebiet, und während es keinen anderen Grund für die rudimentären Kontroll-Erklärung gab, als sein Team von der Notwendigkeit unterschiedlicher Softwarefunktionalität zu überzeugen, zumindest würde er nicht viel Zeit benötigen, um eine kurze Präsentation zusammenzustellen. In Verbindung mit ein paar Diagrammen aus dem Instrument Engineers Handbook, glaubte er, dass dieser Ansatz belehrend wäre. Er war entschlossen, dies bis Freitag durchzuführen. So schloss er die Bürotür und fing direkt damit an.

Am nächsten Morgen, als er an seinem Schreibtisch saß und noch mit seinen Anwendungsdiagrammen beschäftigt war, kam Martin in sein Büro und sagte, „Nun Karl, ich hörte dass du eine hervorragende Besprechung mit deiner Gruppe hattest. Meinen Glückwunsch!"

„Hatte ich?" antwortete Karl und fragte, mit einem verwirrten Blick, „Wer hat dir das gesagt?"

„Beide, Peter und Kurt sagten, dass alle mit deiner Produktanalyse und mit deinem Team Schwerpunkt, beeindruckt waren."

Karl reagierte nicht auf das Kompliment; er dachte, dass sie wahrscheinlich glücklich waren, weil er sie nicht an Ort und Stelle mit gezielte Fragen ausgeforscht hatte‘.

Und dann fuhr Martin fort, „übrigens, ich hatte ein Telefongespräch mit Leon. Das Hauptthema war nicht über das neue Produkt, aber er ließ mich wissen, dass er von Anfang an verstanden hat, dass das Konzept der Konfiguration geändert werden müsste." Dann fügte Martin hinzu „Leon ist ein brillanter Programmierer, einer der Besten, doch leider manchmal schwierig zu verstehen. Aber lass uns morgen darüber reden." und Martin verließ das Büro.

‚Ich habe meine Zeit mit der Umsetzung dieser Merkplätter für Anwendungen verschwendet, wenn der leitende-Software Kerl das Konzept bereits versteht' murmelte Karl zu sich selbst.

Doch weil er fast damit fertig war, beschloss er, von den bisherigen Ergebnissen Kopien zu machen, damit er die Informationen an Peter und Kurt weiterreichen konnte. Er fügte ein Deckblatt hinzu, mit einem einleitenden Absatz, der besagte, dass er dies nur zur besseren Veranschaulichung der Punkte vorbereitete, die er während der Besprechung über die Unterschiede zwischen Konfigurationen von Sicherheits- und Kontrollfunktion gemacht hatte.

Karl ging zuerst zu Kurts Büro und sagte „Hallo Kurt. Ich habe ein paar Illustrationen mit Anmerkungen zusammengestellt, die die Konfigurationsunterschiede zwischen Sicherheit und Regelkreisen zeigen. Wenn Sie Zeit haben, schauen Sie sich das bitte an."

„Danke Karl ", sagte Kurt. „Ich dachte über Ihre Kommentare nach und überprüfte die Speicherkapazität; wir können die Größe ohne erhebliche Kostenauswirkungen vervierfachen", fügte er hinzu.

„Das ist großartig", antwortete Karl.

Dann ging Karl zu Peters Büro und bevor er etwas erwähnen konnte, sagte Peter „Hallo Karl. Das war eine herausragende Besprechung! Was haben Sie denn da?"

„Nun, danke, Peter, Ich skizzierte einige Diagramme, die zur Klärung der Regelkreis-Konfiguration dienen können. Wenn Sie einen Moment Zeit haben, bitte schauen Sie sich die an ", sagte Karl.

„Da ich gerade dabei war diese Unterroutine zu debuggen, werde ich Ihre Diagramme sofort ansehen", sagte Peter.

„Super!", Sagte Karl und kehrte in sein Büro zurück. Er war begeistert. Es gibt Anzeichen dafür, dass diese Schlüsselmitglieder seines Teams gewillt sind die neue Technik aufzunehmen.

Karl kam sehr früh am Freitag im Büro an; Er ging das gegenwärtige Sicherheitssystem in Gedanken durch, um für Vergleichsfragen vorbereitet zu sein, die bei dem Treffen mit Martin entstehen könnten. Dann um 09.00 Uhr ging er in Martins Büro, um herauszufinden, wann das Treffen starten sollte.

„Hallo Karl." sagte Martin, sein Gesicht leuchtend, „bereit für das Treffen? Bevor wir beginnen möchte ich dir mitteilen, dass ich gerade eine gute Nachricht von Tim Boschek erhalten habe; dass die Auftragsvergabe für das große Sicherheitssystem von CAISTOS Onshore zu unseren Gunsten entschieden wurde. Tim wird an diesem Nachmittag im Büro sein, und ich möchte, dass wir drei uns zusammensetzen und dieses kommende Projekt besprechen." sagte Martin und fügte hinzu: „Tim machte den Vorschlag, die Prozessregelungen zu einem unserer bestehenden Sicherheitssysteme hinzuzufügen. Dies könnte eine große Chance sein, unser neues System zu installieren. Lass uns dies alles besprechen, wenn Tim hier ist."

Und Martin fuhr fort „Ach ja, und lass mich auch über Leon Denkl sprechen, bevor wir mit dem anderen Thema beginnen, weil dies so ein wichtiger Aspekt unseres neuen Systems ist. Wie ich gestern erwähnte, hatte ich ein Gespräch mit Leon. Für die Fertigstellung der Alarmverwaltung schätzt er sechs bis acht Monate. Ich setze ihn dauernd unter Druck und muss mich für die Antwort entschuldigen, die er dir gegeben hat."

„Das bedeutet, dass uns zu diesem Zeitpunkt ein führender Softwareentwickler für das neue System fehlt?", sagte Karl.

„Ja, das ist leider der Fall; du hast am Montag, während unserer Brainstorming-Sitzung, über ein ‚Software Wunderkind' gesprochen; gibt es eine Chance, ihn zu uns zu holen?" fragte Martin.

Karl antwortet „Ich habe darüber gestern nachgedacht und habe Jan Bettin angerufen, um zu sehen, was er tut; leider teilte er mir mit, dass er eine interessante neue Aufgabe hat." Karl fuhr fort „Jan ist noch jung und ziemlich unerfahren, im Gegensatz zu Leon, der über langjährige Erfahrung verfügt. Jan würde ein detailliertes Funktionsdesign vorab brauchen."

„Nun, wir benötigen das sowieso", unterbrach Martin.

„Stimmt", sagte Karl. „Aber es wäre besser für das Software-Team dieses Dokument selbst zu generieren, so dass sie die Beteiligten sind."

„Ja, ich weiß, aber in unserem Fall bin ich nicht sicher, wie viel unsere Akteure wirklich über Prozesssteuerung verstehen", sagte Martin und setzte fort „Überlege dir das noch einmal und rufe Jan an."

„OK, wird gemacht" antwortete Karl.

„In Ordnung, so in Bezug auf unsere heutige Besprechung ", sagte Martin. „Lass mich dann mit der Produkt Tagesordnung starten. Ich möchte zuerst, dass du die Hintergrundinformationen, was ich mit dem neuen Produkt im Sinn gehabt habe, verstehst; und wenn du Fragen hast, zögere nicht, mich zu unterbrechen. "

„Von Anfang an war der Planungsprozess für das Produkt in unserem kleinen Unternehmen umstritten, weil die meisten von ihnen nur das Sicherheitssystem verbessern wollten. Feedback von unseren Kunden und Neuheiten bei der Konkurrenz waren für mich ein deutliches Anzeichen, dass dies nicht der richtige Weg war. Wir müssen die Anforderungen der Kunden, eine ‚Gesamtlösung', erfüllen. Mit dieser starken Kundenreaktion beschloss ich vor zwei Monaten, eine vorläufige Planung zu initiieren. Ich teilte Kurt Binger mit, die neuestens DCS-Designs anzuschauen und einen Controller, der die verteilte Architektur eines DCS mit der Zuverlässigkeit eines Sicherheitssystems vereint, zu entwickeln. Das Zeichnungspaket das ich dir gegeben habe ist das Ergebnis. Wir haben nicht viel mehr getan."

„Kurt hat hervorragende Arbeit geleistet" unterbrach Karl.

„Ja, er hat", antwortete Martin und fuhr fort. „Ich bin zufrieden mit unserer Analyse aus der Sicht des Kunden, aber bezüglich der Vertriebskanäle bin ich etwas unsicher, da die Stärke unserer Mitarbeiter und Vertreter nicht in diesem Anwendungsbereich liegt. In Bezug darauf, ob wir den Trend in der Prozessleitsystem-Industrie in unserer Produktpläne berücksichtigt haben, möchte ich dies mit dir später besprechen, ich meine nach meiner kurzen Präsentation in Bezug auf die folgenden Aspekte."

- Wir haben die <u>Beendigung unserer derzeitigen Produkte</u> nicht wirklich bewertet. Das wird eine schwierige Entscheidung werden - Kosten von Ressourcen, Überalterung, usw., um ein Produkt aufrecht zu erhalten.
- In Bezug auf <u>Kosten</u> habe ich nur eine grobe Schätzung - wir müssen dies verfeinern, sobald wir die Software Probleme im Griff haben und nachdem wir eine funktionale Anforderungsspezifikation haben.
- Wir brauchen auch eine <u>vorläufige Dokumentation</u> - eine Produktbeschreibung, so dass wir unser neues Produkt für die Kunden in Bezug auf den Wert für den Käufer, warum es besser als die Konkurrenz ist, usw., beschreiben.
- Wir brauchen eine <u>Ressourcen Schätzung</u> - Ich arbeitete mit Kurt, um eine grobe Schätzung zu bekommen - was wir brauchen um zu testen und das Produkt zu bauen. Aber ich traf auf Widerstand. Es ist verständlich, Kurt wollte sich nicht zu einem Zeitplan für ein Produkt verpflichten, von dem die Software nicht definiert ist. Daher müssen wir wirklich eine Funktionsspezifikation erstellen, die das Produkt definiert und einen Application-Guide, der uns erlaubt die Bedürfnisse des Marktes zu beurteilen.
- Und jetzt, da wir die Möglichkeit haben ein Angebot für ein Projekt zu machen und es mit hoher Wahrscheinlichkeit auch bekommen, müssen wir einen Weg finden, <u>in kürzerer Zeit auf den Markt zu kommen</u> als vorausgesehen."

„Karl, ich weiß, du hattest weniger als eine Woche Zeit, um ein Gefühl für das, was hier los ist, zu bekommen, was sind deine Prognosen?", fragte Martin.

Karl antwortete: „Wenn du nach einer Prognose fragst, es gibt genügend Informationen von einer Hardware-Perspektive um eine annähernde Vorhersage zu machen, aber wie du weißt, es gibt praktisch keine Softwareinfo und keinen leitenden Programmierer.

Daher ist meine Empfehlung das Produkt vom Standpunkt der Funktionsanforderungen zu definieren und ein Verkaufs-Bulletin und Anwenderhandbuch zusammen zu stellen, so dass potenzielle Kunden und unsere Vertriebskanäle wissen was das Produkt tun soll; und am wichtigsten ist es, so schnell wie möglich einen Software-Ingenieur einzustellen."

Martin sagte dann: „So, dann mach bitte nochmals einen Versuch, Jan so schnell wie möglich zu erreichen, und wenn du erfolgreich bist, bitte rufe mich zu Hause an."

Natürlich ist es eine gute Nachricht den Auftrag für ein großes Sicherheitssystem feiern zu wollen, aber Martin weiß, dass ein Großauftrag nicht bedeutet Geld auf MICGEN's Bankkonto zu haben - zumindest nicht für die nächsten sechs Monate. Inzwischen wird mehr Geld für Leute und Materialien benötigt. Er wird die Produktions- und Test Gruppe bitten, länger zu arbeiten um die Hürde zu überwinden. Lieferanten müssen auch kontaktiert werden, usw. Er wird Johann, den Projektmanager, ersuchen eine Projektdurchführungsstrategie und To-Do-Liste zu erstellen, und das Budget für die Personal- und Produktionsmittel vorzubereiten. Die positive Seite dieses Großauftrags ist, dass er Schulden abzahlen kann und ein Teil der Gewinne investieren kann, um die Entwicklung des neuen Produktes zu beschleunigen.

Um 15.00 Uhr bekam Karl einen Anruf von Martin. „Karl, Tim Boschek ist hier. Bitte komm zu uns in den Konferenzraum."

„Ich bin gleich da ", antwortete Karl und eilte zum Besprechungszimmer. Tim und Karl stellten sich einander vor und Martin sagte „Karl, ich teilte dir mit, dass Tim eine Anfrage zur Hinzufügung eines Regelsystems zu einem unserer vorhandenen Sicherheitssysteme zurückbrachte. Dies war ein Missverständnis. Es ist ein kompletter Prozessregelung und Steuerung Umbau Job für AROBCOs Esmix, eine Offshore-Produktion-Plattform in der Nordsee, ein riesiges Projekt. Sie verwenden derzeit unser ESD für das Sicherheitssystem und ein DCS für das Regelsystem. Die haben auch einen Supervisory Computer. AROBCO mag unsere Sicherheitssystem Struktur und sie wollen dieses dreifach modular redundante (TMR) Konzept sowohl für das Sicherheits- als auch das Regelsystem anwenden. Dies würde die großen DCS-Lieferanten ausschließen."

„Ja", unterbrach Tim. „Wir haben eine echte Chance hier."

Und Martin setzte fort „AROBCO wird eine Kompressionseinheit hinzufügen. So, bezüglich Zeitperspektive sprechen wir von etwa zwei Jahren."

Tim fügte dann hinzu, „sie erzählten mir, dass deren gegenwärtige Steuerung aus Sicht der Zuverlässigkeit und der Regelung nie zufriedenstellend gearbeitet hat und der Supervisory Computer die meiste Zeit außer Betrieb war. Sie betonten, dass sie eine gemeinsame TMR-Architektur für ihr System haben wollen."

Dann sagte Martin „Ich war noch nie bei einer Plattformsteuerung für die Produktion beteiligt. Sind die komplex, Karl?"

Karl antwortete „Ja, wegen der Druckänderungen und der Einspritzsysteme sind bestimmte Produktionsplattformen schwer zu steuern. Sie verlassen sich manchmal auf ihre Sicherheits-Ventile, was nicht nur gefährlich ist, sondern auch die Aufmerksamkeit der Umweltschutzabteilung der Regierungen auf sich zieht. Ich arbeitete an der Gestaltung einer Steuerung jener Produktionseinheiten und muss sagen, dass dies die komplexesten Anwendungen darstellten, bei denen ich engagiert war."

„Sie haben wirklich bei der Gestaltung von einer dieser Einheiten gearbeitet?" fragte Tim.

„Ja, vor etwa vier Jahren hat SONARES Engineering die Mess- und Regeltechnik für die CAISTOS Plattform ausgeführt." Karl antwortete „das war eines der schwierigsten Jobs, die sie jemals erledigt haben. Ich werde die Hürden für das Regelsystem, mit denen wir konfrontiert waren, nie vergessen.

Das ist eine lange Geschichte; Ich kann euch eine Präsentation, die bei der Erstellung unseres Vorschlags nützlich sein könnte, zusammenstellen."

„Wow", schrie Tim „Das ist großartig, wie wäre Mittwoch nächster Woche?"

„Ich will auch teilnehmen. Und Karl, können wir uns in 15 Minuten sehen? ", fragte Martin.

„Klar, ich werde in deinem Büro sein", antwortete Karl und sie verließen den Konferenzraum.

Später, als Karl in Martins Büro trat, stand Martin auf und schloss die Tür hinter ihm. „Ich muss dir etwas über Tim mitteilen; er ist ein toller Kerl und hat eine positive Einstellung. Unabhängig von den Herausforderungen, mit denen er konfrontiert ist, bleibt er immer begeistert. Wenn irgendwer jemals deprimiert ist, kann er zu Tim für Inspiration gehen. Und wenn der Vertriebsleiter eine Quelle der positiven Energie ist, hat dies auch Auswirkungen auf die Kunden. Nachdem ich das alles gesagt habe, muss ich dir auch mitteilen dass Tim leider nicht technisch orientiert ist. Das ist kein großes Problem beim Verkauf von Sicherheitssystemen, aber es wird ein Thema beim Verkauf von Steuerungen werden. Was bedeutet, dass bei dem Projektvorschlag, den wir besprachen, du und ich, die Arbeit erledigen müssten."

„OK", antwortete Karl, „lass uns zuerst einen Programmierer an Bord bringen."

„Ja, Karl", sagte Martin. „Hab ein gutes und erfolgreiches Wochenende."

Während der Heimfahrt am Freitagabend, konnte Karl an nichts anderes mehr denken, wie er Jan Bettin überzeugen könnte, bei MICGEN mitzumachen. Er sagt sich ‚Ich bin alles andere als ein Experte mit persönlichen Interviews, aber mit Jan haben ich bereits festgestellt, dass er beruflich passionierter ist, er kommuniziert effektiv in einer kleinen Gruppe, er ist sehr mit dem Control-Funktion-Bereich vertraut und ich glaube, dass jeder in meinem Team gerne mit ihm arbeiten würde. Ja, er hat nur ein paar Jahre Erfahrung auf dem Buckel, aber seine Leistungen waren hervorragend. Aber ich weiß, dass es selbst mit den besten Voraussetzungen schwierig sein wird, jemand zu gewinnen. Menschen sind kompliziert und Programmierer ganz besonders. Auch in diesem Fall. Viel wichtiger als das was er weiß, ist es wie schnell er es lernt. Und aus meiner Erfahrung hat Jan eine gute Erfolgsbilanz bezüglich Erlernen neuer Fähigkeiten und deren Anwendung. '

Am Samstagmorgen rief Karl Jan Bettin an. Nach drei Versuchen kam er durch. „Hallo Jan. Hier ist Karl."

„Hallo Karl, wie ist es in deiner neuen Firma? ", fragte Jan.

Karl antwortete „Großartig, darum will ich mit dir sprechen. Da du diesen Job, den dein Unternehmen an SONARES verkaufte, so gut gemeistert hast, möchte ich dir ein attraktives Angebot machen. Die Entwicklung an der du arbeiten würdest, ist ein neues fortschrittliches Prozessleitsystem. Es wäre ein fantastischer Karriereweg für dich! Bereit für einen super Karriereschritt?"

„Wow, du hast meine Aufmerksamkeit. Ich habe gewiss gerne für dich gearbeitet. Aber was würde ich mit meinem Klavier tun? " fragte Jan.

Karl erwiderte „Nun, unser Angebot wäre natürlich inklusive aller Umzugskosten, auch dein Klavier. Ich bin mir sicher, dass wir die Situation für dich sehr attraktiv machen können. Auch hier würdest du mehr Verantwortung und damit verbunden ein höheres Gehalt haben. Und, es ist eine neue Controller-Entwicklung. Du würdest dies von Anfang an programmieren. Es ist eine einzigartige Gelegenheit für dich, Jan. Übrigens, könntest du mir vielleicht sagen, welches Gehalt du derzeit beziehst? "

„Mein Jahresgehalt ist € 79.000, die Sozialleistungen beinhaltend" antwortete Jan.

„Das ist ein großartiger Lohn, aber ich denke, dass wir das aufbessern können", sagte Karl.

„Ich bin interessiert!", sagte Jan. „Könntest du mir per E-Mail eine kurze Beschreibung schicken, welches fortschrittliches Prozessleitsystem ihr zu entwickeln beabsichtigt?"

„Ja, kann ich sicher. Wann soll ich mich zurückmelden?" fragte Karl.

„Wie wäre Dienstag oder Mittwoch? Ein Jobwechsel wäre eine bedeutende Berufserfahrung in meinem Leben, zumal sie mich hier gut behandeln." sagte Jan.

„Ich verstehe", sagte Karl „Ich glaube aber, dass du deine individuellen Leistungsziele viel besser in dieser kleinen Firma erreichen kannst als in deiner jetzigen Firma. Das Unternehmen ist finanziell stabil und es wächst schnell "; und Karl fügte hinzu „Hab ein gutes Wochenende, Jan, und ich freue mich schon auf dieses Gespräch am nächsten Dienstag oder Mittwoch."

„Ich wünsche dir auch ein gutes Wochenende", erwiderte Jan und legte auf.

Damit wurde Karl wieder daran erinnert, dass ein Firmenprofil und vorläufige Marketingliteratur unbedingt notwendig sind; ob sie dazu dienen mit den Kunden zu reden, für die Zusammenstellung eines Angebots oder für ein Gespräch mit einem potenziellen Mitarbeiter. Es ist wichtig, dieses Material zu haben. Er hat Marketing-Informationen von der Konkurrenz. Dies könnte als Vorlage behilflich sein. Es muss lösungsorientiert sein, und natürlich ist es wichtig, dass sich die MICGEN Literatur von derjenigen der Konkurrenz durch die Betonung der grundlegenden Vorteile unseres neuen Systems unterscheidet. Karl plante dies mit Tim Boschek und Monika Kambell nach seiner Präsentation zu besprechen. Das wäre wahrscheinlich ein guter Zeitpunkt, um die Dringlichkeit von lösungsorientierter Literatur deutlich zu machen. In der Zwischenzeit musste er etwas Überzeugendes für Jan zusammenstellen. Karl wollte auf keinen Fall, dass Jan aufgrund fehlender elementarer Informationen über das neue Produkt, besorgt oder misstrauisch wird.

Sonntagmorgen nach dem Frühstück, lehnte sich Karl zurück und dachte darüber nach was in der Broschüre stehen sollte, die er heute an Jan weiterleiten würde? Na ja, er sagte sich, es sollten wirklich die gleichen Informationen sein wie in der Broschüre für das Angebotspaket, oder die Informationen die er für jeden potenziellen Kunden präsentieren würde. Mit anderen Worten, wie kann er eine effektive Broschüre machen? Wie stellt er etwas zusammen, dass gelesen wird und worauf Jan oder ein Kunde positiv reagieren würden? ‚Jedes verschickte Stück Literatur hinterlässt einen Eindruck bei unseren Interessenten', sagte Karl zu sich selbst, ‚egal ob es sich um einen Kunden oder einen potenziellen Mitarbeiter handelt'. Hinterlässt er den falschen Eindruck mit seiner Broschüre, läuft er Gefahr, Jan zu verlieren oder in anderen Fällen einen Kunden zu enttäuschen. Die Verwendung der vorliegenden MICGEN Websiteinhalte, die hardware- und nicht lösungsorientiert sind, wären nicht praktisch, mit Ausnahme des Logos, der Adresse und eventuell dem Serviceabsatz. Also suchte Karl auf den Websites der wichtigsten Konkurrenten um ihren Ansatz zu erforschen, zwar nicht mit der Absicht deren Inhalt zu kopieren, sondern um zu sehen wie er seine Produkte und Lösungen am besten unterscheiden könnte. Er wusste, dass er einige grundlegende Literatur-Überlegungen in Betracht ziehen musste.

- Den Kunden verstehen - Er glaubt, dass er den Nischenmarkt des neuen Produktes sehr gut kennt. Damit ist er sich bewusst, warum das Produkt gekauft wird, was die entscheidenden Merkmale für seine Anwendung sind und was die wichtigsten Probleme sind, die das neue Produkt lösen kann.

- Aufmerksamkeit - Wie kann er den Interessenten, ob Jan oder den Kunden, wissbegierig machen, um die Broschüre zu lesen? Karl ist der Ansicht, dass ein treffendes Bild (Foto eines Prozesses) am besten dienen würde.

- Nutzen für den Käufer – Käufer interessieren sich nicht wirklich für unsere Produkte, ihr Geschäft ist ihr absolutes Interesse. Somit konzentrieren sie sich auf die Vorteile, die sie möglicherweise vom Produkt erhalten werden. Obwohl dies nicht Jan anbelangt, meint Karl, dass dies die Hauptbotschaft sein muss.

- Schlagzeilen und Grafiken - Er weiß, dass der durchschnittliche Leser nur wenige Sekunden auf die Titelseite einer Broschüre blickt und entscheidet, ob er es liest oder nicht. Ein Foto bezüglich der Prozessanwendung und eine Überschrift - Advanced Control – würde wahrscheinlich Aufmerksamkeit erregen.

- Kundennutzen - Anwenden von Kundennutzen Schlagzeilen in der Broschüre, um ihre Aufmerksamkeit zu gewinnen.

- Aufzählungszeichen - Verwendung von Bulletpoints, um die wichtigsten Funktionen zu benennen.

- Einen Grund angeben, jetzt zu handeln - Wenn er den Leser nicht zum sofortigen handeln drängt, wird sich der Leser auf die nächste Sache, die seine Aufmerksamkeit erregt, wechseln.

- Das Risiko wegnehmen - Er hat den Bericht über die herausragende Zuverlässigkeit des bestehenden Systems. Er wird dies hervorheben, aber der Leser möchte sicher mehr über das neue System wissen - eine Herausforderung.

Er überprüfte eine Reihe von Prospekt-Vorlagen für Designer im Internet und fand, dass sie überraschend professionell waren. Er dachte, wenn Monika und Tim es nicht professionell finden, können sie die Qualität später verbessern, aber im Moment braucht er etwas, das zumindest für Jan akzeptabel ist. Die Bilder die er bisher gefunden hatte, werden nicht ausreichend sein. Nach zeitraubender Suche im Internet fand er ein Foto einer Prozessplattform. Er fand auch ein gutes Kompressor Bild, das er überlagern könnte. Dann überblendete er eine Aufnahme des bestehenden Sicherheitssystems und das Ganze sah ziemlich gut aus, glaubte er.

Er entschied auch, einen Teil des MICGEN Slogans zu verwenden - Hohe Zuverlässigkeit - und veränderte dies zu HOHE ZUVERLÄSSIGKEIT KOMBINIERT MIT ADVANCED CONTROL- DIE LÖSUNG FÜR IHREN PROZESS. Der Inhalt der Broschüre-Inhalt war sehr unterschiedlich, aber das Layout und Format ähnelte den vorhandenen Broschüren und der Website, was Tim, Monika und vielleicht auch Martin ein angenehmes Gefühl geben würde. Immerhin hatte Martin ein Unternehmen aufgebaut, das einen guten Ruf für seine Produkte hat.

Es dauerte etwas länger, als erwartet, aber die E-Mail mit der beigefügten Broschüre war auf dem Weg zu Jan. Und am Abend hatte Karl schon Jans Antwort. „Sieht aus als hättest du bereits das perfekte System. Werde ich noch benötigt (nur ein Scherz)? - Broschüre sieht gut aus! Spreche mit dir Dienstag oder Mittwoch. Jan."

Am Montagmorgen schaute Martin in Karls Büro vorbei „Hey, guten Morgen. Glück gehabt mit der Kontaktaufnahme des ‚Wunderkind' Programmierers?"

„Auch guten Morgen. Ja, ich habe Jan Bettin erreicht. Seine erste Sorge war der Versand seines Klaviers. Nein im Ernst, Jan ist interessiert. Er will etwas Zeit, um darüber nachzudenken. Ich musste ihm eine Marketingbroschüre über unser neues System senden. Wir sollen ihn Dienstag oder Mittwoch anrufen. Sein gegenwärtiges Jahresgehalt ist € 79.000. Ich sagte ihm, dass wir ein attraktives Angebot machen können."

„Na, großartig. Das ist aber ein hohes Gehalt, unter der Annahme, dass wir einen gewissen Prozentsatz hinzufügen müssen.", sagte Martin.

„Ja, er verdient gut. Ich weiß nicht, was du unseren Jungs bezahlst, aber nach den Statistiken liegt das durchschnittliche Gehalt für Programmierer in der EU ungefähr bei € 76.000 pro Jahr. Ich denke, wir müssten €89.000 bieten und ich würde sagen, dass Jan dies auf jeden Fall wert ist." sagte Karl und fügte hinzu, „und lass uns nicht die Lieferkosten des Klaviers vergessen. Hat unser Unternehmen eine Umzug Versicherung?"

„Nein, hat Jan andere Haushaltswaren, Möbel, etc., die transportiert werden müssen? Sollen wir auch für die Neuabstimmung seines Klaviers bezahlen? " fragte Martin halb im Scherz.

„Soweit ich weiß, lebt er in einer möblierten Wohnung, also wahrscheinlich wird alles, was er hat, in sein Auto passen. Ich werde ihn aber fragen um sicher zu sein " antwortete Karl.

„Glaubst du, dass wir sein Gehalt verhandeln können?" fragte Martin.

„Na ja" antwortete Karl, ein bisschen verärgert „es gibt wohl Alternativen zur Einstellung von Jan, aber wie ich es sehe, unser Software-Team ist derzeit mit bestehenden Produkt Aufgaben beschäftigt und ich kenne keinen anderen Software-Ingenieur, als Jan, den wir einstellen könnten, um das neue Produkt anzufangen. Hast du jemand anderen im Sinn?"

„Nein, habe ich nicht. Lass uns mit Jan weiter machen", sagte Martin.

„Hoffentlich ändert er nicht seine Meinung in den nächsten paar Tagen. Ich werde ihn am Dienstag anrufen und ihm die € 89.000 anbieten. Ist das OK? " fragte Karl.

„Ja, nur zu", antwortete Martin "Und wenn alles gut geht, können wir dies vielleicht noch in dieser Woche abschließen."

Und er setzte fort „hast du gesagt, dass du Jan von unseren neuen System eine Marketing Broschüre gesandt hast? Welche Broschüre hast du denn benutzt?"

„Da wir noch nichts haben, hatte ich keine andere Wahl, als am Samstag eine neue Broschüre zusammenzustellen. Sie wurde nur an Jan geschickt, keine Sorge ", sagte Karl.

„Kannst du mir bitte eine Kopie dieser neuen Broschüre senden?", fragte Martin.

„Sicher, wird umgehend per E-Mail zugeschickt", antwortete Karl und fügte hinzu „Ich hatte vor, bis nach der Präsentation, am Mittwoch, zu warten, was wahrscheinlich die Dringlichkeit für Vertriebs- und Anwendungs-Literatur unterstreichen wird, bevor ich die Broschüre Tim oder Monika zeige. Ich möchte nicht den Eindruck erwecken, dass ich die Marketingaufgaben übernehme."

„Ich werde die Broschüre nicht verteilen ", sagte Martin und ging in sein Büro zurück.

Karl nahm die Arbeit an seinem Application Guide für Advanced Process Control wieder auf. Er wusste, dass es Wochen dauern würde um ein solches Dokument zu vervollständigen und war entschlossen, jede ‚freie Minute' zu verwenden, um Fortschritte zu machen. Seiner Meinung nach war dies nicht nur der beste Weg, um die Software-Funktionalität zu erklären, es könnte auch als ‚Glaubwürdigkeit Dokument' für ein Angebot dienen - wie das Angebot für das Sicherheits- und Steuersystem der Offshore-Produktionsplattform in der Nordsee.

Und mit diesem Gedanken, betrat er Tims Büro, um zu fragen, ob er eine Kopie des Prozessdiagramms haben kann. Da Tim nicht in seinem Büro war, ging er zu Martins Büro und fragte „Martin hast du eine Kopie der Kundenanlage, ich meine die Darstellung des Verfahrensprozesses?"

Martin blickte, mit einem Grinsen auf seinem Gesicht, auf und sagte „Hey, ich wusste nicht, dass du ein Experte in der Herstellung von Marketing-Literatur bist, das sieht professionell aus - auch sehr beeindruckend aus der Inhalts Perspektive."

„Nun, Monika oder Tim denken vielleicht nicht so, ich bin sicher, dass sie die Darstellung verbessern können." sagte Karl und wiederholte „Ich habe versucht, eine Kopie dieses Prozessdiagramms zu erhalten, Tim ist nicht hier; hast du zufällig ein Duplikat dieser Zeichnung?"

„Ja habe ich. Hier ist das RFQ-Paket. Bediene dich einfach. Nimm die Dokumentation, die du brauchst, und sag Monika, dass du Kopien machst ", sagte Martin.

Als er den Ausschreibungstext sah, realisierte Karl, dass das Projekt fast identisch mit dem Job war, an dem er bei SONARES gearbeitet hatte. Das war unglaublich! Er war der leitende Ingenieur für das Prozessleitsystem in diesem Projekt, und die Herausforderungen waren ihm noch gegenwärtig, auch die Schwierigkeiten, die sie bei dem Aufsichtssteuerungskonzept (Leitrechner Entwurf) mit einem Minicomputer hatten. Außerdem erinnerte er sich noch an die Preisgestaltungen für das Safety System, Fire & Gas, DCS und TMC-System, getrennte Systeme, die vielen Integrationsschwierigkeiten, was zu Kosten- und Zeitüberschreitungen führte.

Karl war ganz aufgeregt. Dies war ein unerwarteter Durchbruch für ihn und es ermöglichte ihm wieder weiter an seinem Application Guide zu arbeiten. Anstatt die RFQ-Dokumente analysieren zu müssen und den ganzen Tag für die Vorbereitung der Präsentation zu verbringen, konnte er sofort eine Einführung schreiben und sogar eine Illustration der PPT Systemübersicht einbeziehen.

Projektvorschlag
für das AROBCO Esmix Sicherheits- und Prozessleitsystem:

MICGEN ist bekannt als einer der Marktführer auf dem Gebiet der High-Integrity-Automatisierungssysteme, und hat mehrere Systeme für Gasanlagen, Raffinerien, petrochemische Anlagen, Offshore-Produktionsanlagen und ähnliche Projekte entworfen und gebaut.

MICGEN bietet das MICWIZ System an, eine dreifach-modulare-redundante (TMR) Architektur. Mit ihr können wir eine gemeinsame Hardware/Engineering-Plattform-System für das Sicherheitssystem (ESD), Kontrolle & Schutz von Turbomaschinen (TMC), das Feuer und Gas-System (F & G) und das Prozessleitsystem (PLS) liefern. Die TMR-basierte Lösung bietet höchste Verfügbarkeit und adressiert Zukunftsthemen wie SIL / TÜV-Zertifizierung.

MICGEN ist in der Lage, die Verantwortung für das gesamte AROBCO Esmix System zu übernehmen - ESD, TMC, F & G und PLS; einschließlich Gerätespezifikationen, Projektmanagement, Systemdesign und Produktion, Prüfung, Inbetriebnahme und Schulung.

MICGENs Personal hat Erfahrung bei der Gestaltung fortschrittlicher und zuverlässiger Systeme auf Basis individueller Kundenanforderungen. Wir bieten einen umfassenden kundenorientierten Vor-Ort-Service an, um die reibungslose Übergabe des Systems von der Fertigung bis zum Betrieb sicherzustellen.

MICGEN erkennt an, dass Anwendungsflexibilität der Schlüssel für den Erfolg dieser Art von Produktionsplattform ist. Unser MICWIZ System enthält einen patentierten Advanced Control Wizard (ACW), der die Kompression-Wechselwirkungen minimiert, und daher einen reibungslosen und sicheren Betrieb unter allen Betriebsbedingungen gewährleistet.

Das MICWIZ-Control-System im Überblick:

Das vorgeschlagene System wird sowohl die Emergency Shutdown, Kompressor und Prozessregelung durchführen. Das TMC-System wird aus der gleichen Hardware-Basis wie die ESD, F & G und die PLS-Systeme bestehen. Ergebnis: Eine gemeinsame hohe Zuverlässigkeits-Systemplattform und Architektur für die ganze AROBCO Esmix Produktionsplattform.

PPT Übersicht Abbildung hier einfügen.

Dienstagmorgen sah Karl bei der Kaffee-Ecke Peter, der ihn sofort begrüßte „Hallo Karl, ich hörte dass Sie morgen am Vormittag eine Präsentation geben. Haben Sie etwas dagegen, wenn ich mich dazu setze?"

„Natürlich nicht, ich wollte Sie morgen früh sowieso einladen", sagte Karl.

„Kurt ist auch interessiert", sagte Peter. „Ich werde ihn sicher auch einladen" sagte Karl und betonte, „es geht um eine potenzielle Prozessleitsystem Offerte für eine Produktionsplattform; hoffe, dass es nicht zu langweilig für euch wird. Bisher hat Martin mir nicht gesagt, zu welchem Zeitpunkt ich anfangen soll."

„Tim sagte die Präsentation wird um 10:00 Uhr sein", antwortete Peter.

„Danke, jetzt weiß auch ich den Zeitpunkt", sagte Karl und fuhr fort; „Wie auch immer, was machen Sie denn so früh im Büro, Peter, weitere Debugging Aufgaben? Ich schätze Ihren Einsatz."

Peter antwortete selbstgefällig „Ich bin schon eine Weile hier. Nein, diesmal geht es nicht um das Debugging." Ich mache gute Fortschritte mit der Softwareroutine „Vor-Autorisierung" und wollte dies einfach nur fertig haben, so dass ich den Test am Montag starten kann. "

„Super, lassen Sie sich nicht aufhalten", sagte Karl und dachte sich „mit dieser Art von Menschen können wir unsere neue Systementwicklung terminlich realisieren. Es ist nicht einmal 7.00 Uhr und er war schon eine Weile hier."

Und Karl kehrte zu seiner Arbeit am Application Guide zurück. Er hatte Schwierigkeiten sich zu konzentrieren, und stellte sich die Frage ob er Jan Bettin jetzt anrufen oder bis zum Abend warten soll. Auch wenn er begann sich wohler mit seinem Team vor Ort zu fühlen, vor allem mit Peter, hing so viel von der Einstellung des zusätzlichen Software-Ingenieurs ab. Die Einstellung der richtigen Leute ist von entscheidender Wichtigkeit für jedes Unternehmen, und das ist vor allem der Fall für ein kleines Unternehmen wie MICGEN, mit relativ wenigen Mitarbeitern. Karl brauchte Jan unbedingt für seine neue Produkt Entwicklung, weil er wusste, dass er erstklassig ist. Er war besorgt, dass er zu energisch versuchte, Jan von MICGEN zu überzeugen. Jan dachte vielleicht, dass er verzweifelt ist. So beschloss er bis zum Abend zu warten, um mit Jan zu telefonieren.

Er hatte keine Lust sein Abendessen zu Hause zuzubereiten und ging ins Restaurant. Er kam wieder spät nach Hause. Um 21:50 Uhr rief er Jan an. „Hallo Jan."

„Hallo Karl. Ich habe auf deinen Anruf gewartet ", antwortete Jan.

„Großartig, ich hoffe, dass du deine Meinung nicht geändert hast", sagte Karl.

„Nein, je mehr ich darüber nachdachte, desto mehr hat mir die Idee gefallen, in der Anfangsphase der Entwicklung eines neuen Controllers beteiligt zu sein. Ich ging durch deine Literatur und glaube, dass du ein fantastisches Regler-Modul definiert hast. Ich verbrachte das Wochenende auf dem Bauernhof meiner Eltern, und sie sind sehr besorgt; aber ich sagte ihnen, dass ich früher oder später weiterziehen muss. Sie scheinen zu verstehen. Also, auf der Grundlage dessen, was wir am Samstag gesprochen haben, bin ich bereit für den Umzug, vorausgesetzt, dass du ein vernünftiges Angebot für mich hast."

„Ich habe eine sehr gute Offerte", sagte Karl. „Ich habe die Situation hier mit Martin Egger, unserem Unternehmensleiter, diskutiert und kann dir ein Gehalt in Höhe von € 89.000 anbieten. Deine Position wird Software-Ingenieur sein. Du würdest direkt für mich arbeiten, und natürlich zahlen wir für den Transport deines Klaviers."

„Super, ich nehme es an. Ich bin begeistert in deinem Team mitzuarbeiten", bestätigte Jan.

„Das ist großartig! Also, wenn das eine verbindliche mündliche Zusage ist, werden wir umgehend das formelle Angebot via Post an deine Hausadresse schicken. Eine Beschreibung des Sozialleistungs-Pakets ist inbegriffen", sagte Karl und fuhr fort „Wann würde dein Arbeitsbeginn sein?"

„Ich muss mindestens zwei Wochen Kündigungszeit haben und es könnte eine Woche länger dauern um das Programm, das ich derzeit bearbeite, zum Abschluss zu bringen. Ich will die Firma nicht in einer schwierigen Situation verlassen", antwortete Jan.

„Ich verstehe, aber bitte verlängere es nicht", erwiderte Karl.

„Keine Sorge, du kannst dich auf mich verlassen. Ich werde die Aufgaben hier innerhalb der zwei Wochen sehr wahrscheinlich beenden", sagte Jan.

„Ah, bevor ich es vergesse, hast du andere persönliche Gegenstände, außer dem Klavier, mit denen du umziehen musst?", fragte Karl.

„Nein, ich lebe hier in einer möblierten Wohnung, und ich kann alles, was ich habe in meinem Auto mitnehmen."

„OK, wir werden uns für eine Wohnung für dich hier umsehen. Ja, und eine andere Sache, bitte unterschreibe den Vertrag innerhalb weniger Tagen nach Erhalt. Ich würde ich es begrüßen, wenn du mir auch eine E-Mail Bestätigung schicken kannst," sagte Karl.

Jan erwähnte auch, dass er seinen eigenen PC hat und dass Karl für ihn keinen zu beschaffen braucht. Karl und Jan plauderten dann weitere fünf Minuten über ihre Job-Erfahrungen. Beide waren entspannt und fühlten, dass sie viel erreicht hatten. Die Einstellung von Jan war ein wichtiger Meilenstein für den Beginn der Software-Entwicklung des neuen Systems. Karl informierte Martin am nächsten Tag und brachte zum Ausdruck, dass dies seiner Meinung nach die Erstellung des Angebotes für das große Produktionsplattform System realistischer machen wird.

Kurz vor 10.00 Uhr ging Karl mit seinem Computer, Kopien des Angebots und der Seite über Literatur Ideen in der Hand, in den Konferenzraum. Er hatte sechs PowerPoint-Folien vorbereitet: eine Systemübersicht, ein Prozessablaufdiagramm und vier Folien aus der MICWIZ Broschüre. Tim, Monika, Kurt und Peter trafen innerhalb von ein paar Minuten ein und Martin zeigte sich auch kurz danach. Karl begann mit der Folie „Systemübersicht". Jeder lehnte sich nach vorne, was eine gewisse Überraschung anzeigte. „Hallo alle, das ist das System, das wir wahrscheinlich für das AROBCO Esmix Projekt vorschlagen werden; das heißt, wenn Martin sich entscheidet, dass wir ein Angebot unterbreiten." Er schaute auf Martin, und sagte „Martin sagte, dass er eine Entscheidung in den nächsten zwei Wochen treffen wird. Und das hier ist mein Vorschlag für das ‚Motivationsschreiben' unseres Angebotes." Karl übergab jedem eine Kopie des Schreibens, das er vorbereitet hatte und sagte, „während ihr dies lest soll ich euch sagen, dass ich vor drei Jahren auf einem nahezu identischen Projekt gearbeitet habe. Das ist der Grund, warum ich in der Lage war, ein paar PPT Folien und den kurzen Bericht zu produzieren."

Tim war der erste, der aufblickte, nachdem er das Schreiben las, er lächelte und sagte „Karl, ich glaube, wir haben diesen Job in unserer Tasche. Wer in AROBCO würde ein solches Superangebot ablehnen?", fügte er scherzhaft hinzu.

Martin unterbrach um Karl zu retten und sagte „Karl dies ist hervorragend, eine detaillierte Darstellung unseres zukünftigen Systems für die jeweilige Anwendung und das ist ein sehr gutes Angebotsschreiben."

„Warte", sagte Kurt, noch auf die PowerPoint-Folien fokussiert, „was ist das für ein Gerät das an unseren Controller angeschlossenen ist?" „Es ist das Bently Nevada Überwachungssystem, eine Drittanbieter-Produkt", antwortete Karl.

„Ja", sagte Peter zu Kurt: „Wir haben mit diesem System schon mehrmals eine Schnittstelle realisiert."

„Lassen Sie mich durch die Systemübersicht gehen und dann sehen wir uns die nächste Folie an, das Prozess- Flussdiagramm", sagte Karl.

Er fing an zu erklären: „Die Überschrift auf dem Systemübersichtsdia heißt:

MICGEN Integriertes System – Gemeinsame TMR-Plattform für AROBCO Esmix - PCS, ESD, TMC, F & G."

Dann schwieg Karl für einen Moment und sah Tim an. „Dies fordert der Kunde, nicht wahr Tim, eine integrierte Lösung auf einer TMR-Plattform", sagte Karl.

„Ja. Das stimmt" antwortete Tim. Dann drehte Karl seinen Kopf zu Kurt und sagte „Kurt, für mein Verständnis bezüglich ihrer Unterlagen ist dies was wir für unser neues System planen, unabhängig davon, ob wir das AROBCO Esmix Projekt betrachten oder nicht." „Stimmt, Karl", antwortete Kurt.

Karl beschrieb dann die Funktionen der einzelnen MICWIZ Module.

Im Anschluss an die Beschreibung der Folie „Systemübersicht" stellt Karl das Verfahrensflussdiagramm der AROBCO Esmix Produktionsplattform dar. Er sagte „Ich habe dieses Diagramm so viele Male während meiner früheren Projektarbeit gesehen, wie ich erwähnte, dass ich es fast im Schlaf erklären kann." Er erklärte dann den Prozess unter allgemeinen Bedingungen. Er betonte, dass der Kompressionsteil eine Schlüsselrolle in diesem Prozess spielte und visualisierte, dass die zukünftige Softwareentwicklung MICGENs, unter anderem die automatische Konfiguration für Turbomaschinen-Anwendungen beinhalten würde. Er wollte nicht mehr als ein paar Minuten mit der Prozessbeschreibung verbringen, weil er wusste, dass bei diesem Treffen alle, mit Ausnahme von Martin, nicht viel Nutzen aus einer detaillierten Erklärung haben würden.

„Einen wichtigen Punkt muss ich meiner Präsentation hinzuzufügen", sagte Karl „Es geht um Literatur (Broschüre, Flyer, usw). Ob wir ein Angebot, wie das für AROBCO Esmix, zusammenstellen, oder mit Kunden sprechen, wir werden Broschüren für unser neues Produkt benötigen. Das gedruckte Wort kann überzeugen und uns helfen, unsere Botschaft zu kommunizieren, vor allem in unserer Situation, wo das neue Produkt noch nicht besteht." Karl zeigte an diesem Punkt die Folie „MICWIZ Broschüre" und sagte „Mit der zunehmenden Verfügbarkeit von leistungsfähigen Desktop-Publishing-Systemen sind wir in der Lage, diesen Bedürfnissen, zumindest vorläufig, intern gerecht zu werden. Ich bereitete diese vierseitige Broschüre letzten Sonntag vor."

Und er fuhr fort „aber ich muss hinzufügen, dass ich Schwierigkeiten hatte, hochwertige Fotos On-Line zu finden und daher sieht die Titelseite, meiner Meinung nach, nicht so professionell aus, wie sie es sein sollte. Auch in diesem Fall hatte ich kein Produktbild, so dass das Hintergrundfoto vielleicht keine Rolle spielt." Karl fuhr fort „Also vielleicht sollten wir einige Abschnitte in der Broschüre nicht selbst anfertigen. Ich bin sicher kein Experte auf diesem Gebiet. Aber die Qualität einer Broschüre ist das A & O im Marketing, und auch wir müssen uns professionell darstellen. Bis wir das reale Produkt und scharfe Fotos von ihm haben, können wir vielleicht die Lücke mit möglichen Modellen überbrücken."

Tim hob seine Hand und sagte „Karl Sie untertreiben sich, die Broschüre sieht gut aus. Ich muss Sie darauf hinweisen, dass wir hier kaum Broschüren anfertigen. Wir benutzen noch die Broschüren des vorherigen Inhabers. Ja, wir ändern das Logo und die Adresse, aber das ist alles." „Was macht ihr denn bezüglich der Website?", fragte Karl „Eine Webseiten-Firma erstellte sie. Es war nicht so teuer, und jetzt warten wir sie selbst ", sagte Tim. Monika fügte hinzu „Ich nahm an einem Online-Kurs teil, und es ist nicht schwierig, unsere Seite aktuell zu halten. Aber jetzt mit dem neuen Produkt werden wir gute Fotos benötigen, genau das, was Sie in Bezug auf Broschüren erwähnt haben."

„Was wir für das neue Produkt an Dokumentation, Broschüren, Flyer, usw. brauchen wird eine echte Herausforderung sein, zumal wir es fast schon jetzt benötigen", sagte Martin. Er fügte hinzu „Einiges davon müssen wir wahrscheinlich in-house tun, allein schon wegen unseren Anforderungen an den Zeitplan. Unsere gegenwärtige Dokumentation deckt die technischen Aspekte unseres bestehenden Produkts ab und ist total Hardware-orientiert, und zusätzlich fehlen die Marketingaspekte. Angesichts des Umfangs unserer Literaturaufgabe - aktualisiertes Firmenprofil, Produktdatenblätter, Anwenderhandbuch, PowerPoint-Präsentationen, Website aktualisieren und später Anwendungsbeispiele, Whitepapers und vieles mehr, sollten wir dies gesondert diskutieren. Aber jetzt muss ich einen Anruf tätigen, Karl und Tim können wir uns in meinem Büro treffen, in etwa zehn Minuten?"

„Gut, dann möchte ich euch für eure Aufmerksamkeit danken, das ist alles, was ich zu diesem Zeitpunkt über die AROBCO Esmix Produktionsplattform habe", sagte Karl. Jeder, mit Ausnahme Martin, lief zur Kaffee-Ecke, wo die Gespräche über AROBCO Esmix weiter gingen.

Kurt sagte „Das war beeindruckend Karl, wann ist der Termin für die Abgabe des Angebots?".

Karl antwortete „Tim kennt die Details. Tim wie sind die Zeitpläne für diesen Job?"

„Nun, das Angebot muss in vier Wochen fertig sein. Das Gute an dem Projekt ist, dass die Lieferung der Waren erst in etwa zwei Jahren sein würde", antwortete Tim.

Peter sagte darauf mit Humor „Nun, das gibt uns zumindest Möglichkeiten, von dem was wir machen sollen abzuweichen und verrückte Alternativen zu erforschen."

„Seien Sie ernst, Peter", sagte Kurt und fügte hinzu „im Zeitraum von etwa vier Monaten könnten wir mit einem MICWIZ Prototyp herauskommen."

„Wirklich?", sagte Karl „Sie meinen, mit einer leicht modifizierten bestehenden Software?"

„Ja, Karl", antwortete Kurt.

„Lasst uns diesbezüglich zusammen kommen – Sie Kurt, Peter und ich, morgen früh", sagte Karl.

Kurt und Peter begannen Anpassungsnotwendigkeiten des bestehenden Produktes zu diskutieren und Tim und Karl gingen zu Martins Büro.

Martin legte gerade das Telefon auf, als Karl und Tim in seinem Büro ankamen. Er fuhr mit der rechten Hand am Rande seines Tisches hin und her, offenbar versuchte er seine Worte zu finden. „Nun, wir haben eine Menge von Herausforderungen - das große Sicherheitssystem-Projekt wird fast jedermanns Zeit binden und ehrlich gesagt ich weiß nicht, wie wir eine solche Aufgabe, wie die neuen Broschüren, in kurzer Zeit erledigen können; und ich begreife, dass es sich um eine echte Herausforderung handelt."

„Ja, und die jetzt benötigte Broschüre dient als Definition für unser neues Produkt und auch als Mittel für die Glaubwürdigkeit unserer Angebote", sagte Karl.

„Ja ich weiß. Es ist ein wichtiger Faktor für eine erfolgreiche Produktentwicklung", antwortete Martin.

Karl fügte hinzu „Es gibt keine andere Möglichkeit, für die nächsten Wochen als sich auf die Broschüre zu konzentrieren; Ich kann einiges davon am Abend tun, aber in Bezug auf die Verwendung dieser Broschüre für Marketing- und Vertriebs-Zwecke, können wir möglicherweise Qualitätsprobleme im Erscheinungsbild haben. Würde Monika in der Lage sein, mir mit Fotos und Illustrationen zu helfen?"

„Ja ", sagte Tim. „das wollte ich auch vorschlagen; Monika könnte Sie unterstützen, auch wenn sie die technischen und inhaltlichen Fragen vielleicht nicht versteht, aber sie ist sehr gut, wenn es um Verbesserung der Darstellung und des Layouts geht" und Tim fügte hinzu „Da ich ab morgen wieder im Ausland unterwegs bin, kann ich nichts zu diesem Thema beitragen. Übrigens, hätten Sie etwas dagegen, wenn ich Ihre Broschüre benutze, Karl? Ich kann sie heute Nachmittag bei FedEx drucken lassen und mitnehmen."

„Kein Problem, das ist ihnen völlig überlassen" antwortete Karl.

Martin schloss, „OK Jungs, vielleicht können wir dies alles, trotz unserer gegenwärtigen Überlastung, durchziehen, danke."

Im Laufe der nächsten Wochen

Für die nächsten Wochen sah die Arbeitsplatzumgebung bei MICGEN so aus, was man als ‚kontrolliertes Chaos' definieren könnte – es war einfach zu viel mit zu wenig Zeit zu tun. Dieses Problem wurde im Wesentlichen durch das CAISTOS Sicherheitssystem-Projekt verursacht, ein Job, der fast doppelt so groß war wie MICGENs jährlicher Umsatz. Dinge wie unrealistische Fristen und zunehmend erhöhte Erwartungen waren häufige Ursachen von ungeordnetem Multitasking, Unsicherheit und Unterbrechungen während der Arbeit. Während es nicht viel Einfluss auf Karl hatte, weil die vielen Überstunden, die er bezüglich Broschüren und Konfigurationen verbrachte, Aufgaben waren, die er sich selbst definieren konnte; einige andere Leute hatten Probleme mit den langen Stunden des Chaos am Arbeitsplatz, einschließlich des Projekt-Managers, Johann Kramo. Die Schwierigkeiten bei dem Versuch, die Anforderungen der Kunden und Vorgesetzten mit den Bedürfnissen der Untergebenen abzustimmen hatte eine Menge Stress produziert, und deswegen landete Johann im Krankenhaus. Glücklicherweise konnte Martin einen pensionierten Freund überzeugen, vorübergehend auszuhelfen und die Projekt- und Produktionspläne wurden dadurch nicht beeinflusst.

Während der letzten zwei Wochen, von dem Zeitpunkt seiner Zusage bis zu seinem Start bei MICGEN, hatte Jan Bettin mehrere abendliche Telefongespräche mit Karl. Er hatte bereits das grobe MICWIZ Controller-Konfigurationsschema, basierend auf Karls Definitionsdetails, entwickelt. Obwohl Karl betonte, dass seine Beschreibung vorläufig war, konnte Jan die Software-Anforderungen erfassen. Karl war begeistert und als die Zeit kam, um Jan im Büro zu begrüßen, stellte er sicher, dass sich Jan gut und unterstützt fühlte. Der Willkommensablauf bestand in einer Office-Tour, Einführungen in das Entwicklungsteam, den doppelten Schreibtisch, den Jan wollte, und eine Erklärung zu den Wohnmöglichkeiten durch Martins Sekretärin, Ella – all dies am ersten Tag. In den ersten paar Tagen bekam Jan auch Informationen über die bestehenden Produkte und Dienstleistungen, MICGENs Kunden-Service-Philosophie und über die großen CAISTOS Projektarbeiten, mit denen fast alle beschäftigt waren.

Kapitel 3 - Der Process Control Wizzard

Während er an dem Application Guide (definieren der Steuerfunktionen und wie sie auf die verschiedenen Prozesse wirken) arbeitete, konnte Karl seine Gedanken nicht von den Herausforderungen ablenken, die er bei der CAISTOS Produktionsplattform Prozessregelung erlebt hatte. Ein Prozess der fast identisch mit AROBCO Esmix war. Er war bei Automatisierungslösungen auf allen Ebenen dieses Prozesses beteiligt, was ihm viel Erfahrung brachte. Er war in der Lage, die fortgeschrittene Prozesssteuerung zu implementieren und es war insgesamt ein erfolgreiches Projekt. Aber er war frustriert, weil er nicht in der Lage war, die multivariable, vorhersagende Modelregelung, welche der Steuersystemanbieter speziell gemäß seiner Definition vorgesehen hatte, anzuwenden. Er war davon überzeugt, dass dies nicht nur die Herausforderungen der Betreiber erleichtert hätte, sondern auch zur Verringerung der Prozessstörungen geführt hätte. Aufgrund des großen Unternehmensumfelds und der Politik in diesem Job, war er machtlos, seine Ideen in vollem Umfang anzuwenden.

Je mehr er über diese verlorene Gelegenheit nachdachte, desto entschlossener würde Karl das AROBCO-Esmix-Projekt verfolgen. Martin davon zu überzeugen ein Projektangebot abzugeben, war der erste Schritt. Mit dem großen Sicherheitssystemsauftrag zurzeit im Haus, war das Unternehmen bereits überfordert. Ohne das neue Produkt und ohne Installationsreferenz konnte er nur sein Prozess-Know-how und seine hervorragende Beziehung zu dem Kunden der CAISTOS Produktionsplattform hervorheben. Er würde Hank Sandover, den Betriebsaufseher von CAISTOS, den er persönlich kannte, anrufen, um zu klären ob die Prozessregelung gut funktioniere, und um herauszufinden, ob er etwas über das Upgrade Projekt von AROBCO Esmix, wüsste.

Karl nahm die Prozessablaufdiagramme mit nach Hause. Er brauchte nicht allzu viel Zeit für die Kontrollmethoden aufwenden; denn er erinnerte sich noch gut an die Umsetzung der meisten Regelkreise. Wegen der sieben Stunden Zeitunterschied, rief Karl Hank früh am nächsten Morgen an, der den Hörer auf das erste Läuten abhob. „Hello, Sandover hier", sagte er. „Hank, dies ist Karl Winkler, wie geht es Ihnen" antwortete Karl.

„Toll, von Ihnen zu hören. Ich sehe einen 001-Code. Rufen Sie von Amerika an? Was kann ich für Sie tun?"

„Ja, ich rufe aus Houston an. Wie funktioniert denn die Separator Druckregelung? Haben Sie die Stufen-Steuerventile installiert? Ich bin mit dem Regelsystem der AROBCO Esmix Plattform beschäftigt."

„Wirklich - Ich verstehe, dass sie eine Kompressionsstufe hinzufügen und das ganze Prozessleitsystem erneuern. Uwe Villaloberg, Ihr Freund, verließ uns, um für AROBCO zu arbeiten; Rufen Sie ihn doch an, er wird sich freuen, von Ihnen zu hören. Hier ist seine neue Nummer, xxx xxxxxx. Ja, wir haben die Stufenventile installiert und es funktioniert besser. Aber, seit Sie nicht mehr hier sind, haben wir niemand, der sich unsere Empfehlungen anhört."

„Ich werde Uwe anrufen, danke für den Rat", sagte Karl. „Sie sind herzlich willkommen", antwortete Hank.

Karl war begeistert; das war fast zu gut, um wahr zu sein, Uwe wieder als potenziellen Kunden zu haben, wie es vor zwei Jahren der Fall war.

Karl rief Uwe sofort an. „Hallo Uwe, hier ist Karl Winkler; Ich habe Ihre neue Nummer von Hank erhalten."

„Nun, hallo Karl. Was für eine Überraschung. Was tut sich bei Ihnen?", fragte Uwe.

„Mir geht es großartig. Ich habe vor kurzem meinen Arbeitsplatz gewechselt, ich bin nicht mehr bei SONARES. Ich bin jetzt bei MICGEN Controls und in diesem Augenblick sehe ich mir das AROBCO Esmix Prozessflussdiagramm an."

„Das kann nicht wahr sein, vielleicht werden wir wieder zusammenarbeiten; Ich würde mich wirklich darüber freuen. Wir haben Ihre Sicherheitssysteme, sie scheinen zuverlässig zu sein. Ich bin neu hier, ich bin also noch nicht sehr mit den Dingen vertraut. Karl, ich bin zu einem Meeting spät dran. Können Sie mich bitte zu Hause anrufen? Haben Sie noch meine Nummer? ", fragte Uwe.

„Ja; wir können uns später sprechen. Ich wünsche Ihnen eine erfolgreiche Besprechung ", antwortete Karl.

Karl ging sofort zu Martins Büro. Martin hatte einen angespannten Gesichtsausdruck. Karl sagte: „Es tut mir leid, dich zu stören Martin, ich wollte dich nur wissen lassen, dass wir wahrscheinlich eine realistische Chance mit dem AROBCO Esmix Angebot haben. Ich sprach gerade mit einem ehemaligen Kollegen, er arbeitet jetzt für AROBCO. Ich werde mit ihm später noch einmal sprechen. Falls AROBCO das TMR Konzept wirklich vorzieht, werden wir ein Angebot machen?".

„Ja, wir sollten ein Angebot zusammenstellen, aber in Anbetracht unserer Arbeitsbelastung zurzeit, weiß ich nicht, ob dies möglich ist. Könntest du den größten Teil der Angebotsarbeit leisten?" antwortete Martin.

„Ja, ich glaube dass ich mich mit unserem Angebots-Format hinreichend schnell vertraut machen kann und in Bezug auf den technischen Teil weiß ich, was im Angebot stehen soll. Ich brauche aber von dir den Beitrag über die Preisgestaltung", sagte Karl.

„OK, hört sich gut an", sagte Martin.

Karl rief Uwe Villaloberg während der Mittagszeit an. Es war 18.00 Uhr für Uwe. Er begann „Hallo Uwe, ich hoffe Ihr Meeting ist gut gelaufen." Uwe sagte „Hallo Karl, ja kein Problem. Ich kann immer noch nicht glauben, dass Sie an der Modernisierung unserer Esmix Produktionsplattform arbeiten."

„Nun, wir arbeiten noch nicht daran, ich schaue mir nur die RFQ-Dokumente an. Wir erweitern unser System, um die Prozessregelung einzubeziehen, und da wir eine Installation des Sicherheitssystems auf der Esmix haben, beabsichtigen wir, eine Angebot zu unterbreiten" antwortete Karl und sagte weiter „Ihr seht uns wohl eher als Lieferant von Sicherheitssystemen. Glauben Sie, dass Ihre Leute unseren Vorschlag für eine Komplettlösung – Sicherheits- und Regelungssystem - ernsthaft in Erwägung ziehen würden? "

„Nach meiner Besprechung habe ich hier herumgefragt; Ich muss mich erst noch hier zurecht finden, da ich noch neu bin. Wie auch immer, sie haben viele Probleme mit dem derzeitigen DCS und wollen eine TMR-Architektur sowohl für das neue Sicherheitssystem als auch dem DCS. So, es scheint also, dass Sie eine Chance hier haben" sagte Uwe und fuhr fort…

„Ich weiß nicht, ob es aus den RFQ Zeichnungen ersichtlich ist, aber wir werden einen Kompressor hinzufügen. Also, sprechen wir von einem Anlagen-Start-up mit dem neuen System in etwa zwei Jahren, wenn es mit der Kompressor Lieferung zeitgemäß klappt."

„Na ja, das würde uns genügend Zeit geben, um unsere neuen Prozesssteuerungsfunktionen zu implementieren und zu testen", sagte Karl.

„Apropos Regelung", sagte Uwe und fragte, „hätten Sie eine Minute Zeit, um über die Komprimierung und Separator-Anlagen zu sprechen?"

„Klar", sagte Karl, „sprechen Sie bitte weiter."

„Nun, wir scheinen ein schwierigeres Problem hier mit unseren Separator Störungen zu haben, als wir bei CAISTOS hatten. Ich wurde gebeten, dies zu prüfen. Ich werde verlangen, dass die Stufenventile hinzugefügt werden, da dies bei CAISTOS geholfen hatte, aber es gibt noch Interferenzprobleme durch die dynamischen Prozesse, die unter bestimmten Prozessbedingungen dazu führen können, dass die Separator Sicherheitsventile hochgehen und in zwei Fällen hat dies zu Anlagenstillständen geführt ", sagte Uwe.

„Ich erinnere mich an die CAISTOS Situation sehr gut", antwortete Karl.

„Das wollte ich mit Ihnen besprechen. Es wird einige Zeit dauern, also sollen wir jetzt darüber reden oder ziehen Sie eine andere Zeit vor? fragte Uwe.

„Nein, dies ist so gut wie jede andere Zeit für mich", antwortete Karl, „Ich höre zu."

Uwe sagte „Karl, ich glaube, dass Ihr MPC-Funktionsblock, der aus einem multivariablen Prozessregler mit hoch-tief Beschränkungen und Fallback-Funktionen bestand, geholfen hätte, die Prozessinteraktionsprobleme zu beseitigen."

„Ja, ich meine auch, dass es das Prozess Schwankungsproblem verbessert hätte, aber erinnern Sie sich, Cobos wollte das Modul in der Überwachungsebene (ihrem Computer) implementieren, ich bin mir fast sicher, dass dies aufgrund der begrenzten Geschwindigkeit nicht funktioniert hätte. Diese Funktion gehört in den Regler und das Gerät hatte dafür nicht die Speicherkapazität ", sagte Karl.

Uwe antwortete „Karl, ich muss eine Frage einwerfen: Mit Ihrem Anwendungswissen und MICGENs Hardware-Kompetenz, könntet ihr so etwas wie einen MPC in eurem neuen Controller integrieren?"

„Ich bin ziemlich zuversichtlich, dass wir das können", antwortete Karl.

„Rufen Sie mich bitte in ein paar Wochen wieder an", sagte Uwe.

„Ich werde dies mit Sicherheit tun" bejahte Karl und sie beendeten das Telefongespräch. Karl sagte zu sich selbst „Das war eines der besten Telefonate, die ich je hatte".

Karl wusste, dass das erste, was Uwe ihn fragen würde, wenn er zurückruft, ist „wann können Sie die Multivariable Process Controller (MPC) liefern"? Er glaubte, dass Uwe eine neunmonatige Lieferzeit angemessen finden würde. Und wenn er Kurts Aussage von vier Monaten für ein Prototyp-Modul des Advanced Control Wizards berücksichtigte, könnten die neun Monate innerhalb von MICGEN Fähigkeiten liegen, vorausgesetzt, er kann mit der Anwendungsdefinition für den kompletten MICWIZ (Advanced Control Wizard) fertig werden. Da der MPC ein integriertes Stück Software des Application Wizards ist, braucht Jan den detaillierten Aufwand, um mit der Implementierung der Multivariablen Process Control Software anzufangen. Mit der vorhandenen Funktions-Beschreibung für den CAISTOS MPC sollte Jan in der Lage sein den Programmieraufwand abzuschätzen.

Karl erinnerte sich noch gut, dass die Funktionsbeschreibung für den Multivariable Process-Controller, die sie für CAISTOS geplant hatten, darunter viele Software Details, in seinem Besitz ist. Auch wenn der MPC vor allem seine Definition war und er einigermaßen sicher war keine Geheimhaltungsvereinbarung unterzeichnet zu haben, wusste er nicht genau, ob er aus rechtlicher Sicht, diese ausführliche Dokumentation verwenden durfte. Nicht nur hatte er viele Wochenenden am MPC während seiner Zeit bei SONARES gearbeitet, der Programmierer bei Cobos hatte schon den Großteil der Codierung fertig, und auch Uwe verbrachte viel Zeit an den MPC Details mit Cobos. Dies war eine Aufgabe von mehreren Monaten. Und das Dokument enthielt nicht nur die Bau-Informationen, sondern auch die Test Details. Karl wusste, dass er Uwes Hilfe zur Klärung der rechtlichen Aspekte brauchen würde.

Uwe Villaloberg wusste sicher von der Existenz dieses MPC Dokuments, er hatte höchstwahrscheinlich eine Kopie davon, da er sich stark für die MPC Integration im Cobos DCS bei CAISTOS einsetzte. Er, der Software Kenntnisse hatte und sehr detailorientiert war, war nicht geeignet, die MPC Funktionen und deren Vorteile gegenüber dem Management zu präsentieren. Die Zustimmung, den MPC in Betrieb zu nehmen wurde abgelehnt, obwohl CAISTOS bereits für den Entwicklungsaufwand bezahlt hatte. Karl erinnerte sich daran, und meinte, dass er eine Überblick-Beschreibung benötigte, damit Uwe in der Lage wäre, seinen Kollegen in AROBCO zu vermitteln, was sie bekommen würden. Und da er beabsichtigte, den Advanced Control Wizard (ACW) im Aktualisierungsangebot des Esmix Produktionsplattform-Revamp Jobs einzuschließen, erwog er, das komplette Application Wizard Software-Modul, in zwei Wochen Uwe am Telefon zu präsentieren.

Karl fasst den folgenden Bericht für die NEUE AUTOMATISIERUNSSYSTEM-GENERATION zusammen…

Beschreibung des Advanced Control Wizards - ACW

Der Advanced Control Wizard (ACW) ist ein Modul, das eine Vielzahl von Anwendungen bietet - von der einfachen Prozessregelung bis zur gesamten Regelungsoptimierung. Seine Architektur ist revolutionär.

- Jedes ACW-Modul ist ein Single-Board; mit Prozessoren, Speichern, Kommunikation und den seriellen I/O Schnittstellen.
- Die XMR-Redundanz-Architektur bietet: Single - Duplex - TMR - und Quad Redundanz.
- Das ACW-Modul ist mit einer eigensicheren, Intelligenten Anschluss-Platine (ITP) über serielle redundante Schnittstellen verbunden.

Zusätzlich zu den Standard-Regelungsfunktionen, umfasst der ACW drei Software-Elemente:
MPC - Multivariable Prozesskontroller, **CLC** - Constraint Limit Control, **PCG** – Prozess Configuration Genius

Der Advanced Control Wizard (ACW) beinhaltet Desktop-Tools, den Workbench Wizard, der einen durch den Prozess des Erstellens und Testen der Regelkreise und die damit verbundenen Anwendungen führt.

Multivariable Process Controller - MPC

Multivariable Process Control (MPC) ist nicht neu. Es ist seit den 1990er Jahren angewendet worden. MPC hat die Fähigkeit gezeigt, bestimmte Prozesse an ihrem optimalen Betriebspunkt zu halten. Sein Erfolg war begrenzt, weil die derzeitigen am Markt verfügbaren MPCs mit dem Prozess über das DCS oder über ein Prozessinformationsmanagement System verbunden sind. Daher wurden die bestehenden MPCs meist auf lineare Kontrollprobleme mit langsamer Dynamik angewendet. Da das MICWIZ MPC sich in den dezentralen Regler befindet, hat es direkten Prozesszugang mit Reaktionsfähigkeit im Millisekunden-Bereich, wodurch die meisten dynamischen Einschränkungen und Prozessinkonsistenzen über den gesamten Betriebsbereich eliminiert werden. Verbesserungen beinhalten auch einen Look-Ahead-Algorithmus und mehr Flexibilität / Vereinfachung der Struktur des Modells. Das Ergebnis ist eine gute Unterdrückung von Prozessstörungen sowohl für langsame- als auch für mittel-dynamische Prozesse.

Die MICWIZ MPC-Firmware umfasst:

- Das Online-Steuerungsprogramm, das die Eingabewertung und den Look-Ahead-Algorithmus ausführt, sowie die stationären Zielberechnungen und die dynamischen Bewegungsberechnungen abwickelt.
- Die mehrfachen Algorithmen zur Modellidentifizierung sowie Modellvorhersage, Modellunsicherheit und Kreuzkorrelationseigenschaften für Modellanalyse.
- Den Assistenten zur Konfiguration des Steuermoduls.
- Das Simulations-Programm, das interaktive Bewertung und Prüfung von Regelleistung im Falle von Modellfehlanpassungen und Prozessmessschwankungen ermöglicht.

Die Leistung der vorhandenen MPCs ist auch dadurch eingeschränkt, dass die meisten der Prozessleitsysteme (DCS, PCS, etc.), auf denen sich der MPC befindet, nicht über automatische Fallbackstrategien verfügen, die für Regelkreis Integrität und Zuverlässigkeit im Falle von Fehlfunktionen bestimmter Feld-Messungen (Transmitter, Wandler, Analysatoren, etc.) sorgen.

Constraint Limit Control - CLC

Mit Constraint Limit Control kann man fortschrittliche Steuerungslösungen für eine Vielzahl von Prozessen schützen, von dem einfachen linearen zu komplexen nichtlinearen Verfahren. Dies ist ein großer Fortschritt für Integrität und Zuverlässigkeit von Mehrfach-Regelkreisen.

Die MICWIZ CLC-Firmware enthält:
- Die Histogramm und Normalität Probability Plots für die Tests auf Normalverteilung.
- Die Bewertung von Messwert Unterschieden.
- Die WAS-WENN-Analyse-Routinen.
- Die Constraints (Begrenzungen) von Soft-und Hard Grenzwertberechnungen oder Vor-Einstellungen.

Process Configuration Genius - PCG

Das automatische Konfiguration-Konzept des Prozess-Configuration Genius bietet ein neues Niveau der Regelungsstrategie betreffs Flexibilität und Effizienz. Es integriert die Anwendung von Vor-Konfigurationssoftware mit der On-Linie Steuerstrategie Überwachung und der automatischen Auswahl von Fallback-Strategien. Es ermöglicht eine optimale Strategieanpassung durch interaktive Auswertung der Prozesseinheit Leistung.

Die MICWIZ PCG-Firmware umfasst:
- Das Berechnungsprogramm für die Effizienz der Process Unit .
- Die Bibliothek der Prozess-Strategien.
- Den Expert Tuning Parameter-Rechner.
- Die automatische Regelungs-Fallback-Strategie Auswahl.

Der Advanced Control Wizard - ACW - ist ein Durchbruch in der Prozess-Steuerungstechnik. Es bietet erweiterte Überwachung und Steuerung für echte Prozessoptimierung in einer zuverlässigen Weise.

Als Karl an diesem Abend zu Hause ankam, nahm er die beiden Kartons, die in der Garage gelagert waren, markiert als SONARES, und suchte nach dem MPC-Dokument. Es war oben, in einem dicken Ordner, im zweiten Karton. Er würde es morgen früh durchsehen. Da Karl zwei Wochen Zeit hatte, um Uwe zu kontaktieren, hatte er nicht die Absicht, Jan mit der komplexen Aufgabe der Multivariablen Regelung zu unterbrechen, bis zu dem Zeitpunkt, dass Jan die grundlegende Ausführungsfunktion fertig hatte.

Als er die funktionale Spezifikation des MPCs durch ging, für die er die grundlegende Definition erstellt hatte, wurde ihm wieder bewusst, wie viele Details notwendig waren, um angemessene Implementations- und Testinformationen für Programmierer als auch für die QA-Ingenieure, zu liefern. Details der Benutzeroberfläche bis auf die Pixel und den Farbton, Größe und zulässigen Inhalt der Dateneingabefelder, genauen Wortlaut von Fehlermeldungen, komplexe Algorithmen und sogar die Unterstützung des Web-Browsers, Bildschirmgrößen, etc. Während sein Software-Team möglicherweise nicht so viele Details in ihrer Funktionsbeschreibungen definieren müssen, weil sie Erfahrung mit Sicherheitssystemen haben und nicht sehr auf schriftliche Kommunikation angewiesen zu sein scheinen, dachte Karl, dass die Funktionsdaten der MPC ein gutes Beispiel für sein Team wären und dass dies als ein allgemeiner Softwareentwicklungsstandard dienen könnte. Er wusste, dass jedes Unternehmen anders ist und beabsichtigte, dies mit Martin vor dem Treffen mit seiner Gruppe zu überprüfen. Außerdem musste er die rechtlichen Aspekte der Verwendung dieses MPC Dokuments klären, bevor er irgendetwas damit anfing.

Es war 10.00 Uhr und da es noch Zeit war, um Uwe in seinem Büro, in England, zu erreichen, rief Karl ihn an. „Villaloberg" antwortete Uwe.

„Uwe, hier ist Karl, entschuldigen Sie die Störung, aber während unseres letzten Gesprächs, habe ich vergessen, die mögliche rechtliche Frage in Bezug auf die Verwendung von Dokumentation und Software für den CAISTOS Multivariable Controller zu erwähnen", sagte Karl.

„Rechtliche Frage?" kommentierte Uwe „Sie und ich haben den MPC definiert. Haben Sie eine Geheimhaltungsvereinbarung bei SONARES unterschrieben? "

„Nein es gibt keine Schwierigkeiten meinerseits, aber denken Sie daran, dass CAISTOS für alle Unterlagen, einschließlich der Software-Entwicklung von COBOS, bezahlt hat", sagte Karl.

„Das sollte kein Problem sein, solange Sie den MPC als Standard Option in Ihrem neuen Produktangebot zur Verfügung stellen. Schließlich beschloss CAISTOS den MPC nicht zu implementieren, aber wenn der MPC sich bewährt hat, bin ich sicher, dass die meisten dieser Produktionsplattformen es benutzen würden. Wie auch immer, ich werde mich mit der CAISTOS Rechtsabteilung in Verbindung setzen und lasse Sie deren Antwort per E-Mail wissen ", sagte Uwe.

"Vielen Dank Uwe", antwortete Karl und sie legten auf."

Vier Tage später erhält Karl die E-Mail-Antwort von Uwe.

Hallo Karl,

Wir erhielten die Genehmigung von CAISTOS Rechtsabteilung, für Ihr Unternehmen, die MPC-Software und ihre Dokumentation zu nutzen – wie es in CAISTOS Bestellung XX-XXXX zu SONARES enthalten ist.

Sie haben unsere Anfrage überprüft und teilen mit: Erlaubnis zu kopieren, ändern und verteilen, dieser Software und deren Dokumentation, mit oder ohne Änderungen, für jeden Zweck und ohne Gebühr, oder Lizenzgebühren, wird hiermit erteilt; vorausgesetzt, dass der Systemanbieter, der diese Software und Dokumentation, oder Teile davon, für die Entwicklung eines Produkts verwendet, ein solches Produkt, zu den Standard-Preisen und Kaufbedingungen des Systemanbieters, für CAISTOS zur Verfügung stellt.

<u>Haftungsausschluss</u> - diese Software und deren Dokumentation wird bereitgestellt „Wie bestehend" und CAISTOS macht keine Zusicherungen oder Gewährleistungen, weder ausdrücklich noch implizit.

Grüße, Uwe Villaloberg

Karl wollte Uwe bitten, ihm eine Kopie des Schreibens von CAISTOS Rechtsabteilung zu senden und wollte abwarten, bis er das Duplikat erhielt, bevor er mit Martin über die Entwicklungen des AROBCO Esmix Angebots und dem möglichen Kauf eines Prototyps für eine MPC Testinstallation, sprach.

Und dann zufällig, kurz nach Erhalt von Uwes E-Mails, hörte er Martin schreien „Karl, können Sie bitte in mein Büro kommen? Ich habe Tim am Telefon."

Er eilte zu Martin Büro. „Hallo, Tim. Ich habe jetzt Karl hier. Können Sie bitte wiederholen, was Sie von AROBCO gehört haben ", sagte Martin.

„Hallo, Karl. Ich kam gerade aus einem Treffen über die Sicherheitssystem-Wartung und der Supervisor erwähnte, dass sein neuer Boss, Uwe Villaloberg, mit Ihnen über eine Testinstallation unseres neuen Systems spricht."

„Ja, Tim, ich sagte Martin vor ein paar Tagen, dass ich mit einem ehemaligen Kollegen sprach. Er arbeitet jetzt bei AROBCO. Ich wollte die Wahrscheinlichkeit überprüfen, dass wir in der Lage sind zu liefern, bevor ich Martin die potenziale Möglichkeit vorlege. Übrigens bat Uwe Villaloberg mich, ihn in ungefähr zwei Wochen anzurufen. AROBCO wurde nichts versprochen", sagte Karl.

„OK Leute, die Dinge scheinen alle auf einmal zusammen zu kommen. Karl, kannst du dich bei mir in ein paar Tagen melden, um über die AROBCO Esmix Möglichkeiten zu sprechen."

„Klar, kein Problem, und auf Wiedersehen Tim", sagte Karl.

Martin wünschte Tim Erfolg an einem anderen potenziellen Projekt und beendete das Konferenzgespräch. Er wandte sich dann an Karl und sagte: „lass uns den F & E Status bei unserem Mittagessen am Freitag besprechen." „OK", antwortete Karl und ging in sein Büro zurück.

Karl wusste, dass aus Sicht des Entwicklungsfortschritts die Softwareaufgaben der Verbesserungsprojekte für die Sicherheitssysteme seine Herausforderungen sind. Jan berichtete seine Fortschritte über den neuen Controller fast stündlich. Sie waren in ständigem Kontakt über Daten-Eingang-Details, Funktionsdetails, etc., und das würde voraussichtlich weitere vier bis sechs Wochen dauern.

Bezüglich dem Stand der Hardware, informierte ihn Kurt fast täglich über die Fortschritte. Aber er wusste nicht wirklich, wo die Software-Entwicklungsaufgaben von Peter, Richard, Emma und Leon standen. Er kannte den Status der neuen SOE Entwicklung, der Alarm-Management Verbesserung, der Generation des Wechselberichts und der neuen Prozesswert Trendermittlung, nicht.

Bisher hatte er sich auf die Definition des neuen Controllers konzentriert und wollte sich nicht mit den schwierigen Situationen der bestehenden Sicherheitssystem-Entwicklungen befassen. Karl ist beunruhigt, dass diese Projekte bezüglich Zeitplanüberschreitung zu spät besprochen werden, wenn Änderungen sehr viel schwieriger und die Folgen viel schwerwiegender sind. Aus Gesprächen mit Peter, wusste Karl, dass das Software-Team oft Probleme bei der Erfüllung der Zeitpläne hatte. Für das Team war diese Situation auch nicht einfach, wie Peter betonte. Es hatte wiederholt Fristen versäumt, ihre Glaubwürdigkeit fehlte, und die Menschen könnten seelisch „ausgebrannt" werden. Karl war besorgt.

Karl hatte die Erfahrungen gemacht, dass eine Überprüfung der Fortschritte die beständigste Motivation für die Implementierung einer Software-Status Messung ist. Natürlich erfordert der effektive Gebrauch jeglicher Fortschrittmessung von jedem Mitglied seines Software-Teams den ehrlichen Wunsch, den tatsächlichen Status des Projektes zu kennen und setzt die Bereitschaft voraus, Maßnahmen zu ergreifen, um Probleme zu beheben. Karl kannte seine Leute noch nicht wirklich. Aber er war fest entschlossen, dies zu ändern.

Er wird häufiger mit ihnen reden und eine Tabelle zusammenstellen, um den Fortschritt als Prozentsatz der Projektaktivitäten, die abgeschlossen wurden, zu messen. Er begann mit einer einfach zu implementierenden Fortschrittsmessung, eine die nur die geplanten Start- und Enddaten für jede Hauptaktivität, zusammen mit der periodischen Schätzungen des Prozentsatzes der Fertigstellung jeder der einzelnen Aktivitäten, erfordert. Alle zwei Wochen würde eine komplette Prozent-Schätzung zur Verfügung gestellt werden, basierend auf Schätzung des jeweiligen Programmierers, wie viel tatsächlich bis zu diesem Zeitpunkt durchgeführt wurde. Dieser Bericht wurde verwendet, um den Fortschritt und aktuellen Stand des F & E-Treffens zu vermitteln.

Software Progress Report

Phase	Anfangsdatum	Geplantes Enddatum	Prozent komplett
Dokument Business Anforderungen	X/XX/2016	X/XX/2016	Ausreichend?
Dokument Technische Anforderungen	X/XX/2016	X/XX/2016	XXX
Design-Entwicklung	X/XX/2016	X/XX/2016	XX
Code und Unit Test	X/XX/2016	X/XX/2016	XX
System Test	X/XX/2016	X/XX/2016	XX
Ausbildung	X/XX/2016	X/XX/2016	XX
Datenkonvertierung	X/XX/2016	X/XX/2016	XX
Installation	X/XX/2016	X/XX/2016	XX

Karl war überzeugt, dass diese Fortschrittsberichte das Review durch Kollegen stärken und vielleicht sogar zu Qualitätsverbesserungen anspornen würden. Aber, wie kann man den Programmierern vermitteln, dass diese Berichte nicht eine lästige Dokumentationsübung sein sollen, sondern dass sie für die Auswertung zur Projektplanung erforderlich sind? Und, dass Fortschrittsberichte bedeutsam sind, da sie als ein Mittel der Kommunikation von möglichen Korrekturen dienen. Er glaubte, dass eine effektive Zwei-Wege-Kommunikation mit jedem Programmierer und ein gemeinsames Klima des Vertrauens, ihm eine Chance geben könnte, die Nachricht korrekt zu vermitteln. Den Bericht besprach er mit jedem der vier Programmierer, zurzeit war Leon ausgenommen, und versuchte ihnen das Gefühl zu geben, eingebunden und bedeutend zu sein. Es schien zu funktionieren, denn sie zeigten Verständnis und versprachen Karl, die Berichte vor den Mitarbeiter-Besprechungen bereit zu halten.

Er war sich jedoch bewusst, dass aufgrund der vorliegenden erhöhten Projektaktivität, ein Multitasking die Effizienz seines Teams stark behinderte. Je mehr Arbeitsaufgaben zu einem bestimmten Zeitpunkt bearbeitet werden müssen, desto mehr Wechsel des Kontexts werden notwendig, was wiederum den Weg zur Fertigstellung behindert. Deshalb hatte Karl das Ziel die Menge der zu bearbeitenden Softwareaufgaben zu verwalten. Die Kontrolle der Work-in-progress Aktivitäten zeigten Engpässe im Fortschritt des Teams aufgrund mangelnder Konzentration, Menschen oder Fähigkeiten, auf.

Karl war sich des gegenwärtigen Kampfes innerhalb des Teams bezüglich der Herausforderung Dinge zu erledigen, voll bewusst. Er glaubte, dass ein Teil der Herausforderung durch Veränderung ihrer Denkweise zu gewinnen sein könnte. Viele Menschen nehmen sich nie die Zeit, um ihre Top-Prioritäten festzulegen. Was ist meine wichtigste Herausforderung? Karl war immer von Effizienz durch Fokussierung überzeugt. Er fragte sich oft – „Was ist es, das nur ich gut ausführen kann? Was sind die Kernkompetenzen, auf die sich mein Unternehmen konzentrieren muss, um profitabel zu sein und zu wachsen?" Bisher war Fokus der Schlüssel zu seinem Erfolg.

Vor dem Mittagessen mit Martin machte Karl Kopien der Software Berichte, die jeder Programmierer abgab und die sie während des F & E-Treffens diskutierten. Er machte auch eine Kopie der Advanced Control Wizard Übersicht. Er hatte vor, diese Informationen an Martin zu geben, aber fand ihn nicht in seinem Büro. Er fragte Ella Alexander, Martins Sekretärin, wo er sei.

Ella antwortete: „Karl, Martin ist bei einem Treffen mit seinem Finanzberater. Hoffentlich kommt er noch vor Mittag zurück; Ich habe schon die Restaurant Reservierung für euch zwei gemacht." Karl legte die Kopien auf Martins Schreibtisch und ging zu seinem Büro zurück.

Etwa zwanzig Minuten nach 12.00 Uhr, blickte Martin in Karls Büro und sagte „Karl, es tut mir leid verspätet zu sein, bereit für das Mittagessen?" „Ja, natürlich", antwortete Karl.

Als sie sich in Martins Auto setzten, holte Martin tief Luft und sagte „Wow, was war das für eine Woche und sie ist noch nicht vorbei; Karl, ich brauche ein gutes Essen und gute Nachrichten." Da es nur wenige Minuten zum Restaurant waren gab es keine Zeit zu reden, bevor sie ankamen. Martin und Karl wurden wie üblich freundlich vom Restaurant-Besitzer begrüßt und Martins Tisch war für sie bereit.

Sie setzten sich und anstelle von Martins üblichem Geplauder über Freunde zu Beginn der Mahlzeit, sagte Martin „Sieht so aus als ob die Dinge für dich gut laufen. Kurt und Peter haben nur positive Sachen über dich erwähnt und übrigens, ich mag deine Berichterstattung, wie jede Aufgabe getrennt dargestellt wird."

„Na ja, jeder versucht sein Bestes zu tun, trotz der gegenwärtigen Überlastung", antwortete Karl.

„Deine Ermutigungen scheinen aber einen Unterschied zu machen", sagte Martin.

Sie bestellten die Mahlzeit und Martin setzte fort „Ich habe einen Blick auf deine Definition des Advanced Control-Wizards geworfen"

„Es ist nur eine Übersicht", unterbrach Karl.

„Es scheint als ob du es schon im Detail durchdacht hast", sagte Martin und fuhr fort, „Ich möchte alles darüber wissen."

"Ja, es ist spannend. Die ganze Sache ist viel schneller fortgeschritten, als erwartet. Dies war in erster Linie darauf zurückzuführen, dass mein ehemaliger Kunde, Uwe Villaloberg, zu AROBLCO wechselte. Wir haben an dem Projekt der CAISTOS Produktionsplattform zusammen gearbeitet und definierten einen Multivariable Prozessregler für die Kompression und das Separator Verfahren. Nun, ich habe den Großteil der Spezifikation geschrieben, aber ich muss sagen, dass Uwe viele Vorschläge bezüglich des Prozessverfahrens hatte. Er ist ein sehr detailorientierter Ingenieur."

„Tim sagte mir aber, dass er eine Schlüsselposition bei AROBLCO hält", unterbrach Martin.

„Er hat gerade dort angefangen, ich bin nicht sicher, welche Position er dort hat", sagte Karl und fuhr fort „Wie auch immer, Uwe hat noch Interesse an der Weiterführung des Multivariable Prozessreglers und es gibt eine Chance für uns, die gesamte Dokumentation und die Software Protokolle des Entwicklungsaufwands von CAISTOS zu erhalten. Die Software für den MPC ist mehr als drei Mal so groß wie unser ganzes Safety System-Software-Paket, keine Übertreibung! Hier ist die E-Mail, die ich von Uwe erhielt." Karl zog eine Kopie aus seiner Jacke und zeigte sie Martin.

Martin las die Genehmigung der CAISTOS Rechtsabteilung für die Verwendung der MPC-Software und deren Dokumentation sorgfältig, und fragte „Heißt dies, dass sie die Software kostenlos freigeben würden?" „Ja, CAISTOS hat für die Entwicklung bezahlt. Für uns würde es bedeuten, die Software auf unsere Plattform zu portieren. Sie läuft jetzt unter UNIX, und es wäre ein beachtlicher Prüf- und Testaufwand - mehrere Monate Arbeit. Aber ich bin ziemlich sicher, dass es sich bezahlt macht", sagte Karl und setzte fort „Ich werde von Jan nächste Woche eine Schätzung des Softwareanteils bekommen, wenn du einverstanden bist, diese Chance zu verfolgen."

„Das ist fast zu gut, um wahr zu sein. Natürlich stimme ich zu. Muss ich zu diesem Zeitpunkt irgendetwas tun?", fragte Martin.

„Nein, ich werde Uwe Villaloberg in ein paar Wochen anrufen und ihm sagen, dass wir daran interessiert sind. Hoffentlich hat er den nötigen Einfluss dort, in AROBLCO, sie zu überzeugen, uns einen Auftrag zu geben."

Martin bestellte keinen Nachtisch, was für ihn ungewöhnlich war. Als sie das Restaurant verließen, spürte Karl etwas Unruhe und fragte ihn, „macht der Job für das große Sicherheitssystem gute Fortschritte?"

„Ja, wir machen deutliche Fortschritte. Leider denkt mein Finanzberater und Hauptinvestor, wenn man einen Auftrag bekommt, haben wir auch gleich Geld auf unserem Bankkonto. Er stellt die Geschäftsbedingungen der Bestellung in Frage. Er will, dass ich den AROBCO Auftrag neu verhandele. Keine Sorge, Karl, es ist OK" sagte Martin und sie fuhren ins Büro zurück.

Im Büro angekommen wollte Martin das CAISTOS Dokumentationspaket sehen. Als Karl den dicken Ordner auf seinem Schreibtisch legte und ihn öffnete um ihm die Software Protokolle zu zeigen, sagte Martin „Wow! du hast wirklich nicht übertreiben. Ella soll eine Kopie davon machen, nicht für mich, aber für den Fall, dass du Jan die Dokumente und die Protokolle gibst, sollst du vielleicht ein Duplikat behalten."

„Ja, ich war im Begriff, das zu tun, aber wenn Ella Zeit hat, hilft das", sagte Karl.

„Sicher kann sie das tun. Ich wünsche dir ein schönes Wochenende, Karl. Ich muss gehen."

„Auch ein angenehmes Wochenende, Martin, und vielen Dank für das Mittagessen", antwortete Karl.

Wie üblich rief Jan während des Wochenendes an, um über einige Funktionsdetails zu sprechen. Obwohl der Anruf oft mehrere Stunden dauerte, war Karl dankbar, weil er sehen konnte, wie viel Fortschritt Jan machte und es war ein angenehmes Gefühl in der Lage zu sein, ihm zu helfen. Am Ende dieses Samstags-Gespräches fragte Jan Karl, ob er für die kommende Woche, einen Tag einplanen könnte, um die Software durchsprechen zu können, weil er mit der Konfigurationsstruktur und den grundlegenden Funktionen fertig war.

Es gab viele Herausforderungen während Karls erster Wochen am Arbeitsplatz, aber in der Lage zu sein, Martin mitzuteilen, dass Jan die grundlegende Codierung für den neuen Controller abgeschlossen hatte, war etwas, worüber sich Karl wirklich freute. Karl fühlte sich wirklich toll. Er rief seine Freundin an und fragte sie, ob sie an den Strand kommen und ob er ein Hotel für heute Abend reservieren sollte. Sie hatten in den vergangenen Monaten wenig Zeit zusammen verbracht, und Karl war froh, dass sie Verständnis für seine langen Stunden im Büro hatte.

Montagnachmittag, als Karl an seinem Application Guide arbeitete, kam Johann Kramo, der Projekt-Manager, in sein Büro und sagte „Karl, Ihr Team hält das CAISTOS-Projekt auf. Was wollen Sie gegen diese Verzögerungen im Software Zeitplan tun?"

Karl, mit einem verwirrt Ausdruck in seinem Gesicht, antwortete „Was ist passiert? Peter, Richard und Leon haben nur an dem Sicherheitssystem Projekt gearbeitet. Nichts hat sich geändert. Es gibt keine andere Projektzuordnung. Also, was erzählen Sie mir? Was ist plötzlich geschehen?"

"Das habe ich ihre Leute in dem heutigen Projekttreffen gefragt, als sie mit unterschiedlichen Fertigstellungsterminen ankamen ", sagte Johann und fuhr fort „Ich werde dies nicht akzeptieren. Leider ist Martin nicht hier, sonst hätten wir drei ein ernstes Gespräch gehabt."

„OK Johann, es muss ein Missverständnis sein. Ich werde mich mit meinem Team morgen treffen und werde mich danach umgehend mit ihnen in Verbindung setzen. Ist das in Ordnung? ", antwortete Karl.

„OK, morgen dann", sagte Johann und verließ Karls Büro.

Karl lehnte sich auf seinem Stuhl zurück, nahm einen tiefen Atemzug und meinte zu sich selbst, „hier sind wir wieder, mit dem 90 Prozent-erledigt-Syndrom im Software-Status-Reporting.". Er vermutete, dass entweder durch Wunschdenken oder allgemeinen Optimismus, seine Leute Johann unrealistische Termine gegeben hatten. Oder vielleicht hatten sie die Software-Test-Zeit nicht in Betracht gezogen und er bezweifelte auch, dass Johann die richtigen Fragen gestellt hatte. Er war überrascht von Johanns anklagendem Ton und von seiner Drohung, Martin sofort zu informieren. „In Anbetracht, dass Johann während seiner ersten Tage im Büro der übermäßig freundliche war, hatte er sicherlich eine kurze Schonzeit mit ihm. Sind das nicht die Zeichen eines typischen Intriganten?" fragte sich Karl. Je früher er diese Sache löste, desto besser würde er in der Arbeitsumgebung mit Johann und dessen Projektteam wahrgenommen werden.

Als er nach Hause kam, konnte Karl das wütende Verhalten von Johann immer noch nicht aus dem Kopf bringen und hatte Schwierigkeiten, sich zu entspannen. Er wusste aus jahrelanger Erfahrung, dass Büros wettbewerbsintensive Orte sind und dass nicht alle Mitarbeiter seine besten Interessen im Herzen haben. Die Realität war, dass wahrscheinlich jemand versuchte, sich zu seinem Lasten aufzubauen und eine Termin-Verzögerung als Chance sah. Dies konnte in Form von offenen, oder Hinter-dem-Rücken gegebenen Kommentaren kommen. In anderen Fällen könnte es in der Form auftreten, wo jemand vorgibt, Ihr Freund zu sein, während er Sie bei der Arbeit sabotiert. Er sagte zu sich selbst „der Trick dabei ist, dem Heuchler keinen Anlass zu geben. Also, wenn du morgen ins Büro kommst, sehe nicht schwach und wie ein Opfer aus.

Habe die Einstellung es geschah und ich werde entdecken, wie es zu bewältigen ist. Das Wichtigste war, das Problem zu beheben! Die überwiegende Mehrheit der Leute wollen, dass du Erfolg hast und bisher war es eine tolle Erfahrung mit MICGEN. Konzentriere dich auf die positiven Interaktionen, um dein Vertrauen aufzubauen und vermeide die Intriganten indem du dich nicht wie ein Opfer benimmst" betonte Karl, und beruhigte sich.

Wie es häufig der Fall war, traf er Peter am nächsten Morgen in der Kaffeeecke. Er fragte ihn, „Ist gestern etwas Besonderes passiert beim Projekt-Status Treffen?"

„Ja, Johann war ganz aufgeregt, nachdem Kurt ihm mitteilte, dass er einige der alternativen Komponenten für Lieferzeitverbesserungen nicht geprüft hatte; Dann fragte er mich, ob die Software planmäßig abgeschlossen werden würde. Ich antwortete, dass wir dazu die Hardware für die abschließenden Tests brauchen. Er schrie mich an ‚Sie gaben mir Fertigstellungstermine für die Software, sind diese plötzlich nicht mehr gültig'" sagte Peter.

„Nun, es war wohl ein Missverständnis", sagte Karl. „Nein, ich glaube nicht, da ich Johann vor einigen Wochen informierte, dass die Softwaredaten nicht die Test-Zeit enthielten. Johann hat eine Tendenz zu optimistischen Schätzungen und beschuldigt dann andere, wenn Verzögerungen auftreten. Derzeit ist er total aufgebracht. Komponenten, Schränke; bei allem scheint es zu Verzögerungen zu kommen. Ich hoffe, dass er nicht wieder im Krankenhaus landet ", antwortete Peter.

„Nun, ich wünsche Ihnen einen guten Tag, Peter", sagte Karl und ging direkt zu Johanns Büro. Johann war gerade bei der Markierung auf seiner Tafel, als Karl an seiner Tür anhielt „Hallo Johann, es scheint, dass dies gestern ein Missverständnis war. Ich sprach gerade mit Peter ", sagte Karl. „Ja, ich stimme Ihnen zu. Ich dachte gestern Abend darüber nach. Jedenfalls ist mein Zeitplan total durcheinander" antwortete Johann und wandte sich wieder seiner Tafel zu. Karl dachte, dass es besser sei, keine weiteren Kommentare bei jemandem in solch einer schlechten Stimmung zu machen und ging zurück in sein Büro.

Später am Morgen hinterließ Ken eine Nachricht auf Karls Telefon, ob er in den nächsten Tagen für eine Software-Besprechung Zeit hätte. Karl konnte von der Rückrufnummer sehen, dass Jan von seiner Wohnung telefonierte und rief ihn an „Hallo Jan, wann willst du denn das Review durchführen?"

„Wäre Donnerstagmorgen OK für dich?", Antwortete Jan. „Klar", sagte Karl „bis Donnerstag dann." „Es wird den ganzen Tag dauern", sagte Jan. „Ja, hoffentlich, und wir können nicht nur die Dateneingabe testen, sondern auch einige der Funktionen prüfen", sagte Karl. „Oh ja, ich habe schon einige der grundlegenden Funktionen getestet ", sagte Jan.

„OK, dann lass uns das am Donnerstag tun. Hab' einen guten Tag ", antwortete Karl.

Jan war bereit, Karl zu zeigen, dass seine Software gut funktionierte. Es war viel mehr als das strukturierte Durchgehen, das Karl erwartete. Als sie sich am Donnerstagmorgen trafen, hatte Jan schon seine Software auf den Emulator heruntergeladen und änderte Parameter der Begrenzungsfunktion (Constraint-Funktion).

„Hallo, Jan, es scheint, als ob alles auf dem Simulator läuft?", sagte Karl.

„Ja, es ist so", sagte Jan mit einem stolzen Lächeln. „Und bisher keine Fehler. Ich bin schon seit mehr als einer Stunde hier, wo warst du denn? Es ist bereits 7:00 Uhr. Können wir beginnen? " scherzte Jan.

Sie testeten den PID und dreiundzwanzig andere Funktionen, darunter auch Optimierungsfunktionen wie Conditional (bedingten) Fallback und Grenzwerte für die Begrenzungsfunktion. Nach mehreren Teststunden fanden sie nur ein paar kleinere Fehler.

"Jan, das ist großartig", sagte Karl. „Ich weiß, dass du die I/O Funktion im Feld nicht testen kannst, bis die Prototyp-Hardware verfügbar ist, aber was du zu diesen kurzen Zeitrahmen erfüllt hast, ist geradezu fantastisch."

„Ich betrog ein wenig. Ich arbeitete bereits daran, bevor ich an Bord kam. Denk an die Anrufe? ", Sagte Jan.

„Wir müssen dies nächste Woche Martin zeigen", sagte Karl.

„Also, was ist die nächste Priorität?", fragte Jan.

„Wir sollten weiter die Steuerungsfunktionen implementieren und wie du weißt, bin ich noch mit dem Application Guide beschäftigt", sagte Karl „Aber etwas Unerwartetes passierte letzte Woche. Ich habe eine enorme Herausforderung für dich Jan. Wir sprachen über zukünftige Advanced Process Control-Funktionen. Nun, lass uns in mein Büro gehen um dies zu besprechen ", und beide standen auf und gingen zu Karls Büro.

„Hier ist ein Überblick von dem, was ich als das Advanced Control Wizard-Modul bezeichne." Karl gab Jan die Definition die er vor ein paar Tagen geschrieben hatte. „Es beschreibt ein Softwarepaket, das das Multivariable Process Control Modul, die Constraint Limit Control und das Prozesskonfiguration Modul beinhaltet. Es benötigt natürlich auch die Desktop-Tools für die Analyse und das Design der Steuerung. Diese Advanced Control Wizard Plattform wird erhebliche Prozessverbesserungen ermöglichen ", sagte Karl und fuhr fort: „Jan, dies wäre wirklich ein Durchbruch einer zukunftsweisenden Prozessregelung."

„Ich verstehe, dass die Beurteilung der Qualität von Software sehr subjektiv ist, und von der individuellen Benutzererfahrung abhängt", sagte Karl und übergab Jan den 7 cm dicken Ordner der Multivariable Process Control-Dokumentation. Jan war überrascht. Karl fuhr fort „Jan, ich bitte dich, eine quantitative Bewertung dieses Software-Paketes in Sachen Wartbarkeit und Benutzerfreundlichkeit zu machen und mir deine Schätzung zu geben, wie lange die Umsetzung auf unserer Plattform für dich dauern würde, in Monaten, falls du entscheidest, dass dieses Paket verwendet werden sollte. Dieses Softwarepaket bezieht sich nur auf Multivariable Process Control und wurde als Source-Code an einen Kunden freigegeben. Wahrscheinlich können wir es kostenlos bekommen. Die Frage ist, „sollten wir?" Karl machte eine Pause, bevor er fortfuhr „Wie lange würde es dauern, eine vorläufige Einschätzung zu machen? "

„Wow", sagte Jan, als er durch die Software-Auflistung, die im Ordner enthaltenen war, blätterte. „Das ist ein riesiges Programm, aber ich wäre vielleicht in der Lage dir bis morgen Abend eine Einschätzung zu geben."

„Nein, das will ich nicht, Jan. Lege nicht zu viel Druck auf dich selbst. Sag es mir nächste Woche", sagte Karl.

Dienstagabend erhielt Karl einen Telefonanruf von Jan. „Hallo Karl, ich habe meine Bewertung der Software zusammengefasst. Ich werde sie dir morgen früh geben. Es sind mehrere Seiten. Da es mehr als ein Dutzend Fragen gab, habe ich meine Empfehlungen zu Beginn aufgelistet, zusammen mit einer groben Schätzung in Bezug auf deren Auswirkungen, z.B. Zeit für Ausführung, Effekte auf die Architektur usw. Insgesamt ist die Software gut strukturiert und von guter Qualität. Wir könnten sicherlich das meiste davon verwenden. Meine Schätzung ist, dass die Portierung auf unsere OS-Plattform etwa einen Monat dauern würde und dann zwei bis drei Monate für Integration und Test. Es ist sehr gut dokumentiert, so wäre eine manuelle Generierung keine große Anstrengung."

„Das klingt wirklich gut Jan, danke ", sagte Karl.

Mittwochnachmittag erschien Karl, mit Angebotskopien in der Hand, in Martins Büro. „Hallo Martin, hättest du einen Moment Zeit, um den Vorschlag für den AROBCO Advanced Control Wizard zu überprüfen?"

„Ja, sicher. Lasst es uns jetzt tun ", antwortete Martin. Karl ging durch die budgetierten Preise, das Anschreiben und Jans Bericht über die Software Bewertungen, usw. Sie verbrachten etwa eine Stunde, um verschiedene Teile zu diskutieren. Dann bemerkte Martin „Gut, dies ist sehr umfassend. Lasst uns dieses Projekt mit Volldampf verfolgen." „OK, ich werde Uwe Villaloberg morgen anrufen", antwortete Karl.

MICWIZ System mit Advanced Control Wizard (ACW) – Budgetierte Preise

Art.#	Beschreibung	Qty.	Preis
1	**Advanced Control Wizard (ACW) Modul** Model: ACW: A2-B1-C1-D1-E2-FX – TMR redundant 20 AI, 8 AO, 24 DI, 12 DO - 64 I/O Pt. auf eigensicherer Intelligenter Anschluss-Tafel Standard Funktionen plus ACW Firmware: - MPC - Multivariable Process Control - CLC - Constraint Limit Control - PCG - Process Configuration Genius	1	
2	**Workbench Wizard Workstation** Model: WWW: A1-B1-C1-D1-EX Type: Desktop High-speed IBM kompatibler PC: - 17" monitor/keyboard/mouse - WWW System und Application Software Modul - Historical Storage und SOE - OPC Server - ACW Desktop Software Tool Set	1 P	
3	**Review der bestehenden K-S Systeme** Zeit (geschätzt): 5 Tage „Field walk-down", 5 Tage Analyse.	1 P	
4	**System Design und Konfiguration** (ohne Kosten für Anlage-Exkursionen, falls erforderlich)	1 P	
5	**Dynamische Prozess-Simulierung** (Kunde soll Daten innerhalb 2 Wochen ARO liefern)	1 P	
6	**Werks-Abnahme Test (FAT)** – 5 Tage (in MICGEN)	1 P	
7	**Anlage-Abnahme Test (SAT)** – 5 Tage (ohne Reise- und Aufenthaltskosten)	1 P	
8	**Inbetriebnahme & Start-Up Betreuung** – 2 Eng.10 Tage (ohne Reise- und Aufenthaltskosten)	1 P	
9	**Standort Schulung** – 10 Tage (ohne Reise- und Aufenthaltskosten)	1 P	
	<u>**Gesamtsystem Netto-Preis**</u>		**€291.700**

Dateianhänge:

- Angebots Anschreiben
- Rechtliche Genehmigung der MPC-Software und Dokumentation von CAISTOS
- MICWIZ Advanced Control Wizard (ACW) Übersicht
- MICWIZ Process Application Guide
- MICGEN Allgemeine Geschäftsbedingungen
- MICGEN Standard vor Ort Service und Wartungskosten

Lieferzeit: Neun (9) Monate ARO (Nach Eingang der Bestellung)

Zahlungsbedingungen: 30% auf Bestellung; 40% nach Versand ab Werk; 30% Abschluss der Leistungen.

Am nächsten Morgen rief Karl Uwe in seinem Büro in England an. Uwe nahm nach dem ersten Läuten mit „Ja, hier spricht Uwe Villaloberg." ab.

„Uwe, ich bin es, Karl, wie geht es Ihnen? Sie baten mich, Sie bezüglich des Multivariable Process Controllers wieder anzurufen. Wir haben die Anwendung analysiert, und ich möchte Ihnen mitteilen, dass wir daran interessiert sind ", sagte Karl ".

„Großartig, können Sie mir bitte ein Angebot per E-Mail senden?", antwortete Uwe.

„Ja, natürlich, ich habe bereits ein Kostenangebot vorbereitet und kann Ihnen dieses sofort zuschicken, ist das OK?" antwortete Karl.

„Ja bitte. Ich hoffe, dass Sie es nicht zu Budget-mäßig gemacht haben. Ich muss ausreichende Details haben, um es meinem Chef präsentieren zu können ", sagte Uwe.

„Ich glaube, es wird Ihren Erwartungen genügen. Bitte rufen Sie mich an falls Sie Fragen haben", antwortete Karl.

„Wird gemacht. Werden Sie während der nächsten paar Stunden im Büro sein? ", fragte Uwe.

„Ja, ich werde in den ganzen Tag hier sein. Sollte ich nicht an meinem Schreibtisch sein, können Sie mich ausrufen lassen."

„OK, Sie werden bald von mir hören; bis später Karl " sagte Uwe und legte auf.

Als Karl die Angebots-Dokumente scannte und sie an Uwe mailte, klopfte Kurt Bingham an seiner Bürotür. Er ließ sie normalerweise offen, aber während Telefongesprächen mit Kunden schloss Karl in der Regel die Tür.

„Hallo Karl, haben Sie Zeit um über das neueste Controller-Board-Layout zu sprechen? Wir waren in der Lage, die erhöhte Speicherkapazität unterzubringen und haben auch einen neuen Kommunikations-Chip", sagte Kurt.

„Das ist super, " sagte Karl. „Können wir über das Layout hier in meinem Büro sprechen? Der Grund dafür ist, dass ich einen Anruf aus Übersee von einem Kunden erwarte."

„Ja, ich hole die Zeichnungen", sagte Kurt und kehrte mit einem Stapel von Dokumenten zurück. Er konnte auf Karls Gesichtsausdruck sehen, dass er nicht erwartete die ganzen Unterlagen zu überprüfen und sagte: „Es sind nur zwei Zeichnungen die ich mit Ihnen durchgehen möchte. Die anderen sind für meine Referenz."

„OK, lass es uns tun", sagte Karl.

Kurt erklärte Karl die wichtigsten Schaltungen und Komponenten und die Störsicherheitsmaßnahmen des elektronischen Designs, vor allem in der Prozess-I/O-Schaltung. Er beschrieb dann Einzelheiten des Prozessors, der Kommunikation und des Speichermanagements. Und als er spezifische Aspekte ansprach, wiederholte er den Vorteil der Single-Board-Architektur und der TMR Zuverlässigkeit.

„Ich bin beeindruckt", sagte Karl. "Und wie lange glauben Sie, wird es dauern, um ein paar Prototypen zu bekommen?"

„Ich würde etwa vier Monaten schätzen. Obwohl der Board-Hersteller drei Monate angeboten hat. Es gibt in der Regel einige Verzögerungen mit den Militär-Spezifikationen von I/O-Komponenten ", antwortete Kurt.

„OK, ich schätze sehr das Sie mich über alles auf dem Laufenden halten. Danke Kurt ", sagte Karl.

Es waren nicht fünf Minuten vergangen, nachdem Kurt Karls Büro verließ, als Uwe zurück rief. Karl hob sofort ab „Hallo Uwe, ich hoffe, dass alle Informationen enthalten waren, die Sie in der Ausschreibung erwarteten."

„Ja, es sieht sehr gut aus. Allerdings glaube ich, dass Ihre Schätzungen für Inbetriebnahme und Start-up-Unterstützungen zu niedrig sind. Aber, da Ihr Angebot die Tarife für Dienstleistungen enthält, kann ich die Anpassung vornehmen. Und, und ich werde auch die Ausbildung überprüfen. Vielleicht müssen wir dies verdoppeln da wir zwei getrennte Gruppen haben.

„Ach ja, ich hätte fast vergessen, Ihr Angebot beschreibt Constraint Limit Control und Prozesskonfiguration Genius. Existieren diese Funktionen schon? " fragte Uwe und fuhr fort „Auch, in Bezug auf die Lieferzeit, Ihr Angebot geht von neun Monaten aus. Dies ist in unserem neuen Geschäftsjahr. Gibt es eine Möglichkeit das zu beschleunigen? "

„Lassen Sie mich erstens die Constraint Limit Control und die Prozesskonfiguration ansprechen. Diese Funktionen gibt es bereits in vereinfachter Form in unserem neuen System. Dann über die Lieferung, wir könnten vielleicht in sieben Monaten liefern, aber wie Sie wissen, Uwe, gibt es oft unvorhergesehene Verzögerungen. Es wäre besser, wenn wir die Lieferung bei neun Monaten belassen ", antwortete Karl.

„OK, Karl, Ich hoffe, dass ich dies genehmigt bekomme. Ich sollte in der Lage sein, Sie nächste Woche wissen zu lassen, wie sich die Situation hier entwickelt", sagte Uwe.

„Ich freue mich dann von Ihnen zu hören", sagte Karl und sie beendeten das Gespräch.

Da ein Advanced Control Wizard Auftrag in greifbare Nähe rückte, musste sich Karl auf seine Benutzerbeschreibung für typische Kompressions- und Trennprozesse auf der Produktionsplattform konzentrieren. Es war notwendig, dass er Jan diese Informationen für Funktionstestzwecke bereitstellte. Nach dem Telefongespräch mit Uwe, setzte er seine Arbeit fort. Die Beschäftigung mit der Benutzerbeschreibung dauerte nicht lange, da er einen Anruf von Ella Alexander erhielt. „Karl, haben Sie das Treffen wegen der Krankenversicherung vergessen?", sagte sie.

„Oh tut mir leid. Ich werde gleich da sein ", antwortete Karl und ging zum Konferenzraum. Es gab nur noch Stehplätze; alle, außer Martin, schienen da zu sein. Luis Jacksens, MICGEN CFO, eröffnete die Sitzung mit einem Überblick über die verschiedenen Möglichkeiten des Versicherungsschutzes. Der neue Versicherungsanbieter gab dann seine PowerPoint-Präsentation. Die gesamte Veranstaltung, einschließlich der Fragen und Antworten, dauerte mehr als eine Stunde und Karl schaute andauernd auf seine Uhr.

Als alle den Konferenzraum verließen, wandte sich Peter an Karl und bemerkte „Wir sind hier ständig am Neuverhandeln, was für eine Zeitverschwendung. Hätten Sie einen Moment Zeit, Karl?"

„Ja, natürlich. Lass uns in mein Büro gehen.", antwortet Karl. Und Peter sagte „Ich hörte, dass wir mit dem Komponenteneinkauf für den neuen Controller voran gehen und möchte Sie darauf aufmerksam machen, dass es eine Flut von Nachverhandlungen mit Lieferanten gibt, um reduzierte Preise zu erhalten. Man brachte alle Anbieter, die für das Sicherheitssystem-Projekt und den neuen Controller Angebote machten, in den Konferenzraum, und teilte ihnen mit, dass sie die Preise reduzieren müssten. Ich verstehe, dass man ein paar Prozent einsparen kann, aber es wurde ein Chaos mit alternativen Komponentendaten verursacht, was jetzt zu Lieferschwierigkeiten führt."

„Oh, ist das einer der Gründe für Johann Kramos Problem mit dem Projektzeitplan? " fragte Karl.

„Ja, vielleicht der Hauptgrund. Aber die wirkliche Sorge sollte die Qualität sein. All diese Austauschteilprobleme könnten zu einem minderwertigen Produktergebnis führen ", antwortete Peter und setzte fort, „Ali Murrell, unser Einkaufsmann, argumentiert oft dass die meisten Verträge nicht in Stein gemeißelt sind und hat mit Lieferanten, Vermietern, Versicherungen und dergleichen, Neuverhandlung begonnen. Während oberflächlich betrachtet dies vielleicht ein paar Euro einspart, muss man realistisch angesehen Lieferzeit und Qualitätsprobleme in Betracht ziehen, wodurch diese laufenden Verhandlungen uns mit dem AROBCO Projekt in eine schwierige Situation führen könnten."

„Wer steckt denn da dahinter? Ist es nur Ali Murrell der versucht, etwas Geld zu einzusparen?" fragte Karl.

„Nein, Ali macht eigentlich oft Bemerkungen, dass diese Neuverhandlungen viel zusätzlichen Aufwand für ihn verursachen. Es ist Luis Jacksens, unser CFO, und David Freetman, die hinter all diesen ständigen Verhandlungen stecken ", sagte Peter.

„David Freetman? Wer ist das? ", fragte Karl.

„Sie kennen Freetman nicht; er ist unser Hauptinvestor ", sagte Peter. „Er mischt sich bei allem ein, sogar bei Büromaterial."

„Vielen Dank für die Info. Ich behandele es vertraulich ", sagte Karl.

„Gern geschehen", antwortet Peter und ging zurück in sein Büro.

Karl lehnte sich im Stuhl zurück und sagte zu sich selbst: „Ich bin so auf dieses Anwendungshandbuch konzentriert, dass mir wichtige firmeninterne Probleme nicht bewusst sind." Er bezog sich auch jetzt auf Martins Kommentar, nach dem Freitag-Mittagessen, betreffend Bedingungen und Nachverhandlungen mit AROBCO. Er wusste, dass ein Neuverhandeln von festen Verträgen nie einfach ist und es könnten darunter auch Geschäftsbeziehungen leiden. Vor den Verhandlungen musste man die Auswirkungen beurteilen, die eine solche Aktion für die künftigen Aufträge des Kunden haben könnte. In AROBCOs Fall könnte dies das Überleben von MICGEN bedrohen. „Hat Freetman dies in Betracht gezogen?" fragte sich Karl. Er will mit Martin sprechen und ging in sein Büro, nur um von Ella zu erfahren, dass Martin Downtown in einer Konferenz mit David Freetman war. Er bat sie, Martin mitzuteilen, dass er mit ihm sprechen möchte, wenn er von dem Treffen zurückkommt.

Am Nachmittag blickte Martin in Karls Büro und sagte „Karl, du wolltest mich sehen."

„Ja, Martin, hättest du eine Minute Zeit?", fragte Karl.

„Sicher, jederzeit" antwortete Martin.

„Ich bin besorgt über unsere Situation mit dem CAISTOS-Sicherheits-System-Vertrag. Es bezieht sich nicht auf die Aufgaben von meinem Team." sagte Karl und fuhr fort „Du könntest also sagen oder denken ‚dies ist nicht deine Sache Karl', aber die möglichen Verzögerungen aufgrund von Nachverhandlungen, Preis Debatten über alternative Komponenten wirken sich nicht nur auf Liefertermine aus, sie können auch die Qualität beeinflussen. Und am vergangenen Freitag hattest du etwas über die Neuverhandlung der Bedingungen mit AROBCO erwähnt. All dies hat mich beunruhigt, weil, während Neuverhandlung eine Strategie sein kann um Kosten für die Komponenten zu senken und Zahlungsbedingungen zu ändern und im Fall von AROBCO kann dies die neue Controller Testinstallation und auch das neue Steuerungssystem Angebot beeinflussen. Ich hoffe es versteht jeder, dass wir Schwierigkeiten bekommen, wenn wir die Geschäftsbeziehung mit unseren wichtigsten Kunden stören und hoffentlich erfährt Uwe Villaloberg nichts davon."

„Ich stimme dir völlig zu. Wir nehmen hohe Risiken auf uns und ich streite mit David Freetman über dieses Thema. Glaube mir, ich bin mir bewusst, dass unsere Beziehung zu AROBCO mehr Wert ist als die Risiken, die wir mit diesen Neuverhandlungen eingehen, aber es ist schwierig dies David zu vermitteln ", sagte Martin und setzte fort „wenn es um Geld geht, ist David Freetman eine harte Nuss. Aber bisher lenkte er immer ein und ich glaube, dass wir es auch diesmal schaffen können."

„Tut mir Leid, dich mit dies allem gestört zu haben, Martin", sagte Karl.

„Das ist OK, Karl. Glaube mir, ich schätze es sehr, dass du mir deine Probleme offen und direkt mitteilst. Zögere nicht, mich anzurufen" sagte Martin und verlies Karls Büro.

Karl war auf den Weg das Büro zu verlassen, als Monika, mit Broschüren in der Hand eintrat und sagte „Hallo Karl. Ich weiß, es ist spät, aber hätten Sie noch ein paar Minuten Zeit?"

„Sicher Monika, was haben Sie denn da?", sagte Karl auf die Hefte zeigend. „Nun, das ist Ihre Broschüre", sagte sie und legte die Blätter auf Karls Schreibtisch.

„Wow, wo haben Sie denn das Bild von unserem neuen Controller her? Das sieht gut aus ", sagte Karl.

„Wir haben es von Kurts Fertigungszeichnungen erstellt. Ja, es sieht wirklich echt aus, oder?", sagte Monika.

„Man kann kaum glauben, was mit den heutigen Grafik-Design-Tools alles möglich ist", kommentierte Karl und starrte mit offenem Mund auf das Cover.

„Wir haben den Inhalt der Broschüre nicht geändert, nur die Fotos", sagte Monika und setzte fort „Hier ist unsere Unternehmensbroschüre. Ich glaube, dass die Information nun besser rüber kommt. Ich analysierte die Literatur der Konkurrenz und bin der Ansicht, dass wir aus Sicht des Lesers ein gutes Format haben."

„Geben Sie mir etwa zehn Minuten, um dies durchzusehen", sagte Karl. „Sicher, ich werde mir eine Tasse Kaffee besorgen, möchten Sie auch etwas?", fragte Monika.

„Nein, danke", antwortete Karl, als er durch die Seiten blätterte.

Es war offensichtlich, dass Monika sich auf Anwendungslösungen konzentrierte. Sie führte die Vorteile der Lösungen ansprechend auf. Die Vorderseite war auch sehr professionell - Fotos und alles, mit Aussagen die zum Nachdenken-anregen, die einen Leser motivieren, die Broschüre zu öffnen. Karl war beeindruckt und als Monika zurückkehrte, sagte er „mein Kompliment, das ist eine erstklassige Broschüre."

„Danke, Karl, Ich habe viele Stunden und mehrere Wochenenden verbracht um zu versuchen, die Art unseres neuen Geschäfts zu verstehen, die Fragen die die Leser haben werden und wie man sie beantworten soll, so dass sie unser Unternehmen ernsthaft betrachten. Ich habe das auf unserer Firmen Broschüre, in der Powerpoint-Präsentation und auf unserer Website, angewendet ", sagte Monika.

„Ich bin beeindruckt", sagte Karl und fuhr fort „Jetzt lasst uns Tim überzeugen, um in einen professionellen Druck zu investieren. Ja, Drucker im Büro machen einen guten Job, aber sie sind nicht so gut wie eine Broschüre aus einer echten Druckerei, und ein Leser kann den Unterschied erkennen. Wir sollten ein schweres Papier wählen, das sich in den Händen der Leser gut anfühlt."

„Einverstanden, Karl. Und die Druckkosten sind niedriger als früher ", sagte Monika.

„OK, das ist eine ausgezeichnete Broschüre. Ich wünsche Ihnen einen guten Abend ", sagte Karl.

„Danke", sagte Monika und verließ Karls Büro.

Karl hatte noch nichts von Uwe Villaloberg gehört und es war schon Freitagmorgen. Er war besorgt. Als er gerade zum Mittagessen gehen wollte, kam eine E-Mail von Uwe mit der Nachricht, dass der Auftrag nächste Woche versandt wird und er bat Karl ihn gegen 19:00 Uhr, Uwes Zeit, anzurufen. Karl nahm ein schnelles Mittagessen und kehrte ins Büro zurück, um Uwe zu Hause anzurufen. Niemand nahm ab, so dass sich der Anrufbeantworter einschaltete. Karl hinterließ eine Nachricht, dass er in zehn Minuten zurückrufen würde.

Als er es ein zweites Mal versuchte, hob Uwe sofort ab und antwortete „Hallo, Karl. Es tut mir leid dass ich Ihren Anruf verfehlte, aber ich war für fünf Minuten draußen, um mit meinem Nachbarn zu reden. Wie auch immer, ich muss mit Ihnen über den Auftrag sprechen."

„Bitte, fahren Sie fort ", erwiderte Karl. „Erstens, würde ich es vorziehen, dass der Auftrag direkt an Sie weitergeleitet wird, anstatt an Ihre Einkaufsabteilung, so dass sie sofort Bescheid wissen, wenn sich betreffend des Auftrags Fragen ergeben sollten; Ist das OK? ", fragte Uwe.

„Klar, kein Problem", antwortete Karl.

„Zweitens veränderte unsere Einkaufsabteilung ihre (MICGEN) Geschäftsbedingungen (T & C) in unsrige Bedingungen. Sie teilten mir mit, dass Ihr Unternehmen mit unseren Bestimmungen vertraut sei. Ach, und die Lieferung und die Zahlungsbedingungen sind entsprechend Ihrem Angebot belassen worden ", sagte Uwe.

„Ja, in Anbetracht der Zahl der Sicherheitssystem-Projekte die wir an Sie geliefert haben, sollten wir mit euren Bedingungen und Anforderungen vertraut sein ", antwortete Karl.

Und Uwe fuhr fort „Drittens, der Gesamtpreis berücksichtigt die Erhöhung der Kundendienst- und Trainingsstunden; Ich habe den Site-Acceptance-Test (SAT) auf 10 Tage, den Außendienst auf 30 Tage und die Ausbildung auf 20 Tage geändert. Mir ist klar, dass der MPC nicht vollständig erprobt ist, aber dies sollte uns genügend Zeit geben. Ich will keine Bestellungsänderungen die mein Budget durcheinander bringen, hören Sie?"

„Ja, ich verstehe Uwe" antwortete Karl.

„OK, Sie sollten den Auftrag mit dem Zeichnungs-Paket, das gleiche das Sie wahrscheinlich bereits haben, und die Festplatte mit dem Source-Code, in der nächsten Woche erhalten." sagte Uwe.

„Hervorragend! Vielen Dank, Uwe. ", sagte Karl. „Ich weiß dass ich mich auf Sie verlassen kann und freue mich auf die erneute Zusammenarbeit mit Ihnen", sagte Uwe.

„Ganz meinerseits, und nochmals vielen Dank", antwortete Karl und sie legten auf.

Karl, ging sofort zu Martins Büro um ihm die gute Nachricht zu geben. „Martin, ich habe gerade ein Gespräch mit Uwe Villaloberg beendet. Wir werden nächste Woche den Auftrag für das neue System erhalten" kündigte Karl an.

„Das ist großartig!", antwortete Martin mit Begeisterung „Ohne das AROBCO davon überzeugt war, dass das Steuergerät existierte und zumindest im Werk getestet wurde, hatte ich nicht erwartet, diese Bestellung zu erhalten. Es ist immer noch schwer zu glauben, auch wenn du vor ein paar Tagen angedeutet hast, dass sie einen Auftrag (PO) platzieren werden. Dein Kumpel Uwe muss viel Einfluss haben."

„Es gibt ein paar Dinge, die ich mit dir überprüfen muss. Sie veränderten die Geschäftsbedingungen von den unsrigen zu ihren ", sagte Karl. „OK, ich erwartete das. Und die Zahlungsbedingungen? ", fragte Martin.

„Sie beließen die Zahlungsbedingungen und die Lieferzeit entsprechend unserem Angebot", antwortete Karl und fuhr fort „Uwe hat 35 Tage für Außendienst hinzugefügt, das sollte unsere Gewinnmarge auf über 50% verbessern. Berücksichtigt man, dass wir Jans Entwicklungszeit und auch Kurts und Jans Test-Zeit des neuen Produkts, in diesem Auftrag auffangen können, hoffe ich, dass du mir erlaubst, Kurts Arbeit bei der Herstellung der Hardware zur höchsten Priorität zu machen ", betonte Karl.

„Ja, du bist sein Chef. Aber ich weiß, was du meinst, ich werde Johann Kramo informieren ", antwortete Martin.

„Oh, und ich hätte fast vergessen, ich musste Uwe versprechen, dass es keine Änderungsaufträge bei diesem Job geben wird." gibt Karl vor. „Nun, es ist dein Projekt", antwortete Martin. „Sorry, Martin, ich sagte dies mit Rücksicht auf das, worüber wir vor kurzem sprachen, ich meine Neuverhandlungen", sagte Karl.

„OK, ich verstehe. Ich werde sicherstellen, dass Ali Murrell seine Kaufanweisungen für die Teile des neuen Controllers direkt von dir oder von Kurt bekommt " antwortete Martin.

„Das wird Überraschungen bei der Lieferzeit verringern. Danke Martin ", sagte Karl.

„Nun Karl, falls du für heute Abend keine Pläne hast, schlage ich vor, dass wir einen Drink nehmen, um dies zu feiern. Komm lass uns jetzt gehen. Es ist fast 17.00 Uhr ", sagte Martin.

Sie gingen wieder zum italienischen Restaurant, Martins Lieblingskneipe. Sie sprachen über David Freetman, und Martin bemerkte „Ich kämpfe diese Auseinandersetzung schon über eineinhalb Jahre. Dein Projekt sollte eigentlich helfen, aber ich weiß nicht, ob dieser Mann jemals zufrieden sein wird."

Montagmorgen erhielt Karl eine E-Mail von AROBCO mit Bestellnummer und Fed-Ex Tracking-Nummer, mit der Mitteilung, dass der Auftrag voraussichtlich mit Fed-Ex am Dienstag ausgeliefert wird. Die Beilage enthielt eine PDF-Kopie des Angebots und das Preisgestaltungsblatt mit den geänderten Servicetagen und die überarbeitete Euro-Summe. „Das ist der richtige Weg, einen Tag zu beginnen" sagte Karl zu sich selbst. Es war einer dieser Tage, an dem alles zu stimmen schien. Kurt zeigte ihm das aktualisierte Angebot des Platinen-Herstellers, das besagte, dass sie fünf Prototypen sofort in ihrem Zeitplan aufnehmen könnten. Jan kam in sein Büro um ihn zu informieren, dass er die Grenzwertfunktion getestet habe und sogar Johann Kramo kam in sein Büro, um ihm zu erzählen, dass der Auftragszeitplan wieder in Ordnung sei. Karl war nicht sicher, warum Johann ihn informierte, aber vielleicht war das nur einer von diesen ungewöhnlichen Montagen. Und als Martin das Büro betrat, fragte er mit einem freudestrahlenden Blick: „Bringst du mir auch gute Nachrichten, Karl?" „Ja, tue ich. Hier ist die E-Mail von AROBCO mit der Auftragsnummer und dem überarbeiteten Betrag, insgesamt €379.200. ", erwiderte Karl.

„Nun, lass uns die Show starten. Teil Kurt mit dass er die Prototypen bestellen kann und sage ihm, falls Ali oder Luis ihm Schwierigkeiten betreffs Preisgestaltung machen, so sollen sie mich persönlich ansprechen " antwortete Martin.

„Danke Martin", sagte Karl und kehrte in sein Büro zurück und dachte, dass nach einem solchen Tag irgendein Magier seinen Application Guide fertig stellen sollte. Als er das Dokument öffnete war es im selben Zustand wie letzten Donnerstag. Wie auch immer, er musste seine Prioritäten den Aufgaben des neuen Systemauftrags anpassen. Er verbrachte den Rest des Tages um sich wieder mit den MPC-Dokumenten vertraut zu machen.

Am Dienstag gegen 10:00 Uhr befand sich das Fed-Ex-Paket, mit allen Dokumenten des Angebots und der CD mit dem Source-Code auf Karls Schreibtisch. Er verglich die Dokumente im Paket mit seinen und stellte fest, dass einige von ihnen ältere Versionen waren. Seine Bedenken, dass AROBCO ein veraltetes Dokumentationspaket gesandt hatte wurden jedoch minimiert, als er feststellte, dass die Software Versionen sich glichen. Er erinnerte sich gut, dass er einer der letzten Auftragnehmer war, die die CAISTOS Baustelle verließen und höchstwahrscheinlich wurden nicht alle Updates dem Kunden übermittelt. Daher entschied er, Uwe nicht zur Klärung zu kontaktieren. Alles schien komplett. So bestätigte er den Erhalt des Pakets und die Annahme der Bestellung an die AROBCO Einkaufsabteilung.

Er brachte das Paket, mit Ausnahme der CD, zu Ali Murrell und bat ihn, die Bestellung einzutragen, aber mit sechs Monaten Lieferfrist, anstatt der neun Monate die auf dem Auftrag angeführt waren. „Was muss ich tun, außer des Einbuchens des Auftrags?" fragte Ali.

„Kurt wird sich morgen mit Ihnen über die Geräte unterhalten", antwortete Karl und fuhr fort „In Bezug auf die Komponentenauswahl befolgen wir strikt Kurts Spezifikationen. Keine Alternativen, OK."

Dann ging er zu Jans Büro und sagte: „Volle Kraft voraus betreffs AROBCO. Wir haben den Auftrag, hier ist der Source-Code " und er überreichte Jan die CD. „Ich arbeite bereits daran", antwortete Jan. „wäre Freitag ein guter Zeitpunkt für uns, um die Funktionsdetails durchzugehen?" fragte Karl.

„Ja, nur um sicherzugehen, dass wir auf der gleichen Wellenlänge sind", sagte Jan. „Ist 9.00 Uhr OK?" fragte Karl. „Sicher", sagte Jan.

Seine letzte Station auf dieser Auftragstour war Kurt. „Kurt, Sie hatten mir das Angebot des Unternehmens für die Herstellung der Platinen präsentiert. Nun erhielten wir den offiziellen Auftrag für den neuen Controller von AROBCO. Wann würden Sie in der Lage sein, den Auftrag für die Prototypen frei zu geben?"

„Ich warte, bis Ali die Preisgestaltung der alternativen Komponenten erhält. Er meint, dass wir 6-8 % sparen können, aber ich bin besorgt bzgl. der Toleranzen gemäß Spezifikation, Liefertermine, Lieferantenqualität, etc.", sagte Kurt.

„Ich habe gerade Ali mitgeteilt, sich strikt nach Ihren Spezifikationen zu richten, keine Alternativen."

„Super! Das wird eine Menge Ärger sparen. Vielen Dank Karl", antwortete Kurt.

„Falls Ali oder Luis Ihnen Schwierigkeiten bereiten, wenden sie sich bitte an Martin", sagte Karl.

Karl beendete diese zwei Tage mit einem gewissen Gefühl der Zufriedenheit und als er nach seinem Gespräch mit Kurt ins Büro zurückkehrte, entspannte er sich. Er fand, dass sein Können und seine Fähigkeiten, gut mit seiner Gruppe zu arbeiten, für das Unternehmen erfolgreich waren. Seine guten Kundenbeziehungen zahlten sich aus. Und seine langen Arbeitszeiten resultierten in Produktivität. Er glaubte nicht an die Umfragen, welche zeigten, dass über 40 Stunden pro Woche Arbeit, die Leistungsfähigkeit reduzieren würde.

Karl stand früh am Morgen auf. Er nutzte die Zeit, um einen Überblick über die Nachrichten auf seinem PC zu bekommen, seine In-Box zu lesen, seinen Kalender zu organisieren, und einige kleine Arbeitsaufgaben auszuführen, die er vom Tisch haben wollte, bevor er seinen arbeitsreichen Tag begann. Es waren normalerweise die produktivsten Minuten seines Tages.

Der Zuschlag des AROBCO Esmix Kompression-Regelung Projekts hatte Karl zum Mittelpunkt der Aufmerksamkeit bei MICGEN gemacht. Vielleicht waren einige der Leute von Martins-Strategie, die Firma für Sicherheitssysteme zu einem Unternehmen für Control Solutions auszubauen, nicht überzeugt. Aber jetzt sahen sie, dass das neue Produkt sich tatsächlich verkaufte. Er machte es möglich. Er schuf das Produkt. In der Praxis war die Hardware bereits größtenteils entwickelt. Nur die Software war neu.

Kurz nach 9.00 Uhr, bat Luis Jacksens, der Finanzchef (CFO), sich mit Karl zu treffen. Luis war Gerüchten zufolge ein enger Freund von David Freetman, dem Mehrheitseigentümer von MICGEN. Er wollte wissen, wie Karl die Gewinnspanne dieses Projekts berechnete. Karl teilte Luis mit, dass er dies schon mit Martin besprochen hätte, aber dass er die Erklärung für seine Berechnungen auch gern wiederholen könne. Wegen der vielen Fragen von Luis, verbrachten sie fast eine Stunde, um die Details des Bruttogewinns zu-analysieren. Die Fragen deuteten darauf hin, dass Martin bereits Karls Gewinn-Aufschlüsselung weitergeleitet hatte, obwohl Luis ihm mitteilte, dass er keine Info davon hatte. Luis schien mit Karls Erklärung zum Rohertrag zufrieden zu sein.

Es war nicht nur dieses Treffen, sondern auch Luis's Kommentare bei allen anderen Zusammenkünften, die Karl davon überzeugten, dass Luis kein CFO war, sondern das stereotyp Bild eines Buchhalters abgab, jemanden, der vorsichtig, risiko-scheu, detailliert, konservativ, sogar humorlos und langweilig war. Für Karl war ein CFO erstens ein Geschäftsmann und zweitens ein Buchhalter - jemand, der sich auf strategische Business-Themen konzentrierte und sich nicht nur um Bilanzen kümmerte. Und bei MICGEN war das wirklich nur Martin – er war der CEO und CFO. Soweit es Karl betraf, war Luis der Hauptbuchhalter und der Link zu David Freetman.

Kurz vor Mittag trat David Freetman in Karls Büro und sagte: „Hallo Karl, es freut mich, Sie endlich kennen zu lernen. Ich habe gehört dass wir ein nettes kleines Projekt von AROBCO erhalten haben. Herzlichen Glückwunsch!"

„Danke", antwortete Karl und setzte fort „es waren einige Stunden notwendig dies zu realisieren, nicht nur von mir, sondern auch von anderen."

„Von dem, was ich gehört habe, scheint es ein Projekt zu sein, das als Grundstein für die Erweiterung des Unternehmens dienen könnte", sagte Freetman.

„Ja, es wird uns die Möglichkeit geben, in dem Markt für Regelungssysteme schneller zu expandieren, aber viel wurde hier schon vor der Vergabe dieses Auftrags angefangen", antwortete Karl.

„Leider muss ich jetzt gehen, aber ich würde Sie gerne zum Mittagessen einladen, sagen wir Freitag?", fragte Freetman in seiner ungezwungenen Art und Weise.

„Natürlich, wo kann ich sie treffen?", fragte Karl. „Wie wäre es in der Innenstadt, bei Brennans? Es ist in der Nähe von meinem Büro. Sagen wir, 13.30 Uhr ", sagte Freetman und verließ Karls Büro.

Karl wollte sofort Martin sehen, um ihm von Freetmans Einladung zu erzählen; wurde aber von Ella informiert, dass Martin, bis Donnerstag außer Hause sei. Als Karl Ella fragte, wo Martin sei, sagte sie, dass er in Boston ist. „Irgendetwas stimmt nicht", sagte sich Karl, Martin informierte ihn immer über seine Reisen.

Als Karl am Donnerstagmorgen bei Martins Büro vorbei ging, rief ihm Martin zu „Karl kannst du einen Moment hereinkommen, und schließe bitte die Tür hinter dir." Martin hatte einen ernsten Gesichtsausdruck und sagte „ich sehe die Notwendigkeit, dass ich meine Karriere weiter entwickeln muss und habe einen guten nächsten Schritt gefunden." Er fuhr fort „unsere Arbeitsbeziehung zu beenden ist ein emotionales und sensibles Erlebnis. Es hat sich über etliche Tage entwickelt, nicht über Stunden. Ich habe die Erkenntnis gewonnen, dass sich die Dinge mit David Freetman nicht ändern werden und dass ich einen neuen Weg beschreiten muss."

Karl schaute verwirrt aus, als ob er nicht glauben konnte was er da gerade hörte, und sagte. „Martin, das ist für mich eine große Hürde, ich trat diesem Unternehmen vor allem deinetwegen bei. Wohin gehst du denn?"

„Ich teile es dir heute Nachmittag mit, aber zu deiner Information, ich gehe nicht zu einem Konkurrenten. Es tut mir leid, dass ich dich mit all dem überraschen muss. Wir sehen uns heute Nachmittag, und bitte dies ist vertraulich. Nur du und Ella wisst darüber ", sagte Martin.

Karl ging in sein Büro, setzte sich hin und atmete tief durch. Allzu oft war er nicht auf die Zeichen eines bevorstehenden Problems aufmerksam geworden. Er wird bis heute Nachmittag warten müssen, um mehr Details zu erfahren. Jetzt versteht er die Einladung zum Mittagessen von David Freetman.

Um 16:00 Uhr rief Martin an und bat Karl, in sein Büro zu kommen. Er sagte „Ich habe eine Liste vorbereitet was ansteht. Karl, du hast meine private Telefonnummer. Ich stehe für Fragen zur Verfügung. Ich habe meine Gefühle für die Mitarbeiter in Betracht gezogen und kam zu dem Entschluss, es ist am besten, ihnen auszurichten, dass ich eine Auszeit aus persönlichen Gründen nehme und dass du für die Firma verantwortlich bist, bis ich zurückkomme. Ich habe das heute Morgen mit David geklärt. Ich habe bereits Ella darauf hingewiesen. Sie ist gut im Umgang mit persönlichen Situationen. Ella hat auch meine neuen Kontaktdaten."

Karl hatte diese Austrittsart von Martin nicht erwartet, und unterbrach „Martin, du willst doch nicht sagen, dass du uns jetzt auf der Stelle verlässt?" „Ja, ich werde" sagte Martin und setzte fort, „aber lass dir einige Ratschläge über David geben, damit du weißt, was du zu erwarten hast." Er pausierte und fuhr dann fort.

„Erstens, die persönlichen Erwägungen Davids: Lass mich versuchen, dir das zu erklären; dein früherer Chef, Sam Widmann von SONARES, war ein Hands-off-Typ. Nun, David ist das Gegenteil, ein Mikromanager in finanziellen Angelegenheiten, der darauf besteht, das alles auf seine Weise durchgeführt werden muss; das wird ein wenig schwieriger. Mikromanagement ist ein ernstes Problem, was entweder aus einem Mangel an Vertrauen oder an dem Bedürfnis der Kontrolle resultiert. Ich habe mit ihm seit vielen Jahren gearbeitet und ich bin immer noch nicht sicher, was es ist.

Zweitens, Davids Pläne für MICGEN: Du sollst wissen, dass er mit unseren Konkurrenten über den Wert dieses Unternehmens gesprochen hat. Er weiß, dass sie noch immer unter dem Verlust des Jobs für das CAISTOS Onshore Safety System leiden und jetzt benützt er dein Projekt, um unser Potenzial auf dem Gebiet der Automation zu unterstreichen. Aber keine Sorge, das Unternehmen ist nicht in der finanziellen Lage, eine Akquisition zu machen. David ist jedoch auch mit einer großen ausländischen Firma im Gespräch. Ich bin nicht sicher, was die Möglichkeiten mit dieser Firma sind. Ich hoffe, dass du dies alles vertraulich behandelst."

„Nun lass mich über Ella Alexander berichten, denn sie kann der Schlüssel zu deinem Erfolg hier sein", fuhr Martin fort. „Ich würde sie auf diese Weise beschreiben: Als Assistentin beherrscht sie Office-Kenntnisse und die Fähigkeit, Verantwortung ohne direkte Aufsicht zu übernehmen. Sie zeigt Initiative, übt Urteil und trifft Entscheidungen im Rahmen ihrer Autorität. Auch, wenn man bedenkt, dass sie in der Regel die erste ist, die über viele vertrauliche Entwicklungen über Office-Mitarbeiter und Unternehmensrichtlinien Bescheid weiß, muss ich dir sagen, ihre Diskretion ist etwas Besonderes. Außerdem erkannte sie meine Schwächen, und sie wird in kürzester Zeit auch deine Schwächen erkennen, und wird sie niemanden verraten. Sie entlastete mich von Büro Details, z. B. Koordination der zukünftigen Aktivitäten. Sie ist eine gute Public Relations Person. Ich bin sicher, dass du Ellas Talente schätzen wirst."

Dann schloss Martin mit den Worten: „Lass uns in Kontakt bleiben, und Karl, du kannst sicher sein, dass du in meinem Netzwerk bleiben wirst. Nun möchte ich auf Wiedersehen sagen." Sie schüttelten sich die Hände und Martin ging weg. Während Karl sicher war, dass er von Martin bald hören würde, fühlte er tiefe Trauer. Er hatte Martins eiligen Abschied und die Beendigung dieser engen Beziehung nicht erwartet. Er ging in sein Büro, nahm seinen Aktenkoffer und fuhr nach Hause, sodass die Leute seine traurige Miene nicht sehen würden.

Karl konnte sich zu Hause nicht entspannen. Viele Dinge gingen durch seinen Kopf: Die Übernahme von einem Job, der durch einen leistungsstarken und guten Manager wie Martin begleitet war, wird sicherlich eine Herausforderung bleiben. Die Mitarbeiter könnten Schwierigkeiten haben, die Änderung zu akzeptieren oder ihre Loyalitäten zu wechseln. Sie könnten seine Fähigkeit bezweifeln, oder sogar versuchen, seine Bemühungen zu sabotieren. Karl war aber entschlossen seinen Führungsstil nicht zu ändern. Er war darauf bedacht, seine eigene Person zu sein. Er wollte nicht als Nachahmer Martins gesehen werden, aber er wollte auch nicht übermäßig zuversichtlich wirken. Er vertraute darauf, dass er in einer Weise, die authentisch wäre, seine eigenen Stärken und seine Fähigkeiten kommunizieren könnte. Und einer seiner Stärken in Bezug auf die Beziehung mit anderen in schwierigen Situationen war es, ihnen zu sagen: „Schaut, ich bin kein Genie, aber ich weiß, dass wir dieses Problem lösen können". Karl wusste, dass die Leute Vertrauen in Martin hatten. Wenn er übernimmt, könnten sie ängstlich werden, weil sie nicht sicher sind, was passieren wird. Sie werden sich wahrscheinlich über den Managementwechsel im Unternehmen große Sorgen machen.

Am nächsten Tag, am Freitag, war er um 6:00 Uhr im Büro, und als er sich setzte, warf er einen Blick auf das Sprichwort das er an der Wand aufgehängt hatte, das besagte: „Wenn Dinge immer einfacher werden, gleitest du vielleicht bergab." Das war eine Ansicht, auf die Karl achtete und er hängte dieses Schild so auf, dass es andere sehen konnten. Dann sagte er zu sich selbst: „Es war Martins Idee. Er hatte Vertrauen in mich. Er hat mich anstelle von jemand anderem gewählt, hier für ihn zu übernehmen, obwohl ich nur für kurze Zeit hier gewesen bin".

Karl reißt sich zusammen und denkt: „Es wird nicht leicht sein in Martins Fußstapfen zu treten. Ich weiß, dass ich das Vertrauen und die Zustimmung der Mitarbeiter gewinnen kann. Es hat mit meinem F & E-Team funktioniert." Er wird die Teams rund um die neue Aufgabe zur Bereitstellung von Systemgesamtlösungen mobilisieren; er kennt dieses Geschäft gut, und er glaubt, dass dies eine gute Basis zur Zusammenarbeit bietet. Er will sicherlich nicht dass die Leute in den Rückspiegel schauen; er will, dass sie sich auf die Zukunft konzentrieren. Karl weiß auch, dass die größte Herausforderung für ihn sein wird, die Erwartungen der Kunden zu erfüllen. Die Kundenloyalität zu gewinnen ist schwieriger als ein Team zu überzeugen, weil er nicht den täglichen Kontakt hat, um Fortschritte zu machen. Der Schlüssel ist, wirklich zu verstehen, was sie an Martin geschätzt haben und für das, glaubt er, kann Ella ihm helfen. Er wird ein Treffen zwischen ihnen arrangieren und sie darüber reden lassen, was Martin getan hat, um ein Star in ihren Augen zu sein.

Als Karl aus dem Fenster schaute, sah er Ellas Auto auf den Parkplatz ankommen. Er wartete zehn Minuten bevor er ihr Büro betrat und begrüßte sie mit „Guten Morgen, Ella." Sie hatte gerötete Augen und sah, dass Karl sie anblickte.

„Guten Morgen, Karl, ich konnte letzte Nacht nicht schlafen", sagte sie.

„Ich habe auch nicht gut geschlafen" sagte Karl und machte eine Pause, bevor er fortfuhr. „Martin sprach sehr positiv über Sie, ich bin also zuversichtlich, dass wir es schaffen werden."

„Danke für das Vertrauen" antwortete Ella und schaute auf die Liste, die Martin hinterließ.

„Ich habe eine Kopie derselben Liste. Lassen Sie uns diese heute Nachmittag durchgehen" sagte Karl.

„Ah, Karl, vergessen Sie nicht, dass Sie ein Treffen mit David Freetman um 13:30 Uhr zum Mittagessen haben. Wenn Sie irgendeine Gewinnermittlung oder andere Finanzunterlagen haben, bitte nehmen Sie sie mit, es kann helfen. David ist detailorientiert ", sagte Ella.

„Danke für den Rat", antwortete Karl.

Karl kam im Restaurant um 13:20 Uhr an. Der Parkservice kümmerte sich um sein Auto und die Empfangsdame fragte, ob er eine Reservierung hätte. Als er antwortet, dass er David Freetman treffen wollte, sagte sie „ich habe einen Tisch für Sie. David hat angerufen und will sich entschuldigen, dass er etwa 10 Minuten Verspätung hat." Karl setzte sich und bestellte einen Campari. Da er kurz vor dem Verlassen des Büros eine E-Mail von AROBCO erhalten hatte, nahm er die Gelegenheit war, um die Mail zu beantworten. Er hielt sein iPhone unter den Tisch, um niemanden in diesem feinen Restaurant zu stören.

Als David Freetman kam stand er auf und sie schüttelten sich die Hände. „Nun", sagte David „Sie und Martin haben einen ähnlichen Geschmack" und winkte dem Kellner um einen Martini zu bestellen. Sie setzten sich und David sagte: „Ich habe gehört, dass Sie Uwe Villaloberg kennen."

„Ja, ich arbeitete mit Uwe. Das war vor einigen Jahren", antwortete Karl. Sie wurden von dem Kellner unterbrochen, und gaben ihre Bestellung auf.

Während sie auf ihr Essen warteten, fuhr David fort: „Ich sprach mit Luis Jacksens. Das neue Steuerungssystem, ist nicht nur vielversprechend aus der Sicht einer zukünftigen Bestellung, sondern auch sehr profitabel."

„Ja, diese Art von Systemen kann eine hohe Gewinnspanne haben, aber sie erfordern auch, die Applikation zu Ende zu bringen. Man hat wenig Toleranz für Fehler ", antwortete Karl.

„Hier kommt das Essen. Bon Appetit, Karl ", sagte David.

„Bon Appetit, auch" erwiderte Karl.

Während des Essens kam David zum Zweck des Treffens und sagte: „Karl, Ich gehe davon aus, dass Sie gestern mit Martin gesprochen haben."

„Ja, und dass ich von der Wende der Ereignisse überrascht bin, ist keine Übertreibung", antwortete Karl.

„Ja, es ist schade, aber wir können uns davon nicht aufhalten lassen. Wir müssen fortschreiten. Martin und ich hatten eine lange Diskussion, und wir beschlossen, dass Sie in Bezug auf MICGENs Führung die beste Person sind. Das heißt, wenn Sie das Angebot annehmen ", sagte David.

Karl beschloss die Kontrolle über den weiteren Ablauf zu nehmen und sagte: „Ja, ich freue mich über Ihr Angebot. Aber ich habe einige Fragen, um die finanzielle Verantwortung besser zu verstehen. Die Hardware eines solchen Projektes wie das neue Kontrollsystem, stellt weniger als 10% der gesamten Kosten dar. Unser Erfolg und die Gewinnspanne solcher Projekte sind weitgehend durch Lieferzeit und Qualität der Hardware und Applikation bestimmt. Außerdem haben Hardwarelieferung Verzögerungen und die Bauteilqualität eine drastische Auswirkung auf die Profitabilität und die Kundenzufriedenheit. Daher ist meine Empfehlung, dass Kurt Binger, der die Komponenten und die primären Hersteller spezifiziert, genehmigen soll, ob Alternativen in Betracht gezogen werden sollen oder nicht. Dies könnte sich an einer Projekt-by-Projekt-Basis ändern. Würden Sie dem zustimmen? ", fragte Karl.

David Freetmans Gesicht zeigte den Ausdruck von intensiver Aufmerksamkeit. Schließlich hatte er immer zu Luis Jacksens und Ali Murrell gepredigt, dass sie über jede Komponente verhandeln sollen, um den maximalen Rabatt zu erreichen. Er antwortete, „ich sah dies nicht aus der Perspektive, die Sie gerade beschrieben haben. Sie wissen, dass wir Kaufleute alle Zahlen, die nicht gründlich ausgehandelt wurden, in Frage stellen. OK, ich stimme Ihrem Vorschlag zu. Übrigens habe ich eine Kopie der Details zur Gewinnermittlung", sagte David und deutete auf die Papiere die Karl mitbrachte. Er holte tief Luft und fuhr fort: „OK, es gibt eine weitere Sache, die ich mit Ihnen besprechen wollte und zwar über den Prozentsatz des Miteigentums an der Firma. Mit dem Auftrag des großen Sicherheitssystemprojekts und im Hinblick auf das zukünftige AROBCO Geschäftspotenzial hat sich MICGENs Wert deutlich erhöht. Mit Rücksicht auf Ihren Beitrag diskutierten Martin und ich für Sie einen Prozentsatz der Firma gegen eine minimale Investition abzugeben. Derzeit sind die Aktien 67% zu 33% aufgeteilt. Unser Vorschlag ist es, Ihnen 10% der Anteile für $ 50.000 zu bieten. Dies würde eine 60 -30 -10 Eigentumsteilung bedeuten.

Hat Martin Ihnen erklärt, dass wir eine Gesellschaft mit beschränkter Haftung sind, eine GmbH. Die GmbH ist eine Gesellschaft, deren Stammkapital in Geschäftsanteile mit Stammeinlagen zerlegt ist. Die Stammeinlagen sind die Beiträge der Gesellschafter zur Bildung des Stammkapitals. Ich möchte Sie wissen lassen, dass ich für eine Änderung des Beteiligungsverhältnisses, also eine erhöhte Beteiligung Ihrerseits, offen bin.

„Bitte denken Sie darüber nach und lassen Sie mich Ihre Entscheidung bis Ende nächster Woche wissen ", sagte David. Und er fuhr fort, „Oh, ich vergaß fast ein wichtiges Thema; es gibt mehrere Unternehmen die an MICGEN interessiert sind. Ich komme vielleicht nächste Woche ins Büro, um einem englischen Unternehmen unsere Firma zu zeigen und die könnten ein paar Fragen haben, nur das Sie vorbereitet sind."

„Kein Problem, so lange Sie mir mitteilen wie viele Personen ich erwarten kann. Dementsprechend kann ich meinen Mitarbeitern berichten, dass ein potenzieller Kunde zu Besuch kommt", antwortete Karl.

„Natürlich werde ich das tun", sagte David und schaute auf seine Uhr. „Ich bin sehr zufrieden mit unserem Treffen, Karl. Ich freue mich auf die Zusammenarbeit mit Ihnen ", sagte David. Sie standen auf, um Hände zu schütteln.

„Ganz meinerseits und vielen Dank für das Essen", antwortete Karl. Und beide verließen das Restaurant.

Als er wieder im Betrieb ankam begrüßte ihn die Empfangsdame mit einem geselligen „Hallo, Karl, hatten Sie ein spätes Mittagessen?"

Er ging direkt in Ellas Büro und fragte sie, ob sie Zeit hätte über Martins Liste zu gehen. Nachdem sie durch die einzelnen Punkte gegangen waren, bemerkte Karl „es gibt gewiss viele Kunden Anrufe. Könnten Sie eine Übersicht zusammenstellen bezüglich Ihrer Bewertung von jedem dieser Kunden; nur einen Absatz oder zwei, unseren Status mit ihnen, ihre Vorlieben, etc. Ich weiß, dass dies viel Arbeit ist, aber ich glaube, es würde mir wirklich helfen, die Hintergrundinformationen unserer Kunden zu haben, bevor ich sie kontaktiere."

„Klar, eigentlich wird es nicht lange dauern diese Zusammenfassung zu machen", sagte Ella.

„Angesichts all dessen glaube ich nicht, dass Martins Idee sinnvoll ist, den Mitarbeitern und Kunden zu erzählen, dass er eine Beurlaubung nimmt", sagte Karl.

„Ja, Sie haben Recht. Martin war in einem sehr emotionalen Zustand. Seine Frau sagte, dass er beabsichtigt morgen am Abend zu kommen, um den Arbeitsplatz zu räumen. Vielleicht könnten Sie ihn anrufen oder sich mit ihm versuchen zu treffen, um ihn davon zu überzeugen, am Montag eine gemeinsame Besprechung zu machen. Doch von dem, was seine Frau angegeben hat, stehen die Chancen nicht gut, dass er dies tun möchte; er will sich nur davonmachen. Er wird bei der neuen Gesellschaft in Raleigh Carolina am nächsten Montag beginnen."

„Ja, er wird der Leiter eines Unternehmens sein, das dreimal so groß ist wie unseres. Ich werde versuchen ihn morgen zu Hause zu erreichen", sagte Karl.

Dann fragte Karl Ella „was glauben Sie, wie wird die Reaktion auf die Bekanntmachung von Martins Verlassen der Firma und bezüglich meiner Übernahme sein?"

„Sie haben eine Menge zu bieten. Ihr F & E Team ist motiviert und sie lassen es jeden hier wissen. Mein Rat ist: tun Sie das Gleiche firmenweit, was Sie für Ihr F & E-Personal getan haben. Fragen Sie die Leute, was in der Organisation geschehen soll und was sie verbessern möchten. Jeder möchte sich gehört und verstanden fühlen", sagte Ella.

„Ja, ich weiß, aber wenn man nur ein paar Monate hier war, wie ich, ist es schwierig, die Personalsituation richtig einzuschätzen", antwortet Karl.

„Sie werden feststellen, dass wir weitgehend ein gutes Verhältnis in dieser Firma haben. Aber seien Sie sich über ein paar Ausnahmen bewusst. Trotz all Ihrer Bemühungen haben Sie manchmal ein paar Leute in der Firma, die nicht wollen dass Sie Erfolg haben; ich habe dies hier mit Martin gesehen. In Ihrem Fall wird sich das wahrscheinlich sogar erweitern; es könnte sein, dass manche die Position, die Sie jetzt einnehmen, für sich selber wollten ", sagte Ella.

Karl wusste, dass dies der Fall sein könnte und sagte „Ich würde das Problem direkt mit der Person angehen, und wenn die sich weigert kooperativ zu sein, müsste ich die Person entlassen." Karl schaute dann auf seine Uhr und merkte, dass es nach 17:00 war.

Er entschuldigte sich bei Ella, „Oh, es tut mir leid, ich hielt Sie viel zu lange auf. Vielen Dank für die Beratung und ein gutes Wochenende." Ella antwortete, „Sie auch, Karl."

Am Montagmorgen ließ Karl Ella wissen, dass er Martin nicht überzeugen konnte, eine gemeinsame Besprechung zu veranstalten und bat sie, alle Leute im Konferenzraum für eine kurze Ankündigung um 9:00 Uhr zusammen zu rufen. Um 9:05 ging Karl in den Konferenzraum, hielt einen Moment inne, und sagte: „Hallo! Martin konnte leider nicht anwesend sein. Daher bin ich derjenige der euch mitteilen muss, dass er zurückgetreten ist und dass ich seine Position einnehmen werde. Martins Kündigung war völlig unerwartet, und sie hat mich sehr überrascht. Ich denke, auch ihr seid verblüfft. Weiter möchte ich euch sagen:

Ich werde nicht der ‚neue Besen' sein, der alle vorherigen Aktionen hinwegfegt. Ich möchte euch versichern, dass es „Business as usual" sein wird. Ich werde mit jedem von euch individuell besprechen: Wie wir zusammenarbeiten wollen. Was ihr von mir als eurem Manager erwartet. Welche Hoffnungen, Ängste und Wünsche ihr habt. Was eure Motivationen und Demotivationen sind. Und, ich werde euch auch fragen, was ihr denkt, was getan werden soll, um das Team oder die Abteilung effektiver zu machen.

Ich möchte jeden zur Zusammenarbeit ermutigen. Die Resultate eines effektiven Teams werden immer größer sein als die einzelnen Ergebnisse der Team-Teilnehmer. Außerdem möchte ich euch wissen lassen, dass ich mich in die Aufgaben des Managements einarbeiten muss, und dass ich eure Unterstützung diesbezüglich brauche. Danke, und ich freue mich auf die Gespräche mit jedem einzelnen von euch."

Alle sahen erschrocken aus und das Flüstern dauerte mehrere Minuten, bevor sie den Konferenzraum verließen. Die Situation war unangenehm und Karl verließ sofort die Scene. Er bat Ella, mit ihm in sein Büro zu kommen und sagte zu ihr: „Ich weiß, dass Luis Jackson und Johann Kramo wahrscheinlich verärgert sind, da ich über ihre Köpfe direkt mit ihren Mitarbeitern sprach, aber das war mein kalkuliertes Risiko. Mit wem, außer Luis und Johann, würden Sie vorschlagen, sollte ich zuerst sprechen? Können Sie bitte unsere Telefonliste nehmen und einfach eine Reihenfolge neben jeder Person angeben. Ich möchte mit jedem einzelnen sprechen, aber ich möchte mit diesen heiklen Gesprächen am Ende des Tages fertig sein."

„Mach ich", sagte Ella. „Ja, und ich möchte auch mit Tim Boschek sprechen. Wie kann ich ihn erreichen?", fragte Karl.

„Tim ist zurzeit in Abu-Dhabi. Es gibt neun Stunden Zeitunterschied. Seine Hotel-Nummer ist 011 971 3-4001", antwortet Ella.

Karl wollte nicht, dass Tim über Martins Rücktritt von jemand anderem erfährt und rief sofort an. Sie sprachen fast eine Stunde lang über Martins direktem Engagements mit Kunden, Kunden Bedürfnissen und dringenden Schadensbegrenzungs-Schritten.

Nachdem er das Telefongespräch mit Tim beendet hatte, sprach Karl mit Luis Jackson und Johann Kramo in ihren Büros und ging dann von Büro zu Büro. Bei diesen separaten Gesprächen mit jedem Mitarbeiter, sprach er kurz über Martin - seinen Wechsel zu einem großen Unternehmen und seinen emotionalen Zustand als Grund, warum er heute nicht anwesend war. Er wiederholte die Punkte, die er in der 09.00 Uhr Ankündigung gemacht hatte - zusammen arbeiten, Erwartungen an ihn als Manager, Hoffnungen, Ängste und Zielsetzungen, Motivationen, und vorsichtig sondierte er mit jedem Mitarbeiter, was er dachte, was getan werden sollte, um die Effektivität des Teams zu erhöhen. Er hörte zu und machte sich Notizen. Er teilte ihnen mit, dass bestimmte Gesprächsthemen - Ziele, Werte und Produkte - während der Gesellschafterversammlung des Unternehmens an diesem Freitag behandelt werden. Am Ende ließ er sie wissen, dass er zur Verfügung steht um zu helfen, und dass er sich auf die Zusammenarbeit mit ihnen freut.

Am Nachmittag begann Karl mit der herausfordernden Aufgabe, die Kunden des Unternehmens von Martins Abgang zu informieren. Er berücksichtigte Ellas Beschreibung des jeweiligen Kunden - ihre Persönlichkeit, MICGEN Status mit ihnen, usw. Er wusste, wenn jemand wie Martin - ein Client-Champion – die Firma verlässt, dass das fast wie ein Neustart mit den Kunden ist. Aber Karl legte den Schwerpunkt auf das Positive. Es war seine Chance, die Stärken seines Unternehmens und sein Engagement für qualitativ hochwertigen Service, erneut zu unterstreichen, als ob sie neue Kunden wären.

Er rief einen Kunden nach dem anderen an. In einigen Fällen brauchte es mehr als drei Versuche um den Kunden zu erreichen. Karl erklärte ihnen, dass Martin das Unternehmen verlassen hätte, um die Leitung eines großen Unternehmens zu übernehmen, das in einem anderen Geschäftsfeld tätig ist und versicherte ihnen, dass das Engagement des Unternehmens und die Reaktionsfähigkeit sich dadurch nicht ändern würde. Er teilte ihnen auch mit, dass er ihr Hauptansprechpartner sein werde und sagte ihnen, dass sie hohe Priorität hätten. Er ergriff diese Chance, um zu fragen: „Was können wir verbessern?", während er die Kunden um einen Termin zum Kaffee, Mittagessen oder eine andere Mahlzeit, ersuchte. Er blieb bei der Wiederherstellung der Beziehungen zu seinen Kunden sehr positiv und betonte erneut die Vorteile einer Zusammenarbeit mit MICGEN.

Am Ende des Tages war Karl erschöpft, aber enthusiastisch. Er nahm sich Zeit um Ella für ihre guten Ratschläge zu danken. Es wird sich zu einer Routine entwickeln, die Teamgeist beinhaltet und die Grundlage für eine erfolgreiche Zukunft aufbaut.

Während der ersten Woche als Leiter des Unternehmens verbrachte Karl sehr viel Zeit mit jedem einzelnen Mitarbeiter. Er wusste, dass es einige Zeit dauern würde, um ihren Respekt zu gewinnen.

Freitagmorgen bat Karl Ella um 10.00 Uhr ein Firmenmeeting einzuberufen und die Tagesordnung im Voraus zu verteilen.

Firmen-Versammlung - Konferenzraum

Datum/Uhrzeit: 10:00 Uhr, Freitag   **Geschätzte Dauer**: eine Stunde

Da unser Unternehmen wächst, können die einzelnen Teamleiter nicht mehr alles selber machen. Es wird immer wichtiger für alle Mitarbeiter des Unternehmens unsere Werte, Ziele und Strategie zu verstehen und für die Mitarbeiter, die mit den Problemen am besten vertraut sind, die Initiative zu ergreifen, um sie zu lösen.

Um dies entsprechend umzusetzen müssen wir das gleiche Maß an Transparenz aufrechterhalten, ob wir nun über 35 Mitarbeiter sind oder nur 7.

Werte - Für die neuesten Aufträge müssen wir fünf neue Mitarbeiter/innen einstellen. Es ist von Bedeutung für diese Personen, unsere Werte - Ergebnisse, Integrität, Teamarbeit, Kunde an erster Stelle - mitzutragen. Aber es ist auch wichtig, dass unsere jetzigen Teams entsprechend dieser gemeinsamen Werte handeln.

Ziele - Während Werte einen Rahmen bieten für das, was Menschen tun, müssen wir in der Artikulation der wichtigsten Ziele erstklassig sein: großartige Produkte bauen, beständig wachsen, und Kunden begeistern.

Strategie - Ziele sind wichtig, aber wie werden wir sie ohne eine Strategie erreichen? Damit jedes Mitglied unseres Teams, die Initiative ergreifen kann, müssen wir die Strategie verstehen.

- <u>Schauplatz</u> - Karl wird erklären, welche Produkte wir planen und auf welche Kundengruppen sich unsere Firma fokussiert.
- <u>Mittel</u> – Karl wird erklären, warum unser Wachstum meist von intern-entwickelten Produkten und Dienstleistungen kommen wird.
- <u>Werte Plan</u> - Karl wird beschreiben, wie wir potenzielle Kunden überzeugen können, dass der Vorteil unserer Produkte den berechneten Preis überschreitet; und mehr bietet als die Wertversprechen unserer Wettbewerber.
- <u>Profit</u> – Karl wird Empfehlungen geben, wie wir unsere Gewinnmargen erhöhen können.

Initiativen - Überblick über die Fortschritte in der Entwicklung neuer Produkte. Kurt und Jan diskutieren den Fortschritt ihrer Arbeit, was sie in den kommenden Wochen zu tun planen und die Herausforderungen, mit denen sie konfrontiert sind.

Ergebnisse - Wir werden Ergebnisse diskutieren - Umsatz den Zielen gegenüber stellen, die Anzahl der neuen Angebote vorstellen, Gewinne und Verluste im Wettbewerb darstellen, die Zahl der neuen Mitarbeiter erklären.

Alle Teilnehmer sind aufgefordert Fragen zu stellen und Stellung zu nehmen!

Typische Tage eines Managers: Die nächsten vier Monate bestanden aus typischen Abläufen in Karls Büro. Eigentlich gibt es keinen typischen Tag für einen Manager eines kleinen Unternehmens. Projekte und Produkte sind multidisziplinäre Organisationsaufwände, mit verschiedenen Menschen innerhalb und außerhalb des Unternehmens. Projekt- und Produktlebenszyklen erfordern unterschiedliche Fähigkeiten und Menschen zu verschiedenen Zeiten. Die Probleme und Herausforderungen beginnen zahlreich und entwickeln sich innerhalb eines Projekts oder Produkts. Es ist schwierig, einen typischen Tag unter diesen Bedingungen zu charakterisieren. Innerhalb und zwischen den Aktivitäten ist ein hohes Maß an Kommunikation erforderlich - am Telefon, per E-Mail, in Meetings, Telefonkonferenzen, durch Memos und Berichte. Und natürlich ist der Kunde König und erfordert kontinuierliche Aufmerksamkeit. Das Management eines kleinen Unternehmens ist ein Teamsport und beinhaltet das Tragen von mehreren Hüten.

Im Laufe von vier Monaten fanden verschiedene Entwicklungen bei MICGEN statt:
- Luis Jacksens kündigte.
- Zwei Testtechniker wurden eingestellt.
- Otto Fawvor, ein Senior Applikationsingenieur für Regelungssysteme, wurde rekrutiert.
- Jan musste wegen seines lauten Klavierspielens zweimal das Apartment wechseln.
- Johann Kramo landete nochmals im Krankenhaus, aber arbeitet jetzt wieder.
- Acht Angebotsanfragen (RFQ) für integrierte Sicherheit und Regelungssysteme waren eingetroffen.
- Bestellungen für vier Sicherheitssysteme wurden empfangen.
- Drei Sicherheitssysteme wurden geliefert.
- Drei Prototypen des Advanced Control Wizards (ACW) befinden sich im Test.
- Die Entwicklung für die Alarm-Management-Software wurde abgeschlossen.

Ein Element fehlte wirklich auf der Liste. Es war die Bestellung des Regelungs- und Sicherheitssystems für die AROBCO Plattform. Ein Wert von ~ €8 Millionen. Ein Projekt, das MICGEN in die große Liga bringen würde.

Das Fälligkeitsdatum für das Angebot für das System der AROBCO Produktion Plattform wurde fünf Monate verschoben. Und die Verkaufsstrategie war wegen der Personalveränderungen auf der Ebene des Prozessmanagers komplizierter geworden. Während Uwe Villaloberg immer noch in der Schlüsselposition des VP Instrumentierung und Elektrotechnik war, hatte der neue Prozess-Manager, Adam Morisen, eine aktive Rolle bei der Systemauswahl angenommen. Uwe war immer noch der tatsächliche Entscheidungsträger, der den Kauf genehmigen konnte, aber es wäre schwierig für ihn, dies zu tun, wenn Adam Morison gewisse Einwände hätte.

Der AROBCO Kompressions-Trenneinheit Advanced Control Wizard (ACW) sollte in einem Monat in Dienst genommen werden und das Angebot für das gesamte Regelung- und Sicherheitssystem der Produktion Plattform war in zwei Wochen fällig. Da viel auf dem Spiel stand, war Karl für diese Präsentation gut vorbereitet. Er hatte untersucht was der Kunde wollte und würde sich auf die spezifischen Bedürfnisse des Kunden konzentrieren, anstatt von generellen Produktfunktionen zu sprechen, da zurzeit keine Referenzinstallation existierte. Er wusste von Uwe Villalobergs Feedback, was für AROBCO am wichtigsten war und würde diese Werte betonen. Er wusste, dass dies eine interaktive, dialogartige Präsentation werden musste.

„OK, du bist bereit für diese Aufführung", sagte er zu sich selbst. Er war zuversichtlich, denn er hatte viel Aufwand in diese System Präsentation investiert. Er kannte sein Produkt. Er kannte den Käufer. Er war bereit, zuzuhören. Er löste ein echtes Problem, und er war bereit für jeden Einwand.

Karl ging im Konferenzraum hin und her, auf seinen Advanced Control Wizard (ACW) blickend, ein Gerät mit dreifach modular redundanter Architektur. Jedes der drei Systeme war nicht viel größer als ein modernes Mobiltelefon, in ein Motherboard gesteckt, von der Größe einer Handfläche. Karl studierte dieses Objekt, das so viel Mühe machte. „Dies könnte die Zukunft der Kontrollsysteme ändern", sagte er zu sich selbst. Sein Glaube an die Idee, zusammen mit seiner Beharrlichkeit hatte ihn dort hingeführt, wo er heute war, der Präsident von einem Unternehmen, das sich technologisch mehrere Jahre vor der Konkurrenz befand.

Der Control-Wizard Modul (ACW) lag auf der Mitte des Konferenztisches, neben zwei Edelstahlgehäusen, eines davon war explosionsgeschützt und beherbergte die Intelligenten Anschluss-Boards. Die Benutzeroberfläche, ein Notebook PC, befand sich am Ende des Tisches, in der Nähe des großen LED-Bildschirms. Auf dem Bildschirm hatte Karl ein Foto des Esmix Kompression und Trennverfahrens mit einem Porträt des ACW in der Mitte; es sah fast aus, wie eine Spinne die mit ihren Beinen mit verschiedenen Transmittern verbunden ist.

Karl wartete auf das Eintreffen der AROBCO Gruppe. Jan Bettin saß am Ende des Tisches und prüfte Fuzzy-Logik Funktionen, die er dem Programm hinzugefügt hatte, welche aber nichts mit Esmix zu tun hatten. Ella brachte eine Kanne Kaffee und als sie aus dem Fenster schaute, sah sie die Kunden auf dem Parkplatz aus ihrem Auto steigen. Sie alarmierte, Karl, „sie kommen."

Karl sagte „OK, Jan, höre auf mit der Fuzzy-Logik zu spielen und wechsle zum Esmix-Programm."

„Fertig, ich werde vor der Tür auf deinen Anruf warten ", antwortete Jan.

Ella ging zur Rezeption, begrüßte das AROBCO Team und führte sie zum Konferenzraum. Dort begrüßte Karl sie mit „Guten Morgen alle zusammen. Willkommen zu unserer Präsentation des Advanced Control Wizard für Ihr Esmix Kompressions- und Trennverfahren." Er schüttelte mit jedem Hände. Uwe Villaloberg umarmte ihn und führte sein Team vor: Tom Deaverer, Vice President of Production; Adam Morisen, Process Manager; und Roul Garciabo, Maintenance Manager.

Bevor sie sich alle setzten, bemerkte Tom „Nun, das kommt mir bekannt vor", und zeigte auf den Prozess des LED-Displays. Karl versuchte ihre Stimmung und Energie und die Beziehungen zwischen Uwe und anderen abzuschätzen. Er sprach über einige allgemeine Geschäfte die MICGEN mit AROBCO realisiert hatte und wechselte dann auf das Hauptthema, das Kompressions-Leitsystem.

Er begann mit den Worten „Lassen Sie mich zunächst die Vorteile des Gerätes im Zusammenhang mit dieser Prozessanwendung ansprechen; die Hauptfunktion besteht darin, Prozessstörungen zu vermeiden. Bei geringem Durchsatz im Betrieb kann ein Gaszufuhrwechsel erhebliche Schwankungen des Separator-Druckes verursachen, was zum Fackeln und in einigen Fällen sogar zur Abschaltung einer Prozesseinheit führen kann. Der Prozessregelung-Wizard beseitigt praktisch diese Störungen.

Zweitens, bei einer Durchflussmenge von weniger als 78% beginnen derzeit die Kompressor-Recycling-Ventile zu öffnen. Der Wizard ermöglicht es Ihnen, den Separator unter 60% des Durchflusses zu betreiben, bevor die Rückführventile öffnen, was viel Energie einspart.

Drittens, in Situationen hohen Durchflusses wird der Trenngrenzdruck automatisch angepasst, um den Durchfluss zu maximieren, was zu einer erhöhten Anlagekapazität führt." Er fügte hinzu „Wir haben eine Simulation vorbereitet, die es uns ermöglicht, Ihnen zu zeigen, wie diese Probleme im Detail behandelt werden. Falls Sie irgendwelche Fragen haben, zögern Sie bitte nicht, mich zu unterbrechen. Wir sind hier, um Ihre Fragen zu beantworten."

„Ich habe Dr. Jan Bettin gebeten, uns eine Demonstration des Advanced Control Wizard (ACW), mit einem simulierten Prozesses, vorzuführen", sagte Karl. „Jan leitet die ACW Software-Entwicklung und er ist auch Chemie-Ingenieur." Karl öffnete dann die Tür zum Konferenzraum und rief Jan.

Jan stellte sich dem Management-Team vor und ging durch den Prozess mit Hilfe des elektronischen Zeigers der LED-Anzeige. Tom Deaverer und Adam Morison beugten sich vor, was eine gewisse Begeisterung für Jans Verständnis des Prozesses andeutete. Jan wechselte dann auf die zweite Anzeige und präsentierte den Simulationsprozess, mit dem Prozess-Modell, einschließlich Kurven, Reaktionszeiten und der I/O. Er gab auch einen Überblick über das ACW-Programm, das die Überprüfung von Eingaben, stationäre Zielberechnungen und dynamische Bewegungsberechnungen ausführte, und erklärte dass es mehrere Modellidentifizierungsalgorithmen sowie Modellvorhersage, Modellunsicherheit und Kreuzkorrelations-Eigenschaften für Modellanalyse gäbe. Dann setzte Jan fort, „Unsere Erfahrung hat gezeigt, dass die heutigen Regelungssysteme diese unerwarteten Prozessverhalten in einer zuverlässigen und sicheren Art und Weise aus folgenden Gründen nicht handhaben können:"

- Typische DCS-Systeme haben nicht die nötige Ausweichfunktion bei bestimmten Messwertgeberfehlern.
- Diesen Systemen fehlt außerdem die adaptive Tuning-Fähigkeit.
- Sie erlauben keine Berechnungen der Grenzwerte für Beschränkungen.

„Wollen Sie damit sagen, dass Ihr System bei einem Transmitter- oder Analysator Ausfall kompensieren kann?", fragte Adam Morison.

„Ja, das System wechselt automatisch zu einem Ersatz Algorithmus. Lassen Sie mich ein Beispiel geben: Nehmen wir an, Sie haben bei Ihrer Kompressor Anti-Surge Regelung eine Fehlfunktion des Druck- oder Temperatur-Transmitters; die Regelung wird automatisch auf Mindestdurchfluss umsteuern. Lassen Sie mich Ihnen das auf dem Simulator zeigen ", sagte Jan.

„Nur zu", antwortet Adam.

„Sehen Sie, wie diese Regelkreise übertragen. Und hier ist die Benachrichtigung für den Operator. OK, während wir darüber reden, lassen Sie mich den Effekt des Analysefehlers am Separator zeigen. Sehen Sie, in beiden Fällen funktioniert die Regelung weiterhin. Während die Fallbackstrategie möglicherweise nicht so effizient ist wie die primäre Strategie, so ist doch die Hauptsache, dass es keine Unterbrechung des Prozesses im Falle bestimmter Fehlfunktionen von Instrumenten gibt", sagte Jan.

"Ja, diese Funktion ist vom Zuverlässigkeitsstandpunkt fast so wichtig wie die dreifach modulare Redundanz", ergänzte Roul Garciabo.

Dann fuhr Jan fort: „Es gibt einige andere wichtige Funktionen, wie zum Beispiel die Funktionsbereichs-Begrenzung, die aus Sicherheits- und Zuverlässigkeits-Sicht von Bedeutung sind. Wenn Sie möchten, kann ich Ihnen dies auf dem Simulator präsentieren".

„Es ist OK Jan, wir wissen jetzt, dass Sie sowohl das System als auch unseren Prozess gut verstehen.", bemerkte Tom.

„Danke, meine Herren. Karl wollen Sie dass ich noch andere Funktionen zeige? ", fragte Jan.

„Nein, Jan, aber wir sollten vielleicht über die Kommunikationsschnittstellen sprechen", sagte Karl.

„Ja, ich habe einige Fragen in Bezug auf die Schnittstellen", sagte Roul. „Können Sie intelligente Messumformer handhaben?"

„Ja, das ist serienmäßig, der ACW handhabt intelligente und HART Transmitter", antwortet Jan.

„Wie sieht es mit Ihrer Bedienungsschnittstelle (HMI Kommunikation) aus?", fragte Roul.

„Sie besteht aus H2 Ethernet, Internet, Intranet und es gibt sogar eine Bluetooth-Schnittstelle. Diese Kommunikationen sind Standard. Also, in Bezug auf Wartung haben wir auch Fernüberwachung integriert. Außerdem haben wir einen Firewall-Sicherheitschip, der die Schnittstellen sicher vor Viren macht."

„Vielen Dank für die ausführliche Antwort", sagte Roul. „Möchten Sie weitere Informationen?", fragte Jan.

„Nein, wir danken Ihnen für Ihre ausgezeichnete Vorführung", sagte Uwe.

Karl stand auf und sagte „Danke, Jan. Ich möchte nun den Nutzen unserer Produkte kurz zusammenfassen, wenn Sie mir erlauben."

„Nur zu", sagte Tom.

Karl wiederholte dann die Vorteile des Systems, bezüglich des AROBCO Verfahrens und unterstrich, dass diese Vorteile nicht nur für die Kompressionseinheit gelten, sondern für die gesamte Produktionsplattform der Anlage, falls AROBCO das Angebot von MICGEN wählt.

Uwe sagte dann „Karl, wir danken Ihnen für Ihre hervorragende Präsentation. Leider müssen wir euch früher verlassen als erwartet, weil wir einen ungeplanten Stopp einlegen müssen."

„Vielen Dank für den Besuch und eine gute Rückfahrt", sagte Karl. Sie gaben sich die Hände und verließen den Raum und das Gebäude.

Karl ging in Jans Büro und sagte „hervorragende Arbeit, Jan."

„Hey, von all der Zeit die wir verbrachten um durch diesen Prozess und diese Fallback-Funktionen zu gehen, habe ich doch etwas gelernt" antwortete Jan.

„Ich konnte durch die Beobachtung der Körpersprache des AROBCO Teams sehen, dass sie sehr über Ihre Leistung erfreut waren. Unterschätze dich nicht", sagte Karl.

Karl wollte ein paar spezifische Funktionen mit Jan diskutieren, wurde aber von der Durchsage unterbrochen „Karl, Uwe Villaloberg ist am Telefon." Karl rannte zurück in sein Büro und nahm das Telefon, „Hallo Uwe."

„Hey Karl, wir haben vergessen über die Gehäusetypen zu sprechen. Leider mussten wir eher abreisen. Ich bin hier im Auto mit meinen Kollegen und wir haben noch mehr als eine halbe Stunde vor uns. Können wir vielleicht ein paar Dinge klären, wenn Sie Zeit haben? In Bezug auf die Gehäuse, ist der ACW eigensicher?", fragte Uwe.

„Wir beantragten die Zertifizierung bei CSA und ATEX, haben aber die Genehmigung noch nicht erhalten. Die Intelligenten Anschluss Boards wurden jedoch zertifiziert", antwortet Karl.

„Ja, wir wissen, dass die IPTs I-Safe zertifiziert sind; wir haben sie in unseren Anlagen. Wann erwarten Sie, die I-Safe-Zertifizierung für den ACW-Modul?" fragte Uwe.

„Von CSA innerhalb von wenigen Monaten, bezüglich ATEX bin ich nicht sicher", antwortet Karl. Karl hörte sie im Hintergrund reden, aber er konnte die Diskussion nicht verstehen; dann kam Uwe wieder ans Telefon und sagte „Wir haben bereits Ihre Ex-Schutz-Typ-Gehäuse und haben beschlossen, diese für die Kompression und Trenneinheit zu behalten sowie auch für Esmix anlagenweit. Wir werden die Produktionsplattform Anfrage (RFQ) ändern um dies zu berücksichtigen und das dann an alle Firmen in den nächsten paar Tagen senden. Danke Karl. Das war es."

„OK, waren alle zufrieden, dass sie bei der Präsentation ihre Fragen beantwortet bekamen?", fragte Karl.

„Ja, hey, halten Sie sich nur an Ihr Wunderkind, Jan, fest. Er kann alles beantworten! Wenn es zusätzliche Fragen gibt, lasse ich Sie das sofort wissen, " antwortete Uwe.

„Nochmals, eine gute Reise zurück nach England", sagte Karl und legte auf.

Die Vertrautheit des Kunden mit dem ITP (Intelligentes Anschluss Board) war ein Element das Karl in seinem AROBCO Esmix Angebot übersehen hatte. Ja, und es gab auch Kundenerfahrungsberichte, die Monika ihm vor einigen Monaten zeigte, betreffend der hervorragenden Zuverlässigkeit des ITP. „Wie konnte er das alles in seinem Esmix Angebot vergessen ", sagte sich Karl. Ja, er hatte die IPT im Angebot aufgenommen, aber die Tatsache, dass hunderte von diesen jetzt über mehr als ein Jahr ohne jede Störungen in Betrieb waren, musste hervorgehoben werden. Auch sollte der hohe Temperaturbereich von bis zu 70 Grad Celsius, durch den Einsatz von Komponenten nach Militär-Spezifikation, betont werden. Karl wusste aus Erfahrung, dass diese Art von Informationen den Unterschied eines erfolgreichen oder fehlgeschlagenen Angebots machen konnte und öffnete den zugehörigen Ordner auf seinem PC, um die Erweiterungen durchzuführen.

Infolge der Erfüllung von AROBOs technischen Anforderungen, den ausgezeichneten Kundenbeziehungen und der Aufmerksamkeit für Details, war Karls Angebot erfolgreich. MICGEN erhielt den großen Auftrag, aber hatte nicht das nötige Geld, um ihn durchzuführen. Karl musste Arbeitskräfte einstellen, Rohstoffe kaufen und Produktionskosten tragen. Natürlich wusste Karl dies alles und er war sich auch bewusst, dass der Auftrag David Freetmans (der Haupteigentümer von MICGEN) finanzielle Möglichkeiten überschreiten und dass die Bank kein Darlehen genehmigen würde. Während der große Auftrag einträglich war, war er auch sehr herausfordernd.

Um dieses finanzielle Problem zu minimieren hatte Karl, mit David Freetmans Zustimmung, einen Antrag auf Finanzierung für die Bestellung der Hardware des Projekts zur der Zeit gemacht, als er das Angebot zusammenstellte. Die Finanzierung von Aufträgen ist für Unternehmen vorgesehen, die wachsende Aufträge erhalten, aber nicht über die finanziellen Mittel verfügen, um diese Aufträge zu erfüllen. Es gestattet die Finanzierung um Lieferanten zu bezahlen und ermöglicht einem Unternehmen große Bestellungen zu akzeptieren und zu liefern. Allerdings ist Auftrags-Finanzierung nicht für jedermann. Um sich für eine Finanzierung zu qualifizieren, müssen Unternehmen und Kunden kreditwürdig sein. Dies war der Fall mit MICGEN und AROBDO. Obwohl diese Art der Finanzierung normalerweise für Unternehmen gilt, die Fertigwaren weiterverkaufen, die von einem Dritt-Anbieter erworben wurden, gibt es einige Ausnahmen. Darüber hinaus hat die Transaktion die folgenden Kriterien zu erfüllen:

- Sie muss eine Bruttogewinnspanne von mindestens 20 % aufweisen.
- Ihr Lieferant muss seinen Auftrag erfüllen können.

Bestellung Finanzierungstransaktionen sind wie folgt aufgebaut:

- Ihr Unternehmen erhält einen großen Auftrag von einen kreditwürdig Kunden.
- Die Transaktion wird zur Prüfung und Genehmigung vorgelegt.
- Ihr Lieferant wird in der Regel durch ein Akkreditiv oder ähnliches Instrument bezahlt.
- Ihr Kunde bezahlt die Rechnung gleichzeitig mit der Abwicklung der Transaktion.

Natürlich nahm Karl die Bestellung für das Projekt an, das er so intensiv verfolgt hatte. Diese Bestellung basierte auf seinem Angebot an AROBCO und wurde jetzt ein verbindlicher Vertrag nach den Bestimmungen & Bedingungen welche in dieser Bestellung genannten wurden.

Er bestätigte, dass er im Besitz aller Spezifikationen, Zeichnungen und Unterlagen war, um seine Verpflichtungen für diesem Auftrag zum angegeben Preis und Termin durchzuführen. Und Karl war sich bewusst, dass diese Bestellung nicht sicher war, falls die Inbetriebnahme des Advanced Control Wizard Prototyps in der Esmix Kompression/Trenneinheit nicht erfolgreich sein sollte.

Wie so viele kleine Unternehmen, war MICGEN schließlich mit dem Problem konfrontiert, wie die Geschäftsausweitung gehandhabt werden sollte. Ausbau des Geschäfts ist eine Lebensphase eines Unternehmens, die voller Chancen und Gefahren ist. Einerseits führt Wachstum häufig zu einer entsprechenden Erhöhung des finanziellen Vermögens für die Eigentümer und Mitarbeiter. Zusätzlich wird die Expansion in der Regel als Validierung der anfänglichen Geschäftsidee und seiner anschließenden Bemühungen, die Vision zu verwirklichen, gesehen. Aber wie Karl erfuhr, hielt die Geschäftsausweitung für kleine Unternehmen auch eine Vielzahl von Problemen bereit, die gelöst werden mussten. Wachstum verursacht eine Vielzahl von Veränderungen, von denen alle verschiedene betriebswirtschaftliche-, rechtliche- und finanzielle Herausforderungen darstellen. Wachstum bedeutet, dass das Management des Unternehmens weniger zentralisiert sein wird, was die Unternehmensphilosophie beleben kann, den Protektionismus erhöhen und die Uneinigkeit bezüglich welche Ziele und Projekte das Unternehmen verfolgen sollte, fördern. Wachstum bedeutet, dass der Marktanteil sich erweitern wird, was neue Strategien für den Umgang mit größeren Konkurrenten fordert.

Wachstum bedeutet auch, dass zusätzliches Kapital erforderlich sein wird, was neue Verantwortung für den Unternehmer/Manager und seine Hauptinvestoren verlangt. Also bringt das Wachstum eine Vielzahl von Änderungen in der Unternehmensstruktur, Bedürfnisse und Ziele mit sich. Da er relativ neu im Management war, dauerte es für Karl einige Zeit, diese Realität zu akzeptieren.

Die Vor-Ort-Inbetriebnahme

Mit all den Herausforderungen, die Karl bei der Entwicklung des neuen Produkts und der Finanzierung für den großen Auftrag überwand, wusste er dass die kommende Testinstallation des Advanced Control Wizard (ACW) an der Esmix Kompression/Trenneinheit über MICGENs Erfolg oder Misserfolg entscheiden würde. Ein Versagen bei Esmix würde sicherlich zu einer Aufhebung des großen Auftrags führen. Also war diese Testinstallation die letzte Hürde zum Erfolg. Ein Feuerwerk ist nur spektakulär, wenn die letzten Momente die schönsten der gesamten Show sind. In der Welt der Implementierung von Prozesssteuerungen, der Big-Bang, ist ironischerweise die Inbetriebnahme. Aber ein großartiger Start-up passiert nicht nur in den letzten Stunden. Es ist die Krönung der sorgfältig orchestrierten Aktivitäten in der gesamten Entwicklung des Kontrollsystems und des Projekts.

Karl wusste aus Erfahrung, dass die Planung ein wichtiger Aspekt für eine erfolgreiche Inbetriebnahme ist. Er stellte sicher, dass alle Facetten des Projekts sorgfältig geplant und dokumentiert wurden, einschließlich aller Trainings- und Testprotokolle, und dass die dynamische Simulation detailliert und gründlich durchgeführt wurde. Dieser Simulationsaufwand war entscheidend, um die Implementierungszeit in der Anlage drastisch zu reduzieren, sowohl für Karl als auch für Uwe Villaloberg. Es wählte Jan und Otto aus, das MICGEN-Start-Team, um einen erfolgreichen Übergang vom alten System auf den ACW (Advanced Control Wizard) zu realisieren. Karl hatte Vertrauen in sein Team. Mit Otto Fawvor, ein erfahrener Ingenieur an der Seite von Jan, hatte er eine kompetente Crew vor Ort.

Karl erkannte auch, dass eine gründliche Vorabprüfung, vor dem Kompressor Start-up, entscheidend wäre und plante dementsprechend. Zum Beispiel würde Jan an der Mensch-Maschine-Schnittstelle (HMI) im Kontrollraum stationiert werden, während Otto an den Feldgeräten wäre. Darüber hinaus umfasste das Team einen Elektriker vom Kunden. Die Gruppe ging von Instrument zu Instrument im Kompression Trennungsteil der Anlage um sicherzustellen, dass alle Geräte ordnungsgemäß aus HMI Sicht angeschlossen waren und simulierte die Verbindungen.

Karls, Jans und Ottos Kenntnis des Prozesses beim Kunden war ein weiterer kritischer Aspekt des Start-up Erfolgs. Uwe Villaloberg, der VP des Kunden, kommentierte „Die eine Sache, die ich am meisten schätze, ist, dass das MICGEN Team ein gutes Verständnis über unseren Prozess hat. Wenn der Lieferant unseren Prozess versteht, habe ich nicht zu befürchten, dass ein Unfall passiert." Eingehende Unterstützung für ein Retrofit-Projekt ist so wichtig, weil man nie weiß, welche nicht dokumentierten Funktionen man entdeckt, wenn man auf das neue System umstellt.

Daher war die Atmosphäre im Kontrollraum gespannt, wie es in der Regel während einer Start-up Operationen ist. Die Anlagenbetreiber gingen durch die Checkliste. Der Kompressor begann auf vollen Recycle.
„Wie ist der Status der Gassonden?" fragte Joe, der Supervisor.
„Bereit für Start", erwiderte der Feldoperator. Das Startbereit-Licht leuchtete grün. Gary, der Senior Operator sagte „OK, alle bereit?"
Otto Fawvor, mit seinen mehr als zehn Jahren Erfahrung in diesem Bereich, wusste, dass dies der Moment des Erfolgs oder Misserfolgs für den Control-Wizard war. Das perfekte Ergebnis für diese ersten Minuten war, nichts zu sehen und zu hören, keine gelben oder roten Lichter auf dem Störmeldesystem. Jan, auf der anderen Seite, erschien zuversichtlich in dieser Umgebung. Für ihn war es wie eine Wiederholung der Simulation. Unerfahrenheit hat manchmal Vorteile. Er hatte Spaß und seine Vorfreude wuchs, als er es sich vorstellte, was als nächstes kommen könnte, da seine Simulationen viele Zustände hatte.

Als die Produktionsplattform anfuhr, schauten die Anlagenbetreiber nervös auf den Trenn-Druck, sie erwarteten die großen Schwankungen, die normalerweise während der Inbetriebnahme auftraten. Ein Betreiber stand am Verdichter ESD (Emergency Shutdown) Schalter, bereit die Kompressoren zu stoppen, um ein Abfackeln zu verhindern. Der Separator Druck erhöhte sich rapide aber flachte dann ab. Keine Prozess-Schwankungen! Die üblichen Prozessstörungen in dieser kritischen Betriebsphase fanden nicht statt. Die Anti-Prozess Störungsunterdrückung Algorithmen des Control-Wizards funktionierten. Otto Fawvor, in der Regel reserviert in seinem Verhalten, zeigte seine Begeisterung mit einem Ellenbogen-Stoß in Jans Rippen. Die Betreiber und der Schichtleiter konnten das reibungslose Prozessverhalten, unter Berücksichtigung der typischen Instabilitäten während jeder der vorhergehenden Startups, fast nicht glauben.

Joe, der Schichtleiter, konnte sich nicht zurückhalten. „Wow!", schrie er und sprang von seinem Stuhl auf. „Super! Es gibt für alles ein erstes Mal. Was für ein großartiger Start." Er setzte sich dann in seinen Stuhl zurück und lächelte bei dem Gedanken, wie stressfrei die Start Operationen in der Zukunft sein würden. Er winkte Jan zu kommen und sagte: „Hey Wunderkind, wie hast du das gemacht? Wie kommt es dass du nicht einmal begeistert zu sein scheinst? "
Jan antwortete „Ich habe nichts getan. Der Control-Wizard hat es geschafft. Keine Sorge, per Simulation musste sich alles so verhalten."

Joe schüttelte den Kopf und wiederholte „es musste sich per Simulation so verhalten."

Otto schritt ein, um Jan zu retten, und sagte zu Joe, „Jan wollte nur sagen, unsere Bemühungen die Kontrollsystem Software und Hardware vor dem tatsächlichen Start-up gründlich zu überprüfen und zu simulieren, haben sich ausgezahlt."

Erfolg

Um 5:00 Uhr erhielt Karl einen Anruf von Uwe „Hallo Karl. Hoffentlich, habe ich Sie nicht aufgeweckt. Ich weiß, dass Sie ein Frühaufsteher sind, aber es ist erst 11.00 hier, 05.00 Uhr Ihre Zeit."

„Nein, Uwe, ich war schon auf und wartete auf einen Anruf von meinen Truppen. Sind die Dinge bei Esmix gut gelaufen? ", fragte Karl.

„Es ging sehr gut. Der Start verlief reibungslos, und sie laufen derzeit mit 117 % Kapazität. Die Betreiber induzierten Durchsatzänderungen, um das Prozess- und Anlagenverhalten bei unterschiedlichen Bedingungen zu überprüfen. Sie liefen bei 65 % mit geschlossenem Recycling-Ventil. Können Sie das glauben? Einfach fantastisch! ", sagte Uwe. Er fügte hinzu „CAISTOS ist dabei die Implementierungsphase ihrer modernisierten Plattformsteuerung zu beginnen, und Sie können einen Anruf von Ihrem alten Freund, Hank Sandover, erwarten. Wie Sie wissen, sind deren Anforderungen viel größer als die hier bei uns."

„Nun, das ist eine gute Nachricht, Uwe. Danke. ", sagte Karl.

„Ja, das ist es wirklich. Ich glaube, dass Sie weltweit Chancen auf allen Gasförderplattformen haben. Ich beabsichtige, den Herausgeber vom Gas und Öl Magazin zu kontaktieren. Er hat mich sowieso über neue Entwicklungen in unserer Firma gefragt, aber ich werde ein paar Tage warten. Sie sollten bald etwas in ihrer online Ausgabe sehen. Ich wünsche Ihnen einen guten Tag, Karl ", sagte Uwe und legte auf.

Eine Woche später erschien folgendes im Öl- und Gas Magazin. „Das Prozessleitsystem von MICGEN ermöglichte es unseren Durchsatz zu erhöhen, den Energieverbrauch zu reduzieren und eine gleichmäßige Produktqualität zu produzieren. Optimale Kontrolle und Sicherheit sind entscheidende Anforderungen in der Öl-, Gas-, Chemie- und Energieindustrie.", sagte Uwe Villaloberg, Vizepräsident von AROBCO.

Kurz darauf erhielt Karl einen Anruf von Uwe „Hallo Karl, haben Sie meine Aussage im Magazin gesehen".

„Ja, habe ich. Vielen Dank für die großartige Unterstützung", antwortete Karl.

„Ja, die fragen mich jetzt, ob ich einen Artikel über die Vorteile von Advanced Prozess-Control bereitstellen kann; Ich habe Ihnen eine E-Mail gesandt, um Ihnen zu zeigen, was ich vorbereitete, bitte geben Sie mir Ihre Kommentare so schnell wie möglich", sagte Uwe.

Karl sah seine Mails an und öffnet Uwes Nachricht, um folgendes zu finden:

Advanced Process Control und Echtzeit-Optimierung sind von Nutzen für Ihre Anlage
Von Uwe Villaloberg, Vizepräsident von AROBCO

Ob Ihr Betrieb seit 10 Jahren läuft oder neu ist, es existiert eine ständige Herausforderung die höchsten Kapitalerträge bei der Anlage zu erreichen. Sobald sie die primären Fehler ausgebessert haben und die Ziele der angestrebten Produktivität und Qualität erreicht haben, fragt man, wie können wir die Performance verbessern? Advanced Process Control (APC) hat in den letzten Jahren Aufmerksamkeit gewonnen. Es ist der Schlüssel für den Erfolg für zunehmende Prozess-Stabilität und Durchsatz, bei gleichzeitiger Minimierung der Kosten.

In der Regel erfolgen fortgeschrittene Prozessregelungs- und Echtzeit-Optimierungs- Implementierungen während der stationären Phase des Lebenszyklus einer Prozessanlage. Betriebe sind jedoch zunehmend bestrebt die Vorteile von Advanced Process Controls Umsetzung durch die frühzeitige Einführung zu beschleunigen, oft innerhalb von Monaten, nachdem die Anlage in Betrieb genommen wurde.

Die Prozessindustrie nutzt eine Vielzahl miteinander verbundener Technologien und Prozesse. Die zentrale Herausforderung für die Raffination, Gasanlagen, chemische und petrochemische Anlagen, usw. ist es, Prozesse auf ihrem optimalen Betriebsablauf zu halten, bei gleichzeitiger Aufrechterhaltung mehrerer Sicherheitsmargen auf einem akzeptablen Niveau.

AROBCO implementierte vor kurzem ein Modell-basiertes Feed-Forward Multivariables Kontrollsystem, bereitgestellt durch MICGEN, das viele Prozessvariablen gleichzeitig und in Echtzeit überwacht. Seine fortschrittlichen Process Controls und Echtzeit-Optimierungsfunktionen bieten auch eine proaktive Ansicht der Anlagenleistung; die es Betreibern ermöglicht, Produktionsgrenzen ohne Gefährdung zu erweitern.

MICGENs Advanced Process Control bietet materielle und immaterielle Vorteile. Eine Änderung der physikalischen Hardware der Anlage ist nicht erforderlich.

Vorteile von Advanced Process Controls (APC):

- Verbesserte Produktion durch überwachte Reduzierung der benötigten Sicherheitspuffer, um sicherzustellen dass keine Grenzwerte für Qualität und Produktintegrität verletzt werden
- Minimierung des Energieverbrauchs für einen maximalen Anlagendurchsatz
- Stabilisierter Anlagenbetrieb durch minimierte Instabilität der Schlüsselprozessvariablen
- Verbesserte Reaktionsfähigkeit auf veränderte wirtschaftliche und regulatorische Rahmenbedingungen durch einfache Überprüfung und Änderung der Betriebsziele
- Weniger Unvorhersehbarkeit in der Beschickung an nachgeschaltete Prozess Einheiten
- Verbesserte Bedienereffizienz durch Konzentration der Aufmerksamkeit auf die wesentlichen Leistungsindikatoren
- Verbesserte Prozesssicherheit da das APC-System als Frühwarnsystem fungiert
- Besseres Verständnis des kompletten Betriebs

MICGEN hat umfassende Erfahrung in fortgeschrittener Prozessregelung und hat sein Advanced Control-Assistent-System (ACW) in unserem Werk termingerecht und im vorgesehenen Kostenrahmen implementiert.

Advanced Process Control bietet wesentliche Verbesserungen für die Industrie, aber weit verbreitete Missverständnisse und ein Mangel an Kenntnis haben seine Durchführung behindert. Der Erfolg des APC war oft auch dadurch eingeschränkt, da die meisten Prozessleitsysteme (DCS, PCS, etc.), auf denen sich die APC befand, nicht über die ordentlichen Sicherungs- und automatischen Fallbackstrategien verfügten, die für Integrität und Zuverlässigkeit des Regelkreises erforderlich sind.

<u>Real-Time Constraint Limit Control (CLC) und Optimierung</u>:
Die Echtzeit-CLC, bereitgestellt durch MICGEN, ist ein komplexes, exaktes Modell-basiertes System, das die APC Lieferung ergänzt und die Leistung verbessert, indem eine Reihe von Prozessvariablen angepasst werden, um die Rentabilität zu erhöhen und die Betriebskosten zu minimieren.

Es enthält:
- Die Histogramm und Normalität Probability Plots für die weiteren Tests auf Normalverteilung
- Die Messung Diskriminierung Bewertung
- Die WAS-WENN-Analyse-Routinen
- Die Constraint Soft-und Hard Grenzwertberechnungen oder Pre-Einstellungen
- Das Process Unit Efficiency Berechnungsprogramm
- Die automatische Steuerung-Fallback-Strategie-Auswahl

<u>Gesamtnutzen eines effizienten Prozessleitsystems</u>:
Ihre Anlage kann von einem gut gestalteten Prozessregelsystem in vielerlei Hinsicht profitieren, darunter ...

- Energieeinsparung - Energieverschwendung wird reduziert, wenn Ihre Anlagen effizient betrieben werden
- Verbesserte Sicherheit - Advanced Kontrollsysteme warnen Sie automatisch vor etwaigen Anomalien, welches wiederum das Unfallrisiko minimiert
- Gleichbleibende Produktqualität - Schwankungen in der Produktqualität werden auf einem Minimum gehalten und reduzieren Ihre Materialverluste
- Verbesserte Umweltleistung - Systeme können eine Frühwarnung geben, bevor Emissionen ansteigen

Um das Geschäftsziel der Maximierung der Gewinne und des Gesamtwerts zu erreichen, ist eine Balance zwischen vielen Faktoren erforderlich. Die Zeit ist reif um Prozessoptimierung zu implementieren. Insbesondere Advanced Process Control verbessert die Betriebsstabilität, was ungeplante Stillstandzeiten der Anlage eliminiert. Das Resultat: mehr Durchsatz, Einsparung von Betriebs- und Energiekosten und Verbesserung der Profitabilität.

Ende des Artikels

Karl konnte sich nicht eine bessere Empfehlung durch Uwe wünschen und rief ihn sofort an „Hallo Uwe, das ist ein großartiger Artikel. Ich möchte Ihnen sagen dass es ein Vergnügen ist Ihre Bedürfnisse zu erfüllen. Natürlich schätzen wir Ihre Bestellungen, aber wir schätzen auch die Zusammenarbeit mit Ihnen".

„Hey Karl, ich habe Ihre Firma aufgrund unserer Zufriedenheit mit Ihrem Produkt und Service anderen empfohlen. Ich freue mich auf die zukünftige Kooperation mit Ihnen ", sagte Uwe. „Vielen Dank", antwortete Karl und sie legten auf.

Die effektive Einführung des neuen Control- und Sicherheitssystems und die erfolgreiche Inbetriebnahme beim Kunden waren von großer Bedeutung. Aber Karl wusste, sobald man ein Produkt einführte, war der Schlüssel für ein profitables Wachstum, unerbittlich nach neuen Quellen von Wettbewerbsvorteilen zu suchen.

In unserer sich schnell verändernden Welt ist ein Wettbewerbsvorteil allenfalls temporär und muss ständig verfolgt und erneuert werden.

Finanzierung

„Nun, da der Auftrag für das große Kontroll- und Sicherheitssystem endlich sicher ist, gibt es keine Stornogefahr mehr. Dies würde sicherlich bei der Beschaffung von der Finanzierung helfen", rechnete Karl. Während er in der Lage war, die Finanzierung für Bestellungen des Hardware-Teils des großen Projektes zu bekommen, war der zusätzliche Personalbedarf, um das Projekt richtig auszuführen, nicht ausreichend gewährleistet.

David Freetman's Konzept, den Betrieb ohne Investitionen zu führen, verursachte ihm nicht nur Stress, sondern verzögerte auch ein paar kleine Projekte, da er nicht in der Lage war, bestimmte Komponentenlieferungen zu beschleunigen. Anbieter wollen nicht hohe Priorität von zu spät zahlende Kunden akzeptieren. Und während der letzten Wochen, hatte Karl gelernt, dass die Banken sich nicht mit der unbekannten Welt der Kredite an Technologie-Start-ups befassen möchten. Banker, von Natur aus konservative Menschen, scheuen Risiko. Wenn genug Geld mitspielt, können sie bereit sein, Ausnahmen zu machen, aber im Fall von MICGEN, in dem der Kreditbetrag ungefähr € 400.000 betragen hätte, waren sie nicht interessiert.

Bevor er sich an außerstaatliche Finanziers wendete, die sich auf Technologie spezialisiert hatten, erwog Karl seinen eigenen Pensionsfond zu benutzen um die Finanzierung von MICGEN zu unterstützen. Er glaubte, dass dies eine Grundlage sein könnte, um die Erhöhung seines Eigentumsanteils zu erreichen. Es war Zeit für ihn, den nächsten Schritt in der Frage der Eigentumsverhältnisse zu unternehmen, und ein Gespräch mit David Freetman zu suchen. Wenn der Austausch nicht klappte, würde er einfach das Gespräch beenden. Er versuchte zuversichtlich zu klingen und rief an „Hallo, hier ist Karl. Ich komme auf unser Gespräch zurück, während unseres Geschäftsessens, hinsichtlich der Erhöhung meines Anteils, wenn Sie sich erinnern."

„Oh ja, ich erinnere mich. Ich kann Ihnen sagen, ich bin flexibel aber ich werde nicht unter 51 Prozent gehen, oder mit anderen Worten, ich bin bereit dazu, 9 Prozent meiner Anteile abzugeben, aber nicht mehr als das. Sie können mit Martin sprechen. Vielleicht will er einen Prozentsatz seiner Anteile abgeben ", sagte David.

„Vielen Dank, David. Ich werde versuchen Martin zu kontaktieren", sagte Karl. Aus den wenigen Worten, bekam Karl die Botschaft, wie delikat eine Beteiligung an MICGEN war. David Freetman hatte ihn nicht einmal gefragt, wie viel er bereit sei, zu investieren, oder wie viel Prozent er verlangen würde.

Karl fühlte sich nach dem Gespräch mit David unbehaglich. Und wie es oft der Fall war, wenn er die Last auf seinen Schultern erleichtern wollte, suchte er Rat bei seiner zuverlässigen Freundin Hilde. „Da sie seit vielen Jahren Eigentum an einem Unternehmen hatte, kennt sie das Thema sicherlich", sagte Karl zu sich selbst und rief Hilde an. „Hallo, Hilde, es tut mir leid Sie wieder zu belästigen."

„Sie stören mich nicht. Wie geht es Ihnen? Ich habe eine Weile nichts von Ihnen gehört", sagte Hilde.

„Es geht mir sehr gut. Das Unternehmen wächst, und ich denke über die Erhöhung meiner Minderheitsbeteiligung an der Firma nach ", sagte Karl.

„Ich wusste nicht, dass Sie ein Miteigentümer von MICGEN sind", sagte Hilde. Was ist Ihre prozentuale Beteiligung, wenn ich fragen darf?"

„Ich habe einen Anteil von 10 Prozent, aber ich möchte diese auf 25 Prozent erhöhen. Der Haupteigentümer des Unternehmens hält derzeit eine 60-prozentige Beteiligung an der Firma. Martin besitzt 30 Prozent."

Hilde antwortete sofort, „Achtung Karl! Sie würden immer nur eine Minderheitsbeteiligung an einer Firma haben, bei der eine Person die Mehrheit besitzt, es sei denn, dass der Haupteigentümer bereit ist, mehr als 10 Prozent des Eigentums abzugeben ", und Hilde und fuhr fort, „Sie haben sehr eingeschränkte Rechte als Minderheitsaktionär, unter der Annahme, dass keine schriftliche Gesellschaftervereinbarung zur Bewältigung dieser Probleme existiert. Grundsätzlich haben Sie folgende Rechte als Besitzer einer Minderheit: Wenn das Unternehmen verkauft oder aufgelöst wird, erhalten Sie Ihren Anteil, nachdem alle Schulden bezahlt sind; Gibt es eine Verteilung der Gewinne, haben Sie Anspruch auf Ihren Anteil; Sie haben das begrenzte Recht, die Bücher und Finanzunterlagen des Unternehmens zu prüfen; und Sie haben das Recht, auf Verletzung der Treuepflicht zu klagen, falls der Mehrheitseigentümer sich ein Fehlverhalten zu Schulden kommen lässt.

Ich werde nicht auf die letzte Situation, Themen gleichbedeutend mit Betrug, eingehen. Falls Sie glauben, dass der Mehrheitseigentümer Sie betrügt, suchen Sie bitte sofort einen Anwalt auf und seien Sie bereit viel Geld auszugeben."

„Hmm, also mit welchen Problemen sind Eigentümer eines Minderheitsanteils, wie ich, konfrontiert?", fragte Karl.

„Nun, hier sind die angesprochenen Konsequenzen aus Ihren Rechten als Minderheitseigentümer tägliche Business-Themen", sagte Hilde. Und sie fuhr fort, „von einer praktischen Perspektive betrachtet, ist Ihr Recht auf eine aktuelle Aufteilung aus einem operativen Geschäft sehr beschränkt. Ein Mehrheitseigentümer kann Gewinnausschüttungen verhindern indem er großzügige Reserven für zukünftige Ausgaben bildet, für sich selbst oder seine Verwandten ein hohes Gehalt zahlt, Investitionen in neue Geschäftsfelder oder neue Ausrüstung voraus zahlt, oder durch Leasing von teuren Autos, usw. Ein Mehrheitseigentümer kann genug ausgeben, dass es nur selten Gewinne gibt die verteilt werden. So lange die Ausgaben nicht grob unangemessen sind, werden Sie wahrscheinlich nicht in der Lage sein, das Unternehmen zu zwingen, die Erträge der Firma zu teilen. Sie haben kein Recht zur Teilnahme an Management-Entscheidungen des Unternehmens. Der Mehrheitseigentümer kann eine Entscheidung treffen, die Sie als schlecht einschätzen und die Ihr Interesse an dem Unternehmen gefährden. Vielleicht sehen Sie sogar, dass der Mehrheitseigentümer das Unternehmen ruiniert. Sie können versuchen, ihn davon zu überzeugen, dass es die falsche Entscheidung ist, aber er braucht Ihre Anrufe nicht anzunehmen" und Hilde fuhr fort.

„Sie haben beschränkte Rechte, wenn überhaupt, Ihren Teil zu verkaufen. Z.B. Vielleicht wünschen Sie die Auszahlung Ihres Anteils. Das Landesrecht kann Ihnen die Befugnisse geben, das Unternehmen zu zwingen, Sie auszuzahlen, aber diese Rechte sind sehr begrenzt. Und während Sie Anspruch haben, dass die Gewinne aus dem Verkauf von dem gesamten Geschäft geteilt werden, kann ein Verkauf in einer Weise strukturiert sein, dass jede Auszahlung an Minderheitsgesellschafter vermieden wird, z.B. wie der Erlös aus dem Verkauf von Vermögenswerten, die im Laufe der Zeit in ein anderes Unternehmen reinvestiert werden."

„Also, wie kann ich mich als Minderheitsgesellschafter schützen?" fragte Karl.

„Ich bin nicht sicher, dass Sie sich absichern können. Das Gesetz von Kapitalgesellschaften und Gesellschaften mit beschränkter Haftung gibt Mehrheitseigentümer nahezu unbegrenztes Ermessen bei der Entscheidung, wie ein Unternehmen geführt wird und welche Rechte die anderen Eigentümer haben.

Ein Scenario könnte sein, das Sie als Investor nur € 20.000 in Eigenkapital für Ihre weiteren 15 Prozent einsetzen und die anderen € 80.000 als ein Darlehen durch die Vermögenswerte des Unternehmens und eine persönliche Bürgschaft des Mehrheitseigentümers absichern. Für den Fall, dass Sie als Angestellter das Unternehmen verlassen, würden Sie besser dastehen, wenn ein obligatorisches Buyout-Abkommen vorgesehen wäre." antwortete Hilde und setzte fort.

„Die Bestimmungen über die Verwaltung einer Gesellschaft und den Schutz der Minderheitsgesellschafter sind nur durch die Kreativität der Eigentümer begrenzt und eine vollständige Diskussion über Möglichkeiten können wir nicht im Rahmen unseres Gesprächs behandeln. Wenn Sie eine Minderheitsbeteiligung an einem Unternehmen in Betracht ziehen, denken Sie sorgfältig über Ihre Erwartungen in Bezug auf Folgendes nach: Engagement in Tag-zu-Tag-Management; Beteiligung an Entscheidungen über gesellschaftsrechtliche Veränderungen - wie den Verkauf des Unternehmens; Zahlungen für Ihr Eigenkapital aus laufender Geschäftstätigkeit; Wann wird die Firma verkauft werden und welche Ausschüttungen vom Verkauf der Gesellschaft wird es geben. Besprechen Sie dies mit David und Martin, Ihre Geschäftspartner, um sicherzustellen, dass jeder im Wesentlichen die gleichen Erwartungen teilt."

Hilde fuhr fort: „In Ihrem eigenen Interesse, Karl, sage ich Ihnen, denken Sie über all dies und Ihren Wunsch nach einem 25 Prozent Anteil sorgfältig nach. Manchmal ist eine Minderheitsbeteiligung sinnvoll und wertvoll, vor allem, wenn ein Unternehmen verkauft wird. Eine Minderheitsbeteiligung bedeutet natürlich nicht, dass man unweigerlich aus jedem finanziellen Gewinn ausgeschlossen ist. Wenn jedoch der Mehrheitseigentümer nicht kooperativ ist und keine schriftliche Betriebsvereinbarung existiert, können Ihre Anteile an der Gesellschaft im praktischen Sinn möglicherweise nicht viel wert sein. Wenn keine Vereinbarung existiert, sollten Sie wissen, dass Ihre Möglichkeit, finanziell von einer Minderheitsbeteiligung zu profitieren, zu einem großen Teil von der Gutwilligkeit des Mehrheitseigentümers abhängt. Also, bevor Sie Geld in einer Minderheitsbeteiligung investieren, überlegen Sie sich, ob Ihr Vertrauen bezüglich des Mehrheitseigentümers groß genug ist, oder ob Sie Ihr Einverständnis schriftlich wollen, um sicherzustellen, dass alle Erwartungen erfüllt werden."

„Ich weiß nicht, wie ich Ihnen für Ihre wertvollen Ratschläge danken kann", sagte Karl. Hilde beendete das Gespräch mit ihrem üblichen „Dafür hat man Freunde" und legte auf.

Karl verstand Hildes Kommentare und beschloss keine Eigentumsangelegenheiten zu verfolgen, obwohl er wusste, wie wichtig der Zugang zu Kapital für seine Firma war. Er brauchte eine Bank, die jetzt MICGEN zusätzliches Betriebskapital zur Verfügung stellen würde, um das notwendige Geld bis zum Versand des Großprojektes, wenn die Teilzahlung von AROBCO fällig würde, zu überbrücken. Im Bewusstsein der finanziellen Möglichkeiten von David Freetman, beschloss er, ihn anzurufen und ihn zu bitten, einen Überbrückungskredit bei einer Bank zu beantragen. David hob das Telefon ab und sagte „Hallo, Karl, was kann ich für Sie tun?"

„Tut mir leid, Sie noch einmal bezüglich der Finanzierungsfrage zu stören. MICGEN braucht ungefähr € 500.000 an Geldmitteln. Wie Sie wissen hat der neue Auftrag einen Wert von mehr als € 8 Millionen. Trotz den günstigen Zahlungsbedingungen und der Finanzierung der Bestellung für den Hardware-Teil, sind wir nicht in der Lage, die Kosten für Personal und andere Gegenstände zu finanzieren. Ich gehe davon aus, dass die lokalen Banken nicht bereit sein werden, einen Kredit zu geben, was schlagen Sie vor? ", fragte Karl.

„Na ja, wir sollten eine Bank in England oder Irland versuchen. Diese Banken sehen zunehmend Technologie als eine Möglichkeit, ihre Kreditvolumen zu steigern ohne dass sie Kunden von konkurrierenden Kreditgebern wegnehmen. Ich werde eine Bank in London anrufen. Ich werde möglicherweise dorthin fliegen müssen. Ich rufe Sie in den nächsten Tagen wieder an", sagte David.

Die Bewerbung für ein Bankdarlehen kann ein frustrierendes Erlebnis für Klein-Unternehmer und Manager-sein. Das Geld zur Finanzierung eines wachsenden Unternehmens zu beikommen ist eines der schwierigsten Hindernisse, die Karl erlebte, wenn er das Darlehen für die Bestellung der Hardware des neuen Projekts verfolgte. David war in der Finanzwelt zu Hause und wusste, dass es wichtig war, sich auf geeignete Ziele zu konzentrieren. Er suchte nach einer Bank, die mit dieser Art von Darlehen und der Industrie vertraut war, und die Geschäfte mit Firmen, wie seine, durchgeführt hatte. Er suchte sich eine Bank, die Technologie-Darlehen an Firmen von MICGENs Größe gab.

David rief vorher an, um den Namen des Small Business Spezialisten der Bank heraus zu finden, und einen Termin zu vereinbaren, um sich persönlich zu treffen. Er bat den Bankier für eine Beschreibung der Materialien die er überprüfen wollte. Er wusste, dass in der Regel neben einem Anschreiben und dem Kreditantrag, geschäftliche und private Steuererklärungen, Jahresabschluss und Prognosen, erforderlich waren. Außerdem musste er eine Zusammenfassung bringen, die im Einzeln beschrieb wofür das Geld verwendet werden sollte und wie er plante, es zurück zu zahlen. Er würde auch Werbematerialien über MICGENs Business – Broschüren, Pressemitteilungen - mitnehmen.

Bevor er sich mit dem Bankier traf, bereitete David eine drei-minütige PowerPoint-Präsentation des Unternehmens vor. Er war mit dem Bankenumfeld vertraut und erwartete ihre Fragen. Er war zuversichtlich, und sorgfältig vorbereitet. Er wusste natürlich, dass der Bankier ihn fragen würde, wie viel und wie lange er das Geld brauchen würde. Er war bereit, ins Detail zu gehen über das, was er mit dem Geld tun würde und warum er und sein Geschäft ein geringes Risiko darstellten und wann und wie er das Geld zurückzahlen werde. Er würde den Bankier von der langfristigen Rentabilität MICGENs und seiner Fähigkeit zur Rückzahlung des Darlehens überzeugen. David stellte sich als ein Unternehmer dar, der das Darlehen sicher zurückzahlen konnte und würde. Er hielt alles im realen Bereich. Er vermied allgemeine, unbegründete Aussagen in seinem Kreditantrag und hielt Projektionen, Bestandslisten und Kollateral-Anweisungen auf der konservativen Seite. Er erörterte die Risiken um sicherzustellen, dass die Bank weiß, dass er darüber nachgedacht und dass er Risiken eingeplant hatte.

Nachdem das Treffen endete, fragte er den Kreditsachbearbeiter, wann er erwarten könnte, dass die Bank eine Entscheidung treffen würde, aber er wollte nicht zu viel Druck ausüben. Er wusste, dass dies zu einer Ablehnung führen könnte. Er war sich bewusst, dass alles, was er tun konnte, um eine schnelle Entscheidung zu gewährleisten, war sicherzustellen, dass sein Antrag vollständig war.

MICGEN erhielt ein kurzfristiges Darlehen in der Höhe von € 700.000, das aus dem Erlös der AROBCO Zahlungen zurückgezahlt werden musste - 80 % innerhalb von 90 Tagen nach System Versand und 20 % bei Fertigstellung der zu erbringenden Leistungen. David Freetmans Bank Verhandlungen waren sehr effektiv und Karl gratulierte ihm und dankte ihm für seine Bemühungen. Das neue Projekt war ausreichend finanziert.

Endergebnis

Viele Business–Diskussionen drehen sich am Ende um Finanzierung und um Geld. Ingenieure konzentrieren sich meistens auf die Entwicklung von Produkten. Diese beiden Agenden scheinen an konträren Enden des Spektrums zu liegen, aber sie sind es nicht. Die Suche nach Bindegliedern erhöht die Fähigkeit in ihrem Geschäft erfolgreich zu sein.

Um wettbewerbsfähig zu bleiben, müssen Maschinen und Anlagen immer wieder an aktuelle Anforderungen angepasst werden. Ist das Automatisierungssystem nicht mehr auf dem neuesten Stand der Technik, dann ist es an der Zeit, eine Modernisierung ins Auge zu fassen.

Dabei hat jede Modernisierung ihre eigenen Herausforderungen. Was ist das individuelle Ziel des Kunden: Schneller Return-on-Invest (ROI), geringere Total Cost of Ownership (TCO), höhere Verfügbarkeit oder kürzere Stillstands-Zeiten?

Egal was der Ausgangspunkt ihres Kunden ist, oft steht ein Generationswechsel der Automatisierung an. Die Modernisierung von Systemen oder die Modernisierung einer kompletten Anlage mittels eines fortgeschrittenen Automatisationssystems bietet einen Weg zur Erreichung der individuellen Ziele ihrer Kunden.

Die Endvorteile für den Kunden auf einen Blick:

- **Höhere Produktivität, Gesamteffizienz und Usability**
- **Neueste Fertigungsstandards, Maschinensicherheits- und Industrial Security-Anforderungen**
- **Minimierte Stillstandzeiten**
- **Gesteigerte Profitabilität**
- **Verbesserte Wettbewerbsfähigkeit**

Endbemerkungen:

Diese Story bezieht sich auf eine Firma, die auf dem Gebiet der industriellen Prozessautomation tätig ist.

Der heutige wirtschaftliche Druck hat die Leistung und das Wachstum in Industrien, die Prozess-Automatisierung verwenden, beeinflusst. Unsicherheiten in Bezug auf die vorliegende Stagnation, schwankende Ölpreise, Globalisierung und politische Kräfte beschränken die Fähigkeit der Hersteller in neue Anlagen zu investieren. Begrenztes Investitionskapital bedeutet, dass sie sich nur für Projekte mit kurzen Amortisationszeiten verpflichten können. Prozessautomation bietet das größte potenzielle Mittel zur Verbesserung der Produktivität und der Profite. Wenn richtig entworfen und eingesetzt, bieten Prozessautomatisierungslösungen die Möglichkeit, die Produktionsraten zu erhöhen, Erträge zu verbessern und den Energieverbrauch zu reduzieren.

Allerdings funktioniert die Automatisierung nur in Kombination mit menschlicher Kompetenz. Prozesserfahrung und Anwendungswissen sind erforderlich, um die Investition in ein Automatisierungssystem zu optimieren. Man muss sich auf kritische Einheiten in Prozessanlagen konzentrieren (die wichtigsten Ressourcen – Industriekessel, Turbo-Maschinen, Destillationskolonnen, TMC für NGL, LNG, usw.), wo die Optimierung der Effizienz, Zuverlässigkeit und Sicherheit die Investitionen und die Rendite auf Investitionen maximieren kann.

Während Automatisierungssysteme oft von großen Firmen angeboten werden, besitzen diese Firmen nicht immer die nötige Erfahrung für Nischen-Anwendungen. Kleine und mittelständische Firmen (KMUs) können Nischen-Prozess- Automatisierungslösungen für Endnutzer in verschiedensten Industrien weltweit liefern. Sie können ihre System- und Anwendungskompetenz nutzen und bieten daher Lösungen für viele Prozess Herausforderungen.

Die Wirtschaft befindet sich in einer Umgestaltung und viele Unternehmen bevorzugen Automatisierung anstelle neues Personal einzustellen. Eine Umfrage der Harvard Business School Alumni (veröffentlicht September 2014) ergab, dass fast die Hälfte der Firmen eher in Technologie investieren würde, als Arbeiter einzustellen oder zu behalten. Die Arbeitswelt wird sich weltweit dramatisch ändern. Während dies die Löhne und Beschäftigung für gering qualifizierte Arbeitnehmer unterminieren kann, wird es die Nachfrage nach Ingenieuren und Wissenschaftlern erhöhen.

Die Veränderung in der Wirtschaft wird nicht nur die Nachfrage für Ingenieure und Wissenschaftler erhöhen; der Automatisierungsfokus wird auch die Möglichkeiten für Technologieunternehmen erweitern. Der Schlüssel ist, profitable Nischenmärkte zu wählen.

Und das beschließt die Story über das Prozessautomatisierungs-Genie. Der Zweck des Story-Abschnitts dieses Buches war es, eine Reihe von glaubwürdigen Charakteren darzustellen, die sich anstrengen typische Probleme in einem Technologieunternehmen zu überwinden. Die Art, wie sie mit diesen Problemen umgehen wird hoffentlich dem Leser Einblicke in den menschlichen Zustand in einem Technologieunternehmen bieten.

Einige Leser mögen dieses Buch für zu technisch und detailorientiert halten. Allerdings sind Start-ups und Tech-Unternehmen, die technische und emotionale Erfahrungen umsichtig handhaben, diejenigen, die heutzutage wegweisend sind.

Das Ziel dieses Buches ist es, Unternehmer zum Streben nach Exzellenz zu ermutigen und die Bedeutung von Details und Anwendungskompetenz zu unterstreichen.

Schlussfolgerung

Die Entwicklung eines neuen Produkts ist in der Regel ein vielschichtiger Prozess. Es kann spannend und befriedigend sein. Aber, mit vielen Technologieprodukten gibt es große Herausforderungen das Produkt auf den Markt zu bringen, egal wie genial die Erfindung ist.

Wenn eine kleine Firma zu einem größeren, etablierten Unternehmen wächst, untersteht sie dem gleichen Druck, der es gegenwärtige Unternehmen erforderlich macht neue Wege in der Innovationen zu finden. In der Tat ist es ein Vorteil des schnellen Wachstums eines erfolgreichen kleinen Unternehmens, dass es sein unternehmerisches DNA halten kann, während die Firma reift. Die heutigen Technologie-Unternehmen müssen lernen, ein Portfolio von nachhaltigen Innovationen zu meistern. Es ist eine veraltete Ansicht, dass Start-ups durch diskrete Phasen gehen, die frühere Arten von Aufgaben - wie Innovation - hinter sich lassen. Vielmehr muss ein Unternehmen sich auszeichnen, mehrere Arten von Arbeit parallel abzuwickeln.

Durchhalten - Im Laufe der Zeit wird ein Team, das an seinem Weg in Richtung auf ein zukunftsorientiertes Unternehmen festhält, wahrnehmen wie die Basiswerte steigen und so zu etwas konvergieren, wie das, was sie einmal in ihrem Business-Plan festgelegt haben.

Zukunftsorientiertes Wachstum ist fast immer durch eine einfache Regel gekennzeichnet – die meisten neuen Kunden sind Kunden von früher. Es gibt Möglichkeiten mit früheren Kunden zukunftsorientiertes Wachstum voranzutreiben.

- Mundpropaganda - In den Produkten ist oft ein natürliches Wachstumsniveau eingebettet, das von der Begeisterung zufriedener Kunden verursacht wird.
- Effektive Marketing & Vertriebs-Technik – Obwohl es keine 'one-size-fits-all'-Lösungen zur Umsetzung einer guten Methode gibt, kann man einen wichtigen Schritt machen, um dem Unternehmen zu helfen, seine Ziele zu erfüllen: Nutzung der Erfahrungsberichte von Kunden in der Vertrieb/Marketing Literatur, in der Werbe-Kampagne und auf der Website des Unternehmens. Bei der Verwendung dieser Kunden Vermerke, müssen diese an das Unternehmen angepasst werden und sich von der Konkurrenz unterscheiden; außerdem, sollen Vorteile anstelle von Funktionen betont werden.
- Durch Wiederholungsaufträge - Fortsetzung von Wartungsverträgen und System-Upgrades.

Innovation - Konventionelle Weisheit besagt, expandierende Unternehmen verlieren unweigerlich die Fähigkeit zu Innovation und Kreativität. Das stimmt nicht. Wenn Start-ups wachsen, können Unternehmer die Organisationen so ausbauen, dass sie die Bedürfnisse der bestehenden Kunden mit den Herausforderungen der Suche nach neuen Kunden ausgleichen. Verwaltung von bestehenden Geschäftsfeldern, und neue Geschäftsmodelle - alles zur gleichen Zeit.

Die richtigen Leute einstellen – Das ist am wichtigsten für alle Firmen. Und wenn es sich auf eine Start-up oder eine kleine Firma bezieht, ist dies noch zentraler. Neue Mitarbeiter können dazu beitragen, der Firma neue Impulse zu geben. Stellen Sie die Kandidaten ein, die sich am leidenschaftlichsten über Ihre Produkte oder Dienstleistungen äußern. Menschen machen ein Unternehmen; sie sind das Unternehmen.

Und als Abschluss Perspektive - wie bei jeder großen Vision in Richtung eines nachhaltigen Technologie-Unternehmens - der Teufel steckt immer im Detail.

Inhaltsverzeichnis der Story

A

Advanced Control Wizard, 66
Arbeitsangebot, 29

B

Bestellung Finanzierung, 94
Brücken zu bauen und nicht abzureißen, 28
Budgetierte Preise, 75

C

Constraint Limit Control, 66
Controller-Hardware-Architektur, 43

D

Dialog-artige Präsentation, 90

E

einen Software-Ingenieur einzustellen, 52
Erfahrungsberichte von Kunden, 105

F

Finanzierung, 99
Firmen-Versammlung, 89
funktionale Bedingung, 51
Funktionsanforderungen, 23

G

große vs kleine Firma, 25

I

in Technologie investieren, 104
Inbetriebnahme, 95
Integriertes System, 60
Intriganten, 72

K

Kickoff Meeting Agenda, 47
Kompressor Start-up, 96
Kundenerfahrungsberichte, 94
Kündigungs-Besprechung, 32
Kündigungs-Brief, 30

L

Literatur-Überlegungen, 54

M

Minderheitsanteil Eigentümer, 101
Multivariable Process Control, 66

N

nachhaltiges Wachstum, 105
Neustart mit den Kunden, 88

P

Process Configuration Genius, 67
Projektvorschlag, 57

R

Rücktritt Ansage, 87

S

Software Progress Report, 69
System Präsentation, 91

T

Typische Tage eines Managers, 90

U

Unternehmen Managementwechsel, 84

UNTERNEHMENSGRÜNDUNG

Unternehmen werden in der Regel von Menschen gegründet, die kompetent und leidenschaftlich für ein spezifisches Problem sind, die getrieben sind es zu lösen und dann damit beschäftigt sind eine Firma aufzubauen.

VOR DER GRÜNDUNG

Für den Fall, dass Sie die Gründung eines Unternehmens erwägen, müssen Sie zuerst eine realistische Idee haben, die man in ein Produkt oder eine Dienstleistung umsetzen kann. Möglicherweise haben Sie bereits eine Idee für ein Geschäft, oder Sie haben etwas entwickelt, was Sie denken, dass Firmen kaufen wollen. Falls Sie derzeit eine Erfindung haben, finden sie heraus, wie Sie Ihr geistiges Eigentum schützen können, um sicherzustellen, dass niemand Kopien Ihrer Kreation ohne Ihre Erlaubnis macht.

Wenn Sie ein Unternehmen gründen, wird in der Regel eine gewisse Zeit verstreichen, die Ihnen viel Mühe bereitet und in der Sie Geld ausgeben, ehe Sie einen Gewinn machen. Bevor Sie dies tun, ist es wichtig, den Markt zu erforschen, um sicherzustellen, dass Ihre potenziellen Kunden, Ihre Produkte oder Dienstleistungen wirklich brauchen und auch das nötige dafür zahlen. Testen Sie Ihre Geschäftsidee mit möglichen Kunden, um zu überprüfen, ob es eine echte Nachfrage für das, was Sie zu verkaufen planen, gibt. Dies hilft Ihnen auch etwas über Herausforderungen und Probleme zu erfahren, und ermöglicht es Ihnen, im Voraus Korrekturen vorzunehmen. Sobald Sie zuversichtlich sind, dass Kunden Ihre Produkte kaufen werden, ermitteln Sie Finanzierungsquellen, um die Kosten für die Inbetriebnahme Ihres Unternehmens decken zu können.

Entwickeln und verändern Sie Ihre Idee im Hinblick auf die Notwendigkeit darauf, was Sie bei ihren Kunden herausgefunden haben, bevor Sie investieren. Unternehmen Sie alle Anstrengungen, um Probleme zu beheben, die Sie mit Ihrem Produkt oder der Dienstleistung gefunden haben, einschließlich der Art und Weise wie Sie produzieren und verkaufen wollen. Gehen Sie zu Ihren Kunden zurück und Testen Sie erneut. Tun Sie dies, bis Sie sicher sind, dass die Kundenbedürfnisse erfüllt sind. Falls es keine reale Nachfrage nach Ihrer Idee gibt, denken Sie darüber nach, sie komplett zu ändern. Gibt es ein anderes Produkt, Service oder Markt, die Ihr Know-how und Ressourcen in einer anderen Weise verwendet?

Schreiben Sie ein Geschäftsprofil. Dies ist ein guter Weg, um Kunden, Investoren und potenziellen Partnern oder Mitarbeitern, einen Überblick über Ihr Unternehmen zu geben.

Die Lektüre dieses Buches wird Ihnen nicht nur bei der Beurteilung der Herausforderungen helfen, die Sie bei einer Geschäftsgründung erwarten, sondern es wird Ihnen auch wertvolle Informationen geben, um ein Scheitern zu vermeiden und Ihr Unternehmen zum Erfolg zu führen.

Es ist wichtig, zu beurteilen, ob Sie in der Lage sind, Ihre Idee in ein tragfähiges Geschäftsmodell umzusetzen, bevor Sie viel Zeit und Geld investieren. Die Begründung wird auch hilfreich sein, andere Menschen von dem Wert Ihres Unternehmens zu überzeugen. Dazu zählen potentielle Partner und Finanzierungsquellen.

Viele Unternehmen starten mit nur einer Person –‚Einzelunternehmer'. Wenn Sie sich als Einzelunternehmen einrichten, sind Sie ‚selbständig'. Sie werden auch für die Finanzen Ihres Unternehmens und die Risikobereitschaft mit Ihrem eigenen Geld verantwortlich sein; besonders wenn Sie Ihre Vollzeitbeschäftigung verlassen. Egal, ob Sie sich als alleiniger Eigentümer, Partnerschaft oder Gesellschaft mit beschränkter Haftung festlegen, werden Sie wahrscheinlich mit mehreren Menschen zusammen arbeiten (einschließlich Partnern, Lieferanten und Distributoren) um Ihre Idee zu entwickeln und zu verkaufen.

Partner

Ein Mitbegründer mit Kenntnissen und Fähigkeiten, die komplementär zu den Ihren sind, ermöglicht es Ihnen, sich auf das zu konzentrieren, was Sie am besten können. Zum Beispiel könnten Sie das Produkt verkaufen das Sie erfunden haben, oder eine Dienstleistung, die ein bestimmtes Wissen oder Talent verwendet welches Sie haben, aber Sie haben noch keine praktische Erfahrung mit der Führung eines Unternehmens. Wenn dies der Fall ist, sollten Sie vielleicht mit jemandem arbeiten, der Business-und Management-Fähigkeiten hat; der Dinge wie Finanzplanung oder Rekrutierung von Mitarbeitern betreuen kann. Erwägen Sie mit mehreren Partnern in einem Team zu arbeiten. Sie wären dann in der Lage, Aufgaben einschließlich Risiko, Fördermittel, Know-how und den Austausch von Kontakten, zu teilen.

Zulieferer

Ob Sie ein Produkt herstellen und dafür Rohstoffe brauchen, oder Sie benötigen Material und Ausrüstung, um Ihren Dienst auszuführen, viele Unternehmen müssen eng mit Lieferanten zusammenarbeiten. Sprechen Sie mit anderen Unternehmen und suchen Sie Online. Erstellen Sie eine Liste der möglichen Lieferanten. Holen Sie sich Angebote, und dann sprechen Sie mit ihnen, so dass Sie die Preise verhandeln können, Beginnen Sie Beziehungen zu entwickeln um ein Gefühl zu erhalten, welche Lieferanten zuverlässig und vertrauenswürdig sind.

Sie müssen mit Ihren Lieferanten über Zahlungsbedingungen verhandeln, und diese schriftlich fixieren. Dazu gehört Ihr Warenkreditzeitraum (innerhalb wie vieler Tage Sie zustimmen, Rechnungen zu bezahlen), und ob sie Ihnen Rabatte für Dinge wie den Kauf in der Masse oder schnelle Zahlungen anbieten.

Sie müssen auch Lieferanten für die Ausrüstung finden, die Sie benötigen, um Ihr Geschäft zu führen, einschließlich Ihrer Informationstechnologie (IT-System) finden.

Registrierung Ihres Unternehmens

Sie müssen entscheiden, welche Rechtsform die richtige für Ihr Unternehmen ist, bevor Sie Ihre Firma registrieren und das Geschäft starten. Es ist wichtig, die verschiedenen Risiken und Vorteile zu verstehen, bevor Sie sich entscheiden. Ob Sie sich als Einzelunternehmen, Partnerschaft, Gesellschaft mit beschränkter Haftung oder Corporation registrieren, beeinflusst die finanziellen Risiken, die Sie annehmen, und die Art und Weise Ihrer Steuerverpflichtungen. Darüber hinaus gibt es Vorschriften für Gesellschaften mit beschränkter Haftung und einige Arten von Partnerschaften, die festlegen wieviel Kontrolle Sie über Ihr Unternehmen haben und wie es geführt werden muss.

Beschäftigung von Menschen

Sie werden wahrscheinlich zusätzliche Hilfe oder Menschen mit spezifischen Know-how brauchen, um Ihr Geschäft zu führen; daher könnten Sie sich entscheiden, Mitarbeiter einzustellen. Informieren Sie sich über Ihre rechtliche Verantwortung als Arbeitgeber bevor Sie mit der Einstellung von Mitarbeitern beginnen. Hierunter fallen Dinge wie Lohn, Steuer und Versicherung.

Weitere Aufgaben

Selbst wenn Sie keine Menschen beschäftigen, müssen Sie Versicherungen für Ihr Unternehmen abschließen. Suchen Sie sich einen autorisierten Versicherer. Von der Art der Aktivitäten, an denen Ihr Unternehmens beteiligt ist, hängt es ab, ob Sie möglicherweise bestimmte Lizenzen und Genehmigungen erwerben müssen.

Arbeiten mit Beratern

Achten Sie darauf, von jedem Berater mit dem Sie arbeiten, eine Abschätzung für die Arbeit zu erhalten und vereinbaren Sie im Voraus, was zu tun ist. Manche Berater erheben eine stündliche Gebühr; andere können einen Festpreis für eine Arbeit anbieten. Es lohnt sich fast immer mehrere Angebote einzuholen, so dass Sie Preise vergleichen und sicherstellen können, dass Sie in der Lage sind, zu entscheiden mit welcher Firma oder Person Sie gut zusammenarbeiten können.

Buchhalter und Steuerberater - Ein Buchhalter kann mit Dingen wie finanzielle Beratung und Verwaltung von Wachstum helfen. Sie können ihn auch als Vermittler Ihrer Steuerangelegenheiten ernennen (wenn er/sie über die erforderliche Lizenz verfügt). Wirtschaftsprüfer sind qualifizierte Mitglieder eines Berufsverbands. Es gibt mehrere professionelle Buchhaltungsfirmen und Sie können durch sie Prüfer finden.

Rechtsberater - Sie sollten auch rechtliche Beratung erwägen, bevor Sie Ihr Unternehmen gründen. Dies ist besonders wichtig, wenn Sie Firmenanteile verkaufen wollen.

ELEMENTARE MARKTANALYSE

Eine Marktstudie kann Ihrem Unternehmen ein Bild davon geben, welche Arten von neuen Produkten und Dienstleistungen einen Gewinn bringen können. Für bestehende Produkte und Dienstleistungen kann ein Marktforschungsunternehmen mitteilen, ob Sie den Bedürfnissen und Erwartungen Ihrer Kunden gerecht werden. Durch das Studium der Antworten auf spezifische Fragen können Kleinunternehmer lernen, ob sie z.B. ihr Verpackungsdesign ändern müssen - und sogar, ob sie Zusatzleistungen anbieten sollten.

Fehlt eine Marktuntersuchung bevor Sie eine Geschäftsidee oder einen Betrieb beginnen, kann sich Ihr Unternehmen in die falsche Richtung entwickeln. Hier sind einige Grundlagen der Marktanalyse, die Ihnen vielleicht helfen können.

Kategorien der Marktforschung -

Primärmarktanalyse - Das Ziel der Grundlagenforschung ist es, Daten aus der Analyse gegenwärtiger Umsatzzahlen und Verfahren von Produkten und Dienstleistungen zu sammeln. Primärforschung betrachtet auch die Pläne der Wettbewerber, so dass Sie Informationen über Ihre Konkurrenz bekommen.

Primärforschungen können folgendes beinhalten:
- Umfragen (Online-Web-Suche oder per Post)
- Fragebögen (Online-Web oder per Post)
- Interviews (entweder telefonisch oder persönlich)
- Direkte Rückmeldungen von einer Auswahl von potenziellen Kunden

Einige wichtige Fragen könnten beinhalten:

- Welche Faktoren berücksichtigen Sie beim Kauf dieses Produkts oder Service?
- Was mögen Sie und was nicht, bezüglich der aktuellen Produkte oder Dienstleistungen auf dem Markt?
- Welche Bereiche würden Sie für Verbesserungen vorschlagen?
- Was sind Ihre größten Probleme mit dem Produkt oder Service?
- Was ist der angemessene Preis für ein solches Produkt oder Dienstleistung?

Sekundärmarktanalyse - Das Ziel der Begleitforschung ist es, Daten, die bereits vorhanden sind, zu analysieren. Mit Sekundärdaten können Sie Wettbewerber ermitteln, Benchmarks etablieren und Zielsegmente identifizieren. Ihre Segmente sind die Unternehmen, die in Ihre angestrebte demografische Unternehmens-Zielgruppe fallen, bestimmte Entwicklungsmuster zeigen oder in eine vorbestimmte Nischengruppe fallen.

Daten sammeln

Kein Kleinbetrieb kann erfolgreich sein, ohne seine Kunden, ihre Produkte und Dienstleistungen und den Markt im Allgemeinen zu verstehen. Wettbewerb ist oft aggressiv und ohne Marktforschung können Ihre Konkurrenten einen Vorteil Ihnen gegenüber erzielen.

Es gibt zwei Arten der Datenerhebung - quantitative und qualitative:

Quantitative Sammlungen verwenden mathematische Analyse und erfordern einen großen Stichprobenumfang. Die Ergebnisse dieser Daten geben Aufschluss über statistische Unterschiede. Ein Ort, quantitative Ergebnisse zu finden, falls Ihr Unternehmen eine Website hat, ist in Ihrer Web-Analyse (verfügbar in Google's suite of tools). Mit diesen Informationen können Sie viele Dinge bestimmen, z.B. wo Ihre Leads herkommen, wie lange Besucher auf Ihrer Website bleiben und zu welcher Seite sie sie verlassen.

Qualitative Techniken helfen bei der Optimierung Ihrer quantitativen Forschungsmethoden. Sie können Unternehmern helfen Probleme zu definieren und verwenden häufig Interviews um sich über Kunden Meinungen, Werte und Überzeugungen zu informieren. Der Stichprobenumfang ist bei der qualitativen Prüfung in der Regel klein.

Viele neue Unternehmer schränken sich ein, was Nachteile haben kann. Ein paar Fallen zu vermeiden, sind...

Häufige Marketing-Fehler

Allein sekundäre Forschung verwenden. Abhängigkeit von der veröffentlichten Arbeit anderer gibt Ihnen nicht das vollständige Bild. Es kann ein guter Anfang sein, aber die Informationen der Sekundärforschung kann veraltet sein. Sie können andere Aspekte verpassen, die für Ihr Unternehmen relevant sind.

Allein Web-Ressourcen benutzen. Wenn Sie gemeinsam genutzten Suchmaschinen verwenden, um Informationen zu sammeln, erhalten Sie nur die Daten, die für jedermann zugänglich sind und möglicherweise nicht vollständig sind. Um tiefer nachzuforschen und im Rahmen Ihres Budgets zu bleiben, verwenden Sie Ressourcen wie Zeitschriften, Bücher oder das Small-Business-Center.

Nur Menschen interviewen, die Sie kennen. Kleinunternehmer sprechen oft nur mit Familienmitgliedern und engen Kollegen bei der Durchführung der Forschung; aber Freunde und Familie sind oft nicht die besten Umfrage Objekte. Sie sollen auch mit tatsächlichen Kunden über ihre Bedürfnisse, Wünsche und Erwartungen sprechen.

Lassen Sie einen unabhängigen Fachmann mit Geschäftswissen Ihre Marktanalyse bewerten.

Segmentierung in B2B-Märkten

Dieses Buch bezieht sich auf den Business-zu-Business (B2B) Markt, nicht auf den Business zu Consumer Markt. Die B2B-Märkte sind sehr verschieden von den Verbrauchermärkten.

Die Grundlage für eine Segmentierung im Business-to-Business-Marketing ist eine gute Datenbank. Die Datenbank sollte die allgemeinen Informationen über potentielle Kunden, wie die richtige Adresse und Telefonnummer sowie eine Kauf-Geschichte enthalten. Vorzugsweise sollte sie auch Kontaktpersonen enthalten, die in den Entscheidungsprozess des Endkunden involviert sind; es ist eine Herausforderung, diese Daten auf dem neuesten Stand zu halten.

Segmentierung ist ein wesentlicher Schritt im Marketing und oft der Schlüssel zur profitablen Erfüllung der Anforderungen. Es ist oft die Kombination von wo-was-wer und warum (der Nutzen oder die Notwendigkeit), die die Segmentierung treibt. Die Gruppierung von Kunden mit gemeinsamen Bedürfnissen ermöglicht es, Zielkunden von Bedeutung zu wählen und für jedes dieser Segmente Marketing Ziele zu setzen. Sobald die Ziele festgelegt sind, können Strategien entwickelt werden, um die Ziele mit einer strategischen Kombination von Produkt, Preis, Promotion und Platz zu erreichen.

Kundschaft

Haben Sie bereits bestehende Kunden? Geben Sie ihnen angemessene Aufmerksamkeit? Wenn dies nicht der Fall ist, sollen Sie vielleicht Ihre Prioritäten überdenken. Jüngsten Berichten zufolge kommt mehr als die Hälfte des Jahresumsatzes für über 60 Prozent der Kleinunternehmer von Stammkäufern. Die Berichte haben festgestellt, dass über 70 Prozent der Unternehmer mehr Zeit, Mühe und Ressourcen in die Kundenbindung investieren als in der Suche nach neuen Kunden. Diese Verschiebung der Schwerpunkte zeigt die zunehmend einflussreiche Rolle, die Stammkunden im Geschäftserfolg spielen.

Eine Möglichkeit Folgeaufträge zu erarbeiten besteht durch die Schaffung eines Kundenbindungsprogramms.

Große Datenbank — Die enorme Anzahl von Informationen, die von Kundeninteraktionen, soziale Medien, Kaufgeschichte, etc. gesammelt werden — können ein guter Ausgangspunkt für Unternehmen sein, die ein Treueprogramm implementieren möchten.

Ein Bericht von Frost & Sullivan zeigt, dass viele Unternehmen nun zwei Wege in der Verwendung von Daten nutzen um Kundenbindungsprogramme zu gestalten - soziales Netzwerk Studium und Quer IT-Integration. Überprüfung der sozialen Netzwerke Ihrer individuellen Kunden bietet guten Einblick in die Verhaltensweisen und Vorlieben, und die Integration Ihres Kundenbindungsprogramms in Ihre IT-Infrastruktur wird sicherstellen, dass Sie die Daten leicht verfügbar haben.

Jedoch gibt es Berichte, dass viele von den Kleinunternehmen, die Loyalität Initiativen anbieten, offline sind.

Wenn Sie Ihr Treue-Programm beginnen, empfiehlt es sich, Ihre spezifischen Ziele, Zielgruppen, Messungen und Analyse-Strategien und Programmstruktur, klar zu definieren. Mit einer kleineren Gruppe anzufangen erleichtert die Verfolgung der Ergebnisse und die Bewertung der Wirksamkeit.

Die Einführung eines Treueprogramms wird Geld kosten, aber auf lange Sicht, kann es gute Ergebnisse produzieren und das Wachstum Ihres Unternehmens fördern - und Sie sparen Geld bei Ihrem Marketing-Budget.

Damit ein Treueprogramm funktioniert, müssen Sie einen guten Service bieten. Wenn Sie es gut ausführen, wird es traditionelle Werbekampagnen ergänzen und in manchen Fällen sogar ersetzen.

Fokus ist der Schlüssel

Marktsegmentierung ist die Aufteilung des Gesamtmarktes nach bestimmten Kriterien in Käufergruppen bzw. -Segmente, die in sich möglichst ähnlich und untereinander möglichst heterogen sein sollten. Der Hauptzweck ist, Unterschiede zwischen Käufern aufzudecken, um daraus Schlussfolgerungen für segmentspezifische Marketingprogramme zu ziehen. Es handelt sich also um zwei Teilaufgaben: Marktsegmente definieren und Segmentspezifische Strategien entwickeln und implementieren. Eines dieser Marktsegmente, welches von Start-ups bevorzugt wird, ist die "Nische". Eine Nischenstrategie (Fokussierungs-Strategie) ist ein auf die spezifischen Probleme der potentiellen Käufer zugeschnittenes Leistungsangebot und darauf abgestimmte Marketing-Instrumente. Zweck: Abschirmung vor der Konkurrenz und besonders intensive Ausschöpfung der Marktnische um Marktstärke zu gewinnen und den Produktwert zu steigern. Dazu mehr im Kapitel: Marketing-Strategie.

Zu viele Hüte tragen

Inhaber kleiner Unternehmen, tragen vor allem 'zu viele Hüte'. Nicht nur müssen Sie Ihr Know-how zur Verfügung stellen, Sie müssen auch alle Aspekte Ihres Unternehmens bewältigen. Sie sind der Buchhalter, der Marketing und Sales Manager, der Terminplaner, usw. Es ist vorteilhaft, wenn Sie Tools haben, die Ihnen helfen all das zu verwalten, wie beispielsweise einen elektronischen Terminplaner und Marketing-Assistenten. Zumindest sollten Sie die Dienste eines Buchhalters in Betracht ziehen, um zeitraubende Aufgaben abzugeben.

Stellen Sie sich Ihr Unternehmen als international vor

Wenn Sie Ihre eigene Firma besitzen, haben Sie oft das erste Hindernis auf Ihrem Weg zum Erfolg erreicht, auch wenn Sie sich selbst als „klein" bezeichnen. Neben der Fokussierung auf das Kerngeschäft sollten Sie, von diesem Punkt an, Ihre Marketing-Denkweise dem eines global-tätigen Unternehmens gleichsetzen, das seinen ausgewählten Nischenmärkten mit ganzer Konzentration dient. Stellen Sie sich Ihre Firma als ein multinationales Unternehmen vor, welches globale Nischengeschäfte bedient. Dies soll nicht heißen, dass Sie Ihre begrenzten Ressourcen verstreuen sollten. Vielmehr denken Sie daran, dass kleine Gedanken kleine Ergebnisse bewirken. Streben nach Größe ist wichtig. Schreiben Sie von Anfang an eine große Firmenphilosophie.

DIE FIRMENPHILOSOPHIE

Geschäftsplaner und strategische Experten werden darauf bestehen, dass eine Firmenphilosophie (ein Leitbild für Ihr Unternehmen) für Ihre Unternehmensrichtung und seine Finanzierung Pflicht ist. Andere Berater können der Meinung sein, dass eine Firmenphilosophie bedeutungslose Sätze sind, die irgendwo in Ihrem Büro verstaubt liegen werden. Ist eine Firmenphilosophie für den Erfolg in der heutigen Geschäftswelt notwendig? Die Antwort hängt davon ab, ob die Firmenphilosophie, die Sie verfassen, erhebliche Bedeutung für Sie, Ihre Mitarbeiter, Kunden und Medien hat. Oder betrachten Sie es nur als eine weitere sinnlose Übung?

Die Firmenphilosophie eines Technologie-Unternehmens kann einen Einblick in die Ambitionen der Geschäftstätigkeit des Unternehmens liefern. Diese Aussagen werden geschrieben, um Kernaufgabe, Identität, Werte und Prinzipien des Unternehmens als Geschäftsziele zu reflektieren. Die Erklärung ist in der Regel kurz, klar, inspirierend und präzise aber sie sollte auch überzeugend sein und Vertrauen anregen. Nach Ansicht des Verfassers sollte die Bedeutung einer Firmenphilosophie nicht unterschätzt werden. Ein guter Passus kann dazu beitragen, die Werte, Leistungen und Vision für die Zukunft des Unternehmens zu beschreiben.

ZUKUNFTSORIENTIERTE UNTERNEHMEN

Zukunftsorientierte Unternehmen hören ihren Kunden aufmerksam zu, um ein Gefühl zu gewinnen, in welche Richtung sich der Markt bewegt. Es ist sehr wichtig Identifizierung und Bereiche vorzuschlagen, in denen Technologie, Unternehmensstruktur und Tag-zu-Tag Praktiken kombiniert und verfeinert werden können, um ein Unternehmen in Richtung ihrer Unternehmensziele zu steuern.

Die Rolle der Innovation

Innovation ist für Unternehmen aus praktisch jeder Branche von Bedeutung, und die Unternehmen reagieren unterschiedlich, wie sie sich organisieren, um die Herausforderung anzupacken. Einige der großen Unternehmen haben spezielle Positionen, wie Chief Innovation Officer, geschaffen. In kleinen Unternehmen oder Start-ups, führen der Firmenleiter oder Besitzer oft die Produkt- und Diensterfindungen. Wer auch immer für die Maximierung der Innovationsaktivitäten des Unternehmens verantwortlich ist, sollte Ideen aus internen und externen Quellen beschaffen, um die Innovationen in der heutigen, sich schnell-bewegenden Wettbewerbslage, zu optimieren. Es ist nicht die Größe des Unternehmens oder dessen Umsatz, die festlegt, ob die Firma von einer separaten Innovationsmanagement Position profitieren würde, es ist die Art des Geschäfts und ihre Zusage zur Produktentwicklung und Innovation. Natürlich ist die innovativste Organisation diejenige, die das ganze Unternehmen bei der Aufgabe der Innovation beteiligt.

Die Beschaffung von Innovationen und Ideen soll sowohl unternehmensinterne als auch externe Quellen beinhalten.

Unternehmen stehen unter Druck, sich in hohem Tempo weiterzuentwickeln, der Konkurrenz voraus zu bleiben, ein realistisches F&E Budget zu haben und so viel wie möglich, aus dem was sie haben, zu erzeugen. Der Verantwortliche für Produktentwicklung und Innovation hatte, in nicht allzu ferner Vergangenheit, keinen sehr hohen Rang. Durch mehr Wettbewerb, beschränkte Budgets und neue Technologien, ist die Bedeutung der Innovation als wichtiger Geschäftsprozess in den letzten Jahren erhöht worden. Dies brachte erneut Geltung für denjenigen, dessen Pflicht es ist, Innovation zu fördern und die Lieferung von Ergebnisse zu gewährleisten. Außerdem benötigen alle Technologieunternehmen bis zu einem gewissen Grad die Unterstützung der technischen Kompetenz; daher ist die verantwortliche Person für Produktentwicklung und Innovation eine der wenigen Einzelpersonen die in allen Facetten des Geschäfts verwickelt ist. Überdies muss er oder sie das Talent und Know-how haben, progressiv und visionär zu sein. Sie müssen kooperative Charaktere sein, die das Geschäft verstehen.

Hindernisse für Innovation

Um einen kontinuierlichen Fortschritt zu sichern, müssen Führungskräfte innerhalb eines Unternehmens die richtigen Fragen zum aktuellen Stand der Wirtschaft und Industrie stellen und in welche Richtung beide gehen. Das sind offensichtliche Prüfungen die viele Unternehmen nicht effektiv ausführen. Lösungen zu diesen Fragen und Antworten auf die Probleme, die sie hervorbringen, sind Aufgaben, die nur selten beherrscht werden. Diese Praxis erstreckt sich über die Führungskräfte hinaus und der Erfolg beruht oft auf der effektiven Nutzung des Vermögens des Unternehmens – den Mitarbeitern der Organisation.

Das Beispiel für Innovation zeigt, wer gewährleistet, dass die Struktur und die Prozesse vorhanden sind, um Innovation zu fördern und sicherzustellen das die Firma den notwendigen Weg geht um Fortschritt zu maximieren? In der Regel ist es der Eigentümer, CEO und Geschäftsführer der für die Richtung und Strategie des Geschäfts verantwortlich ist. Aber die Führung des Unternehmens lässt häufig nicht die nötige Zeit für Innovations-Entscheidungen. Innerhalb der Unternehmen ist die inkrementelle Innovation üblich. Vor allem in Diversity Businesses, wird jemand benötigt, um die Innovationsbemühungen, die sich über die gesamte Organisation erstrecken, zu verwalten; jemand, der das Vertrauen des Eigentümers und / oder des CEO / Firmenleiters hat und das Entwicklungspersonal für die Produkte anfeuern kann.

Analysieren Sie die Innovationsbarrieren bevor Sie sich auf neue Produkt / Dienstleistung Entwicklungen einlassen.

Während es offensichtlich ist, dass Internet-Technologie (IT) häufig ein wesentlicher Teil der Innovationsherausforderung ist, IT (oder manchmal als Computer-Abteilung definiert) selbst kann auch ein Hindernis für Innovation sein. IT-Komplexität und seine häufiges Versagen, die Haupttätigkeit des Unternehmens zu verstehen (wenn der Firmenmarkt nicht im IT- oder Computer-Bereich ist) gehören zu den zentralsten Hindernissen. Kleine Firmen, die eine IT-Struktur aufrechterhalten müssen, haben oft nicht die Zeit oder das Budget, um Innovation die erforderliche Aufmerksamkeit zu widmen. Ein weiteres Hindernis ist, wenn ein Unternehmen nicht strukturiert ist, innovativ zu sein, z.B. wenn das technische Team zu viele operative Aufgaben hat, oder, wenn niemand in der Firma auf der Suche und Bewertung von neuen Technologien ist, welche Mehrwert zum Geschäft hinzufügen könnten.

Von der Idee zur Wirklichkeit

Es gibt nicht viele Unternehmen, die nicht mehr interne Innovation wollen, sowie eine höhere Umwandlungsrate von der Idee in die Realität verfolgen. Die meisten Unternehmen behalten eine Top-down-Denkweise bei. Während es organisatorisch immer Führungskräfte und Nachwuchskräfte geben wird, die auf ihrem Weg nach oben sind, ist dieser hierarchische Aufbau für Innovation nicht förderlich.

Leiten Sie Innovationsideen aus einem konkreten Verständnis der Kundenanforderungen ab.

Innovative Ideen können von überall kommen und unterschiedliche Perspektiven bringen neue Ideen und Lösungen. Dennoch, in dem heutigen charakteristischen Technologie-Markt erfordert die Bereitstellung von innovativen Lösungen rund um spezifische Nischenapplikationen ein solides Verständnis von dem, was der Kunde will und schätzt. In diesem kundenorientierten Verfahren kann sich ein Geschäft mit Nischenprozess-Wissen und state-of-the-art Technologie sauf die Bereitstellung von maßgeschneiderten Lösungen mit hoher Geschwindigkeit und vertretbaren Kosten konzentrieren. Ziel ist es, den Kunden hochwertige Produkte und Dienstleistungen anzubieten - komplette Nischenlösungen - die wirkliche Bedürfnisse erfüllen und von bleibendem Wert sind, wodurch man Respekt und Loyalität des Kunden gewinnen und halten kann.

UNTERNEHMENSPROFIL UND WEBSITE

Ein Firmenprofil ist essentiell für Unternehmen aller Größen – vom kleinen Start-up bis zu großen Firmen. Das Ziel des Erstellens eines Business-Profils ist, es prägnant zu halten. Der Zweck eines Geschäftsprofils ist es, die wichtigsten Elemente der Aktivitäten des Unternehmens im besonders positiven Licht zu präsentieren. Das Profil muss die Informationen an Personen vermitteln, die nur einen Blick auf das Material werfen können. Es muss so umfassend wie möglich sein, ohne dabei eine übermäßig lange Beschreibung des Unternehmens darzustellen. Außerdem sollte ein Geschäftsprofil in einer kreativen Weise präsentiert werden. Es muss die Aufmerksamkeit des potenziellen Kunden erregen.

Passen Sie jede Profilbeschreibung dem Gebrauch an. Betonen Sie die einzigartigen Fähigkeiten.

Studieren Sie vor allem die Profile von erfolgreichen Wettbewerbern und anderen Unternehmen mit gleichen Geschäftsprofilen. Beachten Sie den Stil und Ton von denjenigen, die sich abheben, und schreiben Sie Ihr Business-Profil in einer Weise, die spannend ist, und die Aufmerksamkeit auf Ihre Firma lenkt.

Geschäftsprofil-Überlegungen

Notieren Sie sich die Eigenschaften der Firma, wie sie sich von anderen unterscheidet. Einschließlich ihrem Zweck, ihre Mission, ihre Geschichte und anderen wichtigen Faktoren, die die Art Ihres Unternehmens definieren. Das Geschäftsprofil soll den Stil und die Individualität des Unternehmens zum Ausdruck bringen.

Beachten Sie die Industrieart Ihres Unternehmens und seine Geschichte oder andere zentrale Funktionen. Dies kann verwendet werden, um den Stil des Schreibens zu definieren. Z. B. wird sich das Profil für eine neue Firma im Stil von einem Unternehmen, dessen Kernkompetenz eine lange Geschichte hat, unterscheiden. Basis-Unternehmen haben typisch Profile die Stabilität hervorheben, während Technologie-Unternehmen Profile haben die Innovation, technische Fähigkeiten und das Wachstum betonen.

In der Unternehmensbeschreibung, berücksichtigen Sie die Produkte und Dienstleistungen die angeboten werden; fügen Sie eine kurze Geschichte und seine Marktsektoren hinzu. Erfassen Sie alle Funktionen, die das Unternehmen bemerkenswert machen, wie beispielsweise die Zeit, als das Unternehmen Schwierigkeiten oder eine Krise überwand. Geben sie Auskunft über die Menschen, wie das Führungspersonal. Fügen Sie außerdem Biographien der Gründer und / oder Geschäftsleiter hinzu.

Behalten Sie den Ton und Stil beim Schreiben des Profils im Hinterkopf. Vermeiden Sie für Laien unverständliche technische Ausdrücke, so dass die Menschen außerhalb der Branche, wie die Medien, Finanzierungsgesellschaften oder potenzielle Bewerber die Informationen verstehen können.

Beginnen Sie mit dem Schreiben eines allgemeinen Unternehmensprofils, passen Sie dann das Profil an den speziellen Gestaltungsrahmen an. Z. B. einige Online-Verzeichnisse haben ein bestimmtes Layout für Informationen. Einige lokale Verzeichnisse lassen nur Platz für eine begrenzte Menge an Informationen. Wählen Sie für diese ein paar zentrale Schlüsselmerkmale, die in das Firmenprofil gehören. Und fügen Sie beim Erstellen eines Business-Profils für eine Internet-Website, einige industrienahe Schlagwörter hinzu.

Entwicklung einer kreativen Website

Erfolgreiche Unternehmen haben eine kreative und hochwertige Website, die Aufmerksamkeit und Kundenbindung anstrebt. Die Entwicklung einer kreativen Website ist herausfordernd. Was Sie brauchen ist eine Website, die die Mission der Firma und das Profil in einem umfassenden Licht darstellt. Wiederholen Sie die Ziele, Inhalte, Struktur, etc., in der Gestaltung von Benutzeroberflächen und stellen Sie sicher, dass Sie sich für die Wartung der Website verpflichten. Wenn Sie mit gängigen Web-Builder-Formaten nicht zufrieden sind, brauchen Sie eventuell professionelles Fachwissen. In diesem Fall stellen Sie sicher, dass Sie dem Webersteller-Spezialisten die erforderlichen Informationen zur Verfügung stellen. Es gibt viele "schöne" Web-Sites, die nicht das Bild des Unternehmens zum Ausdruck zu bringen. Wenn Sie nicht ernsthaft eine Website erstellen wollen oder nicht die Absicht haben, sie aufrecht zu erhalten; fangen Sie bitte gar nicht damit an.

Aufbau einer "do-it-yourself" Website

Es gibt immer noch Unternehmen ohne Websites. Seien Sie nicht eines von ihnen. Der Aufbau einer qualitativ hochwertigen Website war noch nie einfacher. Auch wenn Sie ein Start-up oder ein sehr kleines Unternehmen haben, können und sollten Sie eine tolle Webseite haben; und Sie können es selbst tun. Die vier wichtigsten Aspekte zu berücksichtigen sind:

- Eine geeigneten URL
- Einen passenden Generator für Webseiten
- Sachinhalt
- Benutzerfreundliche Navigation

Geeignete URL

Eines der ersten Dinge, um die Sie sich kümmern müssen, ist Ihre URL (Uniform Resource Locator). Sie sollte den Namen Ihres Unternehmens beinhalten. Für den Fall, dass Sie es nicht getan haben, sollten Sie den Firmennahmen registrieren lassen.

Typischerweise gibt es ein spezifisches Problem, das nur Ihr Unternehmen löst, oder Funktionen, die Ihr Unternehmen einzigartig macht, wie es sich in Ihrer Firmenphilosophie und Ihrem Unternehmensprofil widerspiegelt. Ihre URL wird an unterschiedlichen Stellen und in unterschiedlicher Weise verwendet werden, so seien Sie bei der Auswahl sorgfältig. Dabei sind ein paar Dinge zu beachten:

- Kürzer ist besser.
- Vermeiden Sie Begriffe, die schwierig oder häufig falsch geschrieben werden könnten.
- Wenn Ihre Firma einen physischen Standort hat, fügen Sie den Namen Ihrer Stadt oder Region hinzu.
- Nicht den URLs Ihrer Konkurrenz zu ähnlich.
- Kaufen Sie mehrere URLs.

Geeignete Website-Builder

Standards sind heute zwar hoch, aber es ist auch viel einfacher, Webseiten zu bauen. Es gibt viele kostenlose und kostengünstige Site-Builder. Hier sind einige der kostenlosen Website-Builder:

IM Creator – Erzeugt einfache Websites; ideal für bildreiche Inhalte.

Jimdo – Gut für E-Commerce.

Squarespace – Reaktionsschnell und einfach anpassbare Vorlagen.

Webs – Gute E-Commerce-Tools; Mitgliedschaftsrechte erhältlich.

Weebly – Kleine Anzeigenplatzierung, kostenloser Service; einfacher Drag-&-Drop-Website-Builder-Tool.

Wix – Einfache Drag & Drop Schnittstelle; gute Auswahl an kostenlosen Vorlagen; gute Kundenbetreuung.

Sachinhalt

Sobald Sie Ihre Website haben, müssen Sie sie aktualisieren. Sachinhalt, konsistent erstellt, kann sich mit positiven Ergebnissen lohnen. Der größte Aufwand ist lediglich Ihre Zeit und Ihr Einfallsreichtum; der Return on Investment kann hervorragend sein, im Vergleich zu herkömmlichem Media Marketing.

Hier sind einige Taktiken für den Einstieg:

- Erstellen Sie einen Terminplan für Überarbeitungen, damit Sie aktuell bleiben.
- Filtern Sie umsichtig und seien Sie vorsichtig was Sie weiterleiten.
- Beschränken Sie Ihre Inhalte nicht auf Ihrer Nische. Alles, was Ihre Zielkunden ansprechen würde ist erlaubt.
- Seien Sie ehrlich über Ihre Fähigkeit, Ihre Website zu aktualisieren. Wenn Sie wissen dass Sie die Instandhaltung nicht planmäßig ausführen können oder werden, stellen Sie eine Hilfe ein. Erwägen Sie einen freiberuflichen Texter oder einen Studenten in Ihrer Branche.

Benutzerfreundliche Navigation

Sobald ein Benutzer Ihre Website entdeckt und sich mit dem Inhalt beschäftigt, ist es das Ziel, ihn auf der Website länger zu halten. Je mehr der Benutzer sich mit Ihrer Website befasst, desto eher führt es zu einer Marketing-Chance.

Für den Nutzer sollte eine Navigationsstruktur existieren, die es einfach für ihn macht, zusätzliche relevante Informationen zu finden. Sie ist ein wichtiges Element den interessierten Nutzer zu motivieren, länger auf der Webseite zu bleiben. Wenn es dem Benutzer schwer fällt, zusätzliche relevante Informationen zu finden, da die Site-Navigation nicht intuitiv ist, wird er wahrscheinlich die Website schnell verlassen.

Gewährleisten Sie schnelle Ladegeschwindigkeiten der Webseiten. Egal wie großartig das Design ist oder umfassend der Inhalt ist, langsame Ladezeiten erzeugen eine negative Benutzerreaktion. Die Bedeutung der Investition in eine hochwertige Hosting-Lösung, die eine schnelle Seitenladegeschwindigkeit gewährleistet, wird oft ignoriert. Billiges Hosting kann das Ranking und anwerben neuer Kunden negativ beeinflussen, daher ist eine Qualität-Hosting-Lösung auch die Investition wert.

Anpassungsfähige Website

Gestalten Sie Ihre Website (typische Breiten, Schriftart, etc.) als eine Adaptive-Website, für den Einsatz von PCs, Handys und Tablets.

Zwar rufen die meisten User Websites noch über einen Computer auf, aber die Zugriffe über mobile Endgeräte wie iPad und Smartphones steigen stetig an.

Schlussfolgerung

Es gibt keine Geheimnisse zum Aufbau einer hervorragenden Website. Hohe Qualität und Do-it-Yourself müssen sich nicht gegenseitig ausschließen. Nehmen Sie sich Zeit, um die beste Entscheidungen für die Website Ihres Unternehmens zu machen, vergleichen Sie es mit der Konkurrenz - unterscheiden Sie sich - und genießen Sie dann die Wirkungen, die eine großartige Website Ihrem Unternehmen bringen kann.

POSITIONIERUNG DES UNTERNEHMENS

Wie die Produkte und Dienstleistungen des Unternehmens auf dem Markt wahrgenommen werden, bestimmt welche Anschaffungen getätigt werden. Wie in diesem Buch erwähnt wird, ist es nicht nur die Technik, die den Erfolg macht. Die zentrale Herausforderung in den meisten Unternehmen - ob klein oder groß - ist zu einem großen Teil der Wettbewerb in der Positionierung: Produkt-, Markt- und Unternehmenspositionierung.

Die Philosophie der Positionierung bezieht sich nicht nur darauf, wie Produkte und Dienstleistungen in die ausgewählten Märkte, aus Sicht eines technisch und wirtschaftlich differenzierten Standpunkts passen, sondern sie erzeugt auch eine Ausstrahlung auf die Lösungen, die den größten Nutzen für die Kunden ergeben. Startup-Unternehmen und kleine Unternehmen sollten bei der Erweiterung ihres Marktes und Vertriebs für ihre Produkte, Lösungen und Dienstleistungen, das Arrangement von strategischer Partnerschaften mit multinationalen Unternehmen ausforschen. Sowohl die Lösungsentwicklung als auch der Marketingansatz sollte eine Vorbereitung mit viel Kreativität sein; Daher sollten die Unternehmen ihre Ressourcen sehr gezielt aufwenden.

Jeder einzelne Ansatz zur Positionierung sollte die Art der Kunden, das Produkt und das einzigartige Verkauf Schema, welches das Produkt des Unternehmens von seinen Mitbewerbern unterscheidet, berücksichtigen. Einige häufig verwendete Positionierungs-Taktiken basieren auf folgenden Attributen: Positionierung mittels Produkteigenschaften, Positionierung mittels Qualität und Preis, Positionierung durch Verwendung oder Anwendung, Positionierung auf Produkt Kunden, Positionierung auf Basis von Produktklasse, Positionierung gegenüber Wettbewerbern, Positionierung durch Vorteile, Problemlösungen oder Grundbedürfnisse.

Es gibt weitere Faktoren, die untersucht werden sollten, um die Marktpositionierung und Segmentierung zu identifizieren: Geografische Trennung, Trennung nach Industrie, Trennung nach Industriesektoren.

Positionierung bedeutet Fokus

Die Unternehmen, die im Kampf um die Positionierung gewinnen sind diejenigen, die die größte Relevanz für ihre Zielgruppe haben. Sie sind diejenigen, die am meisten fokussiert sind - sie verstehen ihren Markt und die Kunden denen sie dienen gänzlich.

Kunden kaufen, wenn sie feststellen, dass Sie sich auf genau das konzentrieren, was sie suchen. Wenn Sie eine Nische haben, dann werden Sie als Fachmann angesehen.

Wenn Sie sich wirklich spezialisieren, werden Sie mehr über Ihren Bereich wissen als die meisten Firmen und Ihr Know-how wird viel bedeutungsvoller.

Was bedeutet dies für kleine Unternehmen

Für ein kleines Unternehmen mit begrenzten Ressourcen kann die Frage der Positionierung schwierige Entscheidungen bedeuten – welchen Nischen-Markt werden Sie dienen? Das Thema der Nische Spezialisierung ist ein antagonistisches Thema für viele kleinere Unternehmen. Die Befürchtung ist, dass sie vielleicht Chancen verpassen würden, wenn Sie sich zu eng fokussieren: die Suche für die allgemeine Attraktivität in großen Märkten wird manchmal als die sicherere Option wahrgenommen. Aber wenn Sie nicht spezialisiert sind, laufen Sie Gefahr, zu versuchen, alles für jeden zu sein und nicht als Lösungsanbieter wahrgenommen zu werden.

Je genauer Sie Ihre Kunden kennen, deren Probleme angehen und Ihr Nische-Wissen vertiefen, desto relevanter und wertvoller wird der Inhalt Ihres Unternehmens werden und je mehr Erfolg werden Sie haben.

PRODUKTENTWICKLUNG

An der Verwertung neuer Technologien beteiligt zu sein ist Teil unseres Lebens in vielen Unternehmen. Die Entwicklung neuer Produkte ist ein kritischer Prozess für den Erfolg der Unternehmen, insbesondere kleiner Unternehmen. Die Kleinbetrieb-Situation ist heutzutage dynamischer und wettbewerbsintensiver. Damit Kleinunternehmen im Wettbewerb mit Großunternehmen und transnationalen Konzernen durchhalten, müssen sie ihre Produkte regelmäßig aktualisieren, um den derzeitigen Trends zu folgen. Neue Technologien erscheinen mit zunehmendem Tempo. Unternehmen, die neue Technologien schneller als andere nutzen können, haben einen Wettbewerbsvorteil und sind fähig den echten Geschäftswert schneller zu liefern.

PROAKTIVE PRODUKTENTWICKLUNG

Ein vorsorglicher neuer Produktentwicklungsplan ist notwendig, selbst für einfache Produkte. Als Erstes soll man eine marktorientierte Analyse machen, um die Ideen zu identifizieren, die die besten Chancen haben. Die Auswahl der Produktideen mit der besten Erfolgschance ist entscheidend, denn im Vergleich zu Großunternehmen, ist ein kleines Unternehmen weniger in der Lage, die finanziellen Auswirkungen der Einführung eines Produkts dessen Kundenakzeptanz es verfehlt, zu absorbieren.

Erkenne neue Trends – Entwicklung von technologischen Innovationen, Kaufverhalten und demografische Entwicklung sind alles Reagenzien für neue Produkte. Es ist ein Hinweissystem erforderlich, das darüber informiert, in wieweit sich die Konkurrenz mit dieser Entwicklung schon befasst hat.

Beobachte - Neue Produkte entstehen oft aus der Beurteilung des Marktes und der Entdeckung von Kundenproblemen oder Bedürfnissen, die eine Lösung erfordern. Jede Gelegenheit sollte wahrgenommen werden, um mit möglichen Kunden zu interagieren, um herauszufinden was ihre wichtigsten Bedürfnisse sind.

Definiere das Marktpotential – Bevor Unternehmensressourcen gebunden werden, um ein Produkt zu entwickeln, muss eine Analyse des Produktmarktes durchgeführt werden. Wenn es sich um eine Erfindung handelt, die vermarktet oder an andere Unternehmen lizenziert werden kann, soll man sich Industrie Statistiken darüber verschaffen, wie viele Unternehmen es in den Branchen gibt, die infrage kommen.

Beurteile die Anwendungsidee - Abgesehen von Patent Untersuchung und anderer Due Diligence, ist die Identifizierung der Spezifika der Anwendung oft der entscheidende Teil der Prüfung zur Durchführbarkeit eines neuen Produkts. Gespräche mit Kunden sowie Beobachter der Branche, können manchmal darlegen ob es einen tragfähigen Markt für die neue Produktidee gibt und was der Verkaufspreis für das Produkt sein könnte.

Habe eine Produktentwicklungsstrategie - Kleine Unternehmen haben in der Regel eine begrenzte Anzahl von Mitarbeitern, und der Inhaber spielt oft mehrere Rollen. Auch im Umgang mit dem Zeitdruck der täglichen Aufgaben, sollte man sich die Zeit nehmen, um einen weitreichenden Produktentwicklungsplan zu erstellen. Der Verlauf (die Suche nach einer Idee, deren Auswertung, das Produkt herzustellen und die Ausführung eines Marketing-Plans) kann sich über einen langen Zeitraum ausdehnen. Zukunftsplanung hilft auch den Finanzierungsbedarf für neue Produkte abzuschätzen und proaktiv bei der nötigen Finanzierung zu sein.

Phasen der Produktentwicklung

Die grundlegenden Schritte einer neuen Produktentwicklung, sind nachfolgend als Stufen, die aufeinander folgen, aufgeführt, aber in Wirklichkeit ist das Verfahren zyklisch, nicht linear: *Konzept – Idee Überprüfung – Designanalyse. Entwicklung und Testschritte werden in unterschiedlichen Tiefen zum Detail und auf verschiedenen Subsystemen wiederholt, bis das Produkt-Design abgeschlossen ist.*

Die folgenden grundlegenden Phasen für die Entwicklung neuer Produkte für kleine Unternehmen sind:

Konzept - Dies ist das Frühstadium, wo ein Unternehmen Vorstellungen über ein neues Produkt erhält. Einige der Quellen für neue Produktkonzepte sind Kunden, Wettbewerber, Zeitschriften und Mitarbeiter. Während kleine Unternehmen beschränkt sind, wenn es um formelle forschungsbasierte Ideenfindungsverfahren geht, sollte die Konzept Beschreibung eine vorläufige Funktionsbeschreibung des Designs für technisch komplizierte Produkte enthalten. Diese Phase setzt die Richtung und Grenzen für den kompletten Entwicklungsprozess durch Klärung der Art des Produktes fest, das Problem, das das Produkt löst und die kaufmännischen und technischen Ziele die durch das Produkt erreicht werden sollen.

Idee Überprüfung - Die entwickelten Ideen müssen ein Screening-Verfahren durchlaufen, einschließlich eine Vorprüfung der Anwendung um die tragfähigen Entwürfe zu erkennen. Die Firma sucht Meinungen von Mitarbeitern und Kunden; sie überprüft auch Konkurrenten um die Verfolgung von kostspieligen, impraktikablen Ideen, zu vermeiden. Externe Industriefaktoren, wie Gesetzgebung und Veränderungen in der Technologie, können die Entscheidungskriterien des Unternehmens beeinträchtigen. Zumindest die neuen Entwicklungen der wichtigsten Konkurrenten sollten in Betracht gezogen werden (Funktionen, Vorteile, Kosten, etc.).

Design Analyse – Das Testen des Konzepts erfolgt nach Prüfung der Idee. Die Bewertung dient dem Ziel, die zukünftigen Kosten, Umsätze und Gewinne aus dem Produkt zu überprüfen. Die Umsetzung des "besten" Wegs, das Produkt zu erstellen und zu konstruieren, erfolgt. Außerdem betreibt das Unternehmen eine Analyse um die Stärken, Schwächen Chancen und Risiken des Designs auf dem vorhandenen Markt, zu ermitteln. Die Marktstrategie wird auf die Produktzielgruppe ausgerichtet, was die Segmentierung des Produktmarktes vereinfacht. Marktsegmentierung ist von wesentlicher Bedeutung, da sie es dem Unternehmen ermöglicht, seine Nische zu identifizieren. Die identifizierte Nische beeinflusst die meisten Marketing-Entscheidungen.

Entwicklung, Test und Vermarktung (Release) – Die Entwicklung realisiert die Herstellung eines Prototyps, der Produkt- und Markt-Prüfung ermöglicht. Der Beta-Test beweist, ob das Produkt die ursprünglichen Ziele erfüllt oder ob weitere Verfeinerungen erforderlich sind. Auf der Grundlage der Ergebnisse der Produkt- und Markttests, entscheidet das Unternehmen (Manager / Eigentümer), die Produktion zu unternehmen oder nicht. Zufriedenstellende Ergebnisse leiten größere Produktion und Vermarktung ein. Das Unternehmen startet seine Werbekampagne für das neue Produkt. Die Marktforschung, durchgeführt während der Konzeptionsphase, wirkt sich auf dem Zeitpunkt der Produkteinführung aus.

Denken Sie daran, dass Entwicklung „unregelmäßig" ist - Die Entwicklung neuer Produkte ist eine fortschreitende Plattform, auf der Fehler gemacht werden. Folglich sollten auf dem Weg Ziele definiert und dokumentiert werden, um die erfolgreiche Markteinführung von Produkten und Dienstleistungen zu gewährleisten.

Kritische Entwicklungsphasen

Die Entwicklung und die Freigabe eines neuen Produktes ist eine herausfordernde Aufgabe. Wenn das Produkt nicht wie geplant verkauft wird, sind es verlorene Investitionen in F & E, Engineering, Marketing, Lagerkosten und Fertigung. Um diese Situation zu vermeiden, ist es wichtig einem proaktiven Schritt-für-Schritt Entwicklungsprozess vor der Freigabe des Produkts zu folgen. Obwohl alle Phasen der Produktentwicklung wichtig sind, gibt es mehrere kritische Schritte in dem Prozess.

Funktionale Design Beschreibung - Zwar gibt es oft Widerstand aufgrund begrenzter Ressourcen (Arbeitskräfte - vor allem in einem kleinen Unternehmen), aber die ersten Schritte des neuen Produktentwicklungsprozesses (Ideenfindung und Bewertung) sollten eine Funktionsbeschreibung des vorgeschlagenen Produkts enthalten. Nicht nur das Konzept, sondern auch seine vorgeschlagenen Funktionen und Vorteile, sollen detailliert sein, damit eine vorläufige Entwurf Analyse/Auswertung erfolgen kann. Wenn es Software oder andere technisch komplizierte Produkte betrifft, sollte die Definition auch Überprüfung und Testverfahren enthalten. Der Erfolg der Produktentwicklung liegt fast immer in den Details der Definition.

Anwendungs-Vorverifizierung - Ein entscheidender Schritt im Produktentwicklungsprozess ist die Vorprüfung der Eignung des Produkts für die ausgewählten Anwendungen. Während ein Produkt, eine clevere Lösung für eine Anwendung sein mag, kann eine eingehende Prüfung erhebliche Mängel der Produkteigenschaften aufdecken. Zum Beispiel könnte festgestellt werden, dass die Produktanpassung an die gewünschte Praxis-Anwendung sehr begrenzt ist und somit seine Eignung in Frage steht.

Testphase - Ein weiterer wichtiger Schritt des Produkt-Release-Prozesses ist die Prüfung. Obwohl ein Produkt als eine gute Idee bei seiner Konzeption zu scheinen mag, könnte eine intensive Prüfung große Schwächen offenbaren. Zum Beispiel, könnte man herausfinden, dass ein anderes Unternehmen versuchte, ein ähnliches Produkt, mit aussichtslosen Ergebnissen, zu veröffentlichen. Auch könnten die Prüfungsproben des Produkts mögliche Gefahren für die Nutzer offenbaren.

Patentsuche - Ein Patentrecherche-Schritt ist wichtig, da man gewährleisten muss, dass jemand anderer nicht bereits ein Patent auf dieselbe Produktidee besitzt. Ein Patent schützt eine Idee für eine explizite Erfindung für einen bestimmten Zeitraum. Wenn Geld investiert wird, um ein Produkt herzustellen und zu verkaufen, ohne Überprüfung auf ein vorhandenes Patent, kann es zu erheblichen unerwünschten Ausgaben führen.

Ordnungsgemäßer Prozess - Das Fehlen eines richtigen Produkt-Entwicklungsprozesses ist eine der großen Herausforderungen, vor allem für kleine Unternehmen, die versuchen, neue Produkte zu entfalten. Jeder Prozess ist nur so gut wie seine Durchsetzung und Einhaltung der Kriterien. In der Lage zu sein, die Umsetzung der Produktentwicklung durchzusetzen, ist eine Herausforderung in jeder Umgebung, vor allem in Start-up-Unternehmen. Die Definition der richtigen Führung ist daher ein zentraler Bestandteil von der Definition und Durchführung einer neuen Technologie oder Serviceprozess-Einführung. Es sollten formale Compliance-Maßnahmen und damit verbundene Checklisten existieren.

PRODUKT-DIVERSIFIKATION

Diversifizierung der Produktlinie kann zusätzliches Geschäft bringen. Man kann die Produktpalette durch Modifikation bestehender Produkte oder mittels neuer Produkte erweitern. Während die Produkterweiterungsstrategie Chancen bietet, das Geschäft durch wachsenden Umsatz mit bestehenden Kunden zu erweitern und neue Märkte zu erschließen, kann es auch der aktuellen Marke / Produkt schaden. Es besteht die Möglichkeit, das Verkäufe von älteren Produkten oder Ihrer Ressourcen gefährdet sind. Selbstverständlich tritt dann die geplante Produktalterungsstrategie in Aktion.

Wenn man seine Aufgaben richtig macht, kann die Produktlinienerweiterung / Diversifizierung den Umsatz steigern, neue Märkte erschließen und den Marktanteil für das Unternehmen erhöhen.

Diversifizierungsziele

Beachten Sie Ihren Produktlebenszyklus und setzen Sie Ihre Ziele für die Produktdiversifikation. Sie können einen vorsichtigen Ansatz wählen, mit dem Ziel, Ihr Unternehmen zu schützen, wenn, zum Beispiel, die Nachfrage nach Ihren Produkten sinkt oder Sie mit harten Wettbewerb konfrontiert sind. Dies wäre wichtig für Unternehmen, die ihr Geschäft auf ein einzelnes Produkt gesetzt haben. Sie können aber auch einen aggressiven Ansatz wählen, wo Sie eine Marktchance sehen die Sie nicht mit Ihren bestehenden Produkten nutzen können.

Produktlebensdauer - Jedes Produkt, das Sie einführen, hat einen eigenen Lebenszyklus. Und Ihre Marketing-Strategie sollte in jeder Phase in diesem Zyklus variieren:

- In der Einführungsphase, sind die Marketingabsichten, Bewusstsein zu schaffen und Produktteste durchzuführen.
- Um die Wachstumsphase zu realisieren, benötigt man, Marktanteile und Marktdurchdringung zu maximieren.
- In der Reifephase, wird es, während die Verteidigung der Marktanteile, die Aufgabe sein, die Rentabilität zu nutzen.
- Wenn die Produktlebensdauerphase zu sinken beginnt, kann man die Kosten senken und sich auf die Verbesserung oder den Austausch des Produkts konzentrieren.

Ziel Überprüfung - Ein Unternehmen kommt in der Regel in die Entscheidung, eine gewisse Diversifizierung durch einen mehrstufigen Prozess zu machen. Da Produktdiversifikation teuer und zeitaufwendig sein kann, sollte man zunächst prüfen, ob das Unternehmen über die Ressourcen verfügt, um aktuelle Produkte zu ändern oder neue Produkte zu entwickeln. Wenn Sie nicht wollen, Produkte innerhalb des Unternehmens zu entwickeln, sollten Sie andere Optionen in Betracht ziehen, wie den Vertrieb von Produkten anderer Hersteller, den Abschluss von Lizenzverträgen für die Herstellung oder Lieferung von Produkten von anderen Unternehmen, oder das Einrichten von Partnerschaften mit anderen Unternehmen, um Produkte gemeinsam zu entwickeln oder zu vermarkten. Wenn Ihr Unternehmen in einer starken finanziellen Position ist, ziehen Sie Akquisitionen in Erwägung, um Zugriff auf Produkte, die mit Ihrer Diversifikationsstrategie übereinstimmen, zu erhalten.

Zugängliche Ressourcen - Werten Sie die Ressourcen aus, die Sie für die Implementierung Ihrer Produkt-Expansion/Diversifizierung brauchen. Setzen Sie ein Budget für die Entwicklungs und Marketingausgaben. Prüfen Sie alle Arten von Ressourcen, nicht nur finanzielle und Marketing / Vertrieb. Haben Sie ausreichend qualifizierte Ingenieure? Hat Ihr Team das diversifizierte Produkt-Know-how? Haben Sie die nötige Produktionskapazität?

Diversifizierungs- Gefahren - Produktdiversifikation ist eine unsichere Strategie, daher ist es wichtig, sowohl die Chance als auch das Risiko abzuwiegen. Konzentrieren Sie sich auf Produktdiversifikationen, die eine attraktive Möglichkeit für Ihre Firma bieten, wie beispielsweise eine Gelegenheit, wo der Markt wächst und keine andere Firma den Bedarf deckt. Wenn Sie trotz Entwicklungs-und Vermarktungskosten des neuen Produkts einen Gewinn erzielen, ist es sinnvoll, es weiter zu verfolgen. Das Risiko steigt, wenn das neue Produkt, Umsatz von Ihren bestehenden Produkten wegnehmen könnte oder wenn der Preis des Markteintritts sehr hoch ist. Unter diesen Umständen kann möglicherweise der Nutzen für Ihr Unternehmen das Risiko nicht ausgleichen.

Marktstudie - Bevor sie Ressourcen für Produkt-Diversifizierung ausgeben, sollten Sie sicher sein, dass Sie die Bedürfnisse des Marktes verstehen. Analysieren Sie die wahrscheinlichen Konkurrenten und finden Sie die Angaben über deren Produkte und Preise heraus. Führen Sie einen kleinen Markttest durch, um das Potenzial Ihrer Strategie zu bewerten. Messen Sie die Ergebnisse Ihrer Vertriebs- und Marketingaktivitäten im Test. Studieren Sie die Vermarktungskosten des neuen Produkts, damit Sie ein echtes Budget vorbereiten können.

PRODUKTEINFÜHRUNGS-PROBLEME

Warum viele neue Produkte scheitern? - In der Regel aus mehreren Gründen. Unternehmen sind oft so besessen von ihren neuen Produktkonzepten, dass sie keine Forschung durchführen, oder sie ignorieren, was ihnen die Prüfung anzeigt. Manchmal ist die Preisgestaltung oder der Vertriebsweg falsch. Erfolgreiche Produkteinführungen ergeben sich aus einem integrierten Prozess, der sich stark auf Forschung und Lösung von Voraus-Fragen stützt. Betrachten wir einige der wichtigsten Fragen, die Produkteinführungen beeinflussen.

Marktanalyse - Marktuntersuchung ist sehr wichtig. Ohne die erforderlichen Informationen, sind Sie einfach ohne Vision. Markt Prüfung bestätigen mehr als nur Ihre " Grundreaktion ", es bietet wichtige Informationen und Richtung. Es ermittelt was der Markt braucht und will - Produktmerkmale, Preise, Vertriebswege usw. Diese Faktoren sind entscheidend für den Entscheidungsprozess.

Nehmen Sie das Beispiel einer Firma, die ein neues Produkt auf dem Elektronik-Markt einführte. Die Forschung identifiziert die Preisgestaltung, die Vertriebswege, Produktmerkmale, und alles, außer den Kaufentscheidungsträgern. Trotz der Tatsache, dass das neue Produkt ein bestehendes begleitete, eine ergänzende Funktion bei der Herstellung durchführte und in räumlicher Nähe zum bestehenden Produkt verwendet wurde, waren die Kaufentscheider uneins. Der Außendienst konnte sich nicht effektiv an die neuen Entscheidungsträger wenden, und das Produkt war nicht erfolgreich.

Zeitwahl - Sind alle Grundlagen des Prozesses koordiniert? Ist die Produktion im gleichen Zeitplan wie die Werbung? Wird das Produkt kundenreif sein, wenn Sie es ankündigen? Viele Produkte müssen zeitlich gesteuert in den Geschäftsablauf eingebracht werden. Es gibt viele Marketing-Geschichten über Firmen, die neue Produkt-Ankündigungen machen und dann Zeitänderungen bekannt geben, wenn das Produkt in der Fertigung hinter dem Zeitplan herhinkt. Die Folge ist Verlust der Glaubwürdigkeit, Umsatzeinbußen und ein weiteres Scheitern.

Kapazität - Soll das Produkt oder die Dienstleistung erfolgreich sein, haben Sie die nötigen Leute und Produktionskapazitäten, um den Erfolg zu bewältigen? Lange Lieferzeiten für neue Produkte können genau so verheerend sein wie schlechtes Timing.

Testen - Testen Sie die Marktsituation des freigegebenen Produkts. Stellen Sie sicher, dass es die Funktionen hat, die der Kunde will. Achten Sie darauf, dass der Kunde den vereinbarten Preis bezahlen will. Seien Sie sicher, dass der Distributor und die Vertriebsorganisation zufrieden sind. Testen Sie die Werbung / Verkaufsförderung.

Vertrieb – Wer wird das Produkt verkaufen? Können Sie die gleichen Vertriebskanäle benutzen die Sie derzeit haben oder müssen Sie den Direktverkauf anwenden? Gibt es ausreichendes Umsatzpotenzial in dem neuen Produkt um einen Fachhändler oder Vertreter zu überzeugen, die neue Linie zu übernehmen? Es gibt erhebliche vorab Vertriebskosten bei der Einführung neuer Produkte. Jeder im Vertrieb will eine gewisse Sicherheit, dass die Investition von Zeit und Geld sich rentiert.

Ausbildung - Ihre Mitarbeiter und Ihr Vertriebsteam müssen auf das neue Produkt geschult werden. Wenn das Produkt komplex ist, müssen Sie allenfalls direkte face-to-face-Ausbildung anbieten. Oder vielleicht kann eine Art von Multimedia-Programm die Aufgabe erfüllen. Wenn das Produkt nicht komplex ist, genügt vielleicht Dokumentation. Der Zeitpunkt ist wichtig. Ausbildung bevor das Produkt freigegeben wird, nicht nachher.

Werbung - Schließlich müssen Sie ein Promotion-Paket haben, um die Einführung zu unterstützen: Werbung, Fachmessen, Marketingliteratur, Fachliteratur, Proben, Incentives, Website, Seminare, usw. Alle müssen mit Produktion, Versand und Schulung zeitgesteuert werden. Das neue Produkt wird ohne die richtigen Unterstützungs-Materialien kein Erfolg sein.

Vorläufer versus Spätankommer

Wenn Sie eine hohe Erfolgswahrscheinlichkeit in einem neuen Markt haben wollen, versuchen Sie der Erste zu sein, oder zumindest an zweiter Stelle. Auch wenn Sie einen Vorteil als Erster haben, können Sie diesen schnell verlieren, wenn Ihre-Technologie oder Dienstleistung nicht up-to-date ist. Aggressive Konkurrenten haben eine Reihe von Strategien, um Sie abzubremsen.

Heutzutage, wo strategische Planer alles schufen, was sie konnten um maximalen Wert zu erzeugen, versucht man nicht nur einheimischen Märkte zu erweitern, sondern auch sofort neue Märkte und Umsatz auf globalen Märkten zu entwickeln. Bevor Sie dies vornehmen, sollten sie jedoch einige wichtigen Fragen beantworten:

- Ist es sinnvoll, in ihrer Branche, Erster mit einem Produkt oder einer Dienstleistung zu sein?
- Ist es das Risiko wert ein Schrittmacher zu sein?
- Ist es vorzuziehen, zu warten um aus den Erfahrungen der ersten Anbieter auf dem Markt zu lernen?
- Was ist die angemessene Balance zwischen den Chancen und den Risiken?
- Wenn Sie ein Vorläufer sind, was können Sie tun, um eine Erosion ihres Anteils abzuwenden, wenn ein neuer Wettbewerber auf den Markt kommt?
- Wenn Sie spät im Markt auftreten, welche Strategien sollten Sie einnehmen, um Ihren Markteintritt erfolgreich zu machen?

Studien zeigen, als Erster auf den Markt zu sein, bringt in vielen Fällen einen signifikanten Vorteil gegenüber Spät-Teilnehmern. Allerdings können Spät-Teilnehmer erfolgreich sein, indem sie einzigartige Positionierung und Marketingstrategien adoptieren. Wenn Pioniere den Status des etablierten Betreibers erreichen, werden sie in der Regel beherrschend. Gelegentlich allerdings, sind sie nicht in der Lage, den wechselnden Anforderungen des Marktes gerecht zu werden. Neueinsteiger können Fehlstellen im Angebot dieser Pioniere nutzen, oder andere innovative Wege finden, um ihre Produkte oder Dienstleistungen zu vermarkten.

Pioniere mit einer bedeutenden Marktpräsenz müssen dennoch in der Lage sein auf den Einstieg neuer Marktteilnehmer zu reagieren, und Hindernisse für den Neuling bereiten. Zum Beispiel ein Pionier kann in der Lage sein, seinen Preis zu reduzieren und daher den Wert des Markts für eine neue Firma zu verringern, oder er kann den Zugang, durch die Kontrolle der Vertriebskanäle, gänzlich blockieren. Ob Späteinsteiger oder Pionier, es hilft, ein umfassendes Verständnis für Marketing-Strategien, und ein Feingefühl für Timing, zu haben.

Vermarktung eines neuen Produkts

Das *Entrepreneur Magazine* veröffentlichte eine Liste von kritischen Faktoren, die bei der Vermarktung eines neuen Produkts berücksichtigt werden sollten - einschließlich der Konkurrenz, den idealen Kunden, das Alleinstellungsmerkmal, Prüfung, Medienkampagnen und das Verständnis des Lebenszyklus des Produkts. Man kann sich diesen Ergebnissen nur anschließen (anschließend siehe die approximative Übersetzung der veröffentlichten Liste). Während diese Faktoren als Grund-Marketing-Fähigkeiten betrachtet werden, können sie während der Durchführung eines Marketing-Plans nicht genug betont werden.

Hinweis: Der Autor übernimmt keinerlei Gewähr für die Korrektheit der Übersetzung.

Kenntnis der Konkurrenz - Wettbewerb besteht fort, es sei denn Sie haben ein total neues Produkt erfunden. Eine umfangreiche Forschung über das Produkt das Ihre Konkurrenz anbietet ist erforderlich. Bewerten Sie die Vermarktung des Produkts durch dessen Unternehmens-Website, Broschüren, Online-Anzeigen und andere Marketing-Materialien der Konkurrenz.

Betrachten Sie, wie Ihr Produkt sich von dem Produkt, das von der Konkurrenz angeboten wird, unterscheidet. Herauszufinden, welcher Marketing-Aufwand für die Konkurrenz funktioniert oder nicht, kann dazu führen wie Sie Ihre eigenen Produkte effektiv vermarkten sollen.

Sich auf den richtigen Kunden zu konzentrieren - Konzentrieren Sie Ihre marketing-Bemühungen auf den Kunden, der am ehesten Ihr Produkt kauft. Betrachten Sie die Gründe, warum Kunden Ihr Produkt brauchen, oder wollen, und nutzen Sie diese Information in Ihrer Marketing-Botschaft. Es ist viel einfacher, sich an den Kunden zu richten, der ein Bedürfnis und den Wunsch für Ihr Produkt hat, als zu versuchen, einen Markt für Ihr Produkt zu kreieren. Zum Beispiel, wenn ein Wettbewerber an eine bestimmte Zielgruppe verkauft, sollen Sie herausfinden, wie Ihr Produkt einen besseren Zweck für die Gruppe bietet, und dann diese Informationen benutzen, um an die Gruppe zu vermarkten.

Vielleicht sollten Sie eine Marktforschung durchführen, um mehr über Ihre Zielgruppe zu erfahren. Fokusgruppen und Umfragen sind zwei Möglichkeiten, wie Sie mehr über die Bedürfnisse Ihrer Zielgruppe lernen.

Ein Alleinstellungsmerkmal - Ermitteln Sie, wie Ihr Produkt einen Bedarf besser, einfacher und schneller erfüllt, als das der Konkurrenz. Verwenden Sie Ihr Alleinstellungsmerkmal, um Marketing-Botschaften zu entwerfen, eine Marke für Ihr Produkt zu erstellen, und differenzieren Sie Ihr Produkt von Produkten die gleich oder ähnlich wie das Ihre sind.

Wenn Sie Ihre Konkurrenz durchforschen, prüfen Sie sorgfältig die Eigenschaften der Produkte. Achten Sie besonders darauf wie der Wettbewerb seine Produkte vermarktet. Wenn Sie die Produkte der Wettbewerber gegen die eigenen vergleichen, notieren Sie die Unterschiede.

Testen Sie die Wahrnehmung Ihres Produkts - Ihre Wahrnehmung des Produktes und die Wahrnehmung der potentiellen Kunden können sehr unterschiedlich sein. Das Wahrnehmungs-Testen Ihres Produkts, durchgeführt von Fokusgruppen oder durch sammeln von Feedback, kann Ihren Marketing-Bemühungen die Richtung weisen. Tester des Produktes könnten feststellen, dass das Produkt für einen bestimmten Zweck nicht arbeitet, aber für eine andere Verwendung gut funktioniert.

Public Relations und Medien-Beteiligung - Wenn es Zeit ist, das Produkt zu lancieren, können Public Relations und Berichterstattung in den Medien eine entscheidende Rolle spielen. Die Medienberichterstattung in Zeitschriften und Zeitungen, die Ihre Zielgruppe erreichen, kann von großen Nutzen sein. Publizität ist eine Drittanbieter-Unterstützung für Ihr Produkt, das viele Verbraucher wertvoller als Werbung finden.

PRODUKT-LEBENSZYKLUS

Alle Produkte durchlaufen einen Lebenszyklus. Der Zyklus umfasst die Stufen der Entwicklung - Einführung, Wachstum, Reife und Niedergang. Verständnis, wo das Produkt im Lebenszyklus befindet, wirkt sich direkt auf das Marketing aus.

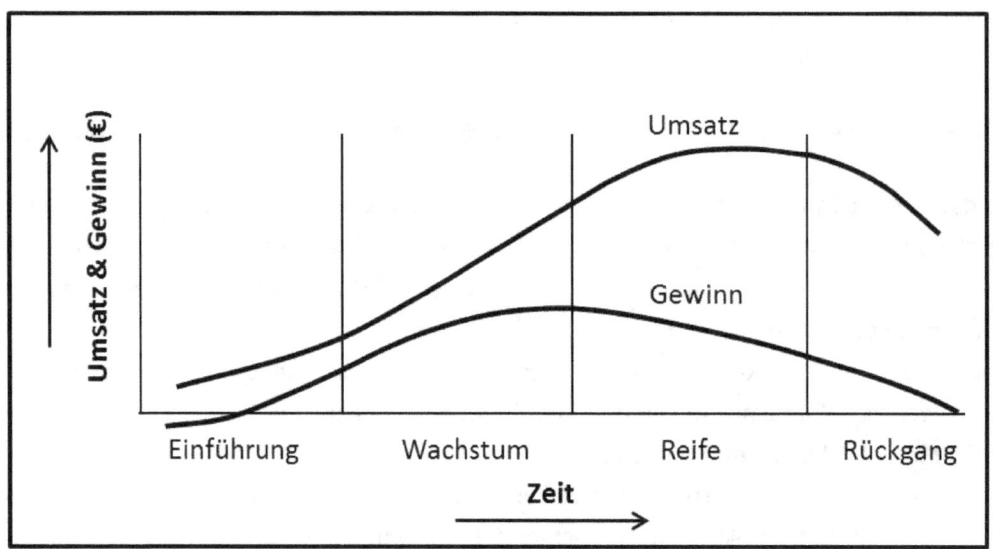

Als Modell bietet die obige Kurve eine Abschätzung für Umsätze und Gewinne, die erwartet werden können, wenn die Produkte durch die Phasen seines Lebenszyklus durchlaufen.

In Wirklichkeit folgen wenige Produkte einem solchen normativen Zyklus. Außerdem variiert die Länge der einzelnen Phasen. Die Entscheidungen vom Marketing kann die Phase, zum Beispiel von Reife zu Rückgang, durch Preissenkungen ändern. Nicht alle Produkte durchlaufen die einzelnen Phasen. Einige neue Produkte scheitern und gehen von der Einführung zum Untergang (sind ein Misserfolg).

In Bezug auf Investitionen, ist es wichtig, die Zeitdauer zu schätzen, wann das neue Produkt, nach der Markt-Einführung, voraussichtlich die Gewinnzone erreichen wird. Speziell für eine Capital-Finanzierung wird viel auf die Glaubwürdigkeit der Projektionen gegeben, wenn dies im Rahmen des Produktlebenszyklus diskutiert wird.

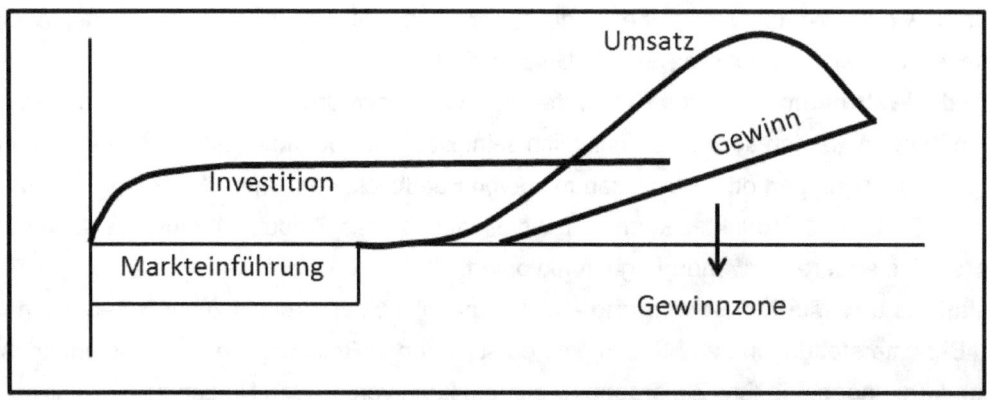

GLOBALE PRODUKTENTWICKLUNG

Während die globale Produktentwicklung nicht eine Situation ist, welche vielen Start-ups oder kleinen Unternehmen begegnet, ist es nicht ungewöhnlich, dass heutige Unternehmen (klein oder groß), in die internationale Produktentwicklung einbezogen werden. Daher beschloss der Autor, die Information aus dem Artikel „*Overcoming the Challenges of Globalized Product* Development, by PTC Creo - Bewältigung der Herausforderungen der globalisierten Produktentwicklung, von PTC Creo" , auszugsweise zu übersetzen und diesem Buch beizufügen.

Hinweis: Der Autor übernimmt keinerlei Gewähr für die Korrektheit der Übersetzung.

Für viele Unternehmen, vor allem Großunternehmen, ist die Produktentwicklung zu einem internationalen Unterfangen geworden, Produkte, in einzelne Komponenten aufgeteilt, zunehmend in mehreren Zentren auf der ganzen Welt entwickelt werden, und dann zu Integration und Test in das Unternehmen zurück zu bringen. Dieser Vorgang hat die Landschaft für Hersteller erheblich verändert, die zusammenhängende, vereinheitlichte Vorgänge bezüglich Wachstum und Innovation aufrecht erhalten müssen, um in den heutigen wettbewerbsorientierten Märkten konkurrenzfähig zu bleiben.

Produktentwicklung ist heute in vielen Branchen eine globale Zusammenarbeit mit erfahrenen, geographisch verteilten Ingenieurteams, die Produkte in einer kooperativen Art und Weise entwickeln. Faktoren für diese Entwicklung sind:

- Wachsender Wettbewerbsdruck
- Die Verfügbarkeit von sehr guten Fähigkeiten im Ausland
- Bessere digitale Zusammenarbeit und Kommunikationsmittel
- Entstehung der neuen wachsenden Märkte im Ausland

Globale Hersteller müssen Best Practices entwickeln und umsetzen, die es ihnen ermöglichen, aufeinander abgestimmte Produktentwicklungsstrategien, Zeitpläne, Sprachbarrieren und globale Grenzen zu überbrücken. Zu den angepriesenen Vorteilen der globalisierten Produktentwicklung gehören größere Effizienz im Engineering als Folge der niedrigeren Ressourcenkosten; Zugang zu dem internationalen technischen Know-how; neue globale Märkte für Produkte und flexiblere Zuteilung von Ressourcen durch Outsourcing.

Übertragung von bestehenden Prozessen und Verfahren führt jedoch zu einer Vielzahl von strategischen und taktischen Fragen, die Unternehmen klären müssen bevor sie eine globalisierte Produktentwicklung in Angriff nehmen können.

Geistiges Eigentum – Teilhaben an wertvollen Produktdaten, Designs und Technologien außerhalb des Unternehmens stellt eine größere Herausforderung für den geistigen Schutz des Eigentums dar. Unternehmen müssen Produkte und Prozesse in einer modularen Struktur definieren, um geistiges Eigentum zu schützen.

Prozessmethodik - Unternehmen müssen eine Methodik entwickeln, um Aufgaben an unterschiedliche globale Zentren zu delegieren. Wenn ein entfernter Standort an einer Arbeit beteiligt ist, die ein Teil einer größeren Aufgabe ist, muss ein Prozess vorhanden sein, der die Aufgabe in klare Schritte unterteilt und bestimmt, welche Schritte von jedem Zentrum durchgeführt werden, und es muss ein Prozess implementiert werden, um die notwendigen Übergaben, Bewertungen und Zulassungen zu ermöglichen.

Produkt Modularität – Oft werden komplette Subsysteme oder Komponenten an Design-Teams an einem anderen Ort ausgelagert. Modulare Produkt Architekturen können die globale Koordination dieser Produkte erleichtern. Klar definierte Schnittstellen zwischen den Modulen erleichtern ihre getrennte Entwicklung und spätere Integration in das Endprodukt.

Datenintegrität - Daten in einer globalen Organisation müssen zwischen mehreren, oft geografisch verteilten Standorten, verteilt werden. Wenn jeder Standort seine eigenen speziellen Tools und Datenbanken verwendet, werden Datenverfügbarkeit, Zugänglichkeit und Prüffähigkeit zu einer zentralen Frage. Um die Datenintegrität in der gesamten globalen Organisation zu erhalten, müssen optimale Verfahrensweisen für Daten- und File-Management eingerichtet werden. Darüber hinaus muss ein Design-System oder eine Datenbank als das übergeordnete System benutzt werden und alle Benutzer müssen die Auswirkungen von Änderungen, die sie mit den Quelldaten machen, verstehen.

Organisatorisches Veränderungsmanagement - Einige der größten Herausforderungen an die beteiligten Personen in der globalen Produktentwicklung sind die involvierten Aufgaben, die Verhaltensweisen und die neuen Fähigkeiten, die von ihnen verlangt werden. Sorgfältige Planung, Schulung und Ausbildung sollten diejenigen Personen erhalten, die eine entscheidende Rolle bei der Umsetzung der globalen Produktentwicklung einnehmen werden.

Bewältigung der Herausforderungen

Der Übergang zur globalen Produktentwicklung muss neue Wege der Zusammenarbeit zwischen den Teams und Einzelpersonen über Zeitzonen, Sprachen, Kulturen und Gesellschaften nehmen, und diese Unterschiede müssen von Anfang an berücksichtigt werden. Hersteller müssen einen systematischen Ansatz vorgeben, der alle drei Hauptkomponenten der globalen Produktentwicklung anspricht: Prozess, Menschen und Technologie.

Eine Grundvoraussetzung für den Erfolg in der globalen Produktentwicklung scheint von der Standardisierung in Tools und Prozesse abzuhängen. Design-Teams in kostengünstigeren Regionen haben oft nicht das Fachwissen oder den Zugriff auf das gleiche Niveau von High-End-Design-Tools, die in Europa oder der USA verwendet werden. Das Management muss in der Lage sein, standardisierte Produktentwicklungswerkzeuge, mit denen neue Produkte entwickelt werden, sowie standardisierte und dokumentierte Prozesse, zu etablieren. Standardisierung von Prozessen und Tools vom Beginn der globalen Produktentwicklung hilft mit der Compliance und der effektiven Methodik.

Produkt-Lifecycle-Management-Systeme können Herstellern helfen, offene und sichere digitale Umgebungen für die Produktentwicklung zu etablieren, die geistiges Eigentum schützt und ermöglicht, dass alle verteilten Design-Teams auf die aktuellen Design-Daten zugreifen. Product Lifecycle Management-Systeme ermöglichen auch Herstellern, den Überblick über alle Prozesse und Aufgaben zu behalten -unabhängig davon, welche Gruppe sie ausführt oder wo sie sind - in jedem Zustand des Produktentwicklungszyklus, sowie die Verfolgung und Verwaltung von Konstruktionsänderungen, so dass jeder die Auswirkungen von Änderungen sehen kann.

EU RECHT
UZH - Rechtswissenschaftliches Institut
http://www.rwi.uzh.ch/lehreforschung/alphabetisch/hilty/links/EU-Recht.html#top

Allgemein

Erlass	Link
Konsolodierte Fassung des Vertrags über die Arbeitsweise der Europäischen Union, ABl. C 115 vom 9. Mai 2008, S. 47 ff.	(AEUV)
Richtlinie 2004/48/EG des Europäischen Parlaments und des Rates vom 29. April 2004 zur Durchsetzung der Rechte des Geistigen Eigentums (Text von Bedeutung für den EWR)	(RL 2004/48/EG)

Patentrecht

Erlass	Link
Verordnung (EU) Nr. 316/2014 der Kommission vom 21. März 2014 über die Anwendung von Artikel 101 Absatz 3 des Vertrags über die Arbeitsweise der Europäischen Union auf Gruppen von Technologietransfer-Vereinbarungen	(VO (EU) Nr. 316/2014)
Verordnung (EU) Nr. 1257/2012 des Europäischen Parlaments und des Rates vom 17. Dezember 2012 über die Umsetzung der Verstärkten Zusammenarbeit im Bereich der Schaffung eines einheitlichen Patentschutzes	(VO (EU) Nr. 1257/2012)
Verordnung (EU) Nr. 1260/2012 des Rates vom 17. Dezember 2012 über die Umsetzung der verstärkten Zusammenarbeit im Bereich der Schaffung eines einheitlichen Patentschutzes im Hinblick auf die anzuwendenden Übersetzungsregelungen	(VO(EU) Nr. 1260/2012)
Mitteilung der Kommission an das Europäische Parlament und den Rat - Vertiefung des Patentsystems in Europa, KOM/2007/0165 endg.	(Mitteilung Kommission 2007)
Geschichte des Richtlininenvorschlags betreffend computerimplementierte Erfindungen (2005 am Widerstand des Parlaments gescheitert)	(Patentierbarkeit computerimplementierter Erfindungen)
Richtlinie 98/44/EG des Europäischen Parlaments und des Rates vom 6. Juli 1998 über den rechtlichen Schutz biotechnologischer Erfindungen	(RL 98/44/EG)
Verordnung (EG) Nr. 1610/96 des Europäischen Parlaments und des Rates vom 23. Juli 1996 über die Schaffung eines ergänzenden Schutzzertifikats für Pflanzenschutzmittel	(VO (EG) Nr. 1610/96)
Verordnung (EWG) Nr. 1768/92 des Rates vom 18. Juni 1992 über die Schaffung eines ergänzenden Schutzzertifikats für Arzneimittel	(VO (EWG) Nr. 1768/92)
Verordnung (EU) Nr. 316/2014 der Kommission vom 21. März 2014 über die Anwendung von Artikel 101 Absatz 3 des Vertrags über die Arbeitsweise der Europäischen Union auf Gruppen von Technologietransfer-Vereinbarungen	(VO (EU) Nr. 316/2014)

Urheberrecht
und verwandte Schutzrechte - Informationsrecht

Erlass	Link
Richtlinie 2014/26/EU des Europäischen Parlaments und des Rats vom 26. Februar 2014 über die kollektive Wahrnehmung von Urheber- und verwandten Schutzrechten und die Vergabe von Mehrgebietslizenzen für Rechte an Musikwerken für die Online-Nutzung im Binnenmarkt	(RL 2014/26/EU)
Richtlinie 2011/77/EU des Europäischen Parlament und des Rates vom 27. September 2011 zur Änderung der Richtlinie 2006/116/EG über die Schutzdauer des Urheberrechts und bestimmter verwandter Schutzrechte	(RL 2011/77/EU)
Richtlinie 2012/28/EU des Europäischen Parlament und des Rates vom 25. Oktober 2012 über bestimmte zulässige Formen der Nutzung verwaister Werke	(RL 2012/28/EU)
Richtlinie 2001/84/EG des Europäischen Parlaments und des Rates vom 27. September 2001 über das Folgerecht des Urhebers des Originals eines Kunstwerks	(RL 2001/84/EG)
Richtlinie 2001/29/EG des Europäischen Parlaments und des Rates vom 22. Mai 2001 zur Harmonisierung bestimmter Aspekte des Urheberrechts und der verwandten Schutzrechte in der Informationsgesellschaft	(RL 2001/29/EG)
Richtlinie 2006/116/EG des Europäischen Parlaments und des Rates vom 12. Dezember 2006 über die Schutzdauer des Urheberrechts und bestimmter verwandter Schutzrechte (kodifizierte Fassung) - ersetzt RiL 93/98/EWG	(RL 2006/116/EG)
Richtlinie 2006/115/EG des Europäischen Parlaments und des Rates vom 12. Dezember 2006 zum Vermietrecht und Verleihrecht sowie zu bestimmten dem Urheberrecht verwandten Schutzrechten im Bereich des Geistigen Eigentums (kodifizierte Fassung) - ersetzt RiL 92/100/EWG	(RL 2006/115/EG)
Richtlinie 2009/24/EG des Europäischen Parlaments und des Rates vom 23. April 2009 über den Rechtsschutz von Computerprogrammen, ersetzt: Richtlinie 91/250/EWG des Rates vom 14. Mai 1991 über den Rechtsschutz von Computerprogrammen	(RL 2009/24/EG)
Richtlinie 93/83/EWG des Rates vom 27. September 1993 zur Koordinierung bestimmter urheber- und leistungsschutzrechtlicher Vorschriften betreffend Satellitenrundfunk und Kabelweiterverbreitung	(RL 93/83/EWG)
Richtlinie 2002/58/EG des Europäischen Parlaments und des Rates vom 12. Juli 2002 über die Verarbeitung personenbezogener Daten und den Schutz der Privatsphäre in der elektronischen Kommunikation (Datenschutzrichtlinie für elektronische Kommunikation)	(RL 2002/58/EG)
Richtlinie 96/9/EG des Europäischen Parlaments und des Rates vom 11. März 1996 über den rechtlichen Schutz von Datenbanken	(RL 96/9/EG)

Designrecht

Erlass	Link
Verordnung (EG) Nr. 6/2002 des Rates vom 12. Dezember 2001 über das Gemeinschaftsgeschmacksmuster	(VO (EG) Nr. 6/2002)
Richtlinie 98/71/EG des Europäischen Parlaments und des Rates vom 13. Oktober 1998 über den rechtlichen Schutz von Mustern und Modellen	(RL 98/71/EG)
Richtlinie 87/54/EWG des Rates vom 16. Dezember 1986 über den Rechtsschutz der Topographien von Halbleitererzeugnissen	(RL 87/54/EG)

Kennzeichenrecht

Erlass	Link
Verordnung (EG) Nr. 207/2009 des Rates vom 26. Februar 2009 über die Gemeinschaftsmarke (kodifizierte Fassung) (Text von Bedeutung für den EWR), ersetzt: Verordnung (EG) Nr. 40/94 des Rates vom 20. Dezember 1993 über die Gemeinschaftsmarke	(VO (EG) Nr. 207/2009)
Richtlinie 2008/95/EG des Europäischen Parlaments und des Rates vom 22. Oktober 2008 zur Angleichung der Rechtsvorschriften der Mitgliedstaaten über die Marken (kodifizierte Fassung; Text von Bedeutung für den EWR), ersetzt: Erste Richtlinie des Rates vom 21. Dezember 1988 zur Angleichung der Rechtsvorschriften der Mitgliedstaaten über die Marken (89/104/EWG)	(RL 2008/95/WG)
Verordnung (EU) Nr. 1151/2012 des Europäischen Parlaments und des Rates vom 21. November 2012 über Qualitätsregelungen für Agrarerzeugnisse und Lebensmittel, ersetzt: Verordnung (EG) Nr. 510/2006 des Rates vom 20. März 2006 zum Schutz von geografischen Angaben und Ursprungsbezeichnungen für Agrarerzeugnisse und Lebensmittel (vormals: Verordnung (EWG) Nr. 2081/92 des Rates vom 14. Juli 1992 zum Schutz von geographischen Angaben und Ursprungsbezeichnungen für Agrarerzeugnisse und Lebensmittel) sowie Verordnung (EG) Nr. 509/2006 des Rates vom 20. März 2006 über die garantiert traditionellen Spezialitäten bei Agrarerzeugnissen und Lebensmitteln (vormals: Verordnung (EWG) Nr. 2082/92 des Rates vom 14. Juli 1992 über Bescheinigungen besonderer Merkmale von Agrarerzeugnissen und Lebensmitteln)	(VO (EU) Nr. 1151/2012)
Durchführungsverordnung (EU) Nr. 668/2014 Der Kommission vom 13. Juni 2014 mit Durchführungs-bestimmungen zur Verordnung (EU) Nr. 1151/2012 des Europäischen Parlaments und des Rates über Qualitätsregelungen für Agrarerzeugnisse und Lebensmittel	(VO (EU) Nr. 668/2014)
Delegierte Verordnung (EU) Nr. 664/2014 Der Kommission vom 18. Dezember 2013 zur Ergänzung der Verordnung (EU) Nr. 1151/2012 des Europäischen Parlaments und des Rates im Hinblick auf die Festlegung der EU-Zeichen für geschützte Ursprungsbezeichnungen, geschützte geografische Angaben und garantiert traditionelle Spezialitäten sowie im Hinblick auf bestimmte herkunftsbezogene Vorschriften, Verfahrensvorschriften und zusätzliche Übergangsvorschriften	(VO (EU) Nr. 664/2014)

Sortenschutzrecht

Erlass	Link
Verordnung (EG) Nr. 2100/94 des Rates vom 27. Juli 1994 über den gemeinschaftlichen Sortenschutz	(VO (EG) 2100/94)
Verordnung (EG) nr. 2470/96 des Rates vom 17. Dezember 1996 zur Verlängerung der Gültigkeitsdauer des gemeinschaftlichen Sortenschutzes für Kartoffeln	(VO (EG) 2470/96)

Recht gegen den unlauteren Wettbewerb und Verbraucherschutzrecht

Erlass	Link
Richtlinie 2005/29/EG des Europäischen Parlaments und des Rates vom 11. Mai 2005 über unlautere Geschäftspraktiken im binnenmarktinternen Geschäftsverkehr zwischen Unternehmen und Verbrauchern und zur Änderung der Richtlinie 84/450/EWG des Rates, der Richtlinien 97/7/EG, 98/27/EG und 2002/65/EG des Europäischen Parlaments und des Rates sowie der Verordnung (EG) Nr. 2006/2004 des Europäischen Parlaments und des Rates (Richtlinie über unlautere Geschäftspraktiken)	(RL 2005/29/EG)
Richtlinie 2006/114/EG des Europäischen Parlaments und des Rates vom 12. Dezember 2006 über irreführende und vergleichende Werbung (kodifizierte Fassung), Text von Bedeutung für den EWR – ersetzt RiL 84/450/EWG	(RL 2006/114/EG)

Kartellrecht

Erlass	Link
Verordnung (EG) Nr. 1/2003 des Rates vom 16. Dezember 2002 zur Durchführung der in den Artikeln 81 und 82 des Vertrags niedergelegten Wettbewerbsregeln (Text von Bedeutung für den EWR)	(VO (EG) Nr. 1/2003)
Verordnung (EU) Nr. 316/2014 der Kommission vom 21. März 2014 über die Anwendung von Artikel 101 Absatz 3 des Vertrags über die Arbeitsweise der Europäischen Union auf Gruppen von Technologietransfer-Vereinbarungen	(VO (EU) Nr. 316/2014)

Kommentar betreffend EU RECHT: Obwohl dieses Kapitel bezüglich Intellektuelles Eigentum einen Themenbruch im Buch darstellt, hat der Autor sich entschlossen es einzufügen da Technologieunternehmen oft auf der Grundlage des intellektuellen Eigentums basieren und daher allgemeines Wissen auf diesem Gebiet von Bedeutung ist.

MARKETING-STRATEGIE

Um eine erfolgreiche Marketing- und Vertriebsstrategie effektiv zu etablieren, ist es erforderlich, dass Sie ein gutes Marktverständnis haben und die Position Ihres Unternehmens in diesem Markt genau kennen. Die Marketing-Strategie-Sektion bietet eine analytische Übersicht.

Stellen Sie sicher, dass Sie eine klare Vorstellung des Marktes und der Kunden haben.

Viele Unternehmen beginnen, und einige machen weiter ohne ein klares Verständnis von ihrer Zielgruppe und Kunden zu haben. Einige sträuben sich den Zielmarkt zu klären; Sie wollen so viele Kunden wie möglich ansprechen, aber ein Ziel zu umreißen bedeutet andere Märkte und Kunden auszuschließen. Andere sind nicht in der Lage diejenigen in einer mehr als oberflächlichen Art und Weise zu beschreiben, die ihre Produkte / Dienstleistungen kaufen. Wir haben den gesamten Markt zu bedienen, lauten allgemeine Überzeugungen, oder manchmal, wir können es uns nicht leisten, uns zu fokussieren.

In der Praxis machen Produkt- und Service Designer immer Kompromisse. Sie opfern die eine oder die andere Eigenschaft, damit sie z.B. einen tragfähigen Preis erreichen können. Aber ohne konkrete Gestaltungsziele machen sie diese Kompromisse oft ohne gute Grundlage. Die Kunden zu fragen, auf welche Funktionen sie verzichten wollen, hilft nicht immer: Die klassische Reaktion von Kunden ist, dass sie etwas „mehr" und „besser" wollen. Gelegentlich führt dies dazu, dass Unternehmen daraus schließen, dass „mehr" gleich ist wie „besser".

Bei der Betrachtung des verstärkten Wettbewerbs um Kunden ist eine häufig gestellte Frage - Sind wir konkurrenzfähig? In Anbetracht des Wettbewerbs, kann es für viele Unternehmen eine intelligente Entscheidung sein, ein Nischenanbieter zu werden.

DAS NISCHENMARKT-KONZEPT

Anstatt zu versuchen, jedem zu dienen, ist es für viele Unternehmen wünschenswert, einen bestimmten Markt und eine Anzahl von Kunden zu identifizieren, die das Unternehmen besser als jedes andere versorgen kann – mit besseren Produkten, besserem Service, niedrigeren Kosten oder eine Kombination von allem. Das sind ihre Nischen-Marketing / Umsatz Ziele.

Selbst in gut definierten Nischenmärkten sollten Sie häufig die Kundenbedürfnisse untersuchen

Unternehmen, die diesen Weg einschlagen, versuchen alles über ihre Zielkunden zu lernen, beginnend mit - wer kauft, warum kaufen sie und wo sind ihre potentiellen Käufer. Sie verfolgen sowohl qualitative als auch quantitative Analyse, und nicht nur von einmaligen Forschungsprojekten, sondern aus einem kontinuierlichen Strom von Feedback. Sie untersuchen die Kundenbedürfnisse, ihre Kaufgewohnheiten und ihre unerfüllten Wünsche. Sie entschlüsseln die Schwachstellen der Wettbewerber, und sie bestimmen, welche Kunden am besten ihren eigenen Fähigkeiten entsprechen.

Nischenmarkt-Vorteile

Es gibt viele Vorteile für Nischen-Marketing:

Weniger Konkurrenz	Effektive Nischen-Marketing-Strategien können Unternehmen helfen, ein Marktsegment zu steuern, und die Konkurrenz fernzuhalten.
Starke Kunden-Beziehungen	Firmen mit Nischenmärkten bauen starke Beziehungen zu ihren Hauptkunden auf, was sie vor Wettbewerbsbedrohungen schützt. Dies gibt dem Geschäft Kraft und minimiert Schwankungen.
Investitionen in bessere Fähigkeiten	Als "Spezialisten" in einem bestimmten Bereich mit Nischenpositionierung kann ein Unternehmen seine Investitionen in bessere Ressourcen konzentrieren.
Konzentrierte Marketing-Bemühungen	Unternehmen mit einem Nischen-Konzept können ihre Marketing-Bemühungen auf ihren Kernmarkt konzentrieren.
Hohe Gewinnmargen	Gewinnmargen in Nischenmärkten sind in der Regel höher, weil die Kunden weniger wahrscheinlich den Preis als bestimmenden Faktor betrachten. Sie benutzen die Firma, weil sie glauben, dass sie die beste Lösung für sie bietet.

Aber ein Nischenanbieter zu sein, ist nicht immer eine einfache Angelegenheit. Veränderungen auf dem Gebiet haben in einigen Branchen den Begriff "Nische" neu definiert. Vorherige nischenartige Produkte wurden manchmal durch neue Technologie und Wettbewerb eliminiert. Erfolgreiche Nischen sind ausgeprägter geworden. Wenn Sie sich also entschieden haben, Nischen-Marketing zu verfolgen, sollten Sie wichtige Überlegungen berücksichtigen.

Unterstützung einer Marktnische

Positionierung in einer Nische bedeutet, dass Ihr Unternehmen sich auf eine eng definierte Gruppe von Interessenten konzentriert – betrachten Sie es als "Ziel"-Marketing. Ziel ist es, Kunden, denen die Eigenschaften des Ziels passen zu gewinnen und die anderen abzulehnen. Um für eine Marktnische nachhaltig zu sein müssen Sie Kunden finden, die den engen Kriterien entsprechen; untermauern Sie, dass es genügend Kunden gibt für eine nachhaltige Produkt-/Service-Linie und dass Sie mit aktuellen Wettbewerbern für jene Kunden konkurrieren können.

Bewerten Sie Ihre Zielmärkte unter mehreren Bezugsgrößen. Zuallererst grenzen Sie die Nischen-Märkte und deren Größe ab. Wenn es zu allgemein ist, ist es nicht wirklich eine Nische. Wenn es zu klein ist, wird es das obere Markt-Größenniveau schnell erreichen. Untersuchen Sie gleichzeitig die Eintrittshürden. Wenn fast jeder in den Markt eintreten kann, wird es sehr schwer sein, einen Wettbewerbsvorteil zu erhalten. Wählen Sie Nischen, die eine Investition erfordern, sowohl in Zeit und Geld, denn das wird andere draußen halten. Klein zu sein oder einen geringen Marktanteil zu haben, macht Sie nicht zu einem Nischen-Player.

Marketing zur Verbesserung der Nischenpositionierung

Es gibt einige spezifische Merkmale des Nischen-Marketings. Sie teilen sich in zwei Kategorien - Kundenschnittstelle und Management des Ansehens. Sie benötigen einen bestimmten Plan (Clients und Empfehlungsquellen) um Kunden in Ihrem Nischenmarkt zu erreichen. Das beinhaltet den Aufbau einer Kundendatenbank, einen Kommunikationsplan, einen Entwicklungsplan für Beziehungen zu Meinungsführern in der Nische, und eine spezifische Website für die Nische und eine Kampagne in sozialen Medien. Der Vorteil der Fokussierung auf eine Nische kann auch eine Herausforderung für das Marketing sein. Ein schlechter Ruf (unter ein paar Kunden oder Meinungsführern) kann sogar die größte Nischen-Marketing Position vernichten.

Strategien zur Verteidigung der Nischen-Positionierung

Effektive Nischenpositionierung erfordert eine Unternehmenskultur, die schnell bei der Beurteilung und Einführung neuer Produkte und verschiedene Service-Delivery-Tools ist. Dies sind Bereiche, denen Nischenanbieter Aufmerksamkeit widmen müssen:

- <u>Kundendienst</u> - Kunden zahlen eine Prämie für Nischendienstleistungen und haben hohe Erwartungen.
- <u>Out-of-date Service und veraltete Technologie</u> - in Nischenmärkten, erwarten die Kunden dass die Lieferantenfirma die neuesten Konzepte von Technologie und Informationen benützen um ihr Problem zu lösen.
- <u>Variation in Kundenwünschen</u> - mit einer kleinen Gruppe von Kunden muss der Nischendienstanbieter kontinuierlich darauf achten, wie seine Kunden eingebunden und bedient werden wollen.
- <u>Wettbewerb</u> - Nischen sind manchmal klein und neue wettbewerbsfähige Unternehmen können eine Nische von einer tragfähigen zu einer nicht tragfähigen, allein durch Verlagern des Marktanteils, beeinflussen.

Ist Nischenmarktpositionierung eine gute Strategie für Ihre Organisation?
Hoffentlich helfen die obigen Überlegungen Ihnen diese Frage zu beantworten.

Neuausrichtung des Geschäfts

Es sei darauf hingewiesen, dass vor allem namhafte Unternehmen dazu neigen, das Ausmaß zu überschätzen, an dem sie wirklich besser als die Konkurrenz sind. Etablierte Unternehmen müssen sich von Zeit zu Zeit neu ausrichten. Mit neuem Wissen bewaffnet, kann ein Unternehmen Angebote entwerfen, bei denen ihre Stammkunden Priorität haben. Es kann testen, lernen und sich dem Bedarf anpassen, und dann kann es sich wieder vergrößern. Es muss auch neue-Feedback-Mechanismen schaffen, um eine kontinuierliche Anpassung und Verbesserung zu ermöglichen.

Nischenmarkt-Konsequenzen

Wahre Markt- und Kundenorientierung aufzubauen kann herausfordernde Konsequenzen für Ihre Produktlinie, Ihre Dienstleistungen und Ihre Organisation, haben.

Produkte

Zahlreiche Unternehmen bevorzugen eine breite Produktpalette; sie wollen etwas für jeden haben, so dass kein Interessent enttäuscht weg geht. Dies führt oft zu vergrößerter Komplexität. Die Fokussierung auf Zielkunden ermöglicht es einem Unternehmen seine Produktkomplexität zu reduzieren. Mit dem Wissen, was Ihre wichtigsten Kunden am meisten wünschen, können Sie sich konzentrieren, ihnen genau das zu geben.

Durch die Konzentration auf ihre Stammkunden, kann ein Unternehmen einem altehrwürdigen Prinzip folgen: begeistere die Wenigen, um die Vielen anzuziehen. Produkte, die genau das sind, was Ihre wichtigsten Kunden wollen, werden voraussichtlich viele andere Kunden ansprechen. Allerdings muss jedes Unternehmen, das dieser Richtung verfolgt, einige schwierige Entscheidungen treffen. Da es niemals allen Menschen gerecht werden kann, wird ein Unternehmen, das nur in seine Stammkunden investiert, sich mit Bezug auf Zugriff auf andere Kunden notwendigerweise selbst begrenzen müssen.

Organisation

Eine Kunden-Fokussierungsstrategie gibt Ihnen auch ein Mittel zur Reduzierung der organisatorischen Komplexität, die sich im Laufe der Zeit aufbaut. Wird eine bestimmte Handlung, eine Dienstleistung oder Geschäftseinheit den Wert, den Sie Ihren Kernkunden anbieten, erhöhen? Wenn die Antwort "Nein" oder "Wir sind nicht überzeugt" ist, dann ist dieser Teil Ihrer Organisation ein guter Kandidat zur Reduzierung oder gar Abschaffung. Sind Sie sich bewusst, welche Entscheidungen und Fähigkeiten von zentraler Bedeutung für die Zufriedenheit Ihre Zielkunden sind? Ist dies nicht der Fall, machen Sie zweifellos diese Entscheidungen oder kultivieren diese Funktionen nicht so gut wie Sie sollten. Haben Sie eine kundenorientierte Unternehmenskultur? Wenn nicht, priorisieren Menschen die Produkt- oder Dienstleistungsentscheidungen treffen vielleicht nicht den Kunden und handeln zu Gunsten anderer Prioritäten? Und, sie horchen vielleicht nicht auf das Feedback von den Außendienst Mitarbeitern, die vor allem mit den Kunden zu tun haben?

Einige Unternehmen stehen vor schwierigen Entscheidungen. Sie wuchsen, indem sie mehr und mehr Alternativen für eine schlecht definierte Zahl von Kunden bereitstellten. Jedoch, waren diese Erweiterungen nicht mehr überschaubar und die Komplexität, die sie produzierten, zerstörte sie allmählich. Um zu profitablem Wachstum zurückzukehren, mussten die Unternehmen genau verstehen, wer ihre Zielkunden waren und mehr über ihre Bedürfnisse erfahren, um ihre Produkte anzupassen, damit sie mit den Wünschen und Bedürfnissen der Kunden übereinstimmen und damit eine Kundenbindung wieder hergestellt werden kann.

Wachstumsoptionen

Unternehmer, die eine direkte Beziehung zwischen der Größe eines Zielmarkts und der Wahrscheinlichkeit eines Erfolgs sehen, verpassen oft die Möglichkeit, profitable Nischenmärkte zu nutzen. Nischen-Marketing bietet nicht nur Start-ups und kleinen Unternehmen eine Chance, das Geschäft erfolgreich zu starten, sondern kann auch dazu beitragen, dass sie wichtige Akteure in einem größeren Markt werden.

Nischenanbieter zeigen eine Reihe von gemeinsamen Verhaltensweisen. Dazu gehören ein tiefes Verständnis für ihre Kunden und das Erkennen der Bedürfnisse ihrer Kunden, und die Fähigkeit, mit diesen Kunden im engen Kontakt zu bleiben. Gute Marktnischen-Unternehmen produzieren konsequent hochwertige und innovative Produkte. Eine Nische zu bedienen, ermöglicht es Unternehmen, sich auf die Anforderungen einer reduzierten Gruppe von Kunden zu konzentrieren ohne sich die Chance zu verbauen, in einem breiteren Markt zu bestehen.

Konkurrenz von großen Marktteilnehmern

Nischen-Unternehmen sind im Wettbewerb nicht unbesiegbar, vor allem von größeren Marktteilnehmer mit erheblichen Ressourcen. Wie sollten Sie also angesichts der Konkurrenz reagieren? Effektive Nischengeschäfte reagieren mit Innovation und eher hochwertigen Produkten, anstatt mit Kostensenkungsmethoden.

Sobald ein Nischenmarkt gesättigt ist, können Wachstumschancen aus mehreren Quellen stammen. Eine Möglichkeit ist die internationale Expansion.

Einige Risikokapital-Anleger zögern in Nischen-Unternehmen zu investieren; dies macht es schwierig für Unternehmer, ihr Wachstum auf diesem Weg zu finanzieren, daher stammt Wachstum manchmal aus Partnerschaften mit größeren Unternehmen. Ein Nebenprodukt davon ist, dass zahlreiche Nischenmarkt Unternehmen auf lange Sicht von größeren Unternehmen übernommen werden.

Das Endergebnis ist, dass trotz einiger Start-up und Expansions-Herausforderungen, wie z. B. Beschaffung von Finanzierung und Management des Wachstums, viele Unternehmer, die sich auf Nischenmärkte konzentrieren, dies sehr profitabel und lohnend finden. Die Schlüssel zum Erfolg sind: *in Kontakt mit Ihren Kunden zu bleiben, ihre Bedürfnisse zu verstehen und den Fokus der Betreuung dieser Bedürfnisse mit einem Engagement für kontinuierliche Innovation, zu pflegen.*

NEUE TECHNOLOGIE-MÄRKTE

Start-up Firmen durchlaufen oft auf dem Weg zu einem zukunftsfähigen Unternehmen Phasen von Hype, Enttäuschung und schließlich Wachstum. Betrifft dies auch die Gesamtheit der Märkte für Neue Technologien? Folgt die Entwicklung eines neuen Marktes einem ähnlichen Muster?

Märkte erleben oft einen "Hype Cycle" von Begeisterung, gefolgt von einem Rückfall. Wenn der Markt schließlich erfolgreich ist, ist die nächste Phase der "Liftoff". Rückgänge enden nicht bevor mehrere Grundbedingungen vorliegen. Erstens muss sich eine breite Akzeptanz der zugrunde liegenden Technologien entwickeln, die den Markt unterstützen. Zweitens müssen überzeugende Referenzanwendungen existieren um die Akzeptanz anzutreiben. Schließlich muss es eine bahnbrechende Firma geben, die den Markt weiter voran bringen kann. Selbstverständlich sind nicht alle Märkte in der Lage, sich von einem Abstieg zu erholen.

Für Firmen und Investoren ist die aufregendste Komponente die sog. Neue-Markt-Kurve. Nachdem der Abstieg endet erweisen sich starke Technologiemärkte letztlich wertvoller als sich irgendjemand vorstellen konnte, auch während des Hype-Zyklus. Allerdings erholen sich viele Märkte nicht von ihrem Abstieg. Zum Beispiel gibt es bestimmte Nano-Technologien, die in vielen Produkten grundlegend sind, dennoch ist ein breiter Nanotechnologie-Markt nicht wirklich entstanden (er hat im Jahr 2020 ~1,4 Milliarden Euro erreicht).

Bei den folgenden Abschnitten handelt es sich um Updates dieses 2016 veröffentlichten Buches für 2020.

Neues aus der Technologiebranche

Die Technologie entwickelt sich heute in rasantem Tempo und ermöglicht schnellere Veränderungen und Fortschritte, was zu einer Beschleunigung der Veränderungsrate führt. Ein Fachmann in den 2020er Jahren wird ständig lernen, verlernen und neu lernen.

Künstliche Intelligenz und Cloud Computing dominieren weiterhin die neue Technologiebranche.

In den 2020er Jahren sollten Technologieunternehmen drei wichtige strategische Möglichkeiten in Betracht ziehen, um sich für eine erfolgreiche Zukunft zu positionieren:
- Intensivierung der Bemühungen um die digitale Transformation mit Schwerpunkt auf der Verbesserung der Cloud-Infrastruktur, der Daten- und Analysefähigkeiten, der Cybersicherheit und der Transformation des Geschäftsmodells
- Neuausrichtung und Umschulung der Belegschaft, um die Möglichkeiten der Fernarbeit zu verbessern und die Vorteile von Spitzentechnologien wie der künstlichen Intelligenz (KI) voll auszuschöpfen
- Neubewertung des Ortes und der Art und Weise, wie die Fertigung erfolgt, mit Schwerpunkt auf der Verbesserung von Transparenz, Flexibilität und Nachhaltigkeit

Der Markt für Telemedizintechnologie

Einer der vielversprechenden neuen Technologiemärkte ist die Telemedizin (manchmal auch als eHealth, mHealth, Telecare usw. bezeichnet). Aus einem Bericht von The Business Research Company geht hervor, dass sich der Weltmarkt für Telemedizintechnologie in nur wenigen Jahren mehr als verdoppeln wird. Eine Expansion in diesem Tempo bietet Unternehmen und Investoren große Chancen.

Um den wachsenden Bedarf an Gesundheitsdienstleistern und Patienten, die mit Telemedizin arbeiten, zu unterstützen, habe ich zwei Bücher geschrieben (erhältlich auf Amazon):

Im Jahr 2019 habe ich das Buch "**Technologie der Telemedizin**" geschrieben. Ziel war es, einen Überblick über die technischen Aspekte der Telemedizin zu geben. Künstliche Intelligenz (KI) wurde am Rande behandelt.

Im Jahr 2020 schrieb ich das Buch '**KI-Automatisierte Telemedizin**'. Diese Veröffentlichung ist ein Versuch, die Fortschritte der künstlichen Intelligenz in der Telemedizin zu bewerten.

Nach einer systematischen Literaturübersicht über die technischen Aspekte der Telemedizin beschreibe ich die Entstehung neuer Themenbereiche im Bereich der KI in der Telemedizin. Ich stelle künftige Diagnoseverfahren vor und zeige auf, dass Patienten problemlos kontinuierlich fernüberwacht/-diagnostiziert werden können und sich sogar selbst (mit Hilfe eines remote zugeschalteten Arztes) untersuchen können.

Diese Bücher konzentrieren sich auf die technologische Perspektive der Telemedizin und dienen nur zu Informationszwecken. Sie sind nicht als medizinische oder rechtliche Beratung oder als Ersatz für die Beratung eines Fachmanns gedacht. Ich teile lediglich meine persönlichen Ansichten über die Vorteile der Telemedizin mit.

Die Telemedizin revolutioniert die Gesundheitsversorgung - insbesondere in Kombination mit KI. Es gibt jedoch noch viel zu tun, bevor neue Technologien wie KI, intelligente Chatbots, neue VR- und AR-Apps, neue Wearables usw. ihr volles Potenzial im Gesundheitswesen entfalten können. Die USA bleiben aufgrund ihrer technologischen Fortschritte an der Spitze der Telemedizin. In Europa befinden sich telemedizinische Programme eher in einem frühen Entwicklungsstadium. Es scheint jedoch die Bereitschaft zu bestehen, diese Programme zu entwickeln, obwohl sie anfangs nur langsam angenommen werden.

KI in der Telemedizin wirkt sich auf die gesamte Wertschöpfungskette der klinischen Praxis und des Patientenversorgungssystems aus, indem sie neue Modelle der Versorgung und Unterstützung bietet. KI stärkt die Telemedizin - der folgende Abschnitt gibt einen Überblick.

KI verändert die Telemedizin

Im Zuge des technologischen Fortschritts ist die künstliche Intelligenz (KI) zur Routine geworden. Und eine Branche, die sich schnell verändert, ist das Gesundheitswesen. Die Telemedizin ist eine der jüngsten Branchen, in der KI in großem Umfang eingesetzt wird, von der Verteilung elektronischer Krankenversicherungskarten über persönliche Konsultationen bis hin zur kontinuierlichen Online-Patientenüberwachung und -diagnose. Bei der Ausweitung der Telemedizin ist die KI eine der wichtigsten weiter zu entwickelnden Komponente.

Telemedizin in den 2020er Jahren

Telemedizin nutzt die digitalen Informations- und Kommunikationstechnologien wie PCs, Mobilgeräte und tragbare Sensoren, um Gesundheitsdienste aus der Ferne in Anspruch zu nehmen und zu verwalten. Diese Komponenten prägen das Gesundheitswesen schon seit Jahren, aber jetzt macht sie große Schritte, um die Art und Weise, wie Menschen medizinisch versorgt werden, zu verändern.

Die Telemedizin hat sich ständig verbessert und ist nach wie vor profitabel. Die zunehmende Umsetzung von telemedizinischen Praktiken mit KI-Innovationen ist ein gutes Zeichen für die Entwicklung des gesamten Gesundheitswesens.

Verbesserung der medizinischen Diagnostik

Mit den Anwendungen der KI in der Telemedizin wird es für Ärzte einfacher sein, verschiedene medizinische Zustände zu untersuchen und zu analysieren/diagnostizieren. Wenn die Fernüberwachung mit KI kombiniert wird, können Fortschritte durch Personal mit geringerer Qualifikation erzielt werden. KI kann auch die Krankenhauszeiten und die Belastung bei bürokratischen Arbeiten verringern.

Die prädiktive Analytik kann auch dazu beitragen, dass Telemedizin-Patienten schneller einen Spezialisten finden. KI kann beispielsweise die Möglichkeit bieten, Anfragen auf der Grundlage der Ergebnisse/Analyse der Symptome eines Patienten direkt an einen Spezialisten weiterzuleiten, anstatt sie an den Hausarzt zu schicken.

Vorteile der Patientenfernüberwachung

Am meisten profitieren von Lösungen für die Patientenfernüberwachung diejenigen, die eine ständige Überwachung ihrer Vitalparameter, einschließlich Blutdruck, Sauerstoffgehalt, Temperatur, Bewegung und anderer Messwerte, benötigen. Durch die Möglichkeit, diese Vitalparameter zu Hause zu messen und zu analysieren und die Ergebnisse automatisch an den Arzt zu übermitteln, verschiebt sich das Paradigma der Versorgung von der episodischen zur präventiven Versorgung.

Zusammenfassung des Inhalts des Buches KI-Automatisierte Telemedizin:

- Überblick über neue Technologien und IT-Infrastrukturen im Gesundheitswesen - wie sich das Gesundheitswesen mit Fortschritten in neuartigen Bereichen wie Künstliche Intelligenz (KI) gestaltet
- Erläuterung, wie KI Ärzte in der Primärversorgung bei der Ferndiagnose unterstützen kann
- Was Sie bei Ihrer ersten Videokonferenz erwarten können
- Beschreibung der KI-basierten Erfassung von Vitaldaten
- Erläuterung der Selbstuntersuchung mit einem Ultraschallgerät
- Überblick über das KI-gesteuerte Management chronischer Krankheiten
- Erläuterung von KI in der Gesundheitsverwaltung
- Zusammenfassung der KI im Gesundheitswesen während und nach Covid-19
- Überblick über Smart Homes und Telemedizin
- Antizipierte Fragen von Patienten zur Telemedizin

Die Bücher "Technologie der Telemedizin" und "KI-Automatisierte Telemedizin" versuchen nicht, alle Facetten des komplexen Gesundheitswesens abzudecken, aber sie bieten technologieorientiertes Material aus Hunderten von Artikeln für diejenigen, die die Qualität des Gesundheitswesens verbessern wollen und nach Informationen für die Gründung oder Weiterentwicklung eines Unternehmens suchen.

TECHNOLOGIE-TRENDS

Die Bedeutung der datentechnischen Integration der Automatisierungsindustrie wird zukünftig enorm zunehmen und immer wichtiger für entwickelnde bzw. produzierende Unternehmen werden. Das Ziel ist es, ein Portfolio von Hardware und Software Produkten bereitzustellen, das eine nahtlose datentechnische Verbindung zwischen Entwicklung, Produktion und Lieferanten ermöglicht. Die vollständige digitale Repräsentation der physischen Wertschöpfungskette ist das ultimative Ziel. Die ganzheitliche Automatisierungslösung dafür ist ein Software Suite mit einer kompletten und vor allem sicheren Internet Integration. Die Endkunden sind dann mehr und mehr in der Lage, Herstellern von Produkten über das Netz direkt und genau mitzuteilen, was sie wann benötigen. Die Entwicklung von Automatisierungssystemen und das Endkundengeschäft werden zunehmend durch das Internet beeinflusst. Lösungen für diese Herausforderungen werden in Initiativen gesucht, die besser unter Schlagwörtern wie das Industrial Internet of Things (IIoT) oder Industrie 4.0 bekannt sind.

Sicherheit

Mit steigender Digitalisierung wird eine vollständige Sicherheit in der Automatisierung immer wichtiger. Deshalb ist die Sicherheit der Industrie ein Kernelement von jedem Lösungsansatz einer Automatisierung auf dem Weg zu Industrie 4.0.

Wenn die Digitalisierung von Anlagen und Fabriken und die Automatisierung der eingesetzten Komponenten, wie z. B. Controller, Roboter oder Bediensysteme, aufeinandertreffen, muss sich der Anlagenbetreiber mit dem Thema Sicherheit auseinandersetzen. Wer soll Zugang zu den Automatisierungskomponenten haben? Welche Daten sind so wichtig, dass nicht jeder darauf zugreifen soll? Welche Programme müssen mit einem Kopierschutz versehen werden? Das sind die wichtigen Fragen, die es zu beantworten gilt.

Industrielle Cyber Security hat sich zu einer Globalen Priorität entwickelt

Unter Berücksichtigung der Sicherheit der Systeme in Anlagen, Fabriken und SCADA-Anwendungen hat der Markt für industrielle Automatisierungssystem-Cyber-Security-Produkte und Services an Bedeutung gewonnen. Cyber-Security-Lösungen umfassen Produkte wie Firewalls, Antivirus (AV) und Whitelisting (WL) Software und Dienstleistungen die bewertet, gestaltet, umgesetzt und zu erhaltet werden müssen; sowie Dienstleistungen um Benutzern zu helfen Cyber-Intrusionen zu erkennen und zu verwalten.

Unternehmen haben seit vielen Jahren daran gearbeitet ihre Automatisierungssysteme zu sichern. Globale Ereignisse wie Stuxnet haben die Dringlichkeit der Bewältigung der Cyber-Sicherheit aller Unternehmen deutlich erhöht.

Veröffentlichung des NIST Cyber Security Framework und NERC CIP Version 5 beeinflussen auch den Markt und deuten darauf hin, dass die Zukunft strengere Vorschriften und Compliance umfassen wird.

Während risikoreiche Industrie Branchen den Markt antreiben, ist jedes industrielle Unternehmen besorgt über das Potenzial für Betriebsstörungen. Boards und Aktionäre fordern, dass industrielle Organisationen Strategien für Cyber-Sicherheit entwickeln um Vermögen zu schützen und Risiken begrenzen.

Nur wenige Unternehmen haben die internen Cyber-Security-Experten um diese Anforderungen zu erfüllen. Sie sind zunehmend auf Automatisierungs-Systemlieferanten und Automatisierungs-Cyber-Security-Spezialisten angewiesen um diese kritische Lücke zu füllen.

Strategische Probleme

Industrielle Automations-System Cyber-Sicherheitslösungen, die von Automatisierung Systemlieferanten, Systemintegratoren und Endbenutzer selbst zusammengebaut werden, sind anders als IT-Lösungen der Unternehmensebene. Dies macht Lösungen schwer zu verstehen und macht es schwierig, ein Investitionsniveau zu setzen.

Das "Internet of Things"

IoT - Das "Internet of Things" im Überblick: In den kommenden Jahren werden immer mehr elektronische Geräte und Systeme so ausgestattet sein, dass sie automatisch Daten über das Internet versenden und empfangen können. Schon heute behaupten viele Experten, dass sich das "Internet of Things" an der Schwelle zu einer neuen innovativen Entwicklung mit großem Potenzial für die verschiedenen Märkte befindet. "Internet of things", auf Deutsch "Internet der Dinge", bedeutet, dass selbst simple Gegenstände mit dem Internet verbunden werden und miteinander agieren können. Auf diese Weise werden diese Geräte zu interaktiven sowie intelligenten Komponenten, welche durch ihre Sensoren, ihre Programmierbarkeit, ihrer Speicherkapazität und ihre Kommunikation in der Lage sind, autark und online Informationen miteinander auszutauschen.

Industrie 4.0

In der Automatisierung der Prozessindustrie hat Industrie 4.0 längst begonnen. Die Produktion ist schon heute in hohem Maße automatisiert. Moderne Prozessleitsysteme tragen dazu bei, die Anlagen so effizient wie möglich zu betreiben. Jetzt kommt der nächste Schritt. Das „Internet der Dinge" schafft die technischen Rahmenbedingungen, um noch produktiver und wettbewerbsfähiger zu werden.

Außerhalb der Firmen, die mit dem Internet vertraut sind, wissen aber viele Unternehmen nach wie vor nicht, was sie mit dem „Internet der Dinge" anfangen und wie sie sich darauf einstellen sollen. Laut FAZ hat bis Anfang 2016 jeder zweite Entscheidungsträger in der Industrie in Deutschland, Österreich und der Schweiz noch nichts von dem Begriff „Industrie 4.0" gehört, der das Phänomen der digitalen Vernetzung von Wertschöpfungsketten anschaulicher machen soll. Rund ein Viertel kennt zwar den Begriff, weiß aber nicht genau, was darunter zu verstehen ist. Und nur ein Viertel von denen kennt auch die mit Industrie 4.0 verbundenen Veränderungen.

Bereit für das Internet der Dinge (IoT)?
http://www.sps-magazin.de/?inc=artikel/article_show&nr=104696

Dem Internet der Dinge wird heute viel Aufmerksamkeit zuteil und Vorhersagen für Wachstumszahlen sind auffällig. Wenngleich es interessante Konzepte und Anwendungen für das IoT gibt, wird noch über den konkreten Nutzen in der realen Welt diskutiert. Für die Industrie gibt es verschiedene Aspekte zu beachten.

Das industrielle Internet der Dinge (Industrial Internet of Things, kurz IIoT) verspricht an vielen Stellen praktischen Nutzen. Viele Unternehmen sind interessiert, doch bislang hat nur ein kleiner Prozentsatz das IIoT vollständig angenommen. Es gibt fünf wichtige Elemente, die Organisationen berücksichtigen sollten, ehe IIoT-Pläne in die Tat umgesetzt werden:

- 1. Alte Ausrüstung: Wie alt ist der Bestand von Geräten und der Ausrüstung in der Fabrik. Müssen sie ersetzt oder modernisiert werden? Kann die Ausrüstung mit modernen Lösungen kommunizieren? Wie viel Zeit und Geld wird das erfordern? Welche kostengünstigen Lösungen können die aktuelle Infrastruktur verbessern?
- 2. Protokolle und Kommunikation: Wie viele und welche Protokolle werden im Netzwerk zusammen mit der Ausrüstung verwendet? Müssen sie umgerüstet werden? Welche Medien verwendet die Verkabelung (Glasfaser, Kupfer, RS-232/422/485)?
- 3. Standort und Umfeld: Wo befindet sich die Anlage? Falls sich die Ausrüstung an einem abgelegenen Ort befindet: Können Geräte über Mobilfunknetze überwacht werden? Sind 3G- oder 4G/LTE-Netzwerke verfügbar, und wenn nicht, Breitband- oder Glasfasernetze? Wie ist die allgemeine Umgebung? Muss Ausrüstung in Industriequalität eingesetzt werden?
- 4. Sicherheit: Bei einer erfolgten IoT-Umfrage war Sicherheit die von den Befragten am meisten angegebene Sorge (39%). Auch im IIoT muss die Sicherheit ein wichtiges Anliegen sein. Wie können sensible Daten bei der Erfassung und Übertragung geschützt werden? Welche Sicherheitsmaßnahmen gibt es für die Systeme, die IIoT-Daten erfassen, überwachen, verarbeiten und speichern? Gibt es Vorschriften bezüglich des Schutzes von Daten und Informationen?
- 5. Personal: Ist IT-Personal verfügbar, wenn technologiebasierte Geräte zum Netzwerk hinzugefügt werden? Haben andere Mitarbeiter Erfahrung mit Computern und können bei der Montage und Überwachung helfen? Sind Software oder eine Fernüberwachung erforderlich, um Geräte an anderen Standorten im Auge zu behalten?

Industrie 4.0 steht und fällt mit Sicherheit

http://www.ferchau.at/news/industrie-40-steht-und-faellt-mit-sicherheit-3169/

Intelligent vernetzte Maschinen und Anlagen, die untereinander mit Werkstücken und ihrem Umfeld kommunizieren – entweder via Internet oder über Inhouse-Netze. So soll die schöne Welt der Industrie 4.0 aussehen. Das Ziel: die intelligente Fabrik, die sich durch Wandlungsfähigkeit, Ressourceneffizienz und Ergonomie auszeichnet. Der Haken: Herkömmliche IT-Sicherheitsmaßnahmen greifen zu kurz.

Den Anwender eines Office-PCs stört es kaum, wenn er beim Einloggen in ein verschlüsseltes System für mehrere Sekunden keine Antwort erhält. Anders ist das bei Steuerungen von kompletten Fertigungsanlagen: Hier müssen die Sensorwerte in Echtzeit zur Verfügung stehen. Auch lassen sich die üblichen Reaktionsweisen auf einen Virusbefall nicht einfach vom Büro-PC auf einen Industrierechner übertragen. Schließlich kann man eine Produktionsanlage im Schadensfall nicht mal so eben vom Netz nehmen.

Verschiedene Sicherheitsbehörden und Verbände haben bereits diverse Maßnahmenkataloge veröffentlicht. Laut einer Untersuchung der Hochschule Augsburg gibt es europaweit rund zwanzig unterschiedliche Kataloge, die sich teilweise überschneiden. Allein in Deutschland existieren mehrere Regelwerke, wie der Maßnahmenkatalog des BSI, ein Whitepaper des Bundes der deutschen Energie- und Wasserwirtschaft oder eine VDI/VDE-Richtlinie 2182 über Informationssicherheit in der industriellen Automatisierung.

Vernetzung muss vertrauenswürdig sein

Dr. Bernhard Diegner, Leiter der Abteilung Forschung, Berufsbildung, Fertigungstechnik vom Zentralverband Elektrotechnik- und Elektronikindustrie (ZVEI), sieht das Problem der fehlenden Sicherheitsstandards als zentrale Herausforderung auf dem Weg zur vierten industriellen Revolution. „Sicherheitsstandards sind eine notwendige Bedingung – IT-Security muss sichergestellt werden. Wenn es nicht gelingt, Vertrauen in die Vernetzung aufzubauen, kann die erhoffte Revolution schnell ausbleiben." Es gehe darum, Angriffs- und Betriebssicherheit in eigentlich offen kommunizierenden und kooperierenden Teilsystemen herzustellen. Manchmal ein Widerspruch. Die offene Kommunikation sei essentiell, um nicht nur Zulieferer und Partner, sondern auch den Kunden in den Produktionsprozess einzubinden. „Wir müssen eine sichere Anbindung verschiedener Komponenten erreichen, die vermutlich nie vollständig sicher sein werden", so Diegner.

Trotz mannigfaltiger Bedrohungsarten sind Industrieanlagen wie Automatisierungs-, Prozesssteuerungs- und Prozessleitsysteme oft immer noch nicht im Fokus von IT-Security-Fachleuten. Das Bundesamt für Sicherheit in der Informationstechnik (BSI) will mit dem „ICS Security Kompendium" den Betreibern von Industrieanlagen für die Absicherung ihrer Produktions- und Steuerungs-Systeme, sogenannter Industrial Control Systems (ICS), Schützenhilfe leisten. Die Idee: Die Implementierung von IT-Security in Form der erarbeiteten Best Practices soll zu einer Risikominderung in ICS führen. In dem 124 Seiten starken Werk werden die wichtigsten Bedrohungen für industrielle Kontrollsysteme zusammengestellt. Das Ergebnis: Die sich aus der Komplexität der Vernetzung von Systemen ergebenden Risiken sind gravierend.

Angreifer finden immer neue Wege

Neben den klassischen Gefahren wie Viren oder Trojanern, bedrohen zudem neuartige und auf industrielle Kontrollsysteme ausgelegte Attacken durch Schadprogramme wie Stuxnet, Duqu und Flame die vernetzten Produktionsanlagen. Diese können befallene Computer fernsteuern und ausspionieren. Dazu können von der Software zum Beispiel am Computer angeschlossene oder im Computer integrierte Mikrofone, Tastaturen und Bildschirme ausgewertet werden. Die Malware kann sich ebenfalls auf andere Systeme über ein lokales Netzwerk oder per USB-Stick ausbreiten.

Da sie unbekannte Sicherheitslücken ausnutzen, lassen sie sich von Intrusion-Detection-Systemen und Firewalls nicht erkennen. Der Stuxnet-Wurm beispielsweise, der im Jahr 2010 in iranischen Atomkraftwerken entdeckt wurde, setzte gezielt die dortigen Scada-Steuerungssysteme außer Gefecht, um Zentrifugen zu manipulieren.

Die Sicherheitsforscher von F-Secure meldeten jüngst in ihrem Blog eine Serie von Attacken auf Industrieanlagen: ICS und SCADA-Software sei durch Trojaner infiziert, die auf den betroffenen Systemen Hintertüren öffnen. Die Angriffe basieren auf der in PHP geschriebenen Trojaner-Familie Havex Remote Access Trojan (RAT). Dafür haben die Angreifer Apps und Installer, die Anwender von den Seiten der Hersteller herunterladen können, mit den Schädlingen infiziert. Die Schädlinge verbreiten sich jedoch auch via Spam-Mails und Exploit-Kits.

Audits geben Aufschluss über Gefährdungspotenziale

Gefährdungspotenziale identifiziert das BSI hauptsächlich in Bereichen, die bei jüngsten Sicherheits-Audits aufgefallen sind und Rückschlüsse auf die aktuelle Gefährdungslage sowohl bereits eingesetzter Automatisierungslösungen als auch zukünftiger Vorgehensweisen auf Basis von Industrie 4.0 zulassen. Genannt werden hier die Anbindung unbekannter Systeme zur Datensicherung, nicht ausreichende oder nicht dokumentierte Regeln für Firewalls und Router, ungeschützte oder ständige (Allways-on) Netzwerkverbindungen, fehlende Betriebssystem-Patches und veraltete Netzwerkelemente. Entgegen der klassischen IT haben ICS insbesondere abweichende Anforderungen an die Schutzziele Verfügbarkeit, Integrität und Vertraulichkeit. Dies äußert sich beispielsweise in längeren Betriebszeiten und kleineren Wartungsfenstern.

Es gibt mehrere Lösungsansätze

Wie stellt man nun das Konzept der Industrie 4.0 auf sichere Füße? Laut BSI steht ein wirksames Schutzsystem auf drei Säulen: Die erste, „Security by Design", bezeichnet ein Prinzip, wonach Sicherheitsanforderungen von Beginn der Produktentwicklung an berücksichtigt werden. Der Anwender muss sich also im Klaren darüber sein, wie die Komponenten zusammenspielen und getrennt werden, und wie die Datenflüsse deshalb zu verschlüsseln sind.

Als weitere Maßnahme, insbesondere zum Schutz vor Schadsoftware, ist dem BSI zufolge „Whitelisting" geeignet. Ein Werkzeug also, mit dessen Hilfe gleiche Elemente wie Programme, Befehle oder Apps zusammengefasst werden, welche nach Meinung der Verfasser der Liste vertrauenswürdig sind. Eine Maßnahme, die sich anbietet, da die Zahl der erwünschten Operationen in einer Produktionsumgebung im Vergleich zur IT vergleichsweise gering ist.

Ergänzend dazu empfiehlt sich das „Trusted Computing". Um sicher zu stellen, dass nur an der Produktion beteiligte Geräte auf die Daten zugreifen, können an bestimmten Elementen wie Steuerungen nur mittels Trusted-Platform-Module-Chips authentifizierte Geräte angeschlossen werden. Sobald also ein unberechtigtes Element eingesetzt wird, erkennen das die anderen Akteure und schließen die auffällige Maschine von der Kommunikation aus.

Neben aller Technik ist auch der Mensch gefordert. Nicht nur Betreiber, auch Integratoren und Hersteller müssen einen notwendigen Beitrag zur Erhöhung des ICS-Sicherheitsniveaus leisten, beispielsweise durch verstärkte Tests der ICS-Produkte. Insgesamt muss bei allen Beteiligten eine ausreichende Sensibilität erzeugt werden, um das Know-how der deutschen Wirtschaft und Industrie international zum entscheidenden Wettbewerbsvorteil auszubauen.

Industrie 4.0 in der Prozessindustrie

http://www.chemietechnik.de/texte/anzeigen/123997/Industrie-40-in-der-Prozessindustrie/Automatisierung-industrie-40-Internet-der-Dinge

Das nächste große Ding?

Die Säure, die sich auf dem Weg durch die Anlage überlegt, was sie mal werden will? Schwer vorstellbar. Was für die klassische Teilefertigung als Paradebeispiel für die Zukunft in der Industrie 4.0 herangezogen wird, erfordert für Chemie-, Pharma- und Lebensmittelprozesse eine lebhafte Phantasie. Dennoch ist auch für die Prozessindustrie mehr dran am Thema, als sich die Macher der Plattform Industrie 4.0 bislang vorstellen wollen.

Automatisierung, Industrie 4.0, Internet der Dinge

Wenn in der Produktion alles mit allem vernetzt wird, entstehen ganz neue Möglichkeiten - und sogar neue Geschäftsmodelle. Von der vierten industriellen Revolution sprechen die Protagonisten der Plattform Industrie 4.0, die von Wirtschafts- und Wissenschaftsministerium sowie Verbänden getragen wird. In den USA, wo im vergangenen Jahr das Industrial Internet Consortium aus der Taufe gehoben wurde, spricht man lieber vom „Industrial Internet of Things", kurz IIoT.

Nach einer Studie des Fraunhofer IAO und des IT-Branchenverbands Bitkom könnte die Vernetzung von Produktentwicklung, Produktion, Logistik und Kunden der Chemie zwischen 2013 und 2025 für ihre Wertschöpfung ein Plus von 30 Prozent bescheren. Kein Pappenstiel, angesichts eines Umsatzvolumens von jährlich rund 190 Mrd. Euro. Kaum verwunderlich also, wenn sich immer mehr Chemieunternehmen nach den potenziellen „Früchten" der Industrie 4.0 strecken.

In erster Linie zählt zu diesen das Vermeiden ungeplanter Stillstände. Vernetzte Sensoren in Maschinen und Apparaten, die systematische Auswertung von Maschinendaten mit spezieller Software und die Nutzung von mathematischen Modellen sollen weit im Voraus Aussagen dazu liefern, wann beispielsweise eine Prozesspumpe ausfallen wird. Und lassen sich die Daten nicht nur in einer Fabrik analysieren, sondern ähnliche Problemfälle in einem ganzen Werk und noch besser: in allen Werken auf der ganzen Welt identifizieren, dann ist der Lerneffekt besonders groß. „Big Data" nennen die IT-Spezialisten diesen Ansatz.

Big Data - das heimliche Ziel der Industrie

Doch bei der Nutzung der Big Data geht es für die Prozessindustrie um weit mehr, als nur verbesserte Wartungsprozesse. Gelingt es, die in der Produktion vorhandenen Daten in mathematischen Modellen des Prozesses zu nutzen, könnten die Unternehmen ganz neue Wettbewerbsvorteile erschließen: Produkte könnten in exakt der vom Kunden geforderten Spezifikation produziert werden, und zwar unter Einsatz exakt der erforderlichen Rohstoff- und Energiemengen - nicht mehr und nicht weniger. Bislang übliche Sicherheitszuschläge ließen sich abschmelzen - der Hersteller kann so seine Marge steigern oder aber kostengünstiger anbieten.

Modulare Automation in der Prozessindustrie

http://www.openautomation.de/detailseite/modulare-automation-in-der-prozessindustrie.html

Modularisierung spielt auch in der Prozessindustrie eine immer wichtigere Rolle. Ziel ist es dabei, die Zeitersparnis zwischen Produktidee und Markteinführung um 50 % zu reduzieren und die Einstiegskosten für neue Produkte zu verringern. Welche Anforderungen dabei an die Automatisierungstechnik – nicht zuletzt unter dem Aspekt Industrie 4.0 – gestellt werden, diskutierte eine Expertenrunde.

Industrie 4.0 ist auch für die Prozessindustrie ein Thema: „Wir werden erst in Zukunft wissen, was wirklich praxistauglich ist", betont Dr. Helmut Figalist, Leiter Technologie und Innovation bei Siemens Industry Automation. „Zunächst geht es um die Definition konkreter Schritte, die zu einem differenzierten Bild hinsichtlich der Branchen und Regionen führen wird." Prof. Dr.-Ing. habil Leon Urbas vom Institut für Automatisierungstechnik der TU Dresden, Mitglied des AK 1.12 Modularisierung der Namur Interessengemeinschaft Automatisierungstechnik in der Prozessindustrie, ergänzt für die Namur: „In der Prozessindustrie ist Industrie 4.0 ein Thema, weil zunehmend Informationstechnologie eingesetzt werden muss, um die selbst gesteckten Ziele zu erreichen. Da wir in Wertschöpfungsketten denken müssen, greift der immer wieder herausgehobene Kernaspekt ‚Flexibilisierung selbstorganisierender Systeme' zwar etwas kurz, zeigt aber auf, welche Aufgaben wir noch vor uns haben". Für Stephan Sagebiel, Gruppenleiter Industriemanagement Prozess- und Verfahrenstechnik bei Phoenix Contact ist das Konzept Industrie 4.0 eine sich ergebende Notwendigkeit, da es zum Beispiel darum geht, die Vielzahl in der Produktion anfallender Daten zielführend aufzunehmen und zu verarbeiten.

Industrie 4.0 in der Prozessindustrie

„Industrie 4.0" ein Marketing-Hype? „Eine visionäre Strategie erfordert ein starkes Marketing, um sie nach vorne zu treiben", weiß Ernst Jäger, Marketing Manager bei Emerson Process Management. „Ein bloßer Hype ist es dennoch nicht. Alle haben wohl eine klare Vorstellung davon, wo es hingehen soll." Laut Dr. Thomas Albers, Technischer Leiter Automation bei Wago ist Industrie 4.0 auch ein Marketing-Hype, aber nicht ausschließlich: „Die Revolution gab es schon; die Themen sind schon seit Jahren diskutiert worden. Jetzt werden sie lediglich kanalisiert, neu zusammengefasst und in eine neue Richtung gebracht, unter anderem dadurch, dass dieses Thema auch in der Öffentlichkeit diskutiert wird."

In der Prozessindustrie ist das Thema laut Axel Haller, Gruppenleiter Chemical, Oil & Gas bei ABB, mittlerweile stark verankert: „Für uns ist insbesondere der Aspekt der Modularisierung interessant". Und Dr. H. Figalist ergänzt: „In der Prozessindustrie wird das Thema anders betrachtet, als in der Fertigungsindustrie. Das Schlagwort ‚Industrie 4.0' wurde ursprünglich nur mit der flexiblen Fertigung verbunden. In der Chemieindustrie geht es sehr viel mehr um Effizienz und Erhöhung der Ausbeute als in der Fertigung."

Prof. L. Urbas ist sicher, dass aus Sicht der Namur der technische Fortschritt, den Industrie 4.0 bringen wird, auch Nutzen für den Standort generiert. Die ursprüngliche Vision von Industrie 4.0 – das Produkt teilt den Fertigungsanlagen mit, wie es zu fertigen ist – spielt für die Prozessindustrie keine Rolle. „Der Kern ist vielmehr die Nutzung der Daten über den gesamten Lebenszyklus der Anlagen und Produkte", betont Prof. L. Urbas. Er sieht hier einen Wandel in der Automatisierungstechnik: Schnittstellen werden immer wichtiger. „Diese Wegbereiter für Industrie 4.0 werden als Hebel nutzbar, um letztlich mehr Geld zu verdienen und Ressourcen zu schonen."

Module in der Prozessindustrie

Ein Modul im Sinne der Namur besteht aus Apparaturen, Verrohrung, Verkabelung, Montagestrukturen, Automatisierungstechnik mit Hard- und Software sowie entsprechenden Planungsunterlagen und Dokumentation – sozusagen ein mechatronisches „Paket". Dieses Modul wird dann in ein Backbone oder gegebenenfalls in ein höheres Modul integriert. Viele der Entwicklungen zu Industrie 4.0 sind auch Voraussetzung zur Automatisierung modularer Anlagen. Durch Industrie 4.0 können einige Impulse zur Modernisierung der Automatisierungssysteme und der Weiterentwicklung der Systemlandschaft genutzt werden. Die Automatisierung modularer und flexibler Produktionsanlagen kann von Industrie 4.0 profitieren.

Modularer Anlagenbau und der Einsatz von Package Units sei bereits gängige Praxis, allerdings sei die Integration von Package Units in Leitsysteme nicht so komfortabel, wie die Anwender sich das wünschen, erklärt Dr. H. Figalist. Das Beispiel der F3-Factory zeigt, wie prozesstechnische Anlagen auf der Basis von Containern gemanagt werden.

„Wird eine Anlage aus Modulen aufgebaut, so ist die zentrale Bedienung, Beobachtung, Steuerung und Überwachung der Anlage eine zentrale Herausforderung", so Dr. H. Figalist. „Jedes Modul muss daher in das übergeordnete Leit- oder Scada-System eingebunden werden." Ein Problem dabei sei, dass die Module von verschiedenen Herstellern kommen können und somit keine Homogenität der Systemlandschaft gegeben ist. Anders als dieser technische Aspekt stelle sich der wirtschaftliche dar. In der Wertschöpfungskette käme nunmehr neben dem Anlagenlieferanten und dem System-Lieferanten der Modullieferant hinzu, der im Zuge der modularen Automation und dem modularen Anlagenaufbau an Bedeutung gewinnt.

Auch in der Fertigungsindustrie wird modularisiert. „Gemeinsam ist der Prozess- und der Fertigungsindustrie die Anforderung, die Komplexität der immer intelligenter werdenden Module beherrschen zu müssen und gemeinsam nutzen zu können", stellt hierzu S. Sagebiel heraus. „Herausforderungen und Gemeinsamkeit sind gleichzeitig die Kommunikation der intelligenten Einheiten miteinander", so A. Haller. Prof. L. Urbas verweist in diesem Zusammenhang auf die Erfordernis von Standards und Architekturen, die hinsichtlich der Planung an sich ändernder Gegebenheiten angepasst werden müssen: „Es geht nicht mehr darum, teure Einzellösungen zu schaffen, sondern es muss der Schulterschluss gesucht werden."

Dr. T. Albers ist überzeugt, dass es technisch sehr wohl Gemeinsamkeiten in der Prozess- und Fertigungsindustrie gibt, denn auch Fertigungsanlagen seien modular aufgebaut: „Jede Anlage kann als Hintereinanderschaltung oder Zusammenfassung von einzelnen Modulen betrachtet und jedes Modul für sich einzeln beschrieben werden." In einem übergeordneten System zusammengefasst, idealerweise mittels „Plug-and-play", konfiguriere sich das komplette System dann selbst. Im Maschinenbau sei dies – dank standardisierter Beschreibung – üblich und die Prozessindustrie könne hier durchaus Anleihen nehmen.

Chancen und Herausforderungen der Modularisierung

Welche Chancen und Herausforderungen bietet die modularisierte Produktion speziell für die Automatisierungstechnik? „Die Herausforderungen sind relativ einfach darzustellen: In der Vergangenheit und der Gegenwart finden wir zu 98 % zentrale Leittechnik an der Spitze der Pyramide", so S. Sagebiel. „Dezentralisierung bedeutet aber eigene Intelligenz im Gerät und nicht mehr nur in der Leittechnik." Er ist überzeugt, dass es im Zuge dieser neuen Anforderungen an die Geräte zwangsläufig eine neue Anbieterlandschaft entsteht. „Im Kern geht es darum, ‚Plug-and-produce'-Module zu schaffen und zwar mit herstellerunabhängigen Interfaces", betont hingegen Dr. H. Figalist. Auch er ist überzeugt, dass sich die Wertschöpfungsketten ändern, da „die Modulhersteller als potenzielle Kunden erschlossen und bedient werden wollen".

E. Jäger sieht zunächst die Chance, bestehende Barrieren aufzubrechen: „In der Vergangenheit gab es verschiedene Gewerke, die nunmehr im Zuge der Modularisierung der Automation miteinander kommunizieren müssen." In diesem Zusammenhang erinnert er an das Thema „Asset Management": „Es ist nicht damit getan, Module zu erwerben und zu erwarten, dass diese sich auf Anhieb zu einer kompletten, funktionierenden Anlage verbinden. Von ‚Plug-and-produce' trennt uns noch ein weiter Weg. Daher müssen die Module in einer übergeordneten Leittechnik zu einem funktionierenden Ganzen zusammengefügt werden. Bezüglich der Wertschöpfungskette bekommt dann das Asset Management einen neuen Stellenwert." Gewerke müssen zusammengeführt werden, um eine verfahrenstechnische Anlage zu realisieren. Er ist daher sogar überzeugt, dass Hersteller von Leitanlagen eher Intelligenz und Kompetenz aufbauen müssen, als sie abzugeben: „Es müssen viele Puzzlesteine zu einem System zusammengefügt werden. Kompetenz heißt nicht Datenmapping für Schnittstellen."

„Die Automatisierungshersteller werden keine Kompetenzen abgeben", ist A. Haller überzeugt. „Kompetenzen werden sich vielmehr an einigen Stellen verlagern, an anderen werden neue aufgebaut werden: Wir als Automatisierungshersteller müssen vom Spezialisten zum Generalisten werden, weil wir auch die Module, die wir in unseren Lösungen integrieren, verstehen müssen." Dr. T. Albers sieht für die Zukunft eine Verschiebung der Aufgaben und einen anderen Abstraktionslevel in der Kompetenz: „In Zukunft wird sich der Hersteller eines Leitsystems nicht mehr um jeden einzelnen Temperatursensor und jeden Durchflussmesser kümmern. Dies wird in einem Modul gekapselt. Die Kompetenz für die einzelnen Verfahrensschritte liegt nach wie vor beim Hersteller des Leitsystems." Vergleichbar sei das mit der Arbeitsweise einer Kältemaschine: „Der Maschine wird vom Leitsystem gesagt, welche Temperatur gewünscht ist, die Maschine selbst weiß, wie der Kompressor und die Ventile anzusteuern sind und mit welcher Geschwindigkeit der Lüfter läuft. Das ist heute bereits selbstverständlich." Genau diese Selbstverständlichkeit werde es auch mit anderen Modulen und Funktionen in der Prozessindustrie geben: „Der Abstraktions-Layer erreicht ein höheres Level und ein Teil des spezifischen Know-hows über den Produktionsprozess wird in die Module verlagert", schließt der Technische Leiter Automation von Wago an.

Dr. H. Figalist sieht die Kompetenzverschiebung vor allem im Zusammenhang mit dem Betreiber einer Anlage: „Durch die geänderten Wertschöpfungsketten weiß der Betreiber, wie sein Gesamtprozess, aber nicht mehr wie die Kältemaschine oder jedes Modul im Einzelnen funktioniert." Hier liegen das Know-how und die Kernkompetenz beim Modulhersteller. Dem stimmt Prof. L. Urbas aus Namur-Sicht zu: „Kompetenzen und Servicebedingungen werden sich verändern. Es wird aber auch neue Servicestrukturen geben. Als Betreiber werden wir nicht alle Module einkaufen, sondern auch eigene herstellen und automatisieren, insbesondere solche, in denen unser Know-how steckt. Andere Dinge, die man als ‚Brot-und Butter-Technik' bezeichnen könnte und die unabhängig vom Produkt sind, können zugekauft werden. Generell muss sich die Sicht auf die eigene Organisation ändern und mehr und mehr nach dem Kern der eigenen Wertschöpfung gefragt werden."

Zukunft der modularisierten Produktion

Wie wird modularisierte Produktion für Industrie 4.0 in fünf Jahren aussehen? „Wir werden in dieser Zeitspanne erste Schritte getan haben", glaubt Dr. H. Figalist. Die sogenannten Cyber-Physical Systems sind in der Prozessindustrie dann noch nicht realisiert. Er setzt fort: „Industrie 4.0 für die Prozessindustrie ist mehr als nur modulare Produktion. Wir müssen einen großen Schritt in Richtung durchgängiges Engineering tun. Das Asset Management, die Businessmodelle im Service und die Wertschöpfungsketten werden sich ändern, sie werden flexibler und dynamischer als heute werden." Diese Änderungsprozesse werden länger dauern als fünf Jahre.

A. Haller hofft „in den nächsten Jahren auf eine weitere Verbesserung der Standardisierung, eine Verbesserung der Schnittstellen und der Zusammenarbeit in heterogenen Systemen". Erst mit heterogenen Architekturen werde modulare Automatisierung möglich werden. Dem stimmt E. Jäger zu und ergänzt, dass Automatisierer „dies nicht allein stemmen können. Wenn wir von integriertem Engineering und Datenkonsistenz über den Lebenszyklus einer Anlage reden, dann sind auch andere Gewerke betroffen, etwa Hersteller von CAE-Planungswerkzeugen und Verfahrenstechniker. Hier sei noch „eine ganze Menge Arbeit zu leisten."

„Die Chemieindustrie baut bereits modulare Anlagen, teils als Prototypen, teils schon zur Produktion", erinnert Prof. L. Urbas. Die daraus resultierenden Anforderungen an die Automatisierung wurden innerhalb der Namur in Form von Empfehlungen formuliert. Er schließt an: „Wir haben dabei vor allem gelernt, dass wir nicht nur über Technik sprechen, sondern vielmehr über Lebenszyklus-Management von Information, Modulen und Prozessen, Intellectual Properties und Services." Damit lassen sich neue Märkte erschließen.

WARUM FIRMEN SCHEITERN

Scheitern, ein Thema, über das man gerade in der Business-Welt nicht gerne spricht. Also spricht man lieber über seine Erfolge und lässt sich für diese auf die Schulter klopfen. Schade, denn aus dem eigenen Scheitern und dem seiner Mitmenschen kann man einiges lernen. Wie einst Henry Ford sagte, „Fehler sind die wunderbare Gelegenheit neu anzufangen – nur intelligenter". Die folgenden zwei Artikel, kopiert aus dem Internet, listen einige Gründe auf warum Unternehmen so oft scheitern.

Gründe warum Unternehmen scheitern

Auszüge vom everbill magazin - Das Online-Magazin für KMU, Startups und Selbständige

Viele träumen von der Selbständigkeit. Davon, endlich die einengenden Strukturen hinter sich zu lassen, der eigene Chef zu sein und seine Ideen gewinnbringend umzusetzen. Und dann ist sie da, die eine Idee mit der es klappen soll. Aber Achtung: Eine gute Idee alleine reicht nicht. Wir zeigen Ihnen, warum Unternehmen scheitern und wie Sie es besser machen können.

Unternehmensgründer sind arrogant

Welcher Gründer denkt vor Projektrelease nicht, dass seine Idee einzigartig auf dem Markt ist? In 95% der Fälle ist es die Arroganz, die zu dieser täuschenden Annahme führt. Nach einiger Zeit stellt man fest, dass doch mehr Konkurrenz am Markt ist, als angenommen. Das bedeutet mehr Kosten, mehr Arbeit und damit verbunden – mehr Angst um die eigene Existenz.

Arroganz ist laut "the Entrepreneur Mind" viel mehr ein Effekt als ein Grund für das Scheitern eines Unternehmens, Startups oder Projekts.

Der Markt wurde schlecht analysiert

Entweder ist die Konkurrenz zu stark, die Zielgruppe sträubt sich gegen das Produkt oder der Markt ist zu klein und dessen Einstieg mit Hürden versehen.

Der Profit bleibt aus

Wie lange darf man als Unternehmen auf Profit warten? Wann ist es Zeit, die Segel zu streichen?

Bei der Profitplanung lässt es sich also streiten. Was aber klar ist: Profit ist DER Gradmesser für Ihren Unternehmenserfolg. Analysieren Sie deswegen Ihre Nutzerzahlen genau, beobachten Sie die Konkurrenz und führen Sie Ihre Stärken, Schwächen sowie Chancen auf. Beachten Sie dabei, dass der Markt sich ändert, genau wie die Bedürfnisse der Zielgruppe. Machen Sie sich dabei eines klar: Scheitern ist erlaubt – nur sollte Ihre Existenz davon nicht bedroht werden. "Fail early and cheap" lautet hier das Motto.

Schlechte Unternehmensführung lässt Unternehmen scheitern

Nur weil man sein eigenes Unternehmen gestartet hat, heißt das nicht, dass man den ganzen Tag der eigenen Leidenschaft folgen kann. Abhängig von der Idee und der Größe des eigenen Vorhabens sowie des daraus entstandenen Unternehmens, sieht man sich als Unternehmensführer viel mit administrativen Aufgaben konfrontiert.

Das bedeutet: Rechnungsführung, Mahnwesen, Kundenkontakte schüren, Networking, Unternehmensverwaltung, Kalkulation, und, und, und. Nur wer diese Aufgaben dauerhaft zu erfüllen weiß, wird auch langfristig am Markt erfolgreich sein.

Gründe für die Firmen-Pleite von Gründern UNTERNEMER.de

Der Schritt ins eigene Unternehmen kostet Mut. Umso enttäuschender ist es, wenn die Firma schon zu Beginn Pleite geht. Lesen Sie hier die häufigsten Gründe für das schnelle Scheitern einer Firma.

Das Portal foerderland.de hat zehn Ursachen für den ausbleibenden Erfolg eines jungen Unternehmens zusammengestellt:

Mangelnde BWL-Kenntnisse
Eine gute Idee allein macht noch keinen Erfolg. Ein Mangel an betriebswirtschaftlichem Wissen ist ein häufiger Grund für das Scheitern einer Firma.

Größenwahn
Häufiger Fehler: Gründer überschätzen ihr Marktpotenzial. Der Firmenwagen und die Sekretärin gehen über die Fixkosten hinaus – das kann das Aus bedeuten.

Ansprüche der Familie
Ein neues Unternehmen verlangt viel Zeit – 60 Stunden pro Woche sind meist die Regel. Darunter leidet das Familienleben. Die Folge: Entweder die Familie oder das Unternehmen können in die Brüche gehen.

Ungenaue Marktanalyse
Ein Gründer muss seinen anvisierten Markt verstanden haben und mögliche Konkurrenten ins Auge fassen. Stehen Wettbewerber erst besser da, werden die eigenen Produkte nicht mehr nachgefragt.

Zielgruppe nicht erfasst
Die Bedürfnisse potenzieller Kunden sind wichtig. Werden die Wünsche der Zielgruppe nicht erfasst, scheitert erst das Produkt und dann das Unternehmen.

Bekannter Service
Produkte und Dienstleistungen werden leicht nachgeahmt. Die Kunden laufen eher davon, wenn sich der Gründer nicht eindeutig von seinen Wettbewerbern abhebt.

Schlechte Finanzplanung
Ein genauer Liquiditätsplan ist wichtig. Es kommt leicht zu Engpässen, wenn die Zahlungsfähigkeit falsch eingeschätzt wird. Das kann die Pleite bedeuten.

Chaotische Buchführung
Eine genaue Buchführung ist unerlässlich. Belege und Buchungen sollten korrekt abgelegt werden - ansonsten kann die Steuerprüfung das böse Erwachen bedeuten.

Einseitige Besetzung
In einem Unternehmen sind mehrere Fähigkeiten gefragt: Technisches Talent, Strategie, Finanzplanung und personelle Kompetenz sind gleichermaßen wichtig. Bei Einseitigkeiten droht schnell das Aus.

Schwächen werden nicht erkannt
Wer die rosarote Brille nicht absetzt, kann mögliche Risiken nicht erkennen. Eine Schwachstellen-Analyse ist daher wichtig für das Bestehen eines Unternehmens

Anmerkung des Autors dieses Buches - Maßgeblich dafür, ob es gelingt seine Entscheidungen umzusetzen und Pläne zu erfüllen ist, die Gefahren im gewählten Markt realistisch einzuschätzen – dieses Buch kann helfen.

DAS INTERNATIONALE GESCHÄFTSFELD

Wie im Abschnitt „Wichtige Überlegungen" im Einleitungsteil dieses Buches erklärt wurde, sollten „Ausländische Märkte nicht gefürchtet werden. Oft sind sie die einzig realistisch verfügbaren und leicht zu durchdringen Märkte ". **Die Karriere des Autors schloss weitreichende Erfahrungen hinsichtlich internationaler Märkte ein. Er ist überzeugt, dass kleine Unternehmen einen Platz im globalen Umfeld der heutigen Wirtschaft haben.** Sie können sich besser den Anforderungen des Marktes und den verschiedenen regionalen und kulturellen Bedürfnissen anpassen. Auch enge Kundenbeziehungen sind wichtig – und oftmals mehr noch im Internationalen als im Inlandsgeschäft — ein Kleinbetrieb ist besser in der Lage, diese Art von Beziehung mit internationalen Firmen zu kultivieren als ein großes Unternehmen. Kleinbetriebe haben sich oft vor multinationalen Unternehmen durch ihr ansprechenderes Geschäftsverhalten ausgezeichnet.

Das wichtigste Kriterium ist: **Werden Ihre Waren / Dienstleistungen in anderen Teilen der Welt benötigt?** Planen Sie, bevor Sie international expandieren. International zu expandieren kann ein großartiger Schritt für Ihr Unternehmen sein, wenn es Geschäftsmöglichkeiten sucht. Aber es ist wichtig, sich die nötige Zeit zu nehmen, um ein gutes Verständnis der Chancen vom Aufbau einer globalen Geschäftsstrategie zu entwickeln. In einem ausländischen Markt ohne ein grundlegendes Verständnis einzusteigen, führt häufig zu Katastrophen.

Kleinunternehmen sind in der Regel agil

Es existiert eine veränderte internationale Wirtschaftslandschaft, eine, für die kleine Unternehmen möglicherweise besser geeignet sind als ihre Mega-Konkurrenten wegen dessen Wesensunterschieds. Das Wesen einer kleinen Firma liegt in der Natur ihrer Funktion. Es gibt in der Regel eine andere Denkweise bei kleinen Unternehmen. Im Gegensatz zu vielen großen Unternehmen, haben kleine Unternehmen Strukturen, die Agilität und Kommunikation fördern. Dies ist entscheidend, wenn Sie innovativ sein wollen und auf neue Möglichkeiten reagieren möchten.

Das erklärt, warum kleinere Unternehmen häufig neue Innovationsanstöße in einigen Bereichen anführen, auch wenn sie weniger Ressourcen als große Unternehmen haben. Dies ist in Bereichen wie E-Commerce, der Biotechnologie und der Automatisierungstechnik zu beobachten.

Dennoch wird die zentrale Rolle kleiner Unternehmen in der Wirtschaft manchmal übersehen. Insgesamt stellen kleine Unternehmen mehr als 50 Prozent aller Arbeitgeber in der Privatwirtschaft dar und bieten derzeit etwa 60 Prozent der neuen Arbeitsplätze.

Ironischerweise versuchen heutzutage erfolgreiche große Unternehmen wie kleine Unternehmen zu handeln, da sich die Vorteile der Größe nicht bewährt haben, wenn in der Realität Schnelligkeit und Flexibilität nötig sind, sowie die Bereitschaft, betagte Produkte einzustellen, bevor sie obsolet werden.

Obwohl kleine Unternehmen innovativ sein können und besser geeignet sind sich auf das Tempo der Weltwirtschaft einzustellen, bedeutet dies nicht, dass sie alle versuchen sollten, neue Grenzen zu überqueren. Und die meisten von ihnen haben keine internationale Erweiterung vor.

Viele Kleinunternehmen sind durch ihre eigenen Begrenzungen eingeschränkt. Sie können nicht mit dem Einstieg in den komplexen ausländischen Markt umgehen. Es ist ein gewaltiger Schritt, und Sie müssen Ihre Ressourcen gut nutzen, um erfolgreich zu sein. Dennoch kann die Weltwirtschaft nicht ignoriert werden. Da es bei Technologieprodukten auf der ganzen Welt Konkurrenten gibt, müssen Sie Ihren Markt als einen globalen Markt ansehen. Es ist nicht wirklich wichtig, ob Sie ein Teil ihres Geschäfts im Ausland machen möchten, die Ausländer können kommen, um einen Teil von Ihrem Geschäft zu übernehmen. Es gibt viele Beispiele dafür, wie der Zustrom von japanischen Werkzeugmaschinen und Automatisierung-System Herstellern einen großen Schock in der Industrie erzeugt haben.

Es ist ein Dilemma, wenn Sie sich in einem Segment befinden, das von einen einzelnen Markt abhängig ist. Wenn ausländische Konkurrenten kommen, können sie meistens zu niedrigeren Preisen verkaufen. Oft ist es Ihre einzige Möglichkeit Ihre Preise im Heimatmarkt zu reduzieren, aber das kann Ihrem Betrieb schaden. Wenn Sie aber im Ausland konkurrieren, und z.B, eine japanische Firma in Ihren Heimatmarkt eindringt und versucht feindlich zu agieren (unterbieten von Preisen, usw), können Sie sich in deren Märkten, von denen ihre Wettbewerber abhängig sind, revanchieren. Somit wird ein Signal an Ihre Konkurrenten gesandt, dass - „wenn Sie bestimmte Dinge in meinem Markt tun, werde ich es in den Märkten, in denen Sie mehr abhängig sind, schwieriger für Sie machen". Sie haben als globale Firma mehr Möglichkeiten, strategische Entscheidungen zu treffen. Auch wenn viele kleine Unternehmen nicht sehr daran interessiert sind global zu expandierenden, erkennen sie doch, dass sie aus Wettbewerbsgründen oft so handeln müssen.

Die Grundlagen für die Expansion Ihres Unternehmens im Ausland

Jedes Jahr prüfen hunderte von unternehmerischen und aufstrebenden Technologie-Firmen internationale Expansion als Marketing-und Wachstumsstrategie. Bei der Entwicklung eines Plans, ein internationales Business-Programm zu starten, müssen Unternehmen stets die möglichen Barrieren und Anpassungen berücksichtigen, die sie überbrücken müssen, um ihr Produkt- und Serviceangebot zu machen. Dazu gehören die folgenden:

<u>Sprachbarrieren.</u> Obwohl es zu Beginn einfach scheinen mag, die Features eines bestimmtes Produkts oder einer Dienstleistung in die lokale Sprache zu übersetzen, die Vermarktung der Ware oder Dienstleistung kann unvorhergesehene Schwierigkeiten bereiten, wenn das Konzept selbst nicht "gut übersetzt" ist. Die Zielland Standards für Humor, akzeptierte Wortspiele oder Jargon oder auch subtile Gesten, könnten vielleicht nicht die gleichen Normen oder Idiome wie im heimischen Land sein und müssen entsprechend angepasst werden.

<u>Marketing-Barrieren.</u> Diese Arten von Barrieren können bis auf kulturelle Ebenen gehen. Direkte und subtile Botschaften in Werbekampagnen müssen möglicherweise geändert werden. Die Attraktivität der Verwendung einer bestimmten Marketingkampagne kann variieren, und auch die Kanäle für die Förderung müssen allenfalls geändert werden. Auch Marketing-Methoden müssen möglicherweise umgeformt werden.

<u>Rechtliche Hindernisse.</u> Die Firma oder dessen Anwalt muss Steuergesetze, Zollgesetze, Firmenorganisation und Agentur/Haftungsgesetze untersuchen. Nationale Rechtsvorschriften bezüglich des Arbeitsrechts, Zollrechts, Steuerrecht, Handelsvertreterrecht und andere Hersteller/Händler Haftungsregelungen müssen geprüft werden.

<u>Zugang zu Rohstoffen und Personal.</u> Nicht alle Länder bieten den gleichen Zugang zu kritischen Rohstoffen und Fachkräften, die benötigt werden, um den Dienst oder das Produkt anzubieten. Das Unternehmen sollte in Betracht ziehen, welche Änderungen im Produkt oder Dienstleistung eventuell möglich sind, um diese Ressourcen-Herausforderung ohne Einbußen des Kern-Geschäfts durchzuführen.

Staatliche und regulatorische Barrieren. Eine ausländische Regierung kann, oder auch nicht, empfänglich für ausländische Investitionen und Expansion sein. Die Vergangenheit von Enteignung, staatlichen Beschränkungen und Beschränkungen der Währungsrückführung eines bestimmten Landes, könnten ausschlaggebend dafür sein, ob die Kosten der Markteinführung zum Vergleich der potenziellen Vorteile, sich auszahlen.

Bedenken zu geistigem Eigentum und Qualitätskontrolle. Schutz von Marken, Handelsnamen und Dienstleistungsmarken sind von entscheidender Bedeutung für die Fähigkeit einer Firma, im Ausland zu arbeiten. Die Firma muss für den Schutz ihrer Rechte des geistigen Eigentums und deren Durchsetzung einen Plan haben.

Beilegung von Streitfällen. Der Gerichtsstand und das anwendbare Recht für die Beilegung von Meinungsverschiedenheiten müssen betrachtet werden. Auf internationaler Ebene werden diese Themen wegen der Lasten und Kosten für die Partei, die den Gerichtsstand des anderen akzeptieren sollen, kontrovers sein, und sie müssen ausgehandelt werden.

Einsatz lokaler Vertrauter. Es ist für das Unternehmen wichtig, einen lokalen Ansprechpartner oder Vertreter in den einzelnen Auslandsmärkten zu haben. Diese lokalen Agenten können die Firma in Verständnis kultureller Unterschiede, Übersetzungsprobleme, der Erläuterung lokaler Gesetze/Verordnungen und in der Erklärung der Unterschiede von Protokoll, Etikette, usw unterstützen. Es kann ratsam sein, diese Agenten fest anzustellen und ihnen eine Beteiligung an der Firma anzubieten, so dass sie Interesse am Erfolg Ihrer Auslandseinsätze haben.

Anpassung an Kulturen und Gesellschaften

Ein wichtiger Aspekt der Geschäftsfeldentwicklung ist die Anpassung an die Handelskultur des Landes in dem Sie planen, Ihre Geschäfte zu führen. Wikipedia bietet eine Definition (teils übersetzt in folgenden Paragraphen), die als internationale Marketing/Vertrieb Grundkompetenz angesehen werden kann; diese Definition erscheint auch, in der einen oder anderen Form, in den Leitlinien-Bücher von vielen Firmen.

Internationales Business Development entwickelt sich durch die normalen Vorgänge des Handels, ausländischer Investitionen, Kapitalströme, Migration und der Weiterentwicklung der Technologie in anderen Nationen. Um nachhaltige globale Geschäftsfeldentwicklung zu erreichen, müssen Geschäftsleute Wege der Anpassung an die Kulturen und Gesellschaften, in denen sie arbeiten, finden. Geschäftsfeldentwicklungs-Profis bieten die notwendigen rechtlichen, finanziellen und kulturelle Brücken zwischen Anbieter und Verbraucher.

Da sich die Globalisierung von Wirtschaft, Gesellschaften und Kulturen fortsetzt, und Nationen stärker durch das Internet integriert werden, entwickeln sich Internationales Business Development und globales strategisches Management ständig weiter.

Experten, die im Internationalen Business Development (zum Unterschied von der Inländischen Geschäftsfeldentwicklung) arbeiten, müssen spezifische Kompetenzen im Bereich der Länder, in denen sie tätig sind erwerben. Hierzu gehören Kenntnisse der Wirtschaft, Geschichte, Kultur, Gesetze, Geschäftspraktiken und Handelsstrukturen des Ziellandes. Es enthält auch ein breiteres Verständnis für gemeinsame Probleme im Rahmen der internationalen Arbeit: globale Reisen, Risikominderung, internationale Verträge und vieles mehr. Die meisten Unternehmen, für die Internationale Geschäftsfeldentwicklung neu ist, engagieren die Hilfe von Beratungsunternehmen, die sich entweder in interkultureller Arbeit oder auf ein bestimmtes Land spezialisieren. Einige Regierungen bieten auch Unterstützung in diesem Bereich, für Unternehmen, die Arbeitsplätze in ihrem Land, durch die Förderung von Exporten schaffen.

Regulatorische Anforderungen des Exports

Alle EU-Unternehmen, die innerhalb und außerhalb der EU ihre Geschäfte tätigen wollen, müssen die Auswirkungen und Anforderungen der Zollvorschriften, definiert als "TARIC", verstehen.

TARIC – Ref: http://madb.europa.eu/madb/datasetPreviewFormATpubli.htm?datacat_id=AT&from=publi

Bei der Zolltarifdatenbank der Europäischen Union, auch TARIC genannt, handelt es sich um eine mehrsprachige Datenbank, in der alle Maßnahmen im Zusammenhang mit den EU-zolltarifären, handels- und agrarpolitischen Rechtsvorschriften enthalten sind. Der TARIC gewährleistet ihre einheitliche Anwendung in allen Mitgliedstaaten und gibt allen Wirtschaftsbeteiligten einen klaren Überblick über die Maßnahmen, die bei der Einfuhr in die EU oder Ausfuhr aus der EU von Waren ergriffen werden müssen. Außerdem können auf diese Weise EU-weite Statistiken über die betreffenden Maßnahmen erhoben werden.

Der TARIC enthält die folgenden wichtigsten Maßnahmenkategorien:

- Tarifäre Maßnahmen (Es handelt sich nicht um eine erschöpfende Liste):
    - Drittlandzollsätze (Zollsätze, die auf Einfuhren mit Ursprung in einem Land außerhalb der EU anwendbar sind), wie in der Kombinierten Nomenklatur festgelegt;
    - Zollpräferenzen;
    - Autonome Zollaussetzungen;
    - Zollkontingente;
    - Zollunionen.
- Agrarpolitische Maßnahmen:
- Handelspolitische Maßnahmen:
    - Antidumping- und Ausgleichszölle.
- Verbote und Beschränkungen bei der Einfuhr und Ausfuhr:
    - Einfuhr- und/oder Ausfuhrverbote von bestimmten Waren (z.B. ozonabbauende Stoffe, bestimmte Waren, die ihren Ursprung in Ländern wie Myanmar, Bolivien, Nordkorea usw. haben bzw. dorthin ausgeführt werden sollen);
    - Mengenmäßige Beschränkungen;
    - Einfuhr- und/oder Ausfuhrkontrolle von bestimmten Waren (z.B. CITES-Waren, Luxuswaren, Kulturgüter, Erzeugnisse und Ausrüstungen, die fluorierte Treibhausgase enthalten, Dual-Use-Güter, Veterinär-kontrollen für Tiere und Lebensmittel, usw.);
    - Überwachung von Ein- und Ausfuhren.

TARIC enthält ebenfalls:

- die Warennomenklatur und die Zusatzcodes;
- die Nomenklatur der landwirtschaftliche Erzeugnisse für Ausfuhrerstattungen;
- die besonderen Maßeinheiten;
- die EU-Codes für vorzulegende Unterlagen, Bescheinigungen und Bewilligungen, die im Feld 44 des Einheitspapiers anzugeben sind;
- die Liste der Ländercodes, die in den verschiedenen Feldern des Einheitspapiers verwendet werden, gemäß dem in der Verordnung (EU) Nr. 1106/2012 veröffentlichten Verzeichnis der Länder und Gebiete.

Die tägliche Übermittlung von TARIC-Daten über ein elektronisches Netzwerk gewährleistet die sofortige und korrekte Information der nationalen Verwaltungen der Mitgliedstaaten. Diese nutzen die Daten hauptsächlich, um sie in ihre nationalen Zollabfertigungssysteme einzugeben. Dadurch soll die automatische Zollabfertigung optimiert werden.

Wachstumschancen für kleine und mittlere Unternehmen

Die heutige evolutionäre Technologie ermöglicht es, in einer integrierten und miteinander verbundenen Welt zu leben. Dies bietet für kleine und mittlere Unternehmen Chancen auf den internationalen Märkten zu wachsen und zu gedeihen. Kleine Unternehmen haben den Vorteil, dass sie flexibel, kreativ, genial und innovativ sein können. Da sie nicht mit den bürokratischen Aufgaben überladen sind, die ihre größeren Pendants haben, bewegen sie sich durch alle Entscheidungsprozesse schnell. Das Spielfeld in der internationalen Arena ist für kleine Unternehmen einfacher, um den Sprung zu wagen. Es lässt sie Wachstum und Expansion erzielen und schärft den Wettbewerbsgeist der jeweiligen Inhaber und Manager.

Ansporn für Globale Erweiterung:

Aufbau von Umsatz und Gewinn -
Wenn ein Unternehmen auf dem lokalen Markt niedrige Umsätze erzielt, können die internationalen Märkte die Lücke füllen und Stabilität ins Geschäft bringen. Viele Manager wissen das auch. Verkäufe sind Verkäufe, unabhängig, wo sie herkommen. Export kann Unternehmen helfen, zusätzliche Einnahmen bei inländischem Umsatzrückgang zu generieren.

Erlangung von Wettbewerbswissen und Ideen -
Ihre Präsenz in den Auslandsmärkten kann auch wertvolle Wettbewerbsinformationen und Know-how bieten. Viele Exporteure benutzen ihre internationalen Aktivitäten als Inkubatoren für den nächsten großen Hit. In dem Maße, in dem die Welt zusammenwächst wird der Austausch von Wissen und Ideen beschleunigt. Unternehmen reorganisieren, so dass Produkte aus einer Region der Welt entdeckt und leicht an andere Stellen versandt werden können - entweder in der EU oder anderen internationalen Märkten.

Realisierung von Größeneffekten -
Wenn die Nachfrage durch Exporte steigt, kann ein Unternehmen die Fixkosten auf eine größere Basis der Produktion verteilen. Dies hilft die Stückkosten zu senken und trägt zu erhöhtem Gewinn bei.

Vorteile der Welt Nischenmärkte -
Nischen-Produkte sind sehr populär auf den Weltmärkten. Globale Unternehmen suchen Produkte, die Leistung und hohe Qualität darstellen. Kleine Unternehmen haben ein Talent diese Nischen zu füllen, denn sie sind flexibel und haben einen außergewöhnlichen innovativen Vorteil, Produkte mit Geschwindigkeit zu produzieren. Nischenprodukte können als einzigartig vermarktet werden. Ob es wirklich neu ist oder eine Drehung eines alten Themas; so lange, wie die Idee deutlich attraktiv für den Endkunden (Industrie) ist, sind Sie ein Gewinner. Auf der anderen Seite hat ein Nischenprodukt, das nicht den Bedarf auf dem globalen Markt erfüllt, sehr geringe Chance auf Erfolg, weil Einzigartigkeit allein nicht ausreicht, um den Verkauf anzutreiben.

Für viele kleine Firmen ist die wichtige Frage nicht, ob, sondern wie man sich global positioniert, das heißt, wie man außerhalb der engen Grenzen eines trügerisch komfortablen und familiären Binnenmarktes überleben und gedeihen kann. Exporte bieten kleinen und mittelständischen Unternehmen enorme Vorteile bei der Bewältigung lokaler Herausforderungen und sie bieten einen Wachstumspfad bei der Generierung zusätzlicher Einnahmen.

Marketing-Taktik für das internationale Geschäft

In einen neuen Markt planlos einzutreten kann teuer werden. Marktanalysen sollten durchgeführt werden, um die Marktnachfrage und den Wettbewerb für die Produkte und Dienstleistungen Ihres Unternehmens zu messen. Nehmen Sie die Informationen des Ziellandes, um Daten aus folgender Checkliste relevanter Überlegungen zu sammeln:

- Wirtschaftliche Trends
- Politische Stabilität
- Ausländische Investitionen und Genehmigungsverfahren
- Einschränkungen bei Kündigung und Nichterneuerung von Verträgen
- Behördliche Vorschriften
- Zugang zu Ressourcen
- Arbeits- und Beschäftigungsgesetze; Technologietransfer-Vorschriften
- Sprache und kulturelle Unterschiede
- Hilfsprogramme der Regierung
- Zollgesetze und Einfuhrbeschränkungen
- Steuergesetze und anwendbare Verträge
- Einwanderungsgesetze
- Markenregistrierungsanforderungen
- Verfügbarkeit und Schutzrichtlinien
- Kosten und Verfahren zur Streitbeilegung
- Agentur Gesetze
- Verfügbarkeit von geeigneten Medien für das Marketing

Darüber hinaus könnten Sie Daten über spezifische Branchenvorschriften benötigen, die das Produkt oder die Dienstleistung, die Sie bieten, beeinflussen, wie zum Beispiel Umweltschutzgesetze. Führen Sie Ihre Forschung gut durch, und Sie werden die Vorteile der globalen Chancen ernten können.

Vernachlässigen Sie nicht die Grundlagen

Der Technologie Sektor bietet in der Tat eine Welt der Versprechungen für alle Unternehmer (große und kleine Firmen). Doch Technology allein ist nicht genug. Technologie ist ein Werkzeug, mit der Sie eine gute Idee viel besser umsetzen können, wenn Sie sie zu nutzen wissen. Wenn Sie die Grundlagen des Business erkennen, kann Technologie sie verbessern und Sie näher an Ihren Kunden bringen, aber den ‚Puls' Ihrer Kunden zu verstehen und deren Notwendigkeiten zu begreifen, bleiben die wichtigsten Elemente für den Erfolg.

In der internationalen Wirtschaft ist die Entwicklung einer fundierten Business-Technik wichtiger denn je. Aufgrund der raschen Verbreitung von Informationen und der Geschwindigkeit, mit der Unternehmen sich bewegen müssen, ist das Umfeld weniger nachsichtig als je zuvor, und dieser Trend wird auf jeden Fall weiter gehen, wenn nicht sogar akuter werden. Vorher konnte ein Unternehmen es sich leisten, hinterher zu hinken oder einen Trend nicht frühzeitig zu erkennen, und es würde immer noch überleben. Ein großes Unternehmen kann noch in der Lage sein, mit solchen Fehltritten davonzukommen, aber ein kleines Unternehmen wird sich solche Fehler nicht leisten können.

Trotz vieler Möglichkeiten hängt der Schlüssel zum Erfolg von grundlegenden Faktoren ab. Wir befinden uns in einer sich verändernden Welt, die zahlreiche Chancen für den Handel bietet, aber die Art der Geschäftstätigkeit hat sich nicht geändert, und das gilt für große als auch für kleine Firmen. Obwohl schnelle Technologieveränderungen den Kundendienst erleichtert haben, wird eine Firma nur einen Vorteil gegenüber seiner Konkurrenz entwickeln, wenn es ein besseres Produkt und überlegenen Nutzen für den Kunden bietet.

ANALYSE VON AUSLANDSMÄRKTEN

Wie bereits erwähnt, ist die Qualität der Marktforschung wichtig, bevor Sie sich zum Handel im Ausland verpflichten. Während mehrere der folgenden Punkte in anderen Abschnitten dieses Buches aufgeführt wurden, und als grundlegende Marketing-Analyse Fähigkeiten beschrieben wurden, werden sie hier wieder betont, um eine umfassendere Berichterstattung über internationale Marktanalyse bereitzustellen. Der Exportmarkt ist ein ernstes Unterfangen, und wenn man sich irrt, kann dies sehr kostspielig sein. Anders als vor einigen Jahren, ist die Durchführung von Marktforschungen erfreulicherweise nicht mehr furchterregend oder problematisch. Ein Großteil der Informationen steht zur Verfügung, und Business-Support-Organisationen sind bereit zu helfen. Aber es wird Zeit in Anspruch nehmen, und Sie werden wahrscheinlich zusätzlichen Aufwand zu Ihrer normalen Zeit benötigen. Sie sollten eine detaillierte Analyse, basierend auf bestimmten Zielen Ihres Unternehmens entwickeln und was noch wichtiger ist, das Budget und die vorhandenen Kapazitäten Ihrer Firma beachten. Einem logischen Verfahren zu folgen und sicher zu sein, dass Sie den Überblick über alle Details behalten, werden Ihre Chancen auf Erfolg drastisch verbessern.

Der erste Schritt ist, zu bestimmen, in welchen Märkten Sie Ihre Produkte erfolgreich verkaufen könnten. Die Grundlagen dafür sind ähnlich wie in einer Verkaufstätigkeit im Binnenmarkt – zu verstehen, warum Kunden bei Ihnen kaufen. Sobald Sie eine gute Idee von möglichen Export- oder Produktionsstandorten haben, ist es Zeit, die Besonderheiten zu überprüfen. Am Ende dieses ersten Marktforschungsprozesses sollten Sie das Ganze kennen - von fremden Sitten und Geschäftspraktiken, die potenzielle Größe des Marktes und wie sie am besten vermarkten. Anschließend müssen Sie diese Informationen mit den spezifischen Zielen Ihres Unternehmens und seinen Gegebenheiten in Einklang bringen.

Ihr Marktforschungsbedarf endet nicht, wenn Sie mit dem Handel in einem fremden Land beginnen. Sie müssen mit den Entwicklungen in Ihrem neuen Markt, genauso wie in Ihrem heimischen Markt, Schritt halten.

Identifizieren Sie mögliche Märkte

Wo sind Sie in der Lage, Ihre Produkte oder Dienstleistungen zu verkaufen, und warum?

Definieren Sie Ihre potentiellen Kunden in ausländischen Märkten auf die gleiche Weise wie bei inländischen Märkten. Zum Beispiel ist zu berücksichtigen, welche Art von Benutzern oder Unternehmen es sind, welche Bedürfnisse Ihr Produkt erfüllt, und wie Ihre Marktposition definiert ist. Überlegen Sie, welche Märkte diese Kriterien am ehesten entsprechen. Verlassen Sie sich nicht auf Annahmen. Forschung kann zeigen, dass ein Markt, wo Sie einen Erfolg annahmen, für Ihre Firma nicht funktioniert, während ein anderes Land attraktiv ist.

Wählen Sie, welche Märkte Sie bedienen wollen

Vielleicht sollten Sie Länder ins Auge fassen, wo Sie einen potenziell lukrativen Markt für Ihre Nische vermuten, oder wo Sie bestehende Kontakte haben. Oder Sie könnten es vorziehen, sich auf Länder zu beschränken, die ein relativ etabliertes Geschäftsklima haben, zum Beispiel die USA.

Bewerten Sie die Auslandsmärkte Ihrer Mitbewerber

Gehen Sie nicht davon aus, dass diese Märkte zwangsläufig vielversprechend sind. Ihre Konkurrenten können eine führende Position haben, oder sie können sich in diesen Märkten selbst abquälen.

Stellen Sie eine Erkundigungs-Checkliste auf

Schätzen Sie den potenziellen Markt in jedem Bereich ab

- Potenzielle Geschäftskunden sind in der Regel leicht zu identifizieren und auszuforschen, zum Beispiel über Sektor-Statistiken und Handels-Verzeichnisse. Verwenden Sie keine Bruttoinlandsprodukt (BIP) oder ähnlichen Maßnahmen – diese sind mehr auf Konsumgüter anwendbar.
- Identifizieren Sie die wichtigsten Marktsegmente, und was ihre verschiedenen Produkt- oder Dienstleistungsanforderungen sind.
- Suchen Sie nach Daten über Markttrends und Wachstumsaussichten.

Untersuchen Sie das Kaufverhalten der Kunden

- Finden Sie heraus, welche Vertriebskanäle genutzt werden. Zum Beispiel könnten sich einige Kunden lieber mit lokalen Vertretern, anstatt direkt mit den Herstellern befassen.
- Studieren Sie die lokale Kultur. Zum Beispiel, welche Art von Beziehung die Kunden von ihren Lieferanten erwarten und was ihre Einstellungen bezüglich ausländischer Produkte und Lieferanten sind.
- Kategorisieren Sie konkurrierende Produkte und Lieferanten. Überprüfen Sie die Qualität ihrer Produkte und Dienstleistungen sowie ihre Stärken und Schwächen.
- Untersuchen Sie die Strategie der Wettbewerber: welche Kunden sie anpeilen, ihre Preisgestaltung, und wie sie ihre Produkte vermarkten.
- Seien Sie skeptisch, wenn Sie keine Konkurrenten identifizieren können - vielleicht gibt es keine Nachfrage.
- Außerdem muss Ihr Produkt oder Dienstleistung vielleicht den örtlichen Sicherheitsstandard erfüllen.
- Überprüfen Sie, welche Steuern und Abgaben in Rechnung gestellt werden.
- Finden Sie heraus, ob Sie eine Ausfuhrgenehmigung benötigen, und wenn ja, wie lange es dauern wird, um eine zu erhalten.

Informieren Sie sich über Logistik und Finanzbedarf

- Logistische Angelegenheiten umfassen die Vereinbarung, wer die Verantwortung für jede Phase der Produkt Lieferung, von Ihrer Fabrik bis an den Endkunden, übernimmt. Betrachten Sie die Lieferzeit-Erwartungen für Ihre Waren.
- Überprüfen Sie, wer die Versicherung organisiert und bezahlt. Abhängig von den Geschäftsbedingungen kann die Verantwortung auf den Importeur oder Exporteur fallen.
- Sie müssen möglicherweise lokale Zahlungsmethoden erfüllen, z.B. wettbewerbsfähige Kreditbedingungen bieten.

Identifizieren Sie die Hauptrisiken vor dem Handel in Ihrem Zielmarkt

- Zu den Hauptrisiken gehört natürlich die Nichtzahlung durch den Kunden (und dass die Durchsetzung der Zahlung sich als schwierig oder unmöglich erweisen kann).
- Möglicherweise finden Sie es schwierig, sich mit den Veränderungen im Markt up to date zu halten. Die Mehrkosten der Kundenbetreuung im Ausland können für Sie ein Wettbewerbsnachteil gegenüber den lokalen Lieferanten oder den großen internationalen Unternehmen mit teilweise lokaler Produktionseinrichtung sein.

Verwenden Sie bestehende B2B (business-to-business) Marktdaten

Sie können **auf den grundlegenden Marktanalyse-Abschnitt dieses Buches zurückgehen**, von dem das meiste auch für das internationale Geschäft gilt. Dies kann Ihnen helfen, zu beginnen. Darüber hinaus sollten Sie Daten, die spezifischer für den Außenhandel sind verwenden.

Verwenden Sie die Trade & Investment Services Ihrer Regierung
Das Handels-oder Wirtschaftsministerium und einige andere Bundesstellen liefern Informationen, die kostenlos oder gegen eine geringe Gebühr zur Verfügung stehen. Sie bieten Marketing, Statistische und Kontakt-Informationen für viele Länder, sowie Sektor Berichte für besondere Zwecke.

Konsultieren Sie mit Ihren Fachverband
Ihr Fachverband könnte Marktdaten zur Verfügung haben, einschließlich Informationen speziell zu Ihrem Marktsegment. Diese Informationen sind in der Regel nur für Mitglieder zugänglich.

Berichte von kommerziellen Anbietern kaufen
Viele Marktforschungsunternehmen stellen Markt-und Sektordaten für Länder auf der ganzen Welt bereit. Sie müssen für die Berichte bezahlen, aber sie können Informationen schnell bereitstellen und sparen Ihnen Doppelarbeit.

Das Internet durchsuchen
Überprüfen Sie die Webseiten internationaler Unternehmen um zu sehen, wie sie den Markt und Preis ähnlicher Produkte handhaben.

Webseiten von Ausländischen Regierungen bieten oft Informationen zu lokalen gesetzlichen Vorschriften, Steuern und Abgaben.

Besuchen Sie die Webseiten von ausländischen Konsulaten für weitere Handelsinformationen.

Lassen Sie sich von Botschaften beraten
Viele Botschaften bieten Marktdaten für Unternehmen, die in ihr Land exportieren. Ein Großteil der Informationen wird kostenlos sein.

Wenden Sie sich an einen internationalen Markt-Einführung-Service

Dienstleistungen eines Export-Marketing-Forschung Services
Ein internationaler Markteinführungs-Service liefert vorbereitende Untersuchungen und Beratung. Der Dienst ist in der Regel auf Ihre individuellen Bedürfnisse zugeschnitten und kostet nicht viel (je nach Ihren individuellen Anforderungen).

Erwägen Sie eine Agentur in Ihrem Zielmarkt
Eine Organisation, die in Ihrem Zielmarkt aktiv ist, ist wahrscheinlich in der Lage, Informationen schneller und einfacher zu bekommen. Es ist vielleicht einfacher mit einer lokalen Agentur zu arbeiten, die die Arbeit an einen Unterauftraggeber im Zielmarkt vergibt.

Verfassen Sie klare Instruktionen

Um das Meiste aus Ihrer Auftragsforschung zu erhalten, definieren Sie genau das, was Sie erwarten.

- Beschreiben Sie Ihr Unternehmen und was Sie exportieren und/oder lizenzieren möchten.
- Geben Sie den terrestrischen Bereich vor.
- Geben Sie den Grund für die Forschung und die Daten die Sie benötigen an.
- Geben Sie eine Frist für die Marktforschung an.
- Definieren Sie, wie der Bericht formatiert und dargestellt werden soll.

Verwalten Sie die Agentur Ihrer Wahl

- Wählen Sie eine Agentur, deren Reaktion auf Ihre Instruktionen zeigt, dass sie das Projekt und Ihre Anforderungen verstehen.
- Informieren Sie sich über das Hintergrundwissen und die Qualifikation der beteiligten Marktforscher und den Endpreis, einschließlich einer Aufschlüsselung der voraussichtlichen Kosten und Gebühren.
- Einigen Sie sich auf Meilensteine und Fristen und stellen Sie sicher, dass die Agentur diese bestätigt.
- Legen Sie eine Geheimhaltungsvereinbarung bei.

Besuchen Sie Ihre Zielmärkte

Entscheiden Sie, welche Besuche Sie machen müssen

- Ein Besuch in Ihren Zielmärkten kann Ihnen einen Einblick geben, den papierbasierte Forschung nicht bieten kann.
- Sie können die Besuchstermine verwenden, um den Aufbau von Beziehungen mit potentiellen Agenten und Kunden zu beginnen oder Verkäufe direkt zu verhandeln.

Planen Sie Ihre Route, um das Beste aus einem Besuch zu machen

- Erwägen Sie einer Handelsmission beizutreten, die von einer Business-Support-Organisation ausgewählt wurde.
- Planen Sie einen Besuch mit einer lokalen Fachausstellung zu verbinden. Dies ermöglicht es Ihnen, Ihre Konkurrenten aus der Nähe zu sehen, sowie nützliche Kontakte zu knüpfen.
- Vereinbaren Sie Treffen mit wichtigen-Kontakten im Voraus, wie potenzielle Distributoren und Agenten.

Informieren Sie sich über lokale Gewohnheiten, bevor Sie gehen

- Stellen Sie sicher, dass Sie die lokalen Geschäftsgepflogenheiten verstehen.
- Bemühen Sie sich, die lokale Sprache zu lernen. Potentielle Partner und Kunden schätzen es, wenn Sie einige wichtige Grüße und Geschäfts-Phrasen kennen.

Kontaktieren Sie den Handelsvertreter Ihres Landes in Ihrem Zielmarkt

- Das Handels-oder Wirtschaftsministerium hat Repräsentanten bei vielen diplomatischen Vertretungen. Sie sind eine gute Anlaufstelle und können praktische Ratschläge und Unterstützung anbieten.

Informieren Sie sich über jede Unterstützungszugänglichkeit

- Überprüfen Sie, ob das Handels-oder Wirtschaftsministerium Hilfe bei Veranstaltungen und Ausstellungen auf ausländischen Messen bieten kann.
- Der Fachverband kann vielleicht ermäßigte Reise- und Unterbringungskosten für internationale Messen anbieten.

Verfeinern Sie Ihren Vorschlag

Passen Sie Ihre Produkte und Services an

- Es ist ungewiss, ob sich Ihre inländischen Geschäftspraktiken in ausländischen Märkten direkt übertragen lassen.
- Möglicherweise müssen Sie die Produktspezifikationen leicht ändern, um lokalen Kundenanforderungen und Vorschriften zu entsprechen.

Planen Sie, wie Sie vermarkten und verkaufen wollen

- Ihre Wahl des Vertriebssystems wird von entscheidender Bedeutung sein. Zum Beispiel kann es kostengünstiger sein, sich einen örtlichen Vertreter / Händler zu nehmen als ein lokales Büros einzurichten.

Bewerten Sie Ihre Budget-und Preisgestaltung

- Die Preisgestaltung muss zusätzliche Kosten wie lokale Gemeinkosten, und lokale Steuern und Abgaben decken.

Bleiben Sie auf dem Laufenden

Bleiben Sie auf dem Laufenden mit dem fortschreitenden Markt

- Ihre Untersuchungen werden auch weiterhin erforderlich sein, nachdem Sie den Handel in Ihrem neuen Markt gestartet haben. Sie werden wahrscheinlich noch mehr lokales Wissen brauchen, wenn sich das Geschäft gut entwickelt.
- Halten Sie ständigem Kontakt mit den lokalen Vertretern, Agenten und Kunden, oder machen Sie regelmäßige Besuche.

Verfeinern Sie kontinuierlich Ihr Angebot- und Business-Verfahren

- Sie müssen Ihr Unternehmen wettbewerbsfähig halten. Dazu gehören häufig Änderungen um sich an veränderte Marktbedürfnisse anzupassen.

Verwenden Sie alle Hilfsquellen

Erweitern Sie Ihr Netzwerk und Ihre Kontakte

Netzwerke spielen eine wichtige Rolle für kleine und mittlere Unternehmen, vor allem in der Aufbauphase, während der Entwicklung und im Wachstum, da sie die wichtigste Quelle für den Austausch von Informationen, Erfahrungen und Kontakten für professionelle, geschäftliche und soziale Zwecke sind. Zu den Netzwerken gehören Freunde, Familienmitglieder und Geschäftspartner. Obwohl sie wahrscheinlich schon in Ihrem Land ein Netzwerk entwickelt haben, müssen Sie auch weiter nach Kontakten im Ausland suchen. Deshalb sind internationale Geschäftsmessen und Initiativen der EU, wie das Enterprise Europe Network (EEN), großartige Möglichkeiten für Sie um Unterstützung für Ihr Geschäft und Tipps von anderen Export- und Importunternehmen zu erhalten.

Verschiedene Agenturen und Quellen

Wenn Sie damit beginnen international Handel zu treiben, ist es oft der Fall, dass das Geschäft nicht gleich reibungslos anläuft. Scheuen Sie sich nicht davor alle möglichen Hilfsquellen zu verwenden. In der Tat müssen Sie flexibler und innovativer sein, wenn es um Logistik, Vertrieb, Kommunikationskanäle oder Vertragsklauseln geht.

Nützliche Links:

- European Commission: Trade
- Trade Map
- Coupon Network
- TSNN
- ITDN
- Kompass
- KPMG report for growing markets
- SHIPPING YOUR PRODUCTS TO AND FROM FOREIGN COUNTRIES
- Trade Show Advisor

Politische Risiken

Beim Handel mit internationalen Partnern oder Investitionen im Ausland, stellen Ihre Aktivitäten ein politisches Risiko dar. In einer Welt, wo geopolitische Umgebungen sowohl unberechenbar, als auch verheerend sein können, macht es Sinn, jetzt mehr als je zuvor, eine Versicherung gegen politische und finanzielle Risiken abzuschließen.

Die meisten Unternehmen nehmen in der Regel eine Versicherung gegen politischen Risiken in Anspruch, um sich gegen spezifische Verluste, die sich negativ auf Ihrer Leistung auswirken könnten, zu schützen.

Die Versicherung gegen politischen Risiken deckt kurz-und mittelfristigen Handel sowie Projekte und Investitionen.

Gedeckte Risiken:

- Krieg / innere Unruhen
- Im- oder Exportembargo
- Willkürliche Vertragskündigung eines staatlichen Käufers
- Lizenzentzug, Forderungsverlust infolge Nichtzahlung
- Konvertierungs-, Transfer- und Zahlungsverbote
- Sonstige willkürliche staatliche Eingriffe
- Nichteröffnung eines bestätigten Akkreditivs
- Ungerechtfertigte Inanspruchnahme von Bankgarantien, die auf erste Anforderung zahlbar gestellt sind
- Verstaatlichung und Beschlagnahme durch die Regierung
- Enteignung von Maschinen und Anlagen
- Entzug von Verfügungsrechten
- Transferverbot für Beteiligungserträge
- Bereitschaft zur Absicherung auch unkonventioneller Risiken

Zusammenarbeit mit internationalen Business-Profis

Sofern Sie nicht jemanden in der Firma haben, müssen Sie ab einem gewissen Zeitpunkt mit internationalen Business-Spezialisten/Firmen kommunizieren. Welche Art diese Spezialisten sind wird davon abhängen, in welchem Tätigkeitsfeld sich Ihre Firma engagieren will. **Falls Ihr Unternehmen beim Export von High-Tech Ausstattungen in geringen Mengen beteiligt ist, beispielsweise Prozessautomatisierungssysteme (d.h. das Hauptthema dieses Buches), kann Ihr ausländischer Partner/Kunde und Ihre Firma möglicherweise in der Lage sein, sich selbst um die meisten, unten beschriebenen, Handelsaufgaben zu kümmern.** Im Allgemeinen werden Sie sich jedoch wahrscheinlich mit internationalen Business-Spezialisten/Firmen befassen. Es folgt eine kurze Beschreibung einiger der Spezialisten/Firmen, die Sie vielleicht in der Analysephase Ihrer internationalen Bestrebung begegnen:

Internationale Wirtschaftsprüfungsgesellschaften

Wirtschaftsprüfungsgesellschaften sind ein Muss für multinationale Unternehmen die mit verschiedenen Gesetz- und Steuerfragen in verschiedenen Rechtsordnungen in Berührung kommen, aber in der Regel gilt dies nicht für kleine Technologieunternehmen. Obwohl die meisten der großen Firmen mit internationalen Geschäftspraktiken auch Dienstleistungen an kleine und mittlere Unternehmen anbieten, werden sie Unterstützung bei ihren globalen Bemühungen brauchen. Es wäre nicht ungewöhnlich, zum Beispiel, eine Wirtschaftsprüfungsgesellschaft zu konsultieren, wenn Ihr Unternehmen eine Technologie Lizenz im Ausland brauchen würde. Während alle großen Unternehmen gewisse kostenlose Informationen zur Verfügung stellen, Pricewaterhousecoopers, http://www.pwcglobal.com/ , veröffentlicht mehrere „how-to" Anleitungen und liefert detaillierte Analysen für die meisten ausländischen Märkte. Diese Informationen bieten einzigartige Einblicke, die von lokalen Pricewaterhousecoopers Niederlassungen auf der ganzen Welt bereitgestellt werden und helfen dem Leser die Bedeutung von dem, was man oft als sehr komplexe Daten darstellt, zu erkennen.

Internationale Anwaltskanzleien

Zu viele Unternehmen haben es versäumt, gute Rechtsberatung über ihre globalen Aktivitäten zu erhalten und haben einen sehr hohen Preis für ihre Fahrlässigkeit gezahlt. Sie sollten einen Anwalt für jede globale Transaktion konsultieren, die nicht durch ein Akkreditiv abgedeckt ist. Lizensierung von Technologie, Eintritt in strategische Allianzen, oder der Versuch Kapitalfonds in ausländischen Märkten zu erhalten, würden alles Beispiele für Fragen sein, die am besten von einer qualifizierten internationalen Anwaltskanzlei behandelt werden. Hohe Stundenhonorare sind oft besser als dumme Fehler, die Ihre Firma ruinieren könnten.

Internationale Banken

Internationale Banken sind die primären Institutionen, durch die die meisten Import/Export-Transaktionen abgewickelt werden, in der Regel mittels Akkreditiv. Die internationale Abteilungen Ihrer Bank beschäftigen, einen Akkreditiv Prüfer, Import/Export-Sachbearbeiter oder Dokumentenprüfer. Alle sind qualifizierte internationale Spezialisten, die wissen, wie man die Unterlagen, die für die meisten Import/Export-Transaktionen erforderlich sind, überprüft. Internationale Banken behandeln auch bestimmte Arten von Devisengeschäften und unterstützen Unternehmen dabei, ihre Exposition gegenüber Risiko, das den Wert einer Transaktion unerwartet ändern könnte, zu verwalten. Internationale Banken sind auch bekannt für die Veröffentlichung von zahlreichen Anleitungen zum internationalen Geschäftsverkehr. Internationale Banken veröffentlichen auch Ausland-Analyse-Broschüren, die Markt und Handelsstatistiken sowie Übersichten der verschiedenen Märkte diskutieren.

Internationale Versicherungen

Die meisten Import / Export-Transaktionen erfordern eine Frachtversicherung und diese ist nicht optional. Andere Arten von Geschäftsaktivitäten erfordern eine Vielzahl von Versicherungen. Viele Unternehmen wollen in der Regel eine Art von Kreditversicherung, um in der Lage zu sein, an ausländische Kunden auf offener Rechnung, die oft als günstiger erachtet wird, zu verkaufen.

Speditionsgeschäfte (Kopie von WIKIPEDIA de)

Das **Speditionsgeschäft** bezeichnet ein Handelsgeschäft, bei dem der Spediteur die Besorgung der Versendung eines Frachtgutes gegen Entgelt übernimmt.

Geregelt ist das Speditionsgeschäft im fünften Abschnitt des vierten Buches des Handelsgesetzbuchs (HGB) in den §§453 ff. HGB. Dort sind insbesondere der Speditionsvertrag, die jeweiligen Aufgaben, die Haftung und die Fälligkeit des Vergütungsanspruches bestimmt.

Die Besorgung der Güterversendung umfasst die Organisation der Beförderung und kann weitere auf die Beförderung bezogene Dienstleistungen erfassen. Der Speditionsvertrag ist danach ein handelsrechtlicher Sonderfall des Geschäftsbesorgungsvertrages.

In §454 Abs. 1 HGB wird die Besorgung der Güterversendung definiert als eine Pflicht zur Organisation der Beförderung definiert. Die vom Spediteur geschuldete Organisationsleistung wird im Gesetz durch drei Beispiele verdeutlicht. Diese Beispiele lassen einzelne Punkte, die der Spediteur bei der Erfüllung eines Speditionsauftrages zu beachten hat, als drei Phasen erkennen:

1. Planungsphase: Die Bestimmung des Beförderungsmittels und des Beförderungsweges
2. Realisierungsphase: Die Auswahl des ausführenden Unternehmers, Abschluss der hierfür erforderlichen Verträge, Erteilung von Informationen und Weisungen.
3. Sicherungsphase: Diese wird im Gesetz beispielhaft mit der Sicherung von Schadensersatzansprüchen umschrieben.

Während in §454 Abs. 1 HGB die Kernpflichten des Spediteurs geregelt sind, wird in §454 Abs. 2 HGB das gesetzliche Speditionsrecht auf weitere (Neben-) Leistungen ausgedehnt. Diese Leistungen sind aber nicht stets Gegenstand des Speditionsvertrages, sondern nur dann, wenn sie vereinbart werden. Darüber hinaus werden nur solche Tätigkeiten erfasst, bei denen es sich um eine „auf die Beförderung bezogene Leistung" handelt. Diese offene Generalklausel wird in §454 Abs. 2 HGB mit einem nicht abschließenden Beispielskatalog – Versicherung, Verpackung, Kennzeichnung, Zollbehandlung – kombiniert. Es sind weitere zahlreiche Nebenpflichten denkbar, die mit der Versendung des Gutes zusammenhängen.

Schließlich wird in §454 Abs. 4 HGB der Grundsatz, dass der Spediteur die Interessen des Versenders wahrzunehmen hat, als Hauptpflicht ausgestaltet.

Logistikdienstleister (Kopie von WIKIPEDIA de)

Logistikdienstleister sind gewerbliche Unternehmen, die hauptsächlich logistische, aber auch fertigungsnahe Dienstleistungen für Dritte anbieten und erbringen. Das Leistungs- und Lösungsangebot geht dabei über das traditionelle Speditionsgewerbe hinaus: So werden beispielsweise kundenbezogene Lagerung, Kommissionierung, Assemblierung oder Fakturierung angeboten.

Schlussbetrachtung

OK. Sie haben Zeit, Geld und Ressourcen aufgewandt um Informationen, die Sie über mehrere Auslandsmärkte finden konnten, zu sammeln. Sie haben internationale Business-Profis konsultiert, nahmen an einigen Fachmessen teil und haben sogar Geschäftsreisen in ein paar Zielländer gemacht. Jetzt müssen Sie Ihre Ergebnisse zusammenfassen und eine Entscheidung treffen.

Wesentliche Faktoren sind zu berücksichtigen

Es gibt einige grundlegende Faktoren, die erneut bei Ihrer Entscheidung über Internationalisierung, berücksichtigt werden sollten:

- Größe des Marktes. Ist die Nachfrage in einem spezifischen Markt für Ihr Produkt groß genug, um als Ansporn zum Einsteigen zu wirken?

- Gibt es erhebliche Markteintrittsschranken? Gibt es rechtliche Fragen, die die Kosten für den Zutritt unerschwinglich machen?

- Was/wer ist die Konkurrenz? Wie viele andere Unternehmen verkaufen ähnlichen Produkte und mit welchem Erfolg? Wie kompetent sind die lokalen Vertreter, Distributoren und Systemhäuser um in den Markt einzudringen und dann das Produkt zu unterstützen?

- Können Sie an andere Märkte in benachbarten Regionen verkaufen? Einige Märkte präsentieren begrenzte Möglichkeiten, aber bieten Ausgleich für diese Tatsache, indem sie mit Gateways zu anderen Märkten (wie Bahrein und dessen Zugang zu Saudi-Arabien) kompensieren.

- Produkt/Service-Support-Angelegenheiten. Ist Ihr Vertreter/Händler oder Systemhaus in der Lage, Ihr Produkt oder Service zu unterstützen oder müssen Sie in eine umfassende Ausbildung investieren?

- Lokales Business-Know-how. Hat der potenzielle lokale Vertreter/Händler oder Systemhaus Kenntnisse über die Gesetzmäßigkeiten von strategischen Partnerschaften, Lizenzierung, und Fragen des geistigen Eigentums?

- Besteht die Gefahr, dass der gemeinsame ausländische Partner/Kunde die Technologie Ihres Produktes weiter geben oder stehlen könnte?

- Lokale Business Bräuche. Trotz unserer anhaltenden Ignoranz in Europa, kleine Bestechungen sind eine Tatsache des Lebens in vielen Teilen der Welt. Wie wirkt sich diese Tatsache auf Ihre Fähigkeit aus, im Wettbewerb mit ausländischen Unternehmen, die nicht durch Bestechungsgesetze behindert sind, Geschäfte zu machen? Gibt es lokale Bräuche, die als ein besonderer Wettbewerbsvorteil für Ihr Unternehmen wahrgenommen werden könnten?

- Politisches Risiko. Ist die Regierung stabil? Gibt es dort Unruhen wegen Einkommensverteilung Ungerechtigkeiten oder andere ähnlichen Faktoren? Ist die Regierung freundlich zu unserem Land?

- Banken und Finanzinstitutionen. Sind die lokalen Banken vertrauenswürdig genug und fähig genug, um Akkreditiv Transaktionen oder urkundliche Entwürfe handzuhaben?

Analyse eines ausländischen Marktes ist nur ein Aspekt für Ihre endgültige Entscheidung sich auf einem internationalen Markt zu engagieren. Es kann die oben genannten Faktoren mit den potentiellen internationalen Geschäftsfähigkeit und den Budget Ihrer Firma bewerten. Wie viel Gewicht jedem Faktor gegeben wird ist sehr subjektiv und wird von einem Unternehmen zum anderen variieren. Allerdings ist es wichtig zu erkennen, wenn Sie die Fragen in Bezug auf diese Faktoren beantworten, und als Ergebnis mehr negative als positive erhalten, dass Sie vielleicht andere Möglichkeiten suchen sollten.

Exzerpt aus der FAZ – Internationalisierung Junger Unternehmen
http://www.faz.net/aktuell/wirtschaft/start-up-internationalisierung-junger-unternehmen-1148522.html

Die Mehrheit der jungen europäischen Technologieunternehmen ist heute international tätig. Hiervon versprechen sich Unternehmer aufgrund des zunehmend härteren heimischen Wettbewerbs neue Wachstumschancen. Die internationale Ausrichtung der Geschäftstätigkeit birgt neben den Chancen, neue Kundenkreise zu erschließen auch erhebliche Risiken und Unsicherheiten. Mangelnde Informationen über das ausländische Umfeld, unterschiedliche Markt- und Wettbewerbsbedingungen sowie kulturelle Unterschiede beeinflussen zunächst den Internationalisierungs-, letztlich aber auch den langfristigen Unternehmenserfolg.

Die Determinanten dieses Internationalisierungserfolgs sind gerade für kleine und mittlere Unternehmen im kapitalintensiven High-Tech Bereich von besonderer Bedeutung. Trotzdem sind diese bisher nur wenig erforscht. Wichtige Erkenntnisse für Wissenschaft und Praxis verspricht ein Forschungsvorhaben des Zentrums für Europäische Wirtschaftsforschung (ZEW), der Universität Exeter (UK) und des Instituts für Innovationsmanagement der Universität Bern (CH), an dem sich Forschungseinrichtungen aus weiteren Ländern beteiligen können.

Rekrutierung eines erfahrenen Teams

Unternehmensgründer und Mitarbeiter mit breiter internationaler Erfahrung erleichtern den Weg ins Ausland. Durch bereits gesammelte Erfahrungen sind die Beteiligten mit möglichen Problemen vertraut und können sich besser auf zukünftige Veränderungen vorbereiten. Idealerweise sprechen sie die Sprache des Landes, in dem ihr Unternehmen tätig werden möchte, kennen den ausländischen Markt und die Feinheiten der anderen Geschäftskultur.

International von Anfang an

Viele Technologieunternehmen richten sich vom ersten Tag an darauf aus, international tätig zu sein. Hierdurch werden internationale Anforderungen in den Unternehmenszielen und -handlungen verankert. Anpassungsprozesse kann ein Unternehmen vor allem in der Gründungsphase noch leicht und schnell bewerkstelligen. So kann es sich durch Feedbacks aus verschiedenen Märkten zumeist rasch an die internationale Realität gewöhnen.

Gezielte Kundenwahl

Der neue Kundenstamm im Ausland ist strategisch auszuwählen und zielgerichtet anzusprechen. So sollten zum Beispiel Großkunden, die spezifische Nischenprodukte außerhalb der gängigen Standards nachfragen, zunächst gemieden werden. Denn durch solche Großkunden entstehen zwar voluminöse, aber nicht vorhersehbare Umsatzabhängigkeiten. Besser ist die Konzentration auf Kunden, die vielseitig einsetzbare Industriegüter nachfragen.

Produktfokus mit Langfrist-Potential

Technologien und Produkte sollten ein möglichst breites Spektrum an aktuellen sowie potentiellen Anwendungen zulassen. Dies kann etwa mit der Ausrichtung auf Industriegüter und Komponenten erzielt werden. Andauernde und fokussierte Forschungs- & Entwicklungsaktivitäten (F&E) müssen zudem den Neuheitsgrad der im Ausland vertriebenen Produkte und Technologien gewährleisten. F&E-Aktivitäten können bei kleinen Unternehmen und kultur-unspezifischen Produkten zunächst im Mutterland angesiedelt bleiben.

TECHNOLOGIETRANSFER

Der Eintritts-Prozess in einen Auslandsmarkt hängt von Zweck und Art Ihrer ausländischen Geschäftsaktivitäten ab. Die folgende Beschreibung konzentriert sich auf Hightech-Unternehmen, die Technologie lizenzieren, um im Ausland zu produzieren. Es gilt nicht für Unternehmen, die Kunden in ausländische Märkte folgen oder Firmen die ihren Kundenservice mittels Auslandsexpansion verbessern. Hightech-Firmen, die beabsichtigen, im Ausland zu produzieren akzeptieren oft das Risiko, das der Kooperationspartner sich die Technologien aneignen oder übernehmen könnte. Für die meisten High-Tech-Unternehmen ist die Gefahr des Technologie-Verlusts dadurch gemildert, dass ihre Kernkompetenz in der Fähigkeit besteht, neue Technologien zu entwickeln und nicht die Produkt- oder Prozesstechnologien, die sie in einem Technologietransfer übergeben.

In einer globalisierten Wirtschaft sind Technologie-Lizenzierung und Technologietransfer wichtige Faktoren in strategischen Allianzen und internationalen Joint Ventures, um einen Wettbewerbsvorteil zu erhalten.

Lizenzierung und der Erwerb von geistigen Eigentum sind nicht auf High-Tech-Unternehmen begrenzt - diese können effektive Geschäftsstrategien für nahezu jedes Unternehmen sein, das geistiges Eigentum besitzt.

Technologietransfer ist eine schnell wachsende Aktivität die beträchtliche Aufmerksamkeit von Regierungen, Universitäten und Industrie erhält. Die genaue Art dieser Aktivität ist schwer zu definieren, weil der Begriff viele unterschiedliche Assoziationen hat. Formen von Technologietransfer sind:

- Internationaler Technologietransfer: Der Transfer von Technologien entwickelt in einem Land für Firmen oder andere Organisationen in einem anderen Land.
- Nord-Süd-Technologietransfer: Aktivitäten für den Transfer von Technologien aus Industrienationen (Norden) zu weniger entwickelten Ländern (Süd), in der Regel für den Zweck der Beschleunigung der wirtschaftlichen und industriellen Entwicklung in den armen Ländern der Welt.
- Privater Technologietransfer: Der Verkauf oder die sonstige Übertragung einer Technologie von einem Unternehmen zum anderen.
- Öffentlich-privater Technologietransfer: Der Technologietransfer von Universitäten oder staatlichen Labors an Unternehmen.

Während alle vier Arten des Technologietransfers für Unternehmen von Bedeutung sind, befasst sich diese Übersicht mit dem privaten Technologietransfer – dem Verkauf oder einer andersartigen Übertragung einer Technologie von einer inländischen Firma an eine ausländische Firma. Die drei anderen Aktivitäten sind in der Regel direkt von Universitäten, staatlichen Labors, der Außenpolitik und nationalen Verteidigungsbelangen betrieben, während die private Technologie Übertragung durch Unternehmensinteressen angetrieben ist.

Die Lizenzierung von Knowhow-/Technologietransfer enthält oft heikle Aspekte wie - Produktverbesserungen, Patent Sicherstellung, gemeinsame Erfindungen und so weiter. Egal, ob Sie eine Forschungseinrichtung, ein einzelner Erfinder oder eine Firma mit Interesse daran sind, eine neue Technologie auf den Markt zu bringen, es ist wichtig Ratgeber zu haben, die Sie beraten was ein Tech-Transfer oder Lizenzvertrag vom Rechts-, Geschäfts- und finanziellen Standpunkt bedeutet.

Um Ihre Interessen zu wahren ist es wichtig, vor allem, wenn der Technologietransfer sich auf ein fremdes Land bezieht, dass Sie einen Anwalt haben, der umfangreiche Erfahrung bei Verhandlungen von Technologietransfer und Lizenzvereinbarungen mit Forschungseinrichtungen und Firmen hat.

Im Folgenden finden Sie übersetzte Informationen von „Reference for Business", einer Enzyklopädie für Small Business, eine leicht zugängliche Referenzquelle für Unternehmer und Manager von Kleinunternehmen.
http://www.referenceforbusiness.com/management/Str-Ti/Technology-Transfer.html

Privater Technologietransfer

Technologietransfer zwischen privaten Unternehmen erfolgt am häufigsten durch Lizenzierung, obwohl andere Mechanismen wie Joint Ventures, Forschungskonsortien und Forschungspartnerschaften auch sehr beliebt sind. Lizenzierung ist ein großes Geschäft. Daten aus dem Handelsministerium weisen darauf hin, dass die internationale Technologie-Lizenzierung auf etwa 18 Prozent pro Jahr steigt, und die inländische Technologie-Lizenzierung auf 10 Prozent pro Jahr anwächst.

Eine andere Art des wachsenden privaten Technologietransfers ist die Bildung von Forschungs- Joint Ventures (FJV) zwischen Unternehmen in Europa und in den Vereinigten Staaten. Jahrelang waren derartige Gemeinschaftsunternehmen sporadisch, vor allem aufgrund der Befürchtungen der Unternehmen, das Gemeinschaftsunternehmen kartellrechtliche Rechtsstreitigkeiten von den Regierungen provozieren würden.

Der Übergang auf den National Cooperative Research Act (NCRA) und den National Cooperative Research and Production Act entspannte die kartellrechtlichen Regelungen solcher Partnerschaften, was zu einem erheblichen Anstieg der FJVs führte. In Branchen, in denen Technologie schnell fortschreitet, kann FJV eine effektive Möglichkeit sein, mit neuen Entwicklungen Schritt zu halten. FJV werden oft verwendet um technische Standards in bestimmten Branchen zu entwickeln und einzuführen, vor allem in der Telekommunikation.

Allerdings erwartet der Autor dieses Buches nicht, dass FJV als Instrument für den Technologietransfer für kleine und spezialisierte Industriezweige, wie Prozesssteuerung, wichtig ist.

Gründe für Technologietransfer

In den meisten Fällen wird die Kommerzialisierung einer Technologie von einer einzigen Firma durchgeführt. Die Mitarbeiter der Firma erfinden die Technik, entwickeln sie zu einen kommerziellen Produkt oder Verfahren, und verkaufen sie an Kunden. In einer wachsenden Zahl von Fällen ist jedoch die Organisation, die eine Technik schafft, nicht diejenige die sie auf dem Markt bringt. Der häufigste Grund dafür ist: Wenn die Erfinderorganisation ein private Firma ist, hat sie möglicherweise nicht die erforderlichen Ressourcen, um die Technologie auf den Markt zu bringen, wie z. B. Mittel für die Herstellung des Produktes, das Vertriebsnetz (diese Ressourcen werden als komplementäre Vermögenswerte bezeichnet). Selbst wenn die Firma über diese Ressourcen verfügt, wird die Technologie manchmal nicht als strategisches Produkt für die Firma betrachtet, vor allem dann, wenn die Technologie als Nebenprodukt eines Forschungsprojekts mit einem anderen Zweck geschaffen wurde.

Aus Business-Perspektive engagieren sich Firmen am Technologietransfer aus folgenden Gründen:
- Unternehmen suchen Technologien von anderen Organisationen, weil es manchmal billiger, schneller und einfacher ist Produkte oder Verfahren basiert auf der Grundlage einer Technologie von jemand anderem zu entwickeln, als von vorne anzufangen.
- Technologietransfer kann auch erforderlich sein, um eine Patentverletzungsklage zu vermeiden; um diese Technik als Option für zukünftige Entwicklung zu haben; oder eine Technik zu erwerben, die für die Kommerzialisierung von einer Technik, die das Unternehmen bereits besitzt, notwendig ist.
- Firmen übertragen Technologien an andere Organisationen als potenzielle Einnahmequelle; um einen neuen Industriestandard zu erstellen; oder für die Partnerschaft mit einer Firma, die die Ressourcen oder komplementären Vermögenswerte hat, um die Technologie zu kommerzialisieren.

Für Regierungslabors und Universitäten, sind die Beweggründe für den Technologietransfer etwas anders:

- Regierungen oder Universitäten könnten Technik an externe Organisationen übertragen, wenn es nötig ist, ein bestimmtes Ziel oder Mission zu erfüllen (beispielsweise Universitäten können Bildungstechnologien übertragen); oder wenn diese Technologie eine andere Technologie aufwerten würde, die die Regierung oder eine Universität auf ein Unternehmen zu übertragen hofft.

- Regierungslabors und Universitäten übertragen häufig Technologien an andere Organisationen aus wirtschaftlichen Entwicklungsgründen (um Arbeitsplätze und Einkommen für lokale Unternehmen zu sichern); als alternative Finanzierungsquelle; oder eine Beziehung mit einer Firma zu etablieren, die in der Zukunft Vorteile haben könnte.

Einen Abnehmer für die Technologie finden

Der zweite Schritt im Technologietransfer ist die Suche nach einem geeigneten Empfänger für die Technologie - einer, der die Technologie nutzen kann, und etwas von Wert als Gegenleistung anzubieten hat. Firmen studieren jetzt den Prozess der Lizenzierung und des Technologietransfers systematischer.

Es gibt verschiedene Informationsaktivitäten um den Technologietransfer zu unterstützen:

- <u>Technologie Erkundung (Scouting)</u> – Die Suche nach bestimmten Technologien, um sie zu kaufen oder zu lizenzieren.
- <u>Technologiemarketing</u> – Die Suche nach Käufern für eine Technologie (inverse von Tech-Scouting); auch die Suche nach Mitarbeitern; Joint Venture oder Entwicklungspartnern; oder Investoren; oder Venture Capital um eine bestimmte Technologie zu finanzieren.
- <u>Technologiebewertung</u> – Auswerten der Technologie, um die Frage zu beantworten: "Was ist diese Technologie wert?" Umfasst die Forschung der intellektuellen Eigenschaften und eine Markt- und Wettbewerber Bewertungen.
- <u>Transfer-Aktivitäten</u> - Informationen zum Transfer-Prozess selbst, z. B. Lizenzbedingungen und Praktiken, Verträge, Verhandlungen, und wie man die Übertragung am erfolgreichsten erledigt.
- <u>Die Suche nach Experten</u> - zur Unterstützung der oben genannten Bereiche. **Ein Sprichwort auf dem Gebiet ist - „Technologietransfer ist ein Kontaktsport."**

Diese Informationsbedürfnisse werden oft von Dienstleistungsunternehmen, wie z. B. Lizenzberater, und durch elektronische Medien, einschließlich Datenbanken und Online-Netzwerke, unterstützt. Einige neue Online-Netzwerke nutzen das Internet, um Unternehmen in diesen Informationsaktivitäten zu helfen.

Der Informationstransfer-Prozess ist einer der wichtigsten Schritte im Technologietransfer. Neue Lizenzierungspraktiken wurden entworfen, um diesen Prozess zu unterstützen. Zum Beispiel werden viele Lizenzen mit der Basistechnologie und der Ausrüstung gebündelt, die benötigt wird um diese Technologie zu nutzen. Eine Lizenz kann auch eine "Know-how" Vereinbarung beinhalten, die die relevanten Lizenz-Geschäftsgeheimnisse überträgt (mit entsprechenden Schutzvorrichtungen), um bei der Nutzung der Technik zu helfen. In einigen Branchen praktizieren Firmen die „frisch" Lizenzierung, wobei Mitarbeiter des Lizenzgebers vom Lizenznehmer geborgt werden, um zu beraten, wie eine Technologie ordnungsgemäß verwendet werden soll.

Das Haupthindernis für den Technologietransfer zwischen Firmen ist das Verhalten in den Organisationen. In der Vergangenheit verhinderten kulturelle Blöcke, wie das Syndrom „nicht hier erfunden", Firmen Interesse an Technologietransfer zu zeigen. Neue Konzepte, im Sinne von Wissensmanagement, verändern Verhalten und spornen Unternehmen an, enorme Gewinne durch die aktive Ausübung der Lizenzierung zu realisieren.

Technologietransfer-Vereinbarungen

http://eur-lex.europa.eu/legal-content/DE/TXT/?uri=URISERV%3Al26108

Die den Wettbewerb einschränkenden Lizenzvereinbarungen sind nach den EU-Wettbewerbsvorschriften, insbesondere nach Artikel 101 des Vertrags über die Arbeitsweise der Europäischen Union (AEUV) (ex-Artikel 81 des Vertrags zur Gründung der Europäischen Gemeinschaft (EG-Vertrag)), untersagt. In den meisten Fällen haben diese Vereinbarungen allerdings auch positive Folgen, die die wettbewerbsbeschränkenden Auswirkungen ausgleichen. Mit den neuen Bestimmungen, die aus einer Gruppenfreistellungsverordnung und aus Leitlinien bestehen, wird für die meisten Lizenzvereinbarungen Rechtssicherheit hergestellt.

RECHTSAKT

Verordnung (EG) Nr. 772/2004 der Kommission vom 7. April 2004 über die Anwendung von Artikel 81 Absatz 3 EG-Vertrag auf Gruppen von Technologietransfer-Vereinbarungen.

ZUSAMMENFASSUNG

Die Rechtsvorschriften über geistiges Eigentum übertragen den Inhabern von Patenten, Urheberrechten, Rechten an gewerblichen Mustern, Warenzeichen und sonstigen gesetzlich geschützten Rechten ausschließliche Rechte. Die Inhaber dieser Rechte haben das Recht, ihr geistiges Eigentum zu verwerten, insbesondere im Rahmen einer Lizenzvergabe an Dritte, und jede unbefugte Nutzung ihrer Rechte zu unterbinden. Gegenstand einer Technologietransfer-Vereinbarung ist dementsprechend die Vergabe einer Lizenz für eine bestimmte Technologie.

Technologietransfer-Vereinbarungen steigern in der Regel die wirtschaftliche Leistungsfähigkeit und wirken sich insofern positiv auf den Wettbewerb aus, als sie parallelen Forschungs- und Entwicklungsaufwand reduzieren, den Anreiz zur Aufnahme von Forschungs- und Entwicklungsarbeiten der Unternehmen stärken, die Innovation ankurbeln, die Verbreitung der Technologien verbessern und Wettbewerb auf den Produktmärkten erzeugen können. Es kann allerdings vorkommen, dass die Lizenzvereinbarungen auch zu wettbewerbsfeindlichen Zwecken verwendet werden, z. B. wenn zwei Wettbewerber eine Lizenzvereinbarung dazu nutzen, Märkte unter sich aufzuteilen oder wenn ein bedeutender Lizenzinhaber Konkurrenztechniken vom Markt ausschließt.

Um ein Gleichgewicht zwischen dem Schutz des Wettbewerbs und dem Schutz der Rechte an geistigem Eigentum herzustellen, schafft diese Gruppenfreistellungsverordnung einen Sicherheitsrahmen für die meisten Lizenzvereinbarungen. In den Leitlinien wird erläutert, wie Artikel 101 des Vertrags über die Arbeitsweise der Europäischen Union (AEUV) (ex-Artikel 81 des Vertrags zur Gründung der Europäischen Gemeinschaft (EG-Vertrag)) auf Vereinbarungen anzuwenden ist, die nicht unter diesen Sicherheitsrahmen fallen.

Anwendungsbereich

Der Anwendungsbereich für die neuen Vorschriften umfasst nicht nur die Patent- und Know-how-Lizenzen, sondern künftig auch die Rechte an Mustern und Modellen und an Softwarelizenzen. In den Fällen, in denen die Kommission nicht ermächtigt ist, eine Gruppenfreistellungsverordnung zu erlassen (beispielsweise für Vereinbarungen über Patentpools oder die Vergabe von Urheberrechtslizenzen allgemein), liefern die Leitlinien klare Vorgaben, wie die Vorschriften künftig anzuwenden sind. Diese Verordnung gilt jedoch nicht für Lizenzvereinbarungen, die die Vergabe von Unteraufträgen für Forschungs- und Entwicklungstätigkeiten zum Ziel haben.

Anwendungsbedingungen

Zur Bestimmung der Freistellungsfähigkeit wird in der Verordnung zwischen Wettbewerbern und Nicht-Wettbewerbern unterschieden, wobei es sich bei den Wettbewerbern um Unternehmen handelt, die auf dem Markt der betreffenden Technologie und/oder dem relevanten Markt miteinander konkurrieren.

Nach der Verordnung sind von den in Artikel 101 Absatz 1 AEUV (ex-Artikel 81 Absatz 1 EG-Vertrag) genannten Beschränkungen alle Vereinbarungen freigestellt,

- die zwischen Wettbewerbern geschlossen werden, deren Marktanteil auf dem relevanten Markt 20 % nicht überschreitet
- die zwischen Nicht-Wettbewerbern geschlossen werden, deren Marktanteil auf dem relevanten Markt 30 % nicht überschreitet.

Diese Freistellung wird unter der Voraussetzung gewährt, dass die Vereinbarungen nicht schwerwiegende wettbewerbsschädigende Beschränkungen enthalten. Hierzu führt die Verordnung eine Reihe von Kernbeschränkungen auf (Artikel 4 und 5), die den Wettbewerb erheblich beeinträchtigen und daher untersagt sind. Alle Vereinbarungen, die die Gruppenfreistellungsverordnung nicht ausdrücklich ausschließt, sind demnach freigestellt. Handelt es sich nicht um Kernbeschränkungen, so können die Unternehmen, die Vereinbarungen schließen, bei denen die Marktanteilsschwellen nicht überschritten werden, davon ausgehen, dass ihre Vereinbarungen mit dem europäischen Wettbewerbsrecht vereinbar sind.

Der Marktanteil wird auf der Grundlage des Werts der im vorangegangenen Kalenderjahr auf dem Markt getätigten Verkäufe berechnet. Liegt der Marktanteil ursprünglich unter bzw. bei 20 % bzw. 30 %, überschreitet anschließend jedoch die vorgesehenen Schwellen, so findet die Freistellung während zwei Kalenderjahren nach dem Jahr, in dem die 20 % bzw. 30 %-ige Schwelle zum ersten Mal überschritten wurde, weiter Anwendung.

Entzug der Freistellung

Nach der Verordnung (EG) Nr. 1/2003 des Rates vom 16. Dezember 2002 zur Durchführung der in den Artikeln 81 und 82 des Vertrags niedergelegten Wettbewerbsregeln können die zuständigen Behörden der Mitgliedstaaten den Rechtsvorteil der Gruppenfreistellung entziehen, wenn Technologietransfer-Vereinbarungen Wirkungen entfalten, die mit Artikel 101 Absatz 3 AEUV (ex-Artikel 81 Absatz 3 EG-Vertrag) unvereinbar sind und im Gebiet eines Mitgliedstaats oder in einem Teilgebiet dieses Mitgliedstaats, das alle Merkmale eines gesonderten räumlichen Markts aufweist, auftreten. EU-Mitgliedstaaten müssen im gesamten Gemeinsamen Markt für eine einheitliche Anwendung der EU-Wettbewerbsvorschriften sorgen.

Außerdem kann die Kommission den Vorteil dieser Verordnung entziehen, wenn sie:

- in einem bestimmten Fall feststellt, dass eine Technologievereinbarung Wirkungen entfaltet, die mit Artikel 101 Absatz 3 AEUV unvereinbar sind,
- das Bestehen paralleler Netze von Technologietransfer-Vereinbarungen feststellt, die über 50 % des relevanten Marktes erfassen. In einem solchen Fall kann die Kommission durch Verordnung bestimmen, dass die vorliegende Verordnung keine Anwendung findet.

Die am 30. April 2004 bereits geltenden Vereinbarungen, die die in der Verordnung (EG) Nr. 240/96 vorgesehenen Freistellungsvoraussetzungen erfüllen, sind vom 1. Mai 2004 bis zum 31. März 2006 nicht untersagt.

Hintergrund

Die Verordnung (EG) Nr. 772/2004 fällt in den Bereich der Verordnung Nr. 19/65 (EWG), mit der die Kommission unter Einhaltung von Artikel 101 Absatz 3 AEUV ermächtigt wird, bestimmte Gruppen von Vereinbarungen freizustellen. Sie soll die Verordnung (EG) Nr. 240/96 vom 31. Januar 1996 ersetzen, die am 30. April 2004 abgelaufen ist.

Schlüsselwörter des Rechtsakts:

- Technologietransfer-Vereinbarung: eine Patentlizenzvereinbarung, eine Know-how-Vereinbarung, eine Softwarelizenz-Vereinbarung oder gemischte Patentlizenz-, Know-how- und Softwarelizenz-Vereinbarungen einschließlich Vereinbarungen mit Bestimmungen, die sich auf den Bezug oder den Absatz von Produkten oder die sich auf die Lizenzierung oder die Übertragung von Rechten an geistigem Eigentum beziehen, sofern diese Bestimmungen nicht den eigentlichen Gegenstand der Vereinbarung bilden und unmittelbar mit der Herstellung oder Bereitstellung der Vertragsprodukte verbunden sind. Als Technologietransfer-Vereinbarung gilt auch die Übertragung von Patent-, Know-how- oder Software-Rechten sowie eine Kombination dieser Rechte, wenn das mit der Verwertung der Technologie verbundene Risiko zum Teil beim Veräußerer verbleibt.
- Rechte an geistigem Eigentum: gewerbliche Schutzrechte, Know-how, Urheberrechte und verwandte Schutzrechte.
- Patent: Patente, Patentanmeldungen, Gebrauchsmuster, Gebrauchsmusteranmeldungen, Geschmacksmuster, Topographien von Halbleitererzeugnissen, ergänzende Schutzzertifikate für Arzneimittel oder andere Produkte, für die solche Zertifikate erlangt werden können, und Sortenschutzrechte.
- Know-how: eine Gesamtheit nicht patentierter praktischer Kenntnisse, die durch Erfahrungen und Versuche gewonnen werden und die geheim (d. h. nicht allgemein bekannt und nicht leicht zugänglich sind), wesentlich (d. h. für die Herstellung der Vertragsprodukte von Bedeutung und nützlich sind) und identifiziert sind (d. h. umfassend genug beschrieben sind, so dass überprüft werden kann, ob es die Merkmale „geheim" und „wesentlich" erfüllt)

VERBUNDENE RECHTSAKTE

Mitteilung der Kommission - Leitlinien zur Anwendung von Artikel 81 EG-Vertrag auf Technologietransfer-Vereinbarungen [Amtsblatt C 101 vom 27.4.2004]. Die genannten Leitlinien sollen Orientierungshilfen für die Anwendung der Gruppenfreistellungsverordnung sowie für die Anwendung von Artikel 101 AEUV (ex-Artikel 81 EG-Vertrag) auf Technologietransfer-Vereinbarungen geben, die nicht in den Anwendungsbereich dieser Verordnung fallen. Für Patentpooling-Vereinbarungen oder die Einräumung von Urheberrechtslizenzen im Allgemeinen enthalten die Leitlinien beispielsweise klare Vorgaben, wie die Vorschriften künftig anzuwenden sind. Die Gruppenfreistellungsverordnung und die Leitlinien stehen einer etwaigen parallelen Anwendung von Artikel 102 AEUV (ex-Artikel 82 EG-Vertrag) auf Lizenzvereinbarungen nicht entgegen. Die in den Leitlinien genannten Kriterien sind nach Maßgabe jedes Einzelfalls anzuwenden, wodurch jegliche automatische Anwendung ausgeschlossen wird. Die Kommission wird prüfen, wie die Verordnung und die Leitlinien im Rahmen des mit der Verordnung (EG) Nr. 1/2003 eingeführten neuen Anwendungssystems gehandhabt werden, um festzustellen, ob gegebenenfalls Änderungen vorzunehmen sind.

INTERNATIONALER MARKTEINTRITT

Nur weil Sie ein „kleines Unternehmen" sind, bedeutet dies nicht, dass Sie nicht groß denken sollten. Bei dem rasanten Tempo der wirtschaftlichen Globalisierung, können sich kleine Unternehmen nicht mehr leisten, die Herausforderung des internationalen Handels zu ignorieren. Die Frage, die sich ein Eigentümer eines kleinen Unternehmens vor einiger Zeit noch stellte, war... „Werde ich mich in ausländischen Märkten engagieren, oder nicht?" Die Frage ist inzwischen... „Wenn ich mich nicht in ausländischen Märkten engagiere, wird mein Geschäft überleben?"

Für ein kleines Unternehmen gibt es drei wichtige Gründe sich international aufzustellen:

- Binnenmärkte sind gesättigt und weiteres Wachstum erfordert die Identifizierung neuer Märkte.
- Ausländische Wettbewerber treten in den Markt ein und verdrängen die inländischen Unternehmen.
- Da die Produktionskosten weiter eskalieren, können sich inländische Unternehmen einen Wettbewerbsvorteil durch die Sicherung günstiger Produktionsstätten im Ausland schaffen.

Aber kleine Unternehmen haben oft nicht die finanziellen und personellen Ressourcen zur Verfügung und ein hohes Maß an Risikoaversion kennzeichnet häufig das Geschäft. Der Eintritt in internationale Märkte umfasst auch Vertrautheit mit ausländischer Ethik, Philosophie, Wirtschaft, Politik, Marketing, Management und Technologie. International Business Development Profis benötigen Kenntnisse über die Gesetzmäßigkeiten von strategischen Beziehungen, Lizenzierung, Partnerschaft, geistiges Eigentum, neue Technologien, faire Praktiken, kulturelle Unterschiede, Internationales Marketing, Informationsmanagement, Wissensmanagement, Finanzen und Werbung, die alle die Geschäftsentwicklung innerhalb einer Kultur und seiner Wirtschaft beeinflussen. Zu den spezifischen Projekten, mit denen internationale Geschäftsentwicklungs-Profis oft beauftragt sind gehören Ausarbeitung von Fusion/Übernahme-Strategien, Identifikations- und Sicherheitsüberprüfung von Zielunternehmen, die Entwicklung von strategischen Gründen für Transaktionen, Gewährleistung der Einhaltung gesetzlicher Vorschriften und Unterstützung bei der interkulturellen Kommunikation.

Kleine Unternehmen, die beteiligt sind, oder die Absicht haben, am internationalen Geschäft Teil zu nehmen, müssen ein breites Verständnis für andere Kulturen und Verhaltensweisen aufbauen; dies sollte ein Teil der Unternehmenskultur innerhalb der gesamten Organisation sein. Projekte könnten auf lange Sicht ein Risiko sein, wenn die persönlichen Beziehungen und das Verständnis für die andere Kultur bloß bei einigen Personen oder nur beim Besitzer konzentriert sind.

Technologiebasierte Unternehmen die eine Strategie der schnellen Internationalisierung eingehen, wählen normalerweise ausländische Märkte, die Transaktionskosten und die damit verbundenen Risiken des Scheiterns, minimieren. Sicherheitsbestimmungen die zur Verringerung der Anfälligkeit für die Aneignung ihres intellektuellen Kapitals beitragen sind besonders wichtig bei der Auswahl der ausländischen Märkte. Unternehmerische junge Firmen wählen oft Ländermärkte mit Staatsmächten die einen besseren regulatorischen Schutz für ihr geistiges Eigentum bieten. Im Gegensatz dazu, wird beobachtet, dass die Geschwindigkeit der Internationalisierung weniger von dem ausländischen Regime und viel mehr von den Industrie- und Firmenmerkmalen beeinflusst wird. Ferner beeinflusst die Erfahrung des Managements die ausländische Standortwahl.

Internationale Geschäftsideen: Markteintritt & Niederlassung im Ausland meistern!

(Teil V von der Artikel Serie – Gründung & Selbstständigkeit)

http://www.unternehmer.de/gruendung-selbststaendigkeit/162710-internationale-geschaeftsideen-markteintritt-niederlassung-ausland-teil-v

Artikel in Unternehmer.de - in der Kategorie Gründung & Selbständigkeit von Jonathan Geiser

Dies ist der abschließende Beitrag der Artikelserie "Starten, etablieren und expandieren von Unternehmungen". Sie endet mit dem eigentlichen Markteintritt sowie der Gründung einer Niederlassung im Ausland. Diese Phase stellt die spannendste Phase dar, da man den Ertrag der Arbeit praktisch miterleben kann. Bevor man jedoch in diese letzte Etappe einsteigt, ist es ganz wichtig, einen dauerhaften Qualitätsentscheid zu treffen, denn als wichtigstes Erfolgskriterium in der Umsetzungsphase gilt die Ausdauer.

Man kann dieses letzte Etappenziel in einem gewissen Sinne mit einem Hürdenläufer vergleichen. Je besser dieser die Hürden vorgängig analysiert hat und somit kennt was auf ihn zukommen wird, je weniger Fehltritte und Verletzungen sind während des Sprints generell zu erwarten. Je gründlicher die Vorbereitung, je müheloser sollte der Lauf vonstattengehen. Das Erscheinen am Start bestätigt die Absicht, den definitiven Entscheid, diese Herausforderung auch wirklich annehmen zu wollen. Was nach dem Startschuss abgeht, ist primär eine Frage der Beharrlichkeit, denn die Ziellinie wird früher oder später erreicht werden.

Beharrlichkeit gilt als der wichtigste Erfolgsfaktor

Zwei Beispiele dazu: Ein Schweizer Unternehmer hatte sich verhältnismäßig gut vorbereitet. Die Auslandstrategie machte für ihn und seine Firma geschäftlich sehr viel Sinn. Er entschied sich jedoch, gleich zu Anfang die Expansion unter Hochdruck voranzutreiben, statt sein vorhandenes Kapital und Energie über eine längere Zeitdauer zu verplanen. Als nach einem Jahr noch keine schwarzen Zahlen vorlagen, begann er an sich und seiner Firma zu zweifeln. Als dann auch noch die flüssigen Mittel knapp wurden, entschied er sich, das Handtuch verfrüht zu verwerfen. Selbst Jahre danach kommen immer noch Kundenanfragen, doch leider gibt es die ursprüngliche Tochterfirma nicht mehr, welche zur Abwicklung dieser Aufträge notwendig gewesen wäre.

Im gegenteiligen Fall wollte ein Schweizer KMU (kleine und mittlere Unternehmen) sein Produkt in der lukrativen kanadischen Öl- und Gasindustrie verkaufen. Trotz anfänglich vielen Widerständen im Zielmarkt und gleichzeitig firmeninternen Schwierigkeiten gab dieser Unternehmer nie auf. Die kontinuierlichen Inputs aus dem Zielmarkt führten letztendlich dazu, dass nicht nur das Produkt marktgerecht weiterentwickelt werden konnte, sondern sogar eine gesamte Produktlinie daraus hervorging. Das dabei eröffnete Marktpotenzial, in einem der kapitalstärksten Industrien überhaupt, steht in keinem Verhältnis zu den vorangegangenen Jahren der Beharrlichkeit. Es ist immer ein Balanceakt zwischen vorwärtspressen und beibehalten einer gewissen Sensitivität gegenüber reellen Widerständen. Doch einmal überwundene Widerstände stellen wichtige Etappenziele dar, wo mögliche Konkurrenten bereits verfrüht aufgegeben haben.

Die beste personelle Konstellation

Bei der Umsetzung gilt es einige wichtige Aspekte und Gesetzmäßigkeiten zwischen dem Projektausführenden im Zielmarkt und der Auftrag gebenden Firma zu berücksichtigen, um einen möglichst optimalen Projektablauf sicherstellen zu können. Die Komplexität und Belastung, welcher der Projektausführende im Zielmarkt ausgesetzt ist, wird wiederholt unterschätzt. Der Aufgaben- und Verantwortlichkeitsbereich des Projektleiters bzw. Geschäftspartners muss in der Regel auf Stufe eines erfahrenen CEO angesiedelt werden. Der Kunde sieht in ihm den Repräsentanten der gesamten Unternehmung und damit einhergehend die Zuständigkeit für jegliche Problemstellungen.

Bildlich gesprochen stellt der Projektleiter vor Ort sozusagen die Speerspitze und die Auftrag gebende Firma der Speerschaft dar. Entsprechend können nur einwandfreie Resultate erwartet werden, wenn beide Parteien auch wirklich zusammenarbeiten, mit dem richtigen Mann an der Spitze und dem richtigen unterstützenden Stab im Hintergrund.

Eine Firma, die ihrem Partner den Rücken stärkt, demonstriert nicht nur ihre Glaubwürdigkeit gegenüber dem Kunden, sondern vertieft auch die interne Zusammenarbeit. Besonders bei langjährigen Projekten kann oftmals ein gewisses Auseinanderdriften von Interessen, Arbeitsweisen, etc. zwischen den Parteien festgestellt werden. Dies rührt unter anderem daher, dass sie in verschiedene Umgebungen eingebettet sind und durch diese Beeinflussung, ob bewusst oder unbewusst, in unterschiedliche Richtungen gezogen werden.

Hinzu kommt die vielfach große geografische Distanz, welche die Kommunikation und somit den laufenden Abgleich weiter erschweren kann. Es ist deshalb wichtig, dass sowohl der Geschäftspartner im Ausland sowie auch der involvierte Mitarbeiterstab im Heimmarkt regelmäßig gegenseitige Besuche abhalten, um die gemeinsamen Interessen abgleichen und kritische Differenzen in persona aussortieren zu können.

Die Niederlassung als ein gestuftes Vorgehen

Ein Thema, das viele KMU von einer Expansion ins Ausland abschrecken kann, ist die Notwendigkeit einer Niederlassung, respektive speziell die damit verbundenen Kosten. Für die meisten KMU kommt deshalb eine lokale Niederlassung erst dann infrage, wenn zuvor auch ein entsprechender Umsatz im Zielmarkt bestätigt werden konnte. In manchen Fällen verlangen ausländische Kunden jedoch eine lokal ansässige Firma, bevor sie überhaupt bereit sind, Geschäfte zu betreiben.

Auch hier gibt es gestufte Lösungen, welche zu einem gewissen Grad in Abhängigkeit des Geschäftsganges erfolgen können. Der Kostenumfang einer Niederlassung hängt dabei stark von der Natur des Geschäftes sowie dem gewählten Standort und Vorgehen ab. Im erwähnten Beispiel eines europäischen KMUs, welches in den NAFTA-Markt eintreten möchte, können alleine schon durch die Auswahl des richtigen Einstiegsortes drastische Kostensenkungen und Effizienzsteigerungen erzielt werden. Das richtige Einstiegsland zu wählen, mit einer relativ vertrauten Geschäftskultur, einer Volkswirtschaft, welche in realistischer Größenordnung liegt sowie von vorteilhaften Handelsabkommen (je nach europäischem Land) profitiert (Zollgebühren oder sonstige Wettbewerbsnachteile reduziert), stellt den großen, schwimmenden Teil des Eisbergs dar.

Die Spitze des Eisbergs muss dabei wesentlich eingehender und branchenspezifischer betrachtet werden. Dennoch quantifiziert man alleine schon diese Hauptaspekte, können enorme Kosteneinsparungen bei, zum Beispiel, einem Eintritt in Kanada, im Vergleich mit einem direkten Einstieg in die USA erzielt werden. In den Staaten sind die unternehmerischen Risiken auf einen Schlag viel höher, wodurch zum Beispiel Top Manager versicherungstechnisch abgesichert sein wollen und sonstige Absicherungskosten anfallen, bevor man überhaupt nur starten kann. Darüber hinaus gibt es Gesetzgebungen, welche in Europa in dieser Art nicht bekannt sind.

In Kanada fühlt man sich von Anfang an Zuhause und profitiert, an der südlichen Grenze positioniert, jederzeit von einem sicheren, bequemen, wirtschaftlichen Zugang zum amerikanischen Nachbarn. Hinzu kommt, dass der südliche Gürtel umgeben von einigen der schönsten Landschaften der Welt ist, mit Klimazonen ähnlich der Südseite der Alpen, womit auch in Bezug auf private Interessen keine Wünsche offen bleiben. Die Kosten und sonstigen Aufwendungen im Zusammenhang mit einer Niederlassung können gleich nochmals stark gesenkt werden, sollte ein Geschäftspartner gewählt werden, welcher bereits in dieser Region wohnhaft ist und bereit ist, gewisse Dienstleistungen kostengünstig zu übernehmen. Eine zweckmäßige Niederlassung, welche minimale Kundenanforderungen erfüllt, kann auf diese Weise in der Regel bereits ab wenigen 10.000 Dollar realisiert werden.

Schlusswort zu dieser Artikelserie

Heutzutage eine Firma neu zu starten, eine bestehende im Markt zu etablieren und schlussendlich diese international zu expandieren, ist nicht unbedingt schwieriger geworden, das Vorgehen hat sich jedoch verändert. Die typischen Entwicklungsphasen waren in der Vergangenheit rein sequentiell, doch nun fließen sie immer mehr zusammen und beeinflussen sich gegenseitig. Unabhängig vom Entwicklungsgrad einer Firma ist die Internationalisierung schon ganz am Anfang nicht mehr eine Frage des "ob", sondern vielmehr eine Frage des "wie" geworden.

Es ist diese rasante Veränderung mit welcher viele zu kämpfen haben, denn was über viele Generationen hinweg immer funktioniert hat, scheint oftmals nicht mehr zum Erfolg, sondern oftmals zu einer Stagnation oder teils sogar zum Abstieg zu führen. Nie zuvor in der Geschichte, zumindest soweit wir aus dem Geschichtsunterricht informiert wurden, hat es je eine vergleichbare Vernetzung und stetig engere Anbindung der Märkte auf globaler Ebene gegeben! Dadurch entstehen ganz neue Konkurrenz Konstrukte, vorangetrieben von einem globalen Fachkräfteaustausch.

Es ist sicherlich eine interessante Epoche der allgemeinen Umschichtung, aber auch eine mit Tücken. Es gewinnen nicht unbedingt diejenigen, die momentan gestresst dem nachgehen, oder sogar krampfhaft festhalten, was Sie schon immer getan haben. Die Aussichten derjenigen die sich bewusst Zeit nehmen, um sich über ihre eigene Geschäftsvision im Klaren zu werden und diese mit Ausdauer vorantreiben, stehen enormen Chancen gegenüber.

Das Ziel dieser Artikelserie ist es, die aktuelle aber auch künftige Wichtigkeit der Internationalisierung für Ihre Unternehmung hervorzuheben. Aber auch, Ihnen ein paar der wichtigsten, in der Praxis geprüften, Aspekte zu vermitteln, die es zur erfolgreichen Umsetzung braucht. Die erfolgreiche Internationalisierung ist nicht primär eine Kostenfrage, sondern hat viel mehr damit zu tun, wie man darüber denkt und man diese angeht.

Weitere Artikel dieser Serie:

- Internationale Geschäftsideen: Als Start-up global denken (Teil I)
- Internationale Geschäftsideen: So gelingt Ihnen die Expansion! (Teil II)
- Internationale Geschäftsideen: Probleme bei der Expansion in neue Märkte (Teil III)
- Internationale Geschäftsideen: Planung & Vorbereitung ist alles! (Teil IV)

Warum Auslandsexpansion attraktiv ist

http://www.springerprofessional.de/warum-auslandsexpansion-attraktiv-ist/4893064.html

Redaktion Springer für Professionals   **Von Eva-Susanne Krah**

Internationalisierung liegt im Trend: Jedes zweite Kleinunternehmen ist auf Auslandsmärkten aktiv. Hermann Sebastian Dehnen gibt Tipps für Eintrittsstrategien im Ausland.

Ablaufplan für den Markteintritt

Wie solche Engagements insbesondere in aufstrebenden ausländischen Märkten am besten gestaltet sein sollten, beleuchtet Hermann Sebastian Dehnen in dem Springer-Buch "Markteintritt in Emerging Market Economies". Er sieht dazu drei verschiedene Phasen:

Phase 1: Der Markteintritt beginnt mit dem Plan eines Unternehmens oder eines bestimmten Geschäftsbereichs, in einen neuen ausländischen Markt oder in einen bestimmten Marktsektor einzutreten. Unternehmen gehen diesen Schritt in der Regel mit dem Ziel, durch globale Expansion das Wachstum des Unternehmens zu steigern, neue Kunden oder einen neuen USP in einem speziellen Markt zu gewinnen.

Phase 2: In Phase zwei muss die Entscheidung über die Form des Markteintritts getroffen werden. Dazu gehören Formen wie

- der reine Export ohne eine große Ressourcenbindung oder Investitionen,
- der indirekte Export über die Zusammenarbeit mit Vertriebspartnern, die eine entsprechende Vertriebsleistung für das Unternehmen erbringen, oder auch
- die Gründung einer eigenen Vertriebsniederlassung.

Tragfähige Abnehmerbeziehungen gestalten

Von dieser Grundsatzentscheidung hängen laut Dehner die weiteren Maßnahmen ab. Bei einem direkten Export schmiedet das Unternehmen meist eine Handelsbeziehung zu einem Geschäftspartner vor Ort. Gerade für das Management der KMU ist es entscheidend, wie tragfähig diese Abnehmerbeziehung gestaltet werden kann. Wird dagegen das Joint Venture als Markteintrittsform gewählt, können KMU vom Know-how lokaler Partner, dessen Marktwissen und Erfahrung profitieren. Auch Lizenzen, Franchising oder strategische Allianzen sind Modelle, die häufig für Aktivitäten in Emerging Markets gewählt werden.

Phase 3: Jetzt muss das Unternehmen entscheiden, wie es im Markt präsent sein will, beispielsweise in wie vielen Ländern, bestimmten Zielmärkten oder bewusst mit einer regionalen Verbreitung. Dabei spielt für das Management vor allem die Frage eine Rolle, wie attraktiv ein bestimmter Markt langfristig unter Wachstumsgesichtspunkten sein wird. Spezifische Marktbarrieren sind ebenfalls entscheidend.

Internationalisierung ist leicht, international bleiben nicht

http://www.migration-business.de/2013/02/internationalisierung-ist-leicht-international-bleiben-nicht/

Artikel in migration business - Text: Alexander Tirpitz.

In unserer globalisierten Wirtschaft sind längst nicht mehr nur Großkonzerne, sondern auch viele Start-ups sowie kleine und mittlere Unternehmen (KMU) fernab des Heimatmarktes aktiv. Schätzungsweise 800.000 deutsche KMU sind in internationalen Märkten präsent.

Gründe für die Internationalisierung gibt es viele: Die kostengünstige Beschaffung materieller und immaterieller Güter, die Partizipation an der Wirtschaftsentwicklung und der Binnenkonsum fremder Märkte oder die Optimierung der eigenen Wertschöpfungskette. Rund 70 Prozent der Auslandsinvestitionen von Unternehmen sind absatzorientiert. Ein Fünftel wiederum zielt auf Lohnkostenvorteile ab.

Wirtschaftlicher Erfolg durch Expansion ins Ausland

Bei alledem ist ein Auslands-Engagement in einigen Branchen mittlerweile sogar ein unternehmerisches Muss, wenn man erfolgreich sein will. Deutsche Hi-Tech-Unternehmen, die auch im Ausland aktiv sind, machen durchschnittlich doppelt so viel Umsatz im ersten Geschäftsjahr wie Unternehmen, die nur den Heimatmarkt bedienen.

Mit dem Internet so einfach wie noch nie...

Vor allem das Internet macht es heutzutage Unternehmen leicht, im Ausland aktiv zu werden. Sei es die Beschaffung über B2B-Portale wie alibaba.com oder die Suche nach potentiellen Kooperationspartnern, Absatzmittlern oder kompetenten Markteintrittsberatern – alles scheint im Zeitalter des WWW ein Kinderspiel zu sein. Quasi nach dem Baukastenprinzip lassen sich im Sinne einer globalen Gründung mit Komponenten virtuelle Multinationals kreieren. So wurde beispielsweise in einem Artikel der Wirtschaftswoche vor einiger Zeit befunden, es sei für Gründer noch nie zuvor so leicht gewesen, ein multinationales Unternehmen aufzubauen. Und das scheint zu stimmen. Viele junge Unternehmen, deren Geschäftsmodelle auf das Internet aufbauen, starten als so genannte Born Globals und sind von der ersten Stunde an international aufgestellt. Dass andere Märkte auch anders funktionieren, musste allerdings auch schon eine ganze Reihe von ihnen einsehen.

Das Ausland birgt aber auch neue Herausforderungen

Die Schwierigkeit besteht somit weniger darin, zu internationalisieren, sondern langfristig international erfolgreich zu bleiben – das ist die Herausforderung! Denn ist ein Unternehmen erst einmal international aktiv, muss es neben dem Kerngeschäft mit einer Vielzahl von landes- und kulturspezifischen Problemstellungen zurechtkommen. Problemstellungen, mit denen es zuvor noch nie konfrontiert war und für die es unter Umständen auch keine adäquaten Lösungsansätze hat.

Start-ups sowie kleine und mittlere Unternehmen sollten bei der Internationalisierung daher auf so genannte *Inward-Outward-Connections* setzen. Vereinfacht gesagt, sollten sie im Windschatten eines Partners in fremde Märkte eintreten. Dafür gibt es drei Möglichkeiten:

- Ausländische Kooperationspartner unterstützen nach einer erfolgreichen Zusammenarbeit in Deutschland beim Eintritt in deren Heimatmarkt.
- Deutsche Kooperationspartner oder gar Kunden nehmen ihren bewährten Zulieferer bzw. Dienstleister „huckepack" mit ins Ausland.
- Ausländische Kooperationspartner im Ausland bzw. kompetente Agenten, Distributoren oder Berater ebnen den Weg für einen späteren Markteintritt mittels Niederlassung.

Was all diese Wege gemeinsam haben, ist zum einen das geringere Risiko als bei einem Alleingang. Zum anderen bieten sie die Möglichkeit, kulturelles Know-how, kritische Erfahrungen und existierende Netzwerke zu nutzen. Denn häufig sind dies die entscheidenden Faktoren für den Erfolg einer internationalen Geschäftstätigkeit. Der Misserfolg im fremden Markt ist in den allermeisten Fällen auf eine ungenügende Anpassung an die lokalen Gegebenheiten zurückzuführen – bei kleinen wie auch bei großen Unternehmen.

BEISPIEL EINES MARKETINGPLANS

In den letzten Jahren führten schrumpfende Lieferantenlisten und In-und Ausland Konkurrenz zu einer Konsolidierungswelle für die [_____] Industrie. Es scheint, dass sich die Konsolidierung fortsetzen wird, weil Branchenführer ihren Anwendungsbereich erweitern.

Dieser Plan erklärt die [Firma] Wahrnehmung über die potentiellen und wichtigen Trends auf dem [_____] Markt. Er untersucht die grundlegende Stärke, Schwäche, Strategie und Marktposition von [FIRMA] selbst und der seiner Hauptkonkurrenten.

Der Plan erfordert eine kontinuierliche systematische Organisation von [Unternehmen] Personal für die Durchführung der Beschlüsse, das Vergleichen der Ergebnisse dieser Entscheidungen gegenüber den Erwartungen, und den entscheidenden Anpassungen und Verbesserungen der Strategie.

GESCHÄFTSAUSBLICK UND STRATEGIE

Natürlich werden sich viele wirtschaftliche, technische und Marktkräfte auf die Zukunft von [FIRMA] Geschäft auswirken. Businessplan-Umfragen (Frost & Sullivan, etc.), Benutzer-Feedback, Produkte auf der [_____] Ausstellung, und andere wirtschaftliche Tätigkeit Analysen, zeigen folgendes für den [_____] Markt von 2016 bis 2017:

Wirtschaft

Trotz positiver Regierungsprognosen bleiben die tatsächlichen Anhaltspunkte für das allgemeine wirtschaftliche Umfeld gemischt. Investitionsausgaben für Neuanlagen [_____] oder größere Erweiterungen waren in der EU seit Jahren niedrig und das Realwachstum wird sich voraussichtlich nicht drastisch erhöhen. Niedrige Etats bieten jedoch Ansporn für [_____] Modernisierungsprojekte. Neue [_____] Ausrüstung liefert ein Mittel zur Steigerung der Anlageneffizienz, der Verringerung des Energieverbrauchs und der Senkung von Arbeitskosten.

Kaufverhalten

Nutzer von [_____] Anlagen werden weiterhin weitreichende Funktionen von [_____] Lieferanten suchen. Allerdings scheint die Bedeutung der Technologie vom Preisfaktor überschattet zu werden. Während die Gewinnmargen in Nischenmärkten, wie beispielsweise [_____], gut bleiben, werden die meisten Kunden Niedrig-Kosten als Selektionsfaktor im allgemeinen [_____] Marktfeld betrachten.

Preisgestaltung von allgemeinen Lösungen hat sich in Richtung Zentrum des [_____] Kaufverhalten bewegt. Es bietet mehr Einfluss auf Umsatz und Gewinn - sowohl kurz- als auch langfristig - als jede andere Facette unseres Geschäftsentscheidungsprozess.

Deshalb müssen wir unseren **Fokus auf den [_____] Nischenmarkt**, der nicht so preissensibel ist und den unser Unternehmen besser als jedes andere mit anerkannten Produkten und guten Lösungen bedienen kann, verstärkt verfolgen.

Zukünftige [_____] Technologie

Hardware Fortschritte in [_____] Anlagen werden aufgrund der Entwicklung in der [_____] Industrie vorangetrieben. Der wesentliche Beitrag der [_____] Hersteller-Technologie, ist die [_____] und das Gesamtlösungs-Konzept. Die praktische Lösung für [FIRMA] ist, ihre bewährten [_____] zu nutzen und eine neue [_____] Technologie zu integrieren, um einen Mehrwert zu erzielen und in der Technologie führend zu bleiben. Das resultierende Produkt ist ein [_____] System mit einem benutzerfreundlichen [_____] Leistungsumfang. Als Alternative, [FIRMA] erwägt eine neue Produktentwicklung auf der Basis von [_____]. Da die Kämpfe zwischen [_____] weiter gehen, war das Upgrade des bestehenden Produkts jedoch der praktischere F&E-Aufwand für unsere Firma.

Marktmerkmale

Während die Stärke unseres Unternehmens die Anwendung von [_____] Nischentechnologie darstellt, ist seine größte Herausforderung, die Produkte und Lösungen auf den Markt zu bringen. In der Regel haben sich [_____] Systeme in einen Zwei-Klassen-Markt entwickelt:

Die erste Klasse umfasst Lieferanten die große Systeme anbieten, die Gesamt [_____] Lösung.

Die zweite Klasse umfasst Hersteller die kleine Systeme anbieten, die vor allem in [_____] Nische-Anwendungen funktionieren. In vielen Fällen handelt es sich dabei um bestimmte Arten von Anwendungen, wie beispielsweise [_____] usw.

Obwohl einige Lieferanten Produkte und Systeme in beiden Bereichen anbieten, konzentrieren sie sich in der Regel nur auf eine Ebene. Doch mit dem jüngsten Trend eines konsolidierten Single-Source-Ansatzes von den großen [_____] Unternehmen, muss die [FIRMA], und andere Nischenmarktteilnehmer, möglicherweise strategischen Beziehungen mit diesen Großunternehmen eingehen.

Produkt / Lösung Differenzierung

[_____] Lieferanten, und vor allem die nicht gut etablierte Unternehmen wie [FIRMA], sind mit vielen Herausforderungen konfrontiert, wie Systementwicklung und Vermarktung. Die meisten von ihnen werden in anderen Abschnitten dieses Plans ausführlicher behandelt. Um sich erfolgreich zu etablieren und seine Position auf dem Markt zu erweitern, muss die [FIRMA] sich von der Konkurrenz durch die Annahme und/oder die Betonung der folgenden grundlegenden Vorteile differenzieren:

- Von der installierten Basis und dem guten Ruf für Anwendungswissen profitieren.
- Ausgezeichnetes Produkt Preis-/Leistungsverhältnis.
- Überragende Qualität.
- Zusätzliche [_____] Funktionen im Vergleich zu ähnlichen Angebot von anderen Unternehmen.

Die oben genannten Punkte sind einfach festgelegt und werden wahrscheinlich in vielen Marketing-Strategien der [_____] Unternehmen erwähnt. Wir müssen uns der hervorragenden Kombination von Vorteilen, die unsere [FIRMA] [_____] bietet bewusst sein und sollten sie so umfassend wie möglich verwenden, um die Grenzen der Human Ressourcen unserer Firma zu überwinden.

MARKETING-KONZEPT

Im [_____] Geschäft sollte man sich nicht täuschen lassen, dass es nur die technischen Spielereien (Technik) sind, die den Erfolg machen. Aber in Anbetracht der Leistung von vielen Technologie-Unternehmen, ist es klar, dass der Schlüssel zum Erfolg eines [_____] Produktes die Problemlösung für den Kunden ist. Es ist nicht die Technologie an sich, sondern, wie sie für den Kunden ausgeprägt ist. Mit anderen Worten, müssen wir das anpreisen, was wir verkaufen – Anwendungslösungen - in einer Weise, die die Bedürfnisse der Kunden befriedigt.

Marktforschung

Überprüfung einer zwei-jährigen Geschichte, wer die Kunden sind, was und wie viel sie bereit sind zu bezahlen, zeigt dass der [_____] Branchentrend in Bezug auf die Preisgestaltung in Nischenmärkten sich deutlich von dem eines allgemeinen [_____] Marktes unterscheidet. Mit anderen Worten, während der [_____] Nischenmarkt auch skalierbare Systemlösungen mit erhöhtem Leistungsumfang bietet, sind die Kunden bereit auch dafür zu zahlen. Daher bleibt es wünschenswert, unsere spezifischen Nischenmärkte und deren Gruppe von Kunden fortzuführen, die wir mit unseren Produkten, Service und unseren attraktiven Preis-/Leistungsverhältnis, besser als die Konkurrenz bedienen können.

Wir müssen in regelmäßigen Abständen zurück zu den Grundwerten gehen und die Kunden an unsere Produkte binden und deren Kaufpraxis ermitteln, und uns vierteljährlich treffen um zu überprüfen:

- Welche neuen Produkte werden verkauft?
- Welchen Veränderungen unterziehen sich unsere Zielkunden?
- Was möchten diese Kunden gerne kaufen?
- Wie sieht die neue Landschaft aus (Marktreife, Technologiereife und neuer Marktplatzbedarf)?
- Was ist erforderlich, um unsere Wachstumsstrategie zu verbessern?
- Welche potenziellen Kunden können wir zu unserem Key-Account-Ziel hinzufügen?
- Welche Produkte eignen sich für welchen Vertriebskanal?

Direkter Kundenfeedback

Der beste Weg, um Kunden-Feedback zu erhalten, ist die tatsächlichen Verkäufe zu testen, um geplante Produkterweiterungen unseren Kernkunden anzubieten, nicht um ein Gespräch oder Rückmeldung zu bitten, sondern das neue Produkt direkt anzubieten. Wenn sie begeistert sind, werden sie uns Bescheid sagen. Wir sollten den Preis in das Gespräch miteinbeziehen und erklären, wie das Produkt funktioniert. Wenn sie immer noch mit uns sprechen, müssen wir versuchen den Verkauf abzuschließen. Wenn sie anbeißen, sollten wir ihnen sagen, das Produkt ist fast fertig und wir werden wieder zu ihnen zurückkommen. Nichts sagt uns mehr, dass es einen Markt für unser Produkt gibt, als jemanden der es will und bereit ist, es zu kaufen.

Anstatt der suggestiven Fragen, der Beschönigung von Beschränkungen wie Preisgestaltung, und Menschen zum Opfer zu fallen, die geneigt sind gefällig zu sein, lasst uns einfach hingehen und versuchen, so zu verkaufen als ob unser neues Produkt vollständig existieren würde. Wenn die Menschen nicht anbeißen, wissen wir, dass wir unsere Produktverbesserungen oder den Markt überdenken müssen. Wenn sie jedoch zu kaufen versuchen, dann wissen wir, dass ein paar Kunden auf uns warten, während wir uns beeilen das neue Produkt zu realisieren.

Produktbewertung

Bewertung unserer Produkte und die vorgeschlagenen Verbesserungen in Bezug auf vordefinierte Kundenbedürfnisse ergeben, dass, mit den eingearbeiteten [_____] Verbesserungen, die [FIRMA] aus [_____] technologischer Sicht wettbewerbsfähig bleiben wird.

Werbung

Obwohl schwer abzuschätzen, trägt Werbung für die Entwicklung von Sales-Leads bei und führt zur Förderung eines günstigen Unternehmensimages. Die Investitionen in Werbung ist für eine kleine Firma, wie die unsere, vergleichsweise hoch und erfolgt in enger Abstimmung mit der Redaktion der Fachzeitschriften, um den maximalen Nutzen (Veröffentlichung von Fachbeiträgen, Freisetzung von Produktankündigungen, etc.) zu erhalten.

Vertrieb

Indirekter Vertrieb über Handelsvertreter oder Vertriebspartner erfordert beträchtliche Werksunterstützung. Nur wenige Vertreter haben die erforderlichen Ressourcen für unseren Vertriebsaufwand.

Direktvertrieb durch Fabrikverkaufspersonal ist die einzige praktische Möglichkeit für die Mehrheit unserer Produkte.

Inhouse-Sales-Support per Telefon, Angebotserstellung, Anwendungstechnik, usw. sollen so schnell wie das Geschäftsvolumen erlaubt aufgebaut werden.

Industrie-Berater (Spezialisten), die für eine bestimmte Anwendung (ie_____, etc.) nötig sind, sollen identifiziert und auf einer temporären oder möglicherweise dauerhaften Basis eingestellt werden.

Allianzen und Partnerschaften mit großen Automatisierungsunternehmen [oder andere FIRMA] werden ein wichtiger Teil unserer Business-Strategie im Nischenmarkt sein.

Nach-Verkauf Betreuung:

Die Pünktlichkeit der Produktlieferung hat einen direkten Einfluss auf zukünftige Umsätze. Der größte Teil der [_____] Produktion wird tatsächlich von externen Spezialfirmen abgewickelt. Qualitätssicherung und Abschlussfunktionsprüfungen sind Schlüsselelemente die in der Firma durchgeführt werden und eine hohe Priorität erhalten müssen.

Unterstützung bei der Anwendungstechnik wird zunehmend durch den Benutzer verlangt. Für die meisten Kleinprojekte ist der Kauf von [_____] Engineering-Dienstleistungen von einem Engineering oder Beratungsunternehmen zu teuer. Benutzer wenden sich daher zunehmend auf die [_____] System-Hersteller für diesen Service.

Außendienst und Wartung sollte trotz des [_____] Mangels an Ressourcen, eine strategische Priorität des Unternehmens haben. Die Vergangenheit hat gezeigt, dass es mehrfach der Außendienst ist, der definiert, wie unsere Kunden unsere Organisation in Bezug auf die Zufriedenheit, Partnerschaft, und die Lieferung "sehen". Oft ist es die Außendiensttechniker/Techniker-Ebene, wo sich die engsten Kundenbeziehungen entwickeln und wo die Leistung unserer Organisation von den Kunden gemessen wird. Daher trägt guter Außendienst auch wesentlich dazu bei, weiterhin Produkte zu ordern. Das [_____] Unternehmen sollte den Außendienst als Gewinnmöglichkeit und Wettbewerbsvorteil ansehen.

Das Sales- & Service-Personal muss auf Neu-Produkte geschult werden, um einen konsistenten Dialog mit unseren Nutzern zu entwickeln, in dessen wir die sich verändernden Kunden-Bedürfnisse richtig verstehen, was uns ermöglicht, die Verkaufspräsentationen entsprechend anzupassen.

Eine Profit Analyse und Prognose soll für jedes Projekt gemacht werden um ein Bewusstsein für die Effizienz und die tatsächlichen Kosten der gelieferten Geräte und Dienstleistungen zu entwickeln und zu halten.

PRODUKT VERBESSERUNGEN

Marketing Support-Diagramm

Veröffentlichung 2016	Mai	Juni	Juli	Aug	Sept	Okt	Nov	Dez	Jan	Feb
PUBLIC RELATIONS										
Eigenschaften	Vorb.		Setzen		Zeigen					
Tech Artikel	Vorb.		Setzen		Zeigen					
Featurettes				Setzen						
Benutzer Artikel					Setzen				Zeigen	
Fachausstellung						Show				
MARKETING SUPPORT										
Sales Präsentation	Vorb.									
A-V Präsentation		Vorb.								
Datenblätter		Vorb.								
Sales Broschüren			Vorb..							
Sales Meeting					Halten					
Fachausstellung						Show				
MEDIEN WERBUNG										
Werbung Entw.								Vorb..		
Werb. Platzierung										Zeigen

Während die Entwicklung neuer Produkte und [_____] Verbesserungen von einer F & E-Perspektive teuer waren, kann eine kleine Firma, der [_____] Struktur eine solche Entwicklung in relativ kurzer Zeit abschließen. Die Einführung des neuen Produkts erfordert spezielle Marketing-Unterstützung. Das neue Produkt auf den Markt zu bringen wird eine echte Herausforderung darstellen, da das [Unternehmen] nur sehr begrenzte Marketing-Ressourcen hat. Verkaufsunterlagen und Präsentationsmaterialien müssen aktualisiert und produziert werden; Feature-Artikel sollten zeitgleich vorbereitet werden um eine maximale Abdeckung zu erhalten. Keines dieser Elemente ist autark; alle müssen zusammenarbeiten, und die meisten der Vorbereitungen sollten nach Feierabend oder am Wochenende durchgeführt werden (um das Budget nicht zu überschreiten). Das primäre Ziel ist es, vor dem Kunden so schnell und kostengünstig wie möglich aufzutreten.

Marketing/Sales Präsentation

Die Arbeit für Sales Support beginnt mit der Entwicklung einer speziellen Präsentation. Das bedeutet, eine komplette Marketing-Präsentation, einschließlich Marktplätze, Wettbewerber, Wettbewerbsanalyse, Produkt, Vorteile und Werbepläne.

Ein Audio / Video-Präsentationspaket muss bereitgestellt werden. Dazu gehören die "Powerpoint" Präsentationen der System Funktionen, Vorteile und Anwendungen. Wir sollten dies bei [_____].bereit haben.

Medien und Webseite Werbung

Nach den anfänglichen Verkaufspräsentationen, müssen wir mit der Werbung beginnen. Wir müssen bereit sein, einige "harte Euro" auf das Produkt zu setzen und sagen, dass die Verbesserungen für den Markt und den Benutzer bereit stehen. Die ausgewählten Medien sollten ein [_____] Magazin und eine Nischenmarkt Publikation (zum [_____] Nische) sein.

Vor der [_____] Ausstellung, muss die [FIRMA] Website verbessert werden, und wir müssen unsere Intensität in unseren Verkaufspräsentationen erhöhen.

Erwartete Produktlebensdauer

Das [_____] neue Produkt wird voraussichtlich vier Zyklen durchlaufen:
Einführung-Phase – [Mo – Jr] bis [Mo – Jr]. Wachstum-Phase: [Mo – Jr] bis [Mo – Jr].
Reife-Periode: [Mo – Jr] bis [Mo – Jr]. Abstieg-Periode: [Mo – Jr] bis [Mo – Jr].

Im Durchschnitt erwarten Kunden eine [_____] Produktlebensdauer von [___] Jahren. Allerdings gibt es Unterschiede zwischen den Produkten.

Obwohl der Produktlebenszyklus sich in unserer Branche verlängert hat, ist es noch wichtig, den Produktverbesserungsplan zu halten, wie z.B. die Erweiterung der [_____] in andere Anwendungen.

Wettbewerbs-Position

Angesichts des gegenwärtigen Wettbewerbs und der unsicheren Wirtschaftslage, müssen wir sehr klug bei der Prüfung anderer [_____] Anbieter sein und die technologischen Entwicklung der Industrie im Auge behalten und auch zukünftige Regierungspläne und Vorschriften beobachten. Die Fortsetzung unseres Business-Intelligenz-Aufwands, um Informationen über Wettbewerber aufzuspüren und zu interpretieren ist unerlässlich.

Allgemeine Wettbewerbsperspektive

Großunternehmen ([wie_____], etc.) haben, aufgrund ihrer Overhead-Struktur, einen Wettbewerbs-Kostennachteil im KMU Spezialsystem Markt - die Nische von [Unternehmen]. Somit scheint die Wahrscheinlichkeit für den Verkaufserfolg unserer Projekte, wenn wir im Wettbewerb mit einer großen [_____] Firma sind, hoch zu sein. Aber die Auswahl Basis von [_____] Systemen war schon immer etwas wie ein Geheimnis. Viele Anwender haben immer noch Vorurteile gegen kleinere Unternehmen. Natürlich hat der lang etablierte Direktvertrieb und der Ruf der Großunternehmen einen starken Einfluss. Wir müssen die Benutzereinstellungen erkennen, uns mit so viel Information wie möglich rüsten, und die Kunden auf unsere Vorteile konzentrieren (Anwendungs-Know-how, Preis-/Leistungsverhältnis, Nischenmarkt Ereignis, etc.).

Firma Anerkennung und Image

Unsere Firma ist auf dem Gebiet der [_____] relativ unbekannt. Obwohl wir nur selten im Wettbewerb mit den großen Herstellern sind, müssen wir in der Lage sein, ein Bild der Stabilität und Zuverlässigkeit für unsere Kunden zu vermitteln. Dies sollte sich auch in den Werbekampagnen unseres Unternehmens widerspiegeln. Unsere Unternehmensgröße und Erscheinung werden uns als Klein-Projekt-Hersteller darstellen und werden eine Barriere im Wettbewerb um Großsysteme sein. Mit Ausnahme von besonderen Umständen sollten wir unsere Ressourcen danach zuordnen und uns auf Nischenlösungen konzentrieren.

Preis / Leistungsverhältnis

In Kenntnis der Gefahren von anderen Anbietern in den Bereichen der Unternehmensanerkennung und Direktvertrieb-Zuständigkeit, müssen wir im Auge behalten, dass die dominierende Kraft in der Wettbewerbsposition des [_____] Nischenmarktes sich auf Performance verlagert hat. Mit dem Wechsel in der Industrie von Neuanlagen/Erweiterungen zur Modernisierung bestehender Anlagen, ist das Kaufverhalten des Nutzers schwerpunktmäßig auf kompletten Nischenlösungen mit guter Effizienz fokussiert.

Unser Produktleistungsverhältnis ist hervorragend für Nischen [_____] Systeme. Es bietet die Möglichkeit, [_____] Leistungssteigerung ohne die Notwendigkeit und die Kosten einer großen Investition. Erhöhte Produktivität und Energieeinsparung können mit einem deutlich geringeren Aufwand realisiert werden.

Branchenstrukturanalyse (Five Forces) nach Porter

http://www.manager-wiki.com/externe-analyse/22-branchenstrukturanalyse-qfive-forcesq-nach-porter

Porter's Five Forces sind der Klassiker schlechthin im strategischen Management. Meist wird das Modell jedoch sehr oberflächlich angewendet und sein Potenzial daher nicht ausgeschöpft. In diesem Beitrag gehen wir daher nicht nur auf das Grundmodell ein, sondern zeigen auch, wie es fundiert eingesetzt werden kann

Die Branchenstrukturanalyse dient der Bestimmung der Attraktivität einer Branche. Hierzu werden die fünf Komponenten der Branchenstruktur („Five Forces") analysiert und bewertet: Verhandlungsmacht der Lieferanten, Verhandlungsmacht der Kunden, Bedrohung durch neue Wettbewerber, Bedrohung durch Ersatzprodukte und Wettbewerbsintensität in der Branche.

Das Branchenstrukturmodell bietet ein Analyseraster, mit dem die Struktur einer Branche und die Wettbewerbssituation systematisch untersucht werden können. Aus der Entwicklung der Wettbewerbssituation in einer Branche lässt sich ableiten, ob diese für das Unternehmen attraktiv ist, also eine langfristig profitable Entwicklung ermöglicht.

Grundlage des Modells von Porter ist der Ansatz der Industrieökonomik. Er geht davon aus, dass die Attraktivität einer Branche für ein darin tätiges Unternehmen durch die Marktstruktur bestimmt wird, da diese das Verhalten der Marktteilnehmer beeinflusst. Zur Bestimmung der Branchenattraktivität sind folgende fünf Komponenten der Branchenstruktur, die sogenannten „Five Forces", zu untersuchen:

- Verhandlungsmacht der Lieferanten
- Verhandlungsmacht der Kunden
- Bedrohung durch neue Wettbewerber
- Bedrohung durch Ersatzprodukte
- Wettbewerbsintensität in der Branche

Inhalt des Five-Forces-Modells

Das Modell basiert auf der Annahme, dass die Attraktivität einer Branche durch fünf Wettbewerbsaspekte bestimmt wird. Diese fünf Marktkräfte können in ihrer Ausprägung variieren und wirken zusammen auf das Unternehmen ein. Sollte ein Unternehmen also mit dem Gedanken spielen, eine weitere Branche für sich zu erschließen, sollte es nach Porter und dem Five-Forces-Modell folgende Faktoren in Betracht ziehen:

Wettbewerb: Zum einen geht es in diesem Modell um den brancheninternen Wettbewerb. Ist dieser intensiv oder sogar aggressiv? Wer sind die Wettbewerber und wie sind sie preispolitisch aufgestellt? Welche Produkte werden bereits angeboten und wie steht es um die Marktkapazität? Gibt es Ersatzprodukte?

Neue Konkurrenz: Auch sollte die Bedrohung durch neue Anbieter analysiert werden, was sich beispielsweise über Markteintrittsbarrieren identifizieren lässt: Welche Skaleneffekte sind vorhanden? Wie sieht es mit sämtlichen Kosten und Reaktionen seitens Wettbewerber und Kunden aus?

Lieferanten, Abnehmer und Substitute: Die weiteren Faktoren sind die Verhandlungsmacht der Zulieferer, die Verhandlungsstärke der Kunden und die Bedrohung durch Substitute.

Umso stärker diese fünf Wettbewerbskräfte ausgeprägt sind, desto schwieriger ist es, in dieser Branche einen Wettbewerbsvorteil für das Unternehmen zu erzielen. Für ein strategisch gut aufgestelltes Unternehmen ist es daher wichtig, in einer Branche mit attraktiver Branchenstruktur aktiv zu sein beziehungsweise aktiv zu werden und eine starke Position in dieser Branche zu entwickeln.

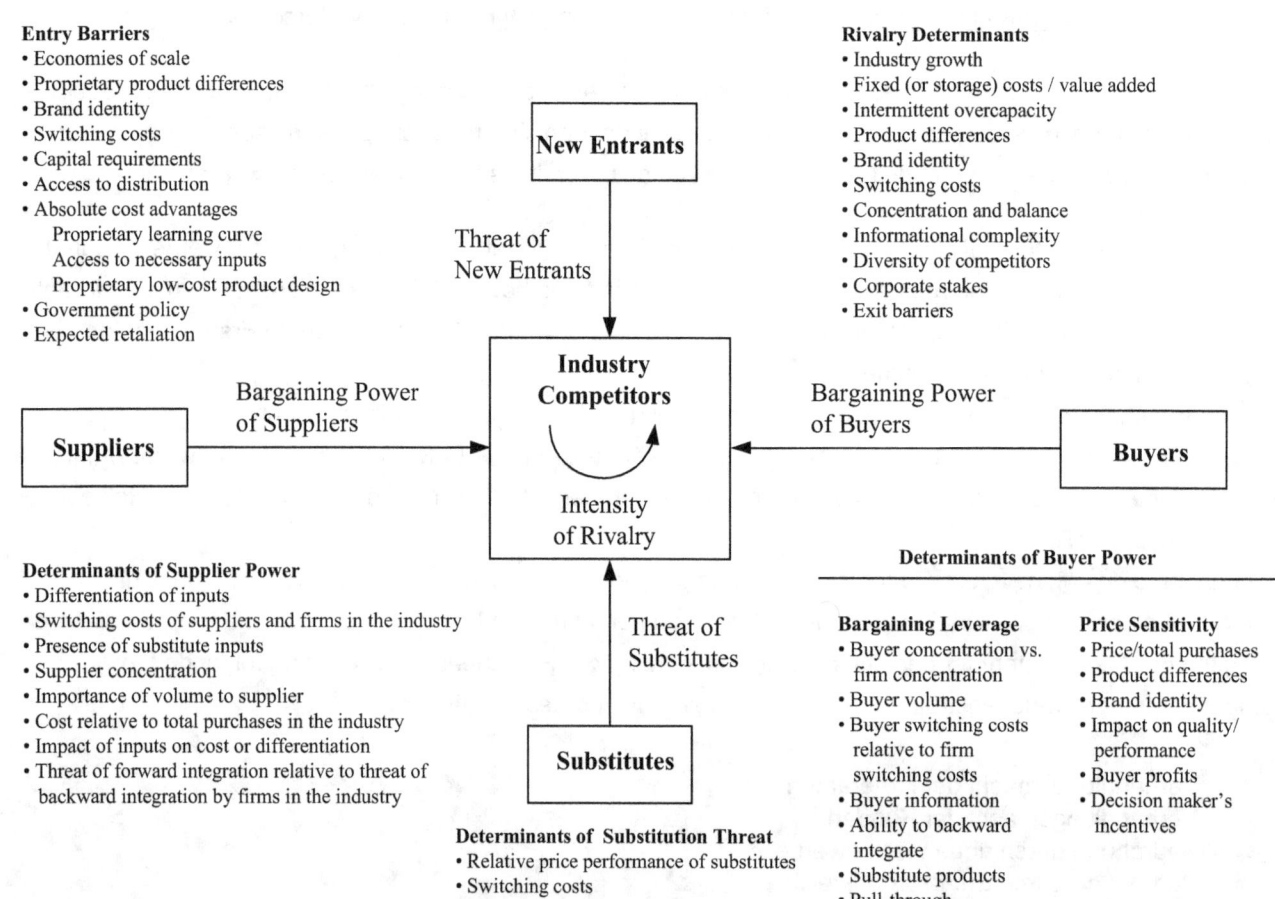

BEISPIEL EINES VERTRIEBSPLANS

Für Nischenlösungen in der [_____] Industrie wird Wachstum über mehrere Jahre erwartet, da Endbenutzer-Unternehmen gezwungen sind, den Austausch veralteter und ineffizienter [_____] Systeme anzugehen.

Markt Status

Die Aktivität in der [_____] Industrie hat vor einigen Jahren ihren Höhepunkt erreicht, und wird wahrscheinlich in den nächsten Jahren eine Abschwächung der Geschäftstätigkeit erleben. Während diese Situation ein Problem für unseren Neu-Projekt Marketing/Vertrieb Aufwand darstellen könnte, gibt es viele installierte [_____] Systeme, die das Ende ihrer Nutzungsdauer erreicht haben und aufgerüstet werden müssen. Dies stellt eine Chance für [FIRMA], um unsere Lösungen anzubieten.

Industrie

Es gibt mehrere Branchen, in denen unser [Unternehmen] eine Anzahl von installierten Systemen hat; mit einer kreativen Nischenlösung können neue Absatzmöglichkeiten entwickelt und abgeschlossen werden. Die (_____) Industrie bietet das größte Potenzial für unser [Unternehmen] von einer Erfahrung, Produkt- und Anwendungsform. Andere Industriezweige sind [_____], etc (füllen Sie die entsprechenden Anwendungsbereiche aus).

Elementare Sales/Marketing Strategie

Die Rolle des Industrie-Marketings umfasst die Planung von Strategien und Taktiken, das Sammeln von Informationen und die Nutzung von Zielmarktsegmenten (Systemtyp, Größe usw., die nicht unbedingt Industrie) - alles mit dem Fokus auf Gewinn. Obwohl diese breite Definition zu einer langen Liste von Tag-zu-Tag-Aktivitäten führt, gibt es ein paar Hauptaufgaben, die die Kernziele des Marketings bilden:

- Identifizieren von Kunden und deren potenzielle Projekte

- Ausforschen was Kunden wollen und brauchen

- Ermittlung der eigenen Ware und Stärke/Schwäche der Konkurrenz

- Fokus auf ausgewählte Nischenanwendungspakete, um Marktstärke zu gewinnen und den Produktwert zu erhöhen.

- Ein Bündnis mit einem synergistischen, großen internationalen Unternehmen zu bilden, um völlig integrierte [_____] Lösungen anzubieten.

Während die oben genannten Punkte in der Regel als Grund Marketing/Vertrieb Fähigkeiten gelten, können sie nicht genug bei der Umsetzung unseres Vertriebsplans hervorgehoben werden.

AUFTRAGSPLAN FÜR 2016

Produkt A	€ XXX,000
Produkt B	€ XXX,000
Produkt C	€ XXX,000
Produkt D	€ XXX,000
Service, Reparaturen, Anwendungstechnik.	€ XXX,000
Sonstiges (Schränke, Ausbildung usw)	€ XXX,000
Gesamt-Plan	**€ X,XXX,000**

Beratender Verkauf

Wir werden weiterhin den Aufbau von Geschäftsbeziehungen betonen. Während Information in Anzeigen, Mailings und Telemarketing wichtig ist, haben Beziehungen eine Beständigkeit, die in einer sich schnell verändernden technischen Welt sehr wichtig sind. Durch Bilden von richtigen Beziehungen, können unser Unternehmen, unsere Produkte und Lösungen, die Glaubwürdigkeit und Anerkennung gewinnen, um eine Basis für langfristigen Unternehmenserfolg zu schaffen.

- Unser Vertriebsansatz für die Nischenanwendung sollte sich weiterhin auf Consultative Selling (beratenden Verkauf) konzentrieren.

- Mittels Dialog sollten wir das Problem des Kunden (oder den Bedarf den er erfüllen möchte) aufdecken und zu lösen versuchen.

- Sobald der Bedarf festgestellt wird, müssen wir einen Weg finden, den Kunden zu überzeugen, dass wir eine Lösung finden können.

- Wir müssen daran glauben (Vertrauen haben), dass unsere Produkte und Dienstleistungen sehr gut für die Bedürfnisse des Kunden geeignet sind. Stolz und Vertrauen in die Lösungen ist etwas, was die Kunden in unseren Augen und unserer Stimme lesen können.

- Wir müssen den Wert der Lösung kommunizieren (den maximalen Wert für den Kunden darstellen).

INLANDSVERKÄUFE

Unser Ziel ist es, sich auf wenige Nischen zu konzentrieren und direkte Geschäftsbeziehungen zu den potenziellen Kunden in diesen Nischen zu schaffen und mit den wichtigsten Branchenspezialisten in Verbindung zu bleiben.

INTERNATIONALER VERTRIEB

Ungefähr [XX %] unseres Umsatzes kommen aus dem internationalen Markt. Es gibt zwei gute Gründe, um einige unserer Ressourcen in den globalen-Markt zu investieren -

- Unser Unternehmen hat Akzeptanz in einigen Gebieten gewonnen, und
- Wir haben gute Gewinne mit internationalen Aufträgen gemacht.

Verkaufsstrategie für Schlüsselkunden

Lieferantenauswahl beinhaltet typischerweise Entscheidungen eines Ausschusses bei den Kunden. Es gibt wenig Raum für Lieferanten Fehler bei der Verfolgung prospektiver Key Account (Groß-Kunden) Projekte. Eine allgemeine Verkaufspräsentation ist normalerweise nicht ausreichend. Aus diesem Grund müssen wir eine Situationsanalyse mit einer Verkaufsstrategie für jedes Projekt Angebot, das wir verfolgen, durchführen. Projektverkäufe beinhalten charakteristisch mehrere Probleme und Konkurrenten. Und, der Verkaufszyklus für große Projekte ist lang und voller Drehungen und Wendungen. Folglich muss das Vertriebsteam eine Projekt-Verkaufsstrategie haben, die sie fokussiert und auf Kurs hält.

Der Projekt Verkaufsstrategie sollte jede Person, die im Entscheidungsprozess auf der Kundenseite beteiligt ist, identifizieren. Die Kenntnisse der Berufsbezeichnungen von denen, die an der Entscheidung beteiligt sein werden liefern einen Hinweis auf ihre Interessensgebiete und ihren Einfluss im Verkaufs Prozess.

Normalerweise soll, abhängig vom Rang des Gesprächspartners, folgendes bei der Entwicklung einer Key-Account-Vertriebsstrategie berücksichtigt werden:

Rang	Interessenbereich
Geschäftsführer	Gesteigerte Produktivität
Finanzvorstand	Preisgestaltung, Einsparungen, Kosten Begründung
Endbenutzer	Benutzerfreundlichkeit, Kundenbetreuung, Kundenschulung
Abteilungsleiter	Umsetzung, Zuverlässigkeit
Betrieb & Produktion	Verbesserte Produktivität, einfache Bedienung
Ingenieure	Wettbewerbsvorteil, anwendungsorientierte Funktionen

Die Projekt-Verkaufsstrategien müssen berücksichtigen, dass die oben genannten Personen in der Regel als Ausschuss arbeiten. Einige werden die Kaufentscheidung beeinflussen, während andere Empfehlungen machen werden. Unsere Projekt-Verkaufsstrategien müssen unsere Systemlösung für die jeweilige Anwendung hervorheben und unsere Produktstärken betonen, wie sie sich auf die spezifischen Interessen jedes Ausschussmitglied beziehen.

Wettbewerber

Selbst wenn es keine sichtbaren Konkurrenten gibt, besteht doch Konkurrenz. Wenn unsere Präsentation die Leistungen für den Nutzer nicht ausreichend beachtet, können Interessenten immer noch entscheiden "nichts zu tun" und ihre vorhanden Möglichkeiten des Betriebs beibehalten.

Wenn es sichtbare Konkurrenz gibt, müssen wir die Stärken und Schwächen der einzelnen Wettbewerber beurteilen. Dann müssen wir die Stärken und Schwächen von jedem Konkurrenten gegenüber den Interessen der Entscheidungsausschussmitglieder messen. Diese Strategie ermöglicht es uns, zu erkennen, wo wir einen Wettbewerbsvorteil haben und wo wir einen Plan brauchen, um bessere Wettbewerbsbedingungen zu schaffen.

Wir müssen auch identifizieren, ob eines der Kundenmitglieder, Erfahrung mit einem der Konkurrenten hatte. Wir sollten auf den Sozial Networking-Websites jedes Ausschussmitgliedes suchen, um seine oder ihre vorherige Beschäftigung aufzudecken. Haben sie Produkte oder Dienstleistungen anderer Wettbewerber, bei ihren früheren Arbeitgebern verwendet? Dies sind bedeutsame Informationen, die Teil der Vertriebsstrategie sein sollten.

FABRIKATIONSÜBERLEGUNGEN

Auswahl eines Herstellers

Für Start-Unternehmer und kleine Unternehmen kann es sehr wichtig sein einen guten Hersteller für ihr Produkt zu finden. Viele Überlegungen gehen in den Produktions-Vergleich ein. Sorgfalt ist bei jedem Schritt notwendig. Die Wahl wird sich am Ende auf die Qualität Ihres Produktes, das Ansehen Ihres Unternehmens und das Endergebnis auswirken. Bei der Auswahl eines Herstellers muss man auch die Art seines Unternehmens berücksichtigen und wie gut die Lieferkette das Geschäftsmodell unterstützt.

Das Internet ist ein guter Ort, um die Suche zu beginnen. Beliebte Ressourcen wie GlobalSources.com geben Information, aber es ist ein Fehler, den ein Business-Manager machen könnte, wenn er sich allein auf eine Webseite verlassen würde, um eine Entscheidung zu treffen.

In einigen Fällen ist es sinnvoll, einen Vermittler (Agent), eine Person mit Erfahrungen in der Bewertung von Fabrikationsbetrieben zu beauftragen. Wenn Sie Agenten bewerten, schauen Sie auf ihre Erfolgsbilanz, finden Sie heraus, wie lange sie im Geschäft waren und sprechen Sie mit früheren Kunden. Es gibt so viele Risiken in einem Unternehmen; Sie sollten nach Möglichkeiten versuchen, das Risiko zu begrenzen. Eine Möglichkeit, dies zu tun, ist die Einstellung von Profis.

Der Besuch einer Fabrik ermöglicht Ihnen Ihren potenziellen Geschäftspartner zu treffen und die Qualität seiner Einrichtungen und die Breite seiner Dienstleistungen zu beurteilen. Informieren Sie sich über die Größe der Qualitätskontrolle und der Engineering-Mitarbeiter. Beachten Sie die Organisation und ihre Sauberkeit. Als Startup Firma oder kleines Unternehmen, sollen Sie die Kompetenzen und Ressourcen anderer Menschen so weit wie möglich nutzen.

Stellen Sie schließlich sicher, dass Sie die ordnungsgemäße Dokumentation für Ihr Produkt liefern - eine sorgfältige Zusammenstellung von der Größe, Form und andere Eigenschaften, die die Fabrik zur genauen Herstellung wissen muss. Gute Dokumentation ist der Schlüssel für eine gute Kommunikation.

Fußnote des Autors: *Die Tech-Industrie bewegt sich in Richtung kompletter Lösungsangebote. Die Produktion wird deshalb oft als Kernstrategie eines Unternehmens ausgerichtet. Da der Autor dieses Buches kein Experte für Fertigung- oder Beschaffung ist, hat er sich entschieden, mehrere Artikel von anderen, zu diesem Thema einzubeziehen.*

EMS-Renaissance erwartet - Industrie 4.0 bringt Fertigung nach Europa zurück
http://www.elektronikpraxis.vogel.de/ems/articles/515053/

Michael Ford, Senior Marketing Development Manager bei Mentor Graphics, hält die Elektronikproduktion in Asien für ein Auslaufmodell. Dank der Effizienzsteigerungen durch Industrie 4.0 kann die Fertigung in Europa aus seiner Sicht wieder Boden gutmachen.

Der Optimismus des Briten fußt auf dem Begriff Industrie 4.0. „Die Industrie 4.0 wird eine Revolution im Bereich der Fertigung auslösen", sagt Ford im Interview mit der ELEKTRONIKPRAXIS. Der Produktivitätsgewinn durch die Digitalisierung und Vernetzung der Fertigung wiege den Vorteil Chinas aufgrund der niedrigen Lohnkosten im Reich der Mitte mehr als auf.

„Wenn man die Kosten zwischen Deutschland und China vergleicht, glaubt natürlich jeder, dass China billiger ist", erläutert Ford. Doch der Mentor-Mann fährt fort: „Wenn man sich aber den gesamten Geschäftsprozess ansieht, einschließlich der Logistik und des Wertverlustes der Produkte durch den Transport über das Meer, dann übersteigen diese Kosten die Fertigungskosten bei weitem!"

Produktionstechnologien und Werkstoffinnovationen

http://www.bmwi.de/DE/Themen/Technologie/Schluesseltechnologien/produktionstechnologien-_20und-werkstoffinnovationen.html

Moderne Produktionstechnologien sind von großer Bedeutung für die Industrie. Sie sind Motor einer "intelligenten Produktion" und damit ein entscheidender Faktor für die Wettbewerbsfähigkeit der industriellen Fertigung.

Dabei nutzt die Produktionstechnik unterschiedliche Technologien wie Mechanik, Elektronik, Informationstechnologien, Sensorik, Optische Technologien, Mikrosystemtechnik oder Nano- und Biotechnologie. Insbesondere über die Produkte des Maschinen- und Anlagenbaus finden so innovative Technologien weite Verbreitung mit positiven Auswirkungen auch auf eine Vielzahl anderer produzierender Branchen.

Um wettbewerbsfähig zu bleiben, müssen die Unternehmen zielgerichtet in Forschung und Entwicklung (FuE) investieren, Schlüsseltechnologien voranbringen und Innovationen schnell umsetzen. Die Bundesregierung fördert deshalb die Produktionstechnologien im Rahmen ihrer Hightech-Strategie.

Auch die Europäische Kommission stellt im Rahmen der europäischen Forschungsförderung sowie zusammen mit der hochrangigen Gruppe Manufacture Europe ("Initiative Fabriken der Zukunft") Fördermöglichkeiten bereit.

Zudem wurde im Rahmen der neuen industriepolitischen Kommunikation der Europäischen Kommission eine neue Arbeitsgruppe zu fortgeschrittenen Produktionstechnologien eingerichtet, die die Verbreitung und Kommerzialisierung dieser Technologien beschleunigen, deren Markteinführung stimulieren, was Fachkräftemangel und Kompetenzdefizite in diesem Bereich reduzieren soll.

Zukünftig werden Produktionstechnologien und Internettechnologien verschmelzen, um Produktionsabläufe effizienter, schneller und flexibler gestalten zu können. Diese Stufe der industriellen Entwicklung wird Industrie 4.0 genannt.

Als Zukunftsprojekt der Hightech-Strategie der Bundesregierung wurde Industrie 4.0 aus der Perspektive der Informatik konzipiert und unter Einbeziehung der Produktionsforschung sowie der Anwenderindustrien weiter entwickelt.

Im Rahmen des Programms "Forschung für die Produktion von morgen" fördert das Bundesministerium für Bildung und Forschung Produktionstechnologien, vor allem in Form von Verbundprojekten zwischen Forschungseinrichtungen und der Wirtschaft. Projekte der Werkstoffentwicklung für industrielle Anwendungen werden im Rahmen des Programms "WING - Werkstoffinnovationen für Industrie und Gesellschaft" gefördert.

Elektronikfertigung an EMS-Dienstleister auslagern?

http://www.ems-anbieter.info/ems-eems

Von der Leiterplatten-Bestückung bis hin zu Full-Service-Dienstleistungen

Die Abkürzung **EMS** steht für **Electronic Manufacturing Services**, was mit Elektronik-Fertigungsdienstleistungen übersetzt werden kann. Dies bedeutet, dass ein Unternehmen seine **Elektronikfertigung** ganz oder teilweise an ein externes Unternehmen auslagert.

Bei der Elektronikfertigung geht es allerdings nicht nur um die **SMD-Bestückung** und **THT-Bestückung** und die entsprechenden Lötprozesse. Die meisten EMS-Dienstleister übernehmen ebenso Aufgaben über die Baugruppenfertigung hinaus, wie die Materialbeschaffung, Testerstellung, Beschichtung/Verguss und die Fertigung vollständiger Geräte. Immer öfter ist auch der Begriff **EEMS (Electronic Engineering and Manufacturing Services)** zu finden, hier kommen zusätzlich zur Fertigung noch Dienstleistungen im Bereich der Entwicklung hinzu. Viele Dienstleister kümmern sich inzwischen außerdem um Lagerhaltung, Distribution und After-Sales-Service.

Warum Outsourcing der Elektronikfertigung?

Aus wirtschaftlicher Sicht macht es für Unternehmen, die ihre vorhandene **Elektronikfertigung** nicht dauerhaft nahezu voll durch eigene Produkte auslasten können, meist Sinn, die Produktion entweder ganz oder teilweise an externe Dienstleister auszulagern (Outsourcing) oder selbst freie Fertigungskapazitäten am Markt anzubieten. Mittels Outsourcing soll meist eine Senkung der Kosten im Unternehmen erreicht werden. Das Outsourcing ist mit gewissen Vor- und Nachteilen verbunden:

Vorteile	Nachteile
Verbesserung der Liquidität (Kapitalbindung durch Fertigungslinie entfällt)	Stärkere Abhängigkeit von externen Zulieferern
Reduzierung von Produktionsrisiken	Verlust von Fertigungs-Know-how
Bessere Konzentration auf Kernkompetenzen	Preisgabe firmeninterner Informationen (z.B. Produktionsmengen, Technologie)

EMS-Anbieter im Sinne dieser Marktübersicht sind alle Unternehmen, die Elektronik-Fertigungsdienstleistungen in einem nennenswerten Umfang anbieten, und zwar im Hinblick auf die Produktionsmenge, den Umsatz und die Zahl der Kunden. Ein Unternehmen, das für eine Handvoll Kunden einige Hundert Baugruppen pro Jahr "mit"-produziert, würden wir damit nicht als Fertigungsdienstleister betrachten. Um in dieses Anbieterverzeichnis aufgenommen zu werden, muss das Unternehmen außerdem zumindest die SMD-Bestückung und/oder THT-Bestückung als Dienstleistung anbieten.

EMS-Markt

In Deutschland, Schweiz und Österreich gibt es schätzungsweise insgesamt 400 bis 500 Unternehmen, die Elektronik-Fertigungsdienstleistungen anbieten. Die Bandbreite ist sehr groß und reicht von lokal agierenden Lohnbestückern mit weniger als 20 Mitarbeitern bis hin zu international aktiven Unternehmen mit mehreren tausend Beschäftigten und Standorten auf allen Kontinenten.

Ähnlich sieht es beim Dienstleistungsspektrum aus. Während sich einige Anbieter rein auf das Bestücken und Löten konzentrieren, decken andere die gesamte Dienstleistungspalette von der Konzeptentwicklung bis hin zum After-Sales-Service ab. In der Regel kann der Kunde die benötigten Dienstleistungen entsprechend seinen Anforderungen individuell zusammenstellen.

EMS-Markt in Europa

Reed Electronics Research schätzt die Anzahl der EMS-Unternehmen in Europa auf etwa 1.000. Diese erzielten in 2015 einen Umsatz von rund 26 Mrd. Euro, wobei 75% des Umsatzes auf nur 50 Unternehmen und rund 45% auf die Top 3 Foxconn, Flextronics und Jabil entfallen sollen. Etwa 11 Mrd. Euro oder 42 % des europäischen Umsatzes werden in Westeuropa erzielt, wobei Deutschland hier der größte Einzelmarkt ist.

Dienstleistungsspektrum

Wie bereits angedeutet, bieten EMS-Unternehmen neben der reinen Fertigung inzwischen noch vielfältige weitere Dienstleistungen an, die der Kunde entsprechend seinen Anforderungen in Anspruch nehmen kann.

Der ZVEI (Zentralverband Elektrotechnik- und Elektronikindustrie e.V.) hat im Jahr 2006 die Dienstleistungsinitiative "Services in EMS" ins Leben gerufen, der sich mittlerweile 34 EMS-Anbieter aus Deutschland, Österreich und der Schweiz angeschlossen haben. Ein Ziel dieser Initiative ist auch die Definition einheitlicher Dienstleistungsstandards, die für alle Mitglieder verpflichtend sind. Darüber hinaus wurden sieben Wertschöpfungsbereiche definiert: Entwicklung, Design, Testkonzept, Materialmanagement, Produktion, Logistik und Distribution sowie After-Sales-Services.

Jeder dieser Wertschöpfungsbereiche gliedert sich wiederum in mehrere Einzelmodule auf, so beispielsweise die Produktion in:

- Konzeption und Umsetzung von Produktionsprozessen
- Konstruktion und Aufbau von Testsystemen inkl. Software
- Muster- und Prototypenfertigung
- Bestückung von elektronischen Baugruppen (SMD, THT)
- Geräte- und Systembau
- Durchführung kundenspezifischer Tests
- Oberflächenbehandlungen und Veredlungen

Entsprechende Einzelmodule gibt es auch für die anderen Wertschöpfungsbereiche. Bei der Festlegung der Auswahlkriterien für die Suche nach geeigneten EMS-Anbietern haben wir uns an den Wertschöpfungsbereichen des ZVEI orientiert.

EU-Kommission gibt den Startschuss für Europas Aufholjagd bei Elektronik

http://www.elektronikpraxis.vogel.de/elektronikfertigung/articles/451155/

Die Europäische Kommission gab den Startschuss für ECSEL, eine mit 5 Milliarden € ausgestattete öffentlich-private Partnerschaft, um die Entwicklung und Fertigung von Elektronikkomponenten in Europa voranzutreiben.

Diese Initiative ist der Kernpunkt der Elektronikstrategie für Europa, mit der bis 2020 in Europa private Investitionsmittel in Höhe von 100 Milliarden EUR mobilisiert und 250.000 Arbeitsplätze geschaffen werden sollen. Gleichzeitig erhielt die Kommission die endgültigen Empfehlungen für die konkrete und sofortige Umsetzung der Strategie, ausgearbeitet von der Electronics Leaders Group, die sich aus Geschäftsführern der größten Elektronikunternehmen in Europa zusammensetzt.

Neelie Kroes, Vizepräsidentin der Europäischen Kommission: „Wir müssen an einem Strang ziehen, wenn wir für Europa eine führende Position wiedererobern und verteidigen wollen. Ich freue mich, dass diese Partnerschaft nun ihre Arbeit aufnimmt, denn dies zeigt, dass die EU und ihre Mitgliedstaaten schnell zusammenarbeiten können, wenn Handlungsbedarf besteht. Die Verordnung zur ihrer Einrichtung wurde innerhalb von weniger als einem Jahr erlassen."

Mit ECSEL zurück an die Spitze

Die EU wird etwa 1,18 Milliarden € in die gemeinsame Technologieinitiative „Elektronikkomponenten und -systeme für eine Führungsrolle Europas" (ECSEL) investieren. ECSEL wird den Unternehmen helfen, neue Pilotprojekte in Angriff zu nehmen und die bestehenden Pilotanlagen und Vorführsysteme auszubauen, in die bereits 1,79 Mrd. € geflossen sind. In diesen Projekten arbeiten europäische Fertigungs- und Technologieunternehmen, Chiphersteller, Softwareentwickler, Forscher und Universitäten schon in den frühen Phasen der Produkt- und Dienstleistungsentwicklung zusammen, um die Forschung näher an den Markt zu bringen.

Die EU-Förderung erfolgt mit Mitteln des Forschungs- und Innovationsprogramms Horizont 2020. Zudem haben 26 EU-Mitgliedstaaten und assoziierte Staaten zugesagt, einen ähnlichen Betrag von 1,17 Mrd. € in ECSEL zu investieren. Die Partner aus der Wirtschaft werden mehr als 2,34 Mrd. EUR aufbringen.

Bei der ersten Aufforderung zur Einreichung von Vorschlägen wird es um Fördermittel in Höhe von 270 Mio. € gehen. Gefördert werden neben Pilotprojekten auch technologische Entwicklungen in Bezug auf Elektronikchips sowie cyberphysikalische und intelligente Systeme und deren Integration in Anwendungsgebieten wie effizienter Verkehr, verbesserte Privatsphäre der Bürger, nachhaltige Energieerzeugung und erschwingliche Gesundheitsleistungen. Besondere Schwerpunkte sind das Vertrauen sowie die Sicherheit und Benutzerfreundlichkeit der Technik.

Ein ehrgeiziger Plan für Europa

Die Electronics Leaders Group (ELG) legte ihren Plan für die Umsetzung des in diesem Jahr veröffentlichten industriepolitischen Strategieplans vor. Ziel ist es, Europas Position als attraktiver Investitionsstandort zu festigen.

Auf der Nachfrageseite schlug die Gruppe drei Maßnahmen vor:

- „Wegbereiter"-Projekte, die eine Führungsrolle auf Gebieten demonstrieren, auf denen die europäische Industrie anerkannte Stärken hat (z. B. Automobil- und Energiesektor, Biowissenschaften und Gesundheit);
- mehrere „Weltklasse-Referenzgebiete" in ganz Europa, in denen neue Technologien in großem Maßstab unter realen Bedingungen erprobt werden können. Dieses Netz wird gerade auch den KMU – aus traditionellen wie aus High-Tech-Branchen – beim Zugang zu Technologien und der Erschließung ihres Potenzials auf dem Gebiet der Elektronik-Einbettung behilflich sein;
- ein vielseitiges Netz aus Kompetenzzentren zur Steigerung der Innovationsfähigkeit Europas in allen Bereichen. Das Programm Horizont 2020 könnte etwa 3 Mrd. € dazu beisteuern. Die europäischen Strukturfonds sollten diesen Betrag verdoppeln, und die Industrie dann mindestens noch einmal den gleichen Betrag aufbringen, so dass am Ende etwa 10 Mrd. € erreicht werden.

Auf der Anbieterseite sieht die Gruppe klare Chancen für weitergehende Privatinvestitionen in die Chipfertigung in Europa, wie die 2012/2013 getätigten Großinvestitionen in Pilotanlagen verdeutlichen. Der Übergang von Pilotanlagen zur Massenproduktion innovativer Komponenten und Systeme wird in den kommenden sieben Jahren fortgesetzt.

Die ELG geht davon aus, dass dafür Investitionsmittel in Höhe von 20 Mrd. € erforderlich sein werden. Dies bedeutet alle zwei Jahre eine Kapazitätssteigerung um 70.000 neue Wafer pro Monat ab 2016/2017, was einem durchschnittlichen jährlichen Kapazitätszuwachs um 10% entspricht.

Mit den auf EU-Ebene und in den Mitgliedstaaten geplanten Maßnahmen, und mit der für Schlüsseltechnologien zur Verfügung stehenden Unterstützung der Europäischen Investitionsbank bietet Europa nach Ansicht der ELG nun einen sehr wettbewerbsfähigen Rahmen für private Investitionen in die Fertigung. Ferner empfiehlt die ELG den Einsatz der neuen staatlichen Beihilfen für wichtige Vorhaben von gemeinsamem europäischem Interesse. Dieser Kapazitäten-Aufbau wird vorausschauend dazu beitragen, dass auf den ermittelten Gebieten der „intelligenten vernetzten Objekte", in Bereichen, in denen Europa Stärken hat, sowie bei der „Mobilkonvergenz" (Zusammenwachsen von Computertechnik, Mobilfunk und tragbarer Elektronik) die Nachfrage gedeckt werden kann.

In den 1990er Jahren erreichte der Anteil Europas an der Halbleiterfertigung mehr als 15% der Weltproduktion. Im letzten Jahrzehnt ist er jedoch auf unter 10% gefallen (Japan 22%, Südkorea 18%, Taiwan 17% und USA 13%).

Europäische Elektronikindustrie legt ihren Master-Plan vor

http://www.elektronikpraxis.vogel.de/marktzahlen/articles/434889/

Firmenchefs der Elektronikindustrie sind zuversichtlich, dass Europa in den nächsten 10 Jahren bis zu 60% der neuen Elektronikmärkte erobern und den wirtschaftlichen Wert der Halbleiterkomponentenfertigung verdoppeln könnte. Dies sieht ein Plan der Industrie vor, der der EU-Kommission vorgelegt wurde.

Die Vizepräsidentin der Kommission Neelie Kroes hatte 11 Unternehmenschefs der Elektronikbranche im Rahmen der 2013 gebildeten Electronics Leaders Group (ELG) gebeten, diesen detaillierten Plan aufzustellen.

Die Gruppe empfiehlt der EU, sich auf folgende Schwerpunkte zu konzentrieren:

- Bereiche, in denen Europa stark ist – Automobilindustrie, Energie, industrielle Automatisierung und Sicherheit. Ziel ist eine Verdoppelung der heutigen Produktion in den kommenden 10 Jahren
- Neue Bereiche mit hohen Wachstumsaussichten, insbesondere das „Internet der Dinge" und die Entwicklung von Märkten für intelligente Produkte und Dienste der Zukunft (z. B. Smart-Home-Systeme, Smart-Grids). Ziel ist die Eroberung eines Anteils von 60% an diesen neu entstehenden Märkten bis 2020
- Wiederherstellung einer starken Präsenz im Bereich der Mobilfunk- und Drahtloskommunikation. Europa strebt einen Anteil von 20% des prognostizierten Wachstums auf diesen Märkten an

Kroes erklärte dazu: „Ich möchte, dass wir das Steuer in die Hand nehmen. Die Branche will wieder ganz nach vorn. Deshalb lautet meine Botschaft: Wir wollen Europa zu dem Standort machen, an dem innovative Mikro- und Nanoelektronik gemacht und gekauft wird."

Auf der Nachfrageseite schlägt die Gruppe eine große Initiative mit dem Titel „Smart Everything Everywhere" vor, mit der in ganz Europa Exzellenzzentren und Gebiete für eine großangelegte Praxiserprobung neuer Technologien geschaffen werden sollen.

Auf der Anbieterseite sieht die Gruppe klare Chancen für eine Kapazitätssteigerung um 70.000 neue Wafer pro Monat ab 2016/2017, was einem jährlichen Kapazitätszuwachs um 10 % entspricht. Europa kann auf seine solide Werkstoff- und Ausrüstungsindustrie zählen, wenn es darum geht, einen Wettbewerbsvorsprung in der Produktion zu behaupten, auch beim aus Kostengründen bevorstehenden Übergang zu größeren Wafern.

In Europa sind in der Halbleiterbranche samt Umfeld ungefähr 250.000 Menschen direkt beschäftigt, in der gesamten Wertschöpfungskette sind es etwa 2,5 Mio. Beschäftigte. Mindestens 10% des europäischen Bruttoinlandsprodukts gehen auf mikro- und nanoelektronische Komponenten und Systeme zurück. Weltweit steigt die Nachfrage jährlich um 9% (Volumen) bzw. 5 bis 6% (Wert).

Die ELG wird nun daran arbeiten, aus diesen Ideen bis Juni 2014 konkrete Aktionen zu machen.

Europäische Halbleiterfertigung auf dem absteigenden Ast

In den 1990er Jahren erreichte der Anteil Europas an der Halbleiterfertigung mehr als 15% der Weltproduktion. Im letzten Jahrzehnt ist er jedoch auf unter 10% gefallen (Japan 22%, Südkorea 18%, Taiwan 17% und USA 13%). Europa hat Stärken in vertikal integrierten Märkten (z. B. Automobilindustrie, Energie, Sicherheit und Chipkarten) und ist führend auf neuen Märkten wie dem Markt für Sensoren und Mikrosysteme (MEMS). Außerdem ist die europäische Industrie stark bei virtuellen Bauteilen und stromsparenden Prozessoren sowie als Anbieter von Ausrüstungen, Werkstoffen und geistigem Eigentum.

Am 23. Mai 2013 kündigte die Kommission eine Elektronikstrategie für Europa an, mit der bis 2020 Industrie-Investitionen in Höhe von 100 Mrd. EUR gefördert, der Wert der Mikrochip-Produktion in der EU verdoppelt und 250.000 neue Arbeitsplätze in Europa geschaffen werden sollen. Die Electronic Leaders Group, eine Gruppe aus 11 Unternehmenschefs der Elektronikbranche (Forschung, Tools, Entwicklung und Fertigung), wurde gebildet, um in Zusammenarbeit mit allen Beteiligten neue Wege zur Erreichung dieser Ziele zu finden.

Der heute vorgelegte Plan markiert den Abschluss einer Aktion der Elektronikstrategie für Europa. Er enthält konkrete Ziele, die nun von der Industrie, der Europäischen Kommission, den Mitgliedstaaten, Regionen, Universitäten und von Investoren verwirklicht werden sollen.

Der Plan baut auf Erfahrungen mit bestehenden öffentlich-privaten Partnerschaften wie dem Unternehmen ENIAC auf, das 2012/2013 mehr als 1,8 Mrd. EUR in Pilotanlagen und Pilotprojekte investiert hat. Diese Pilotanlagen werden künftig im Rahmen der neuen Initiative ECSEL unterstützt, die voraussichtlich im Mai 2014 mit einem Budget von mindestens 5 Mrd. EUR für die nächsten 7 Jahre an den Start gehen wird:

EU startet Milliardenprogramm für europäische Elektronikbranche

http://www.elektronikpraxis.vogel.de/themen/elektronikmanagement/strategieunternehmensfuehrung/articles/410802/

Die Europäische Kommission, die EU-Mitgliedstaaten und die europäische Industrie werden in den kommenden sieben Jahren mehr als 22 Mrd. € in die Innovation investieren, und zwar in Sektoren, die qualitativ hochwertige Arbeitsplätze bieten – darunter auch die Elektronikbranche.

Der größte Teil dieser Investitionen geht an fünf öffentlich-private Partnerschaften in den Bereichen innovative Arzneimittel, Luftfahrt, biobasierte Industriezweige, Brennstoffzellen und Wasserstoff sowie Elektronik. Durch diese Forschungspartnerschaften wird die Wettbewerbsfähigkeit der europäischen Wirtschaft in Sektoren gestärkt, die bereits mehr als 4 Millionen Arbeitsplätze bieten.

Die fünf öffentlich-privaten Partnerschaften, die sogenannten „Gemeinsamen Technologieinitiativen" (Joint Technology Initiatives – JTI), sind:

- Innovative Arzneimittel 2 (IMI2): Entwicklung der nächsten Generation von Impfstoffen, Arzneimitteln und Behandlungen wie neue Antibiotika
- Brennstoffzellen und Wasserstoff 2 (FCH2): Ausweitung der Verwendung sauberer und effizienter Technologien in den Bereichen Verkehr, Industrie und Energie
- Clean Sky 2 (CS2): Entwicklung sauberer, leiser Luftfahrzeuge mit wesentlich weniger CO2-Emissionen
- Biobasierte Industriezweige (BBI): Nutzung erneuerbarer natürlicher Ressourcen und innovativer Technologien für umweltfreundlichere Produkte des täglichen Bedarfs
- Elektronikkomponenten und -systeme (ECSEL): Stärkung der europäischen Kapazitäten im Bereich der Elektronikfertigung

Laut EU-Kommission sind elektronische Komponenten und Systeme essentiell für die industrielle Landschaft in Europa. Allerdings sieht sich die europäische Elektronikbranche einem starken weltweiten Wettbewerb und sehr kurzen Innovationszyklen gegenüber. Um in diesem Umfeld mithalten zu können, sei es unumgänglich, Ressourcen zu bündeln. Im JTI ECSEL werden daher die beiden 2008 gestarteten JTIs ARTEMIS embedded Systems und ENIAC nanoelectronics zusammengeführt.

ECSEL JTI wird mit einem Etat von insgesamt 4,815 Milliarden Euro ausgestattet sein. Davon kommen 1,215 Mrd. € aus dem EU-Etat, 1.2 Mrd. € von den beteiligten Mitgliedsländern, der Rest soll von der Industrie aufgebracht werden. Das Projekt soll Anfang 2014 starten und bis 2020 in vollem Umfang laufen, gefolgt von einer Ausklingphase bis 2014.

José Manuel Barroso, Präsident der Europäischen Kommission, erklärte: „Die EU muss weiterhin in strategischen globalen Technologiesektoren, die hochwertige Arbeitsplätze bieten, eine führende Rolle übernehmen. Mit diesem speziellen Investitionspaket für die Innovation werden private und öffentliche Mittel gebündelt. Dies zeigt deutlich, warum der EU-Haushalt ein Haushalt für Wachstum ist."

Insgesamt werden durch die vorgeschlagenen 8 Mrd. EUR aus dem kommenden Forschungs- und Innovationsprogramm der EU („Horizont 2020") Investitionen der Industrie von rund 10 Mrd. EUR und Mittel aus den EU-Mitgliedstaaten von rund 4 Mrd. EUR mobilisiert.

Máire Geoghegan-Quinn, EU-Kommissarin für Forschung, Innovation und Wissenschaft: „Diese Initiativen stärken nicht nur unsere Wirtschaft, sondern sie sind eine Investition in eine bessere Lebensqualität für alle. Gemeinsam werden wir in der Lage sein, Probleme anzugehen, die kein Unternehmen und kein Land allein bewältigen kann."

Prototypen und Kleinserien - 3-D-Druck beseitigt Engpässe im Prototypenbau

http://www.elektronikpraxis.vogel.de/baugruppenfertigung/articles/507622/

Der Elektronikfertiger Ihlemann nutzt seine Serienfertigungs-Anlagen auch für den Prototypenbau. Ein Problem war hier jedoch häufig die maschinengerechte Bauteilzuführung. Hier hilft der 3-D-Druck.

Die technischen Unterschiede zwischen Prototypen- und Serienfertigung werden zunehmend größer, denn beim traditionellen Prototypenbau steht die fertigungsgerechte Auslegung der Leiterkarte nicht im Vordergrund. Üblicherweise erfolgt die Bestückung auf Musterbaumaschinen. Datenformate, Prozesse und technische Parameter unterscheiden sich daher immer von den Serienmaschinen.

Da im Prototypenbau traditionell viele Bauteile manuell bestückt werden, wirkt sich die steigende Miniaturisierung immer stärker aus. Insbesondere bei der Handbestückung von SMD-Bauteilen ist die Qualität kaum noch zu gewährleisten, weil die Bauteile kontinuierlich kleiner und die Rastermaße immer enger werden.

Die erforderliche Positionsgenauigkeit eines SMD-Bauteils von beispielsweise 50 µm ist per Hand nicht zuverlässig einzuhalten. Befinden sich die Bauteile in der Paste nicht an der richtigen Stelle (x,y und Höhe), ergeben sich mangelhafte Lötstellen mit Fehlerraten von häufig 20 bis 30 Prozent. Außerdem erfordert die manuelle Verarbeitung mehr als zehnfach so viel Zeit, Nacharbeiten bei Lötfehlern noch nicht gerechnet.

Die Fertigung von Prototypen auf High-End-SMD-Bestückungsautomaten hat aus Sicht des Elektronikfertigers Ihlemann wesentliche Vorteile: Anforderungen wie Design for Manufacturing (DfM), Design for Testability (DfT) und Design for Cost (DfC) werden bereits an die Erstellung von Prototypen gestellt. So kann mit einer Software-Evaluierung vor der ersten Fertigung überprüft werden, ob eine Baugruppe fehlerfrei und kostengünstig produziert werden kann. Schließlich basiert auch die Erstmusterprüfung bereits auf dem VDA-Standard „Produktionsprozess- und Produktfreigabe" (PPF).

So erhält jeder Kunde für seine Prototypen einen Report über Auffälligkeiten und mögliche Einschränkungen bei der Fertigungseignung seiner Baugruppe. Damit ist technisch weitgehend sichergestellt, dass zeit- und kostenaufwendige Korrekturen von Entwicklung und Layout beim Übergang von der Prototypen- zur Serienphase vermieden werden können. Zudem entfallen doppelte Grundkosten für die Vorbereitung der Prototypen- und Serienfertigung.

Viele Bauteile sind nicht maschinentauglich

Sollen bei den Prototypen alle Bauteile maschinell verarbeitet werden, ergeben sich allerdings einige Hürden. Je spezieller ein Bauteil und je geringer die Stückzahl, umso häufiger fehlt es an einer maschinengerechten Standardverpackung für die SMD-Elektronikfertigung. In der herkömmlichen Prototypenfertigung werden diese Bauteile dann per Hand bestückt. Hier geht Ihlemann einen anderen Weg.

Die Verarbeitung von Steckern aus der Industrieelektronik sind ein typisches Beispiel. Wegen der geringen Stückzahlen bietet der Hersteller keine Verpackung für die maschinelle Verarbeitung. Die Handbestückung stellt sich als problematisch dar, weil bei den beispielsweise 220 Pins des Steckers die exakte Positionierung und die immer gleichbleibende Ausrichtung und Andruckstärke nicht garantiert werden kann.

So wurden bei der Kontrolle der bestückten Leiterplatten 34 Prozent der gelöteten Stecker als fehlerhaft und nachbearbeitungsbedürftig erkannt. Vielfach ist von den 220 Pins lediglich ein Beinchen nicht IPC-konform gelötet. Die Lötverbindung ist dadurch fehlerhaft und muss nachgelötet werden.

„Wir haben nach einer Lösung für die maschinelle Verarbeitung aller Bauteile gesucht. Nur so können wir die Fertigungsqualität für den gesamten Prozess sicherstellen, wertvolle Zeit sparen und die Kosten senken", berichtet Ihlemann-Vorstand Bernd Richter.

Das Ziel war, den Stecker mit den 220 Pins mit Hilfe einer selbst erstellten Zuführung automatisch bestücken zu können. Bei Ihlemann werden durch tagtägliche Verbesserungszyklen Veränderungen systematisch und mit festen organisatorischen Routinen entwickelt (Verbesserungs-Kata).

Diese Fähigkeit, tagtäglich kleine Verbesserungsschritte zu erreichen und die Fertigung schneller und effizienter zu machen, wendet der EMS-Dienstleister auch bei der Verarbeitung schwieriger Bauteile an. So wurde von den Mitarbeitern in mehreren Verbesserungsetappen ein Hilfsmittel für die maschinengerechte Zuführung des Steckers entwickelt und die manuelle Bestückung ersetzt.

Mussten anfangs 34 Prozent der Stecker nachbearbeitet werden, verringerte sich die Quote durch die maschinelle Verarbeitung auf 0,5 Prozent. Damit konnten die Kosten gesenkt, die Verarbeitungszeit des Steckers verkürzt und die Durchlaufzeit verringert werden. Für die technische Umsetzung solcher Hilfsmittel ist bei Ihlemann ein eigener Vorrichtungsbau tätig. Bauteile, die nicht in einer maschinengerechten Verpackung geliefert werden, gibt es viele. Aufgrund der Vielzahl dieser Baugruppen reichten die Kapazitäten des Vorrichtungsbaus allerdings nicht mehr aus. Deshalb wurde nach einer ergänzenden Lösung gesucht.

3-D-Drucker erstellt individuelle Bauteilträger

Für einen häufig eingesetzten Stecker, ebenfalls ohne maschinengerechte Verpackung, wurde ein eigener Bauteilträger (Tray) für die Zuführung zur SMD-Bestückungslinie entwickelt. Der Tray enthält 90 Fächer in der Bauteilgröße von 40 x 7 Millimetern. Die Außenmaße der Zuführung entsprechen den Vorgaben der Maschine.

Dieser Bauteilträger wurde bei Ihlemann mit einem CAD-Programm entworfen und durch einen 3-D-Drucker innerhalb von 7 Stunden ausgedruckt. Das dafür geeignete Material stand allerdings erst Anfang 2015 zur Verfügung, denn die Trays müssen aus einem antistatischem oder elektrisch leitfähigen Material sein, um ungewollte elektrische Entladungen (ESD, Electrostatic Discharge) zu vermeiden.

Für seltener eingesetzte elektronische Bauteile rechnet es sich aus Sicht des EMS-Dienstleisters allerdings nicht, eigene Trays zu entwickeln. Daher suchte das Unternehmen nach einer anderen Variante für die Bauteilzuführung. So wurde ein vorhandener Standard-Bauteilträger für ICs für die Aufnahme von Bauteilen bis 30 x 20 Millimetern genutzt. Da jedes Bauteil über zwei Positionierstifte verfügt, wurden diese zunächst zur Fixierung der Bauelemente im Tray eingesetzt. Dieses Experiment war allerdings nicht erfolgreich, weil sich die sehr leichten Bauteile bei der Zuführung zur Bestückungsmaschine zu leicht aus der Halterung lösten.

Ein weiterer Versuch war erfolgreicher. Für den vorhandenen Standard-Bauteilträger wurden jetzt bauteilspezifische Einleger entwickelt. Diese Einleger haben eine Vertiefung, wie eine Wanne, exakt passend für die Größe des Bauteils. Jetzt bleiben die Bauteile auch bei Bewegungen des Trays in der richtigen Position und können der SMD-Maschine zuverlässig zugeführt werden. „Durch die vielen Erfahrungen aus den Verbesserungsprozessen sind wir heute in der Lage, beliebige Bauteile effektiv und mit einem sehr hohen Qualitätsstandard maschinell zu verarbeiten", fasst Bernd Richter die Erfahrungen zusammen.

Was tun, wenn der Chip nicht mehr lieferbar ist

http://www.ingenieur.de/Branchen/Elektro-Elektronikindustrie/Was-tun-Chip-lieferbar

Hersteller langlebiger Elektronikprodukte – z. B. in der Fahrzeug- oder Industrieelektronik – kommen immer wieder in die Situation, dass einzelne Bauteile für ihre Systeme nicht mehr lieferbar sind. Ein kostspieliges Redesign des Produkts ist da nur eine Lösung aus dem Dilemma. Die "Component Obsolescence Group" will hier Hilfestellung leisten.

In der Konsumelektronik dreht sich die Welt schnell: Handys, Notebooks oder Geräte der Unterhaltungselektronik gehören manchmal schon nach einem halben Jahr zum alten Eisen. Entsprechend schnell sind die Produktlebenszyklen nicht nur bei den Endgeräten, sondern auch bei den Zuliefererkomponenten. Allen voran den Chips. Neue Funktionen werden integriert und auch die Fertigungstechnologie entwickelt sich rasant vorwärts.

Kein Wunder also, dass manche Komponenten schon nach wenigen Monaten wieder vom Markt verschwinden und durch bessere, schnellere, aber meist inkompatible Nachfolger ersetzt werden.

Das bringt Firmen in die Bredouille, die Systeme herstellen, die Jahre, manchmal Jahrzehnte in gleicher Form produziert werden sollen. Besonders in den Bereichen Fahrzeug- und Industrieelektronik, aber auch in der Medizintechnik.

Abgekündigte Komponenten für Hersteller mit hohen Kosten verbunden

"Eine abgekündigte Komponente ist für solche Hersteller oftmals mit erheblichen Kosten verbunden", weiß Ulrich Ermel, Vorsitzender der Components Obsolescence Group Deutschland e. V. und als Obsolescence-Management-Verantwortlicher beim Elektronikdienstleister TQ-Systems seit Jahren mit dieser Problematik betraut. Die COG ist ein Industrieverband auf Non-Profit-Ebene, der es sich zur Aufgabe gemacht hat, Unternehmen zu beraten, wie sie mit der Abkündigung oder anderweitiger Nichtverfügbarkeit von Komponenten umgehen können.

Ermel: "Es lohnt sich in jedem Fall, den Eventualfall gleich beim Design eines Produkts zu berücksichtigen und aktives Obsolesence-Management zu betreiben." Das beginne idealerweise bereits während des Entwicklungsprozesses eines Produkts. Wer hier mit seinen Lieferanten das offene Gespräch sucht und sich über voraussichtliche Verfügbarkeitsdauern oder alternative Komponenten informiert, kann laut Ermel bereits viel Geld sparen.

Denn wenn das Kind erst einmal in den Brunnen gefallen ist, bleibt als letzter Ausweg oftmals nur noch ein kostspieliges Redesign des Produkts, meistens verbunden mit einer erneuten Qualifikation bei den Kunden. Ermel warnt ausdrücklich davor, hier den vermeintlich leichten Weg zu gehen und sich die abgekündigten Komponenten aus dubiosen Quellen zu beschaffen. Es ist ein offenes Geheimnis in der Branche, dass sich immer mehr gefälschte Chips auf dem Markt tummeln. Ein Betrug, der unter Umständen erst bemerkt wird, wenn die äußerlich täuschend echt aussehende Komponente dann nicht das leistet, was sie soll.

Überwachung der Stücklisten auf obsoleszenzgefährdete Bauteile

In jedem Fall gehört zum aktiven Obsolescence-Management die ständige Überwachung der Stücklisten auf möglicherweise obsoleszenzgefährdete Bauteile. Eine offene Kommunikation mit den Zulieferern und rechtzeitige Informationen über Abkündigungen sind dabei laut Ermel wünschenswert.

Derzeit ist die COG gemeinsam mit der Industrie dabei, einen Standard bei der Übermittlung sogenannter PCNs (Product Change Notifications) zu erstellen, der den Aufwand bei der Verarbeitung solcher Meldungen um bis zu 75 % senken soll. "Wer ganz auf Nummer sicher gehen will", so Ermel, "zieht bei besonders wichtigen, strategischen Produkten auch die Langzeitlagerung von Komponenten in Erwägung." Das könne entweder über Langzeit-Liefervereinbarungen mit einem Distributor geschehen oder bei einem entsprechenden Fertigungsdienstleister oder Lagerspezialisten. Hier ergeben sich laut Ermel große Einsparpotenziale, wenn sich mehrere Abnehmer zusammentun.

Nach Alternativen für abgekündigte Komponenten auf dem Weltmarkt suchen

Gleiches gilt für die Suche nach Alternativen für abgekündigte Komponenten auf dem Weltmarkt. Letztlich gibt es viele Möglichkeiten, der Obsoleszenz ein Schnippchen zu schlagen. Hierbei will die COG, die inzwischen allein in Deutschland 87 Mitglieder zählt, Hilfestellung leisten. Denn eines ist klar: "Obsolescence-Management ist ein dynamischer, nie endender Prozess." Und wer das verstanden habe, so Ermel, "ist doch schon auf einem ganz guten Weg".

KUNDENSERVICE

Die wichtigste Dienstleistung eines Unternehmens ist der Kundenservice. Obwohl viele Marketing-Lehrbücher ihn nicht als einen Aspekt eines Marketing-Plans betrachten, sollte diese wichtige Funktion als Teil des Marketings angesehen und in gleicher Weise bearbeitet werden wie jede andere Marketingstrategie. Die Mund zu Mund Propaganda, die guter Kundenservice anbietet, ist eine der einflussreichsten Kräfte, die sich in einem Unternehmen in einer tiefgründigen Weise auswirken kann – Verbesserung des Umsatzes, Ausbau der Margen, Erweiterung des Customer Lifetime Values - wodurch man Marketingausgaben in anderen Bereichen reduzieren und die Mitarbeiterfluktuation verringern kann. Guter Kundendienst ist eine der besten Werbestrategien für Ihre Produktmarke.

Hervorragender Kunden-Service muss nicht teuer oder komplex sein. Es stehen einige Werkzeuge zur Verfügung, die Ihnen helfen können, Ihre Kundenservice-Kapazität zu erhöhen, eine effektive Infrastruktur aufzubauen und Ihre Fähigkeit zu skalieren, um besser zu reagieren während sich Ihr Unternehmen entwickelt.

Hier sind einige Ratschläge und Tools, die Sie verwenden können, wenn Sie lernen Ihren Komplettservice zu vermarkten:

Bleiben Sie erreichbar!

Seien Sie für Ihre Kunden in der Art erreichbar, wie diese es wollen. Die beste Methode ist mit den Kunden auf mehrfache Weise zu kommunizieren: E-Mail-Unterstützung, Telefon-Support und Direktservice, sind alles Tools, die Sie verwenden können. Natürlich hängt dies von der Art Ihres Unternehmens und den Mitteln ab, die Ihnen zur Verfügung stehen. Beispielsweise haben viele der kleinen Unternehmen nicht die Fähigkeit, rund um die Uhr Telefonsupport anzubieten, manche werden dies nur während bestimmter Stunden tun. Internet Chat ist auch eine gute Möglichkeit für die Kunden, Sie zu erreichen, aber dies kann Ihre Inhouse-Kapazitäten überfordern. Wenn Sie diesen Kundendienst nur während der eingeschränkten Stunden anbieten, geben Sie genau an, wann und auf welchem Wege Sie erreichbar sind.

Seien Sie prompt!

Lassen Sie den Kunden nicht warten, ob es sich um eine Antwort auf ihre E-Mail-Anfrage oder um die Haltezeit am Telefon-Support handelt. Geben Sie an, dass Sie stolz auf die Tatsache sind, dass xx% aller Kundenanfragen, in weniger als zwei Stunden beantwortet wurden. Aber die Kehrseite ist dabei, dass Sie damit bestätigen, wie lange es dauern wird zu reagieren und sich Ihrer Kunden zu dem, was Sie realistisch erhoffen können, einstellen werden.

Seien Sie ehrlich!

Kunden schätzen Klarheit. Deren Fragen, Anmerkungen oder Vorschläge bieten Ihnen die Gelegenheit in einem ehrlichen und offenen Ton zu antworten. Dies beginnt mit Ihrer Nachricht, wenn die Kunden Sie zuerst kontaktieren und begleitet Sie den ganzen Weg durch Ihre Antworten. Wenn z.B. Kunden Einwände gegen Ihre Website haben, geben Sie mögliche Fehler zu; und wenn Sie denken, dass eine Lösung lange dauern kann, sagen Sie ihnen das auch. Und wenn deren Kritik nicht angemessen ist, bedanken Sie sich für die Anmerkung und fahren Sie mit dem Gespräch fort. Die Kunden werden die Offenheit schätzen und werden ihren Mitarbeitern sagen, wie erfrischend es ist, mit einem Unternehmen, das die Wahrheit sagt, umzugehen.

Bleiben Sie immer korrekt

Ob freundlich und humorvoll oder zurückhaltend und business-like, der Ton, in dem Sie mit Ihren Kunden reden, ist wichtig für den Aufbau einer nachhaltigen Beziehung. Hören Sie ihnen zu und antworten Sie freundlich. Wenn ein Kunde über etwas verärgert ist, will er keine abfällige Antwort hören.

Seien Sie effizient!

Skalierbarkeit ist wichtig - wenn Sie die Effizienz Ihrer Service-Struktur betrachten, sollten Sie dies bei der Auswahl Ihres Serviceangebotes immer bedenken. Wenn Ihr Unternehmen wächst, müssen Ihre Support-Tools, Mitarbeiter, Fähigkeiten und Kapazitäten in der Lage sein, so flexibel wie Ihr Unternehmen zu wachsen. Dies bedeutet nicht, dass Sie jeden Monat Kapazität hinzufügen sollen, sondern vielmehr, dass Sie den Support beobachten und wissen, wann die Zeit reif ist, Ihre Ressourcen zu erweitern oder wenn die Suche nach zusätzlicher Effizienz möglicherweise besser geeignet ist. Unter den Dingen, die Sie tun können, um die Effizienz zu erhöhen, sind: Vorlagen für die Beantwortung von häufig gestellten Fragen zu entwickeln, Verwaltungs-Tools auszubauen um allgemeine technische Angelegenheiten schneller zu lösen, die relevanten Daten für die Antworten zu extrahieren, und den Inhalt des Hilfezentrums zu verbessern. Darüber hinaus können Sie nochmals alles erneut in einem "Kontakt"-Formular darstellen, um Antworten auf häufig gestellte Fragen zu finden sowie E-Mail Inhalte für viele Benutzerfragen und Probleme zu antizipieren.

Bleiben Sie höflich!

Bei der Unterstützung Ihrer Kunden, verhalten Sie sich immer so, als ob Ihr Chef im Raum wäre und zuhört oder über Ihre Schulter schauen würde. Wenn Ihre Antwort den Höflichkeitstest des Chefs besteht, ist sie wahrscheinlich gut. Wenn der Chef ablehnen würde, ist es vielleicht Zeit, die Antwort zu ändern oder Ihre Haltung umzustellen. Bitte denken Sie daran, sich immer zu entschuldigen, wenn Ihr Kunde frustriert oder wütend ist und immer, immer sich am Ende zu bedanken.

Denken Sie an Ihre finanziellen Mittel!

Es gibt keinen guten Grund riesige Mengen an Geld ausgeben, um guten Service und Support zu liefern. Werkzeuge stehen zur Verfügung, die Ihnen helfen können, Ihre Effizienz und Kapazität und Know-how zu nützen, damit Sie mehr mit weniger Geld tun können. Online-Ressourcen sind reichlich vorhanden, und diese bieten großartige Funktionen für Suche, Content-Aktualisierung, Messaging und Automatisierung. Dies soll nicht heißen, dass Sie nicht neue Kundendienstmitarbeiter einstellen sollen, wenn der Zeitpunkt richtig ist, nur dass Sie bei der Bereitstellung von Service und Support erfinderisch und nicht unbedingt freigiebig sein sollten.

Außendienst ist wichtiger geworden

In Anbetracht des Trends von Personalabbau beim Endbenutzer, sollte Außendienst eine strategische Priorität der Lieferanten sein. Außendienst definiert oft, wie Kunden die Organisation in Bezug auf Zufriedenheit, Partnerschaften und Lieferung „sehen". Es ist häufig auf der Feld-Ingenieur-Ebene wo sich die engsten Kundenbeziehungen entwickeln, und wo die Leistung der gesamten Organisation vom Kunden gemessen wird.

Durch die Nutzung von Technologie-Trends, wie erweiterte Analysefunktionen, schaffen es manche Außendienstabteilungen sich als vorausschauende und nicht reaktive Operationen neu zu erfinden. Das bedeutet, eine bessere Ausrüstung für Ingenieure/Techniker, mit intelligenten Anwendungen, die Daten in Echtzeit liefern und Analysefunktionen implementieren, um strategische Entscheidungen zu treffen.

Außendienst kann eine Gewinn-Perspektive und ein Wettbewerbsvorteil sein.

FINANZBEREICH

Ein Business-Plan ist wichtig; aber bis Sie beginnen, den finanziellen Teil auszufüllen, stellt er praktisch nur ein detailliertes Konzept dar. Die Abschnitte über das Produkt, die Strategie des Marketing- und Vertriebsplans, usw., sind möglicherweise interessant zu lesen, aber wenn Sie Ihr Unternehmen nicht mit guten Profit-Zahlen rechtfertigen können, ist der Plan nicht sehr aussagekräftig. Der Finanzteil des Geschäftsplans ist eine der wichtigsten Komponenten des Business-Plans, denn Sie benötigen ihn, wenn Sie einen Investor in Aussicht haben oder einen Bankkredit erhalten wollen. Selbst wenn Sie keine Finanzierung brauchen, sollten Sie eine Finanzprognose erstellen, um bei der Leitung Ihres Unternehmens erfolgreich zu sein. Die Finanzwerte, wenn ehrlich geplant, können ausdrücken, ob das Geschäft rentabel sein wird, oder ob Sie Ihre Zeit und/oder Geld vergeuden werden. In einigen Fällen kann es bedeuten, dass Sie Ihr Geschäft nicht weiter verfolgen sollten.

Denken Sie daran, Investoren wollen Zahlen sehen, die ausdrücken, dass Ihr Unternehmen wachsen wird, und dass es eine Exit-Strategie am Horizont gibt, bei der ein Gewinn realisiert werden kann. Jede Bank oder Kreditgeber wird auch diese Zahlen sehen wollen, um sicherzustellen, dass Sie Ihr Darlehen zurückzahlen können. Seien Sie realistisch beim Ausfüllen der Zahlen. Es gibt meistens ein Problem mit „Hockeyschläger-Prognosen", die ein stetiges Wachstum zeigen, mit einem Rückgang am Anfang, und dann aufschießen wie ein Hockeyschläger; diese Zahlen sind oft nicht glaubwürdig. Wenn Verkäufe für einige Zeit flach sein werden, zeigen Sie keinen starken Aufschwung, der darauf hinweist, dass alles großartig ist. Geben Sie realistische Umsatzschätzungen an. Obwohl die Zahlen nicht genau sein können, weil sie die Zukunft vorhersagen, müssen sie dennoch überzeugend sein. Wenn Sie Ihre Vorhersage in Komponenten aufteilen und die einzeln analysieren, ist dies oft hilfreich. Niemand gewinnt mit extrem optimistischen oder pessimistischen Schätzungen.

Eine Finanzprognose ist nicht unbedingt sortiert. Und oft wird sie auch nicht in der gleichen Reihenfolge präsentiert wie die Zahlen und Dokumente zusammengestellt wurden. Sie müssen vermutlich an einer Stelle beginnen und hin und her wechseln. Zum Beispiel, wenn Sie den Cash-Flow-Plan ändern, bedeutet dies wahrscheinlich, dass Sie die Schätzungen für Umsatz und Kosten ändern müssen. Daher hilft es, wenn Sie die Zahlen in einer Tabelle zusammenstellen, die die Zusammenhänge automatisch korreliert.

Um eine **Finanzübersicht** mit den Lieferungen, Umsatzkosten, Bruttogewinn, Kosten und Ergebniszahlen bereitzustellen, beginnt man in der Regel mit einer Umsatzprognose. Richten Sie eine Tabellenkalkulation ein, die Ihre Verkäufe im Laufe für mehrere Jahre projiziert. Dann schätzen Sie die Lieferzeit der Ware um die Frachtwerte abzuleiten. Wenn es ein neues Produkt oder eine neue Geschäft-Linie ist, müssen Sie eine Abschätzung machen. Außerdem, führen Sie Entwicklungskosten eines neuen Produkts in Ihrer Finanzübersicht getrennt auf.

Weisen Sie die **Verkäufe und Lieferungen** für jedes Produkt in separaten Spalten aus, mit den Beträgen entsprechend den Zahlen in der Finanzübersicht.

Erstellen Sie eine **Ergebnisrechnung**. Das ausführlichere Bruttoergebnis von der Umsatz-Präsentation ist auch ein nützlicher Wert für den Vergleich mit anderen branchenüblichen Verhältnissen.

Generieren Sie die **Bilanz** und erklären Sie im Gespräch mit Finanziers, wie die Vermögenswerte und Verbindlichkeiten berechnet wurden (siehe Anmerkung zur Bilanz Kolumne unten).

Zur Unterstützung dieser Geschäftszahlen fügen Sie eine **Personalplanung und Kosteninformationen** (für das kommende Jahr) bei.

Wenn Sie Ihren Business-Plan verwenden, um Investitionen zu akquirieren oder ein Darlehen zu erhalten, sollten Sie auch ein Firmenprofil sowie eine Übersicht über Ihre Produkte und Ihren Marketing/Vertrieb im Finanzteil einschließen. Dies soll eine Zusammenfassung Ihres Unternehmens vom Anfang bis zur Gegenwart darstellen. Investoren oder Banken konzentrieren sich oft nur auf den Finanzteil des Businessplans und sind nicht so an den anderen Teilen interessiert. Auch hat manchmal eine Bank einen Abschnitt, wie diesen, auf einem Kreditantrag. Wenn Sie einen Kredit beantragen, müssen Sie möglicherweise weitere Dokumente zu dem Finanzteil hinzufügen, wie Jahresabschlüsse des Besitzers, die Auflistung von Vermögenswerten und Schulden.

Budgetprognosen für eine neue Firma

Der wahre Wert der Erstellung eines Finanzplans liegt in dem Prozess das Geschäft in systematischer Weise zu analysieren. Der Akt der Planung hilft Ihnen, die Dinge zu durchdenken und Ihre Ideen kritisch zu betrachten. Es braucht Zeit, vermeidet aber vielleicht später katastrophale Fehler. Der Finanzplan, oder das Budget wie es auch genannt wird, hilft die täglichen Entscheidungsprozesse des Unternehmens zu leiten. Der Vergleich der prognostizierten Zahlen zu den tatsächlichen Ergebnissen liefert wichtige Informationen über die finanzielle Gesundheit des Unternehmens. Selbst ein Ein-Personen-Unternehmen braucht einen Finanzplan.

Wie viele Jahre sollten die Prognosen für ein neues Unternehmen abdecken?

Sie möchten, dass Ihre Zahlen auf Ihren ehrlichsten bestmöglichen Schätzungen beruhen. Aber wie weit in die Zukunft können Sie mit einem gewissen Grad an Zuverlässigkeit voraussehen? Märkte, Wettbewerb und Technologie, ändern sich zu schnell um sinnvollen Zahlen weiter als ein oder zwei Jahre zu projizieren. Die meisten Kapitalanleger verstehen das. Sie betrachten Ihre Projektionen um zu sehen, dass Sie ehrlich sind, dass Sie den Umfang Ihrer Ausgaben verstehen und dass Sie wissen, wie man Finanzdokumente zusammenstellt. Vor allem wollen sie sehen, wie viel Geld Sie brauchen, und wann Sie damit beginnen, Geld zurückzuzahlen.

Also machen Sie sich keine Sorgen über Zahlen, die weiter als zwei Jahre vorausgehen. Die einzige Ausnahme ist die Vorhersage für den Geldfluss. In jedem Geschäft, aber vor allem in einem neuen Geschäft, ist Bargeld König.

Hier sind Empfehlungen, was Sie als Minimum für ein neues Geschäft bereitstellen sollten:

- Monatlichen Cash-Flow-Prognosen für die ersten zwei Jahre oder bis Sie Rentabilität erreichen (je nachdem, was länger ist).
- Gewinn- und Verlustprognosen für die ersten 3-5 Jahre.
- Bilanz Projektionen für die ersten 3-5 Jahre.

Obwohl die meisten Anleger verstehen, dass prognostizierte Zahlen für länger als zwei Jahre nicht sehr aufschlussreich sind, erwarten sie dennoch Prognosen über einen Zeitraum von fünf Jahren. Mit kurzfristig orientierten Projektionen glauben sie, dass der Eigentümer nicht genug Zeit für die Planung verbracht hat, um festzulegen, was getan werden muss, damit das Geschäft langfristig wächst.

Trend Analyse

Normalerweise macht ein Unternehmer viele Entscheidungen im Laufe eines Monats, so dass es schwierig sein kann, zu sagen, welche Entscheidungen erfolgreich waren und welche Ideen oder Strategien nicht funktioniert haben. Die Vorbereitung eines Finanzplans beinhaltet quantifizierbare Ziele, die mit den tatsächlichen Ergebnissen verglichen werden können. Zum Beispiel, Trends in den Bereichen vom Vertrieb einzelner Produkte helfen dem Eigentümer Entscheidungen darüber zu treffen, wie Marketing-Euro zu vergeben sind.

BEISPIEL EINES FINANZPLANS

[Unternehmen] ist eine kleine, innovative in [STADT]-gegründete Firma, engagiert in Entwicklung und Marketing von Prozess-Control Lösungen für eine vielfältige Reihe von nationalen und internationalen Kunden. Zu den durch die Firma versorgten Industrien gehören die Chemie, Petrochemie, Gas, Erdöl, Zement und Stahl. [Unternehmen] bietet auch Kundenbetreuung in Form von Konfiguration, Inbetriebnahme-Unterstützung, Wartung und Kundenschulungen. Das Unternehmen wurde 2011 gegründet. Obwohl die [Unternehmen]-Produkte für den allgemeinen Prozess-Control-Markt geeignet sind, [Unternehmen] hat den Nischenmarkt für Industriesteuerung ausgewählt um Stärke am Markt zu gewinnen und den Wert des Produkt zu vergrößern.

[Unternehmen] 's langfristige Aussichten für Rentabilität sind gut. Während die 2015 Ergebnisse leicht unter der Projektion lagen, hat das Unternehmen seine Prognosen für die Vorjahre (2013-2014) übertroffen. Mit einem leistungsfähigen neuen Produkt und einem anwendungsorientierten Ingenieur Team, ist das Unternehmen gut positioniert, um Chancen in den ausgewählten Nischenmärkten zu nutzen. Die Bildung von strategischen Beziehungen mit einem multinationalen Unternehmen wird in Betracht gezogen, um das Problem der Unternehmensgröße und des begrenzten Marketing/Vertriebs Personals zu kompensieren, damit die Stärken des [Unternehmen] die Produkt- und Nischenanwendungen besser genutzt werden können.

Kontinuierliche Innovation, starke Kundenorientierung und kreative Problemlösung haben [Unternehmen] zu einem fortschrittlichen Hersteller von Steuerungssystem Produkten gemacht und haben die Grundlage für die erfolgreiche Geschäftsentwicklung gebildet. Das neue Produkt passt gut in die Nische von Steuer & Regelsystem Lösungen und ermöglicht dem [Unternehmen], in FY-2016 bis 2020 viele Geschäftsmöglichkeiten zu verfolgen.

[Unternehmen] Strategie beruht auf der Erkenntnis, dass seine Firmenressourcen begrenzt sind, was eine gezielte Positionierung, sowohl im Produkt- als auch im Nischenmarkt erfordert.

Produkt: [Unternehmen]-Produkt bietet die Vorteile eines fortschrittlichen und zuverlässigen (Redundanz, Bereich bewährt, etc.) Steuerungssystems für den Benutzer von Prozess-Automatisierungssystemen. Das Produkt erlaubt auch Steuerung- und Businessintegration und sorgt für vereinfachte Engineering/Wartung, indem es alle Steuer- & Regelfunktionen in einem Gerät einbezieht. Wir werden unsere Produkte nach Anwendungsfällen ausrichten, die vollständige Steuer- & Regellösungen in den ausgewählten Nischenmärkten bieten.

Marketing/Vertrieb: Es besteht ein Fokus auf Gesamtlösungen bei den Kunden. Dies bezieht sich auch auf Nischenmärkte. Obwohl wir eine kleine Firma sind, ist unser Prozesssteuerungswissen sehr gut. Unsere Aufgabe ist es, die „kleine Firma-Hürde" zu überwinden und unser Produkt- und Know-how auf den Markt zu bringen.

Finanzübersicht

Fiskaljahr	2011	2012	2013	2014	2015	2016	2017	2018	2019	2020
Lieferungen	x,xxx	x,xxx	x,xxx	x,xxx	x,xxx	x,xxx	x,xxx	x,xxx	x,xxx	x,xxx
Umsatzkosten	x,xxx	x,xxx	x,xxx	xxx	xxx	xxx	xxx	x,xxx	x,xxx	x,xxx
Bruttoertrag	x,xxx	x,xxx	xxx	xxx	xxx	xxx	xxx	xxx	xxx	x,xxx
Kosten		xxx	xxx	xxx	xxx	xxx	xxx	xxx	xxx	xxx
Produktentwicklung	xxx	xxx	xxx	xxx	xxx	xxx	xxx	xx	xx	xx
Profit	XXX	XXX	XXX	XX	XXX	XXX	XX	XXX	XXX	XXX

2011 bis 2015= Vergangenheit (€ - Die Zahlen in Tausend Euro)

FINANZPROGNOSEN

Buchungen pro Produkt

Beschreibung	2015 Tat.	2016	2017	2018	2019	2020
Produkt A						
Produkt B						
Produkt C						
Produkt D						
Service/Reparatur/Applikation						
Sonstiges (xxxxxx, xxxx, usw.)						
Gesamt €						

Lieferungen pro Product

Beschreibung	2015 Tat.	2016	2017	2018	2019	2020
Produkt A						
Produkt B						
Produkt C						
Produkt D						
Service/ Reparatur/Applikation						
Sonstiges (xxxxxx, xxxx, usw.)						
Gesamt €						

Ergebnisrechnung Prognose

	2015 Tat.	2016	2017	2018	2019	2020
Lieferungen						
Materialkosten						
Arbeitskosten						
Gemeinkosten						
Garantiekosten						
Umsatzkosten						
Bruttoertrag						
Zinskosten						
Produktentwicklung						
Vertriebskosten						
Finanzbuchhaltung						
Außerordentlicher Aufwand						
Gesamtausgaben						
Profit €						

Bilanz

	Anfang	2015 Tat.	2016	2017	2018	2019	2020
AKTIVA							
Bargeld							
Accounts fällig							
Inventar							
Abschreibungen							
Anlagevermögen							
Sonstige Vermögen							
Bilanzsumme							
SCHULDEN & EQUITY							
Verbindlichkeiten							
S. Rückstellungen							
Gesamtschulden							
Equity-Kapitalstock & Gewinnrücklagen							
Gesamtkapital							
PASSIVA							

Wenn Sie ein neues Unternehmen beginnen, beachten Sie, dass Sie sich in der Plan-Bilanz mit Aktiva und Passiva befassen, die nichts mit Gewinn- und Verlustrechnungen zu tun haben und doch den Nettowert Ihres Unternehmens am Ende des Geschäftsjahres wiedergeben sollen. Einige von denen sind offensichtlich, wie Start-up-Vermögenswerte, und beeinflussen nur den Anfang. Viele sind nicht offensichtlich. Zinszahlung ist in der Gewinn-und Verlustrechnung, aber die Rückzahlung von der Kreditsumme nicht. Aufnahme eines Kredites und Inventar erscheinen als Vermögenswerte, bis Sie dafür bezahlen. So einen Weg, dies zu kompilieren, ist, mit einem Vermögen zu starten und zu schätzen, was Sie an Bargeld, Forderungen (Geld das man Ihnen schuldet), Inventar (falls Sie es haben), haben und erhebliche Vermögenswerte wie Grundstücke, Gebäude und Ausrüstung. Dann finden Sie heraus, was Sie als Verbindlichkeiten haben. Das ist Geld, das Sie für unbezahlte Rechnungen (Kreditoren) schulden, und die Schulden, die Sie wegen der ausstehenden Kredite haben.

Personalplanung

	2015 Tat.	2016	2017	2018	2019	2020
Marketing / Vertrieb						
Service						
Anwendung / Planung						
Herstellung						
F & E-, Prod. Unterstützung						
Qualitätskontrolle & Test						
Finanzbuchhaltung						
Mitarbeiter Gesamt						

Kostenvoranschlag für FJ-2016

	Jährlich	Monatlich	Bemerkungen
Gehälter			
Versicherung & P/R Steuern, ADP			
WK, LIA, PR Versicherung			
Pensionsplan			Beitrag der Firma
Miete/Strom, ect.			
Telefon			
Werbeaktionen			
Vertriebs-Reisen/Entertainment			
Service-Reisen			
Bürobedarf			
Provisionszahlungen			weitgehend Direktvertrieb
Fracht			
Buchhaltung / Anwalt			
Gebäudewartung			
Betrieb / Versandmaterial			
Abschreibung			
Vertragsarbeit			
Fällige Ausschüttung			
Sonstiges			
Total €			

Erklärung von Annahmen in den Finanz Prognosen:

- Außenstände 60 Tage. Zu bezahlende Verbindlichkeiten 30 Tage.
- 30. Dezember 2015 Inventarwert zu Beginn ist € xxx, xxx ; abzüglich € xxx, xxx Reserve für Abschreibung.
- Anlagevermögen (M & E, Demo) im Wert von € xxx, xxx.
- Investitionen (Demo, etc.) für das Geschäftsjahr 2016 werden auf € xxx geschätzt.

Wenn Sie ein neues Unternehmen beginnen und keine historischen Abschlüsse haben, sollten Sie mit einer Kapitalflussprognose beginnen (gegliedert in 12 Monaten). Sie müssen sie auf ein realistisches Verhältnis stützen, z.B. wie viele Ihrer Rechnungen in bar, 30 Tage, 60 Tage, 90 Tage, usw. bezahlt werden.

Sie sollten auch eine Bilanzanalyse erstellen, um eine Untersuchung der Beziehungen und Vergleiche der Artikel im Jahresabschluss und im monatlichen Vergleichsabschluss, zu entwickeln, und auch Ihre Erklärungen mit denen anderer Unternehmen vergleichen. Ein Teil davon ist eine Verhältnis-Analyse. Finden Sie einige der vorherrschenden Verhältnisse in Ihrer Branche heraus - für die Liquiditätsanalyse, Ergebnisrechnung und Schulden - und vergleichen Sie diese Standard-Verhältnisse mit Ihren eigenen.

FINANZIERUNGSMÖGLICHKEITEN

Eine Bestellung von einem Kunden ist zweifellos der beste Weg, ein Startup-Unternehmen zu finanzieren, da sie neben der Finanzierung auch eine Testphase bietet, die verwendet werden kann, um dem Produkt oder der Dienstleistung Glaubwürdigkeit zu geben. Allerdings nur für einen kleinen Prozentsatz der Start-ups steht die Kundenfinanzierung zur Verfügung, die meisten KMUs müssen andere Finanzierungsmöglichkeiten suchen.

Während der Autor dieses Buches Erfahrung mit einigen Finanzierungsalternativen in den USA hat, ist die Finanzierung von Unternehmen nicht seine Hauptkompetenz. Deshalb hat er folgende Artikel aus Mittelstand Wiki und Business Angels Netzwerk Deutschland eV (BAND) berücksichtigt. Sie bieten nicht nur einen Überblick über die Finanzierungsmöglichkeiten, sondern auch viele Internet-Links zu nützlichen Informationen.

Fördermittel für KMU, Teil 1

Aus MittelstandsWiki Themen für Unternehmen
http://www.mittelstandswiki.de/wissen/F%C3%B6rdermittel_f%C3%BCr_KMU,_Teil_1
http://www.mittelstandswiki.de/wissen/F%C3%B6rdermittel_f%C3%BCr_KMU,_Teil_2
http://www.mittelstandswiki.de/wissen/F%C3%B6rdermittel_f%C3%BCr_KMU,_Teil_3

Gefördert werden will gelernt sein   Von Oliver Schonschek

Der Förderdschungel, der sich auftut, wenn man als mittelständischer Unternehmer nach Unterstützung sucht, ist ein Dickicht. Auch wenn die Förderdatenbank verschiedene Suchmöglichkeiten bietet, sieht man sich einem Urwald von mehr als tausend Förderprogrammen von Bund, Ländern und Europäischer Union gegenüber.

Weil Einzelheiten und Antragstellung in jedem Fall eine dornige Arbeit sind, sollten Sie sich zunächst im Überflug ein Bild von der Förderlandschaft machen. Danach richten Sie Kraft und Nerven genau auf die Programme, die für Sie wirklich passen.

Auf einen Blick

- 1 Gefördert werden will gelernt sein
- 2 Situation und Bedarf klären
- 3 Förderdatenbank probieren
- 4 Was wird gefördert?
- 5 Wie wird gefördert?
- 6 Wer fördert den Mittelstand?
- 7 Fazit: Vorbereitung zahlt sich aus
- 8 Nützliche Links

Betrachtet man die Zahlen einer der wichtigsten Förderorganisationen für den Mittelstand, der KfW Mittelstandsbank, so kommt einiges zusammen: Im Rekordjahr 2010 wurden durch die KfW Mittelstandsbank Kredite von insgesamt 28,5 Mrd. Euro vergeben, 2009 waren es noch 20 % weniger (23,8 Mrd. Euro), was beweist, dass das Förderangebot in all seinen Facetten durch den Mittelstand immer stärker genutzt wird.

Ob die KfW Mittelstandsbank das Richtige für Ihr Vorhaben und Unternehmen bietet und ob der besonders stark nachgefragte Unternehmerkredit für Sie ideal ist, muss der Einzelfall zeigen. Es gibt genügend Alternativen.

Serie: Fördermittel für KMU

- **Teil 1** sichtet den Förderdschungel im Überflug: Was wird gefördert? Wer fördert? Wie wird gefördert?
- Teil 2 zeigt, welche Möglichkeiten Gründer haben, und sagt, was sie bei der Bewerbung beachten müssen.
- Teil 3 untersucht, welche besonderen Mittel es für Innovation und moderne Technologien gibt und wie gute Ideen am besten ankommen.
- Extra-Beiträge spüren außerdem Zuschüsse von Bund und Ländern auf, sehen sich nach Internationalen Fördermitteln um, prüfen die Förderprogramme der KfW Mittelstandsbank und verraten, worauf Sie bei der Abwicklung über die Hausbank achten sollten.

Situation und Bedarf klären

Bevor Sie irgendeine Website ansteuern oder eine Richtlinienbroschüre studieren, müssen Sie sich darüber klar werden, wofür genau Sie Fördermittel benötigen. Das hängt u.a. davon ab, in welcher Phase sich Ihr Unternehmen befindet. So kann Unterstützung durch die KMU in ganz unterschiedlichen Situationen notwendig sein, zum Beispiel, wenn

- Betriebsmittel bezahlt werden müssen,
- das Eigenkapital gestärkt werden muss,
- eine Investition finanziert werden soll,
- eine Konsolidierungsphase überwunden werden muss,
- fehlende Sicherheiten ausgeglichen werden müssen oder wenn
- Zuschüsse für ein Projekt notwendig sind.

Dann kommt zwar immer noch eine ganze Menge an Optionen in Betracht. Aber Sie können die Suche jetzt systematisch angehen.

Förderdatenbank probieren

Neben einem – unbedingt ratsamen – Gespräch mit der IHK ist die Förderdatenbank des BMWi kein schlechter Einstieg. Sie bietet verschiedene Vorgehensweisen an.

Mit der Recherche kann man über eine einfache oder detaillierte Suchmaske beginnen, die gleich zu Beginn eine Auswahl verlangt, ob man Angebote des Bundes, der Länder und/oder der Europäischen Union einbeziehen will, welcher Bereich von Programmen von Interesse ist und welcher Art die Förderung sein soll. Die restliche Suchmaske ist so detailliert, wie es eben möglich ist, hat aber einen gewaltigen Nachteil: Sie setzt bereits konkrete Vorstellungen voraus.

Auch der Einstieg über das so genannte Inhaltsverzeichnis und den Förderassistenten führt zu demselben Dilemma: Im Grunde muss man die Programme bereits kennen, bevor man danach sucht. Ohne Vorwissen über die verschiedenen Arten, die unterschiedlichen Typen der Finanzierungshilfen und die Unterschiede bei den Förderorganisationen bleibt die Suche ein undurchsichtiges Unterfangen mit wenig Aussicht auf schnellen Erfolg.

Man tut daher ernsthaft gut daran, sich vorab auf eigene Faust schlau zu machen, was es gibt und was möglich ist. Hilfreiche Programme zu übersehen, wäre doch zu dumm.

Was wird gefördert?

Alle Förderprogramme lassen sich bestimmten Unternehmenssituationen oder Vorhaben zuordnen. Geht es um eine Existenzgründung, eine Messe im Ausland, um Kooperationen und Partnerschaften oder um Beratungsbedarf? **Unsere Weiße Liste der Mittelstandsförderung:**

- **Existenzgründung** | Sie bekommen bei Gründungsvorhaben Unterstützung durch diverse Finanzhilfen, besonders durch zinsgünstige Darlehen mit langer Laufzeit. In der Regel kann zu Beginn eine rückzahlungsfreie Zeit vereinbart werden, unter Umständen sind auch nicht rückzahlbare Zuschüsse möglich. Beste Beispiele:
    - ERP-Kapital für Gründung der KfW (hat eigenkapitalnahe Funktion)
    - ERP-Gründerkredit – StartGeld (für Kleingründungen und Unternehmer, der weniger als drei Jahre am Markt sind)
    - ERP-Gründerkredit – Universell (für größere Gründungsvorhaben)
    - Gründungszuschuss (für den Übergang aus der Arbeitslosigkeit in die Selbstständigkeit)
    - ERP-Startfonds (für Forschung und Entwicklung)
- **Unternehmenswachstum** | Sie bekommen als Mittelständler finanzielle Unterstützung, insbesondere in den neuen Bundesländern: durch zinsgünstige Darlehen, steuerliche Entlastung sowie nicht rückzahlbare Zuschüsse; eine Eigenbeteiligung ist in der Regel notwendig. Beste Beispiele:
    - Unternehmerkredit der KfW (für die Investitions- und Betriebsmittelfinanzierung)
    - KfW-Unternehmerkredit Plus für Vorhaben innovativer Unternehmen
- **Beratung** | Sie bekommen – ob als Gründer oder etabliertes Unternehmen – Unterstützung bei der Nutzung externer Berater und Schulungen. Die Förderung geschieht durch Zuschüsse; in der Regel ist Eigenbeteiligung notwendig. Bestes Beispiel:
    - Förderung von Unternehmensberatung für kleine und mittlere Unternehmen und Existenzgründer
- **Messen und Ausstellungen** | Sie bekommen Unterstützung bei der Beteiligung an Messen und Ausstellungen im Ausland (Messebeteiligung des Bundes). Bestes Beispiel:
    - Auslandsmesseprogramm des Bundes
- **Forschung, Innovation, Technologie** | Die Technologieförderung des Bundes unterteilt sich in die so genannte technologieoffene Förderung, die in erster Linie Hightech-Gründern mit Know-how, Kontakten, Zuschüssen und Beteiligungskapital hilft, und in die technologiespezifische Förderung, die konkrete FuE-Vorhaben mit nicht-rückzahlbaren Zuschüssen anschiebt. Beste Beispiele:
    - ERP-Innovationsprogramm der KfW
    - High-Tech-Gründerfonds
    - Technologieoffensive für das Handwerk und vergleichbare kleinere Unternehmen

- **Umweltprogramme, Energie** | Sie bekommen Unterstützung in Form von Zuschüssen oder Darlehen u.a. bei Investitionen im Umweltbereich, beim Export von Technologien zur Nutzung erneuerbarer Energien sowie bei der Finanzierung von Umweltschutzmaßnahmen. Beste Beispiele:
    - Exportinitiative Erneuerbare Energien
    - KfW-Energieeffizienzprogramm
    - KfW-Umweltprogramm (Investitionskredite für Umweltschutzmaßnahmen)
- **Außenwirtschaft** | Sie bekommen als deutsches Unternehmen Unterstützung zur Erschließung und Sicherung ausländischer Märkte. Die Werkzeuge hierfür sind Investitions- und Exportkreditgarantien sowie Darlehen zur Finanzierung von Ausfuhrgeschäften. Beste Beispiele:
    - KfW-Mittelstandsprogramm – Ausland
    - Kooperationsbörsen und Unternehmerdelegationsreisen
    - Technologiekooperationen
    - Vermarktungshilfeprogramm
- **Arbeitsmarkt** | Sie bekommen Unterstützung durch Zuschüsse und Darlehen, wenn Sie Arbeitsplätze schaffen oder erhalten. Beste Beispiele:
    - Einstellungszuschüsse bei Neugründungen
    - Eingliederungszuschüsse

Investitionspartner - Business Angels Netzwerk Deutschland e.V. (BAND)
http://www.business-angels.de/marktinformationen/investitionspartner/
http://www.business-angels.de/uber-band/

European Angels Fund

Seit März 2012 unterstützt der European Investment Fund (EIF) mit dem Programm **European Angels Fund (EAF)** die Wagniskapitalfinanzierung junger innovativer Start-ups. Das Programm ist zunächst nur in Deutschland verfügbar soll aber auf weitere EU-Mitgliedsstaaten ausgeweitet werden. Der EAF stockt als sogenannte Co-Investmentfazilität die Beteiligungshöhe des Business Angels auf. Entwickelt wurde der European Angels Fund im in Kooperation mit BAND sowie dem Bundesministerium für Wirtschaft und Technologie bzw. durch das vom Ministerium verwaltete Sondervermögen aus dem European Recovery Program (ERP). Der EAF hat ein Gesamtvolumen in Höhe von 60 Mio. EUR, die jeweils zur Hälfte vom EIF sowie dem ERP getragen werden. Die Durchleitung und Verwaltung des Programms obliegt dem EIF.

Ziel und Gegenstand:

Der EAF stellt Business Angels und anderen nicht-institutionellen Investoren Eigenkapital zur Finanzierung innovativer kleinerer und mittlerer Unternehmen (KMU) zur Verfügung.

Antragsberechtigte:

Antragsberechtigt sind Business Angels sowie nicht-institutionelle Investoren.

Voraussetzungen:

Der Antragsteller muss ausreichende Erfahrungen im angestrebten Investitionsbereich besitzen und erfolgreiche Investitionen in der Vergangenheit nachweisen können. Ein guter Zugang zu qualitativ hochwertigen Beteiligungen muss vorhanden sein. Es muss sich jedoch in der Regel um Neuinvestitionen des Business Angels handeln. Eine Finanzkapazität von mindestens 250.000 € während der Laufzeit, in der Regel 10 Jahre, muss gegeben sein.

Art und Höhe der Förderung:

Die Förderung erfolgt als Beteiligung. Die Höhe der Beteiligung richtet sich nach der beabsichtigten Investitionssumme des Business Angels (50:50 Co-Investition) und sollte zwischen 250.000 € und 5 Mio. € betragen.

Antragsverfahren:

Der Dachfonds wird vom European Investment Fund (EIF) verwaltet. Anfragen sollten direkt an den EIF gerichtet werden.

Weitere Informationen zum European Invesment Fund (EIF) finden Sie unter www.eif.org

ERP-Startfonds der KfW

Eine Finanzierung von kleinen innovativen Technologieunternehmen durch den ERP Startfonds ist gebunden an eine Finanzierung durch einen Leadinvestor. Leadinvestor kann u.a. ein Business Angel sein. Die KfW verlangt keine Sicherheiten, ebenso darf der Leadinvestor keine Sicherheiten im Zusammenhang mit der Finanzierung aus der ERP-Startfonds stellen lassen.

Auszahlungen des Beteiligungskapitals durch den ERP-Startfonds erfolgen grundsätzlich in der gleichen Höhe und zum gleichen Zeitpunkt wie Auszahlungen des Leadinvestors. Die Dauer der KfW-Beteiligung richtet sich nach der Laufzeit der Beteiligung des Leadinvestors. Ein gleichzeitiger Exit wird angestrebt. Details regelt der Beteiligungsvertrag.

Welche Unternehmen werden finanziert?

Mit dem ERP-Startfonds werden kleine und junge innovative Technologieunternehmen mit Sitz in Deutschland finanziert, die weniger als 50 Mitarbeiter und weniger als 10 Mio. Euro Umsatz haben und vor weniger als 10 Jahren gegründet worden sind.

Die vom Unternehmen neu entwickelten Produkte, Verfahren oder Dienstleistungen müssen sich wesentlich von bisherigen Angeboten unterscheiden, auf eigener Forschungs- und Entwicklungsarbeit basieren mit dem Ziel sie zur Marktreife zu bringen. Die wichtigsten Komponenten der Innovation müssen im Unternehmen selbst entwickelt werden. Für einzelne Entwicklungsschritte können Dienstleistungen in Anspruch genommen werden. Die Spezifikationen müssen im Unternehmen selbst erarbeitet werden.

Welche Aufgaben übernimmt der Leadinvestor?

- Der Leadinvestor muss sich mindestens in gleicher Höhe wie die KfW beteiligen.
- Er berät das Unternehmen in allen wirtschaftlichen und finanziellen Fragen, ggf. auch im Management und im Marketing.
- Grundsätzlich sollte der Leadinvestor bereit und in der Lage sein, zusätzliche Finanzierungsmittel zur Verfügung zu stellen.
- Vor einer Beteiligung der KfW prüft und dokumentiert er die Voraussetzungen. Diese Beurteilung des Unternehmens ist für die Beteiligungsentscheidung der KfW wesentlich.
- Während der Beteiligungsdauer begleitet der Leadinvestor die Geschäftsführung sowie die wirtschaftliche Entwicklung des Technologieunternehmens und informiert die KfW regelmäßig. Hierfür kann er von der KfW eine Vergütung erhalten.
- Einzelheiten regelt ein Kooperationsvertrag zwischen dem Leadinvestor und der KfW.

Form und Konditionen der KfW-Beteiligung

- Die Beteiligungsform der KfW richtet sich nach der des Leadinvestors. Die KfW beteiligten sich zu wirtschaftlich gleichen Konditionen.
- Die Gesamtfinanzierung muss gesichert sein.
- Geschäftsführer, Gründer und andere Schlüsselpersonen müssen nach der ersten Beteiligung aus dem ERP-Startfonds mindestens noch 25 % der Firmenanteile halten.

Höhe der KfW-Beteiligung

- Der Höchstbetrag liegt bei maximal 5 Mio. Euro. In diesem Rahmen können Finanzierungsrunden durch die KfW begleitet werden.
- Die erste und jede mögliche weitere Beteiligung der KfW beträgt bis zu 2,5 Mio. Euro je 12-Monats-Zeitraum.

Beihilferechtliche Regelungen

Auch bei der Co-Finanzierung eines Leadinvestors mit mehrheitlich öffentlichen Gesellschaftern sowie Beteiligungskapitalgebern, deren Beteiligung einen Beihilfewert hat, können Sie von einer Mitfinanzierung der KfW profitieren.

Die Beihilfewerte der Leadinvestoren-Beteiligung, der ERP-Startfondsbeteiligung und ggf. anderer Förderungen dürfen zusammen innerhalb von 3 Steuerjahren einen De-minimis-Höchstbetrag von 200.000 Euro nicht übersteigen. Dabei wird die ERP-Startfondsbeteiligung mit einem Beihilfewert von 100 % gerechnet.

www.kfw.de / Download-Center

High –Tech Gründerfonds

Der High Tech Gründerfonds (HTGF) investiert Venture Capital in technologieorientierte Unternehmensgründungen mit hohem Potenzial. Dabei wird die Seed-Finanzierung idealerweise über einen Zeitraum von mindestens 12-18 Monaten gesichert.

Kriterien sind Technologieorientierung, Marktperspektive, Qualität des Teams und finanziell angemessenes Engagement des Teams am Unternehmen.

Die Aufnahme der operativen Geschäftstätigkeit darf maximal ein Jahr zurück liegen und es muss sich um ein kleines Unternehmen (maximal 50 Mitarbeiter, Jahresumsatz oder Jahresbilanzsumme von höchstens 10 Mio. Euro) handeln mit Sitz und Standort des Unternehmens oder einer Betriebsstätte oder einer Niederlassung in Deutschland. Die Nationalität der Teammitglieder spielt dabei keine Rolle.

Beteiligungsprozess

Um die Analyse und Einschätzung des Geschäftskonzepts zu ermöglichen, hat der HTGF einen vierstufigen und transparenten Prozess etabliert, bestehend aus

- Businessplan
- Term Sheet
- Due Diligence
- Beteiligung

Wird bei der Erstellung des Businessplans Unterstützung benötigt, stellt der HTGF einen erfahrenen Coach oder Netzwerkpartner zur Verfügung. Dies ist häufig ein Business Angel. Er fügt dem Businessplan außerdem ein Referenzschreiben bei.

Am Schluss entscheidet bei positivem Ausgang der Due Diligence aufgrund einer Beteiligungsempfehlung eines der drei Investitionskomitees, die unterschiedliche Technologieschwerpunkte haben.

Finanzierungskonditionen

Die Unternehmen können bis zu 500.000 Euro Venture Capital in einer ersten Finanzierungsrunde erhalten. Der HTGF erwirbt 15% Gesellschaftsanteile zu nominal und stellt ein nachrangiges Gesellschafterdarlehen zur Verfügung. Das Darlehen hat eine Laufzeit von 7 Jahren. Die Zinsen des Nachrangdarlehens werden für 4 Jahre gestundet, um die Liquidität des Startup Unternehmens zu schonen.

Der eigene Beitrag des Teams zur Finanzierung soll 20% (10% in den neuen Bundesländern inkl. Berlin) der Beteiligungssumme des HTGF betragen. Die Hälfte davon können Investoren (Business Angels, regionale Seedfonds, private und öffentliche Investoren) stellen.

Zusätzlich legt der Fonds weitere 1,5 Mio. Euro Risikokapital (Venture Capital) für Anschlussfinanzierungen für das Start-up zurück.

Business Angels, Seedfonds und weitere Investoren sind als Side-Investoren eingeladen, sich in die Finanzierung einzubringen.

Bei einem höheren Kapitalbedarf sind bedarfsgerechte Lösungen möglich. Durch die Einbindung von Förderzuschüssen und/oder weiterer Kapitalgeber ergeben sich höhere Finanzierungsvolumina. Stellen private Kapitalgeber mehr als der High-Tech Gründerfonds bereit, kann sich dieser in besonderen Fällen den Beteiligungskonditionen dieser Investoren anschließen.

<u>High-Tech Gründerfonds</u>

SCHLUSSFOLGERUNGEN

Vor der Unternehmensgründung nimmt man an, dass Sie die folgenden Angelegenheiten erledigt haben:
- Sie sind bereit ein Unternehmen zu betreiben.
- Sie haben bereits Ihre Produkte und/oder Dienstleistungen beschlossen.
- Sie haben andere Branchen im Bereich Ihrer Wahl betrachtet und haben darüber nachgedacht, welche Arten von Unternehmen, jetzt und für die Zukunft, am stärksten sind.
- Sie haben einen Standort im Auge und sind vertraut mit den Vor- und Nachteilen der Lage.
- Sie haben die erforderlichen Unternehmensberater--Steuerberater, Rechtsanwalt und andere.
- Sie kennen Ihre finanzielle Lage - Ihre Investitionskosten.

Ja, die Gründung eines Unternehmens erfordert, dass Sie viele Aspekte berücksichtigen, aber wenn Sie sich auf die folgenden vier Schwerpunkte konzentrieren, wird sich Ihre Chance auf Erfolg deutlich verbessern.

- <u>EINE KLARE VISION FÜR DIE ZUKUNFT DES UNTERNEHMENS</u>: Selbst die beste Technologie bietet nicht Erfolg ohne Betonung der Business-Strategie und der Ziele. Es ist unentbehrlich, eine klare Vision davon zu haben, wo das Unternehmen sein möchte, denn sie definiert den Rahmen und die Rolle, die Sie verfolgen wollen um ein profitables Wachstum zu ermöglichen und um zu bestimmen welche Art von Erfindungen das Unternehmen verfolgen soll.

- <u>FOKUS AUF EINEN PROFITABLEN NISCHENMARKT</u>: Konzentration auf Kundenverbindungen und Anwendungen in Nischenmärkten. Obwohl diese breite Definition zu einer langen Liste von Tag-zu-Tag-Aktivitäten führt, gibt es ein paar Hauptaufgaben, die die Kernmarketingziele bilden - Ihre Kunden und deren potenzielle Projekte zu kennen – auszuforschen, was die Kunden wollen und brauchen - Die Stärken/Schwächen ihrer Produkte und die der Wettbewerber zu ermitteln - sich auf ausgewählte Nischenanwendungen zu fokussieren um Marktstärke zu gewinnen und den Produktwert zu erhöhen.

- <u>DIFFERENZIERUNG IHRER PRODUKTE UND LÖSUNGEN</u>: Um effizient zu starten und seine Position auf dem Markt zu erweitern, muss das Unternehmen sich von der Konkurrenz durch die Betonung seiner grundsätzlichen Vorteile differenzieren, wie - Besseres Anwendungswissen - Übertreffende Anwendungsflexibilität - Höchste Qualität und Zuverlässigkeit - Besseres Service und zusätzliche Funktionen im Vergleich zu ähnlichen Angeboten von anderen Unternehmen - usw.

- <u>EINE STRATEGIE FÜR JEDEN SYSTEM VERKAUF</u>: Eine Situationsanalyse mit einer daraus resultierenden Verkaufsstrategie sollte für jedes verfolgte Projekt durchgeführt werden. Projektverkäufe beinhalten meist mehrere Probleme und Konkurrenten, auch der Verkaufszyklus ist komplex. Folglich muss das Vertriebsteam eine Strategie haben, die sie fokussiert und auf Kurs hält.

Unternehmertum ist weder einfach noch risikofrei. Wir haben alle von den Statistiken über Startup-Versager gehört. Für Unternehmer bedeutet dies, dass sie Risiken eingehen müssen, wenn sie eine Chance auf Erfolg haben wollen. Obwohl Risiko ein integraler Bestandteil der unternehmerischen Initiative ist, muss es nicht die Oberhand erlangen. Großartige Unternehmer erreichen Erfolg durch scharfsinniges Bewusstsein. Informiert zu sein und die Aufmerksamkeit zum Detail ist wesentlich. Details entscheiden oft über Erfolg oder Misserfolg eines Unternehmens, und ob Sie es wollen oder nicht, man muss ihnen Aufmerksamkeit schenken und sie ordnungsgemäß erledigen.

> **Ziel des Autors beim Schreiben dieses Buches war es, seine Erfahrungen zu teilen und einen realistischen Blick auf das zu bieten, was Jungunternehmer, die Technologie im Business erfolgreich nutzen wollen, zu erwarten haben.**

INFORMATIONSQUELLEN

Obwohl einige der Informationen, in verschiedenen Abschnitten des Buches, bekannt und als allgemeines Wissen auf dem Gebiet der Technik gelten, wurden diese in diesem Buch wieder betont, da sie wichtiges professionelles Bewusstsein widerspiegeln.

Wenn man ein Buch schreibt, vor allem während des Forschungsprozesses, wenn man analysiert und viele Ideen von anderen erwirbt, ist es manchmal schwierig, die eigene Meinung und Information von der der anderen zu unterscheiden. Somit enthalten einige Teile des Inhalts in diesem Buch Informationen von unten angeführten Quellen. Der Autor zitiert diese Quellen mit ausdrücklicher Anerkennung dieser Unternehmen und Publikationen.

Firmen: ARC Advisory Group, Stage-Gate Product Innovation, High Tech Strategies Inc., Gartner Inc., etc.
Einige große Unternehmen nutzen die Dienste dieser spezialisierten Dienstleistungsunternehmen.
Bücher: Es gibt viele gute Hinweise auf Produktentwicklungen. Beispielsweise:
Die Produktentwicklungsherausforderung; Competing through Speed, Quality and Creativity (448 Seiten).
Zeitschriften und Zeitungen: Entrepreneur Magazin ist eine gute Quelle für kleine Unternehmen.
The Startup Magazine für Business-Unternehmer. Inc. Magazine. Die Wirtschaftsteile der Zeitungen.
Webseiten: Es gibt viele Websites, sowie eine Vielzahl von Frage-und-Antwort-Foren, um Startup Unternehmen zu helfen; wie Reference for Business (http://www.referenceforbusiness.com/), eine Enzyklopädie für Kleinunternehmen; und unzählige andere; einige von ihnen werden in diesem Buch zitiert.

> **Haftungsausschluss - Die Internet Links, Übersetzungen und Inhalte in diesem Buch sind „WIE BESTEHEND" bereitgestellt. Der Autor macht keine Zusicherungen oder Gewährleistungen, weder ausdrücklich noch implizit.**

Übersetzungs-Fußnote des Autors:

Ich habe das Buch in Englisch (ich übte meinen Beruf in den USA aus) unter dem Titel – Leveraging Technology for Success -, verfasst. Die deutsche Übersetzung meines eigenen Buches war für mich schwierig (obwohl Deutsch meine Muttersprache ist), denn nach mehr als 40 Jahren in den USA haben sich mein deutscher Wortschatz, die Rechtschreibung und Grammatik dramatisch abgeändert.

Gerade technische Ausdrücke lassen sich schwer übersetzen, denn mit dem Trend zur Internationalisierung vollziehen sich deutliche Veränderungen in der deutschen Sprache. Neue „Anglizismen" finden in den Fachsprachen Eingang. Und die Resonanz auf den ersten Entwurf meiner deutschen Übersetzung war: „Versuche nicht, deutsche Ausdrücke für Wörter, die jetzt allgemein auf Englisch kommuniziert werden, zu verwenden". Für einige Gegenstände und Tätigkeiten gibt es entweder gar keine oder nur selten verwendete einheimische Synonyme. Vor allem in der Elektronik und Technik werden viele englische Begriffe und Ausdrücke verwendet. Also, habe ich meine Übersetzung geändert und mehrere angloamerikanische Wörter verwendet. Ich hoffe, dass diese Version, die man fast als „Denglisch" (deutsch-englische Mischsprache) bezeichnen kann, für eine technologieorientierte Person einfach zu lesen und zu verstehen ist.

Old Europe scheint dem Einfluss der USA nicht zu entkommen - vor allem in der Automatisierungstechnologie. Und trotzdem gibt es Unterschiede. Daher benutzte ich auch bei den Internet Artikeln verschiedene Referenzen.

Roman Rammler

ANERKENNUNGEN - PERSPEKTIVE

Anerkennungen

Ich möchte besonders Mauro Togneri danken, der nicht nur die Idee für dieses Buch hatte, sondern auch den englischen Originaltitel schuf und einen Teil der Einleitung des Buches schrieb.

Ich möchte auch Dr. Guenther Friedl danken, der mit Lektorat (Deutschen Text korrigieren & optimieren) half. Er hatte das Pech die vorläufige Ausgabe des Buches zu erhalten.
Mein besonderer Dank geht an Dr. Klaus Lohse für seine Bemühungen die Übersetzung zu korrigieren.
Und ich möchte mich auch bei Dr. Friedrich Radke für seine ausgezeichneten Vorschläge bedanken.

Während meiner ganzen Karriere war ich dankbar Mentoren und Mitarbeiter zu haben, die mich gedrängt haben, mehr zu erreichen, als ich alleine jemals erreicht hätte.
Harold Mulvany war derjenige, der für meine Einstellung bei Fluor E & C verantwortlich war und mir die Chance gab, mich als Ingenieur zu beweisen.
Mauro Togneri war für meine Rekrutierung bei PSI / MICON verantwortlich und hatte auch Vertrauen in meine Sachkenntnisse, was mir die Gelegenheit gab viele Ideen auszuprobieren.

Schluss-Perspektive

Es stehen unzählige Bücher zur Verfügung, die allgemeine Richtlinien für Industrieautomatisierungs-Unternehmen bieten. Dieses Buch ist jedoch anders: es enthält viel mehr als generelle Richtlinien. Das Buch vermittelt einen Plan für eine erfolgreiche Unternehmensführung durch die Segmentierung von langfristigen Vorhaben in erfassbare und bearbeitbare Abschnitte, einige in direkten Vorschlägen, andere in Story-Form - ein einzigartiges Vorgehen. Es bringt die Tag-zu-Tag-Tätigkeiten (inklusive der neuen Produktentwicklungsdetails) eines Technologieunternehmens mit dessen Geschäftsziel auf eine Linie. Unternehmer und Manager werden aus diesem Buch Nutzen ziehen können.

Ein Sachbuch ist gut, um Empfehlungen, wie man Technologie nutzt, in einem Business-Plan zu kommunizieren. Was dabei allerdings fehlt, ist die emotionale Umsetzung dieser Empfehlungen, die im Mittelpunkt der meisten Aktivitäten eines Unternehmens stehen. Um dies zu erreichen, kommuniziert der Roman (Story)-Teil in diesem Buch nicht nur die menschlichen Herausforderungen, die so wichtig in jedem Unternehmen sind, sondern betont auch das entsprechende Branchenwissen sowie Trends und Entwicklungen, die entscheidend sind, um die Erfolgschancen in dieser hart umkämpften Geschäftswelt zu erhöhen.

Der Inhalt des Buches erfasst zwei Schlüsselqualitäten von erfolgreichen Startup-Unternehmen: Optimismus und das Verständnis der realen Risiken. Es gibt Grund für Optimismus, denn wenn zukünftige Unternehmer rational planen und sich über die Geschäftsrisiken informieren, wird sich die gegenwärtige Situation, dass vier von fünf Startup-Firmen scheitern, verändern. Der Erfolg von neuen Technologieunternehmen wird sehr hoch sein.

Es ist die Hoffnung des Autors, dass dieses Buch den Leser motiviert, über die Zielsetzungen seiner Karriere nachzudenken und mit kompetenten Personen ein Gespräch über die Möglichkeit zu führen, ein Technologie-Unternehmen zu verbessern oder zu gründen; z.B. in der Industrie-Automatisierungssystem-Nische, ein 180 Milliarden Euro Markt, der, obwohl er von Groß-Firmen dominiert wird, vielen Klein- und Mittelständischen Unternehmen (KMU) gute Aussichten für profitable Nischen-Lösungen bietet.

Bemerkungen:

www.ingramcontent.com/pod-product-compliance
Lightning Source LLC
Chambersburg PA
CBHW081606200526
45169CB00021B/2107